计算机系列教材

鲍春波 林 芳 编著

问题求解与程序设计
（第2版）

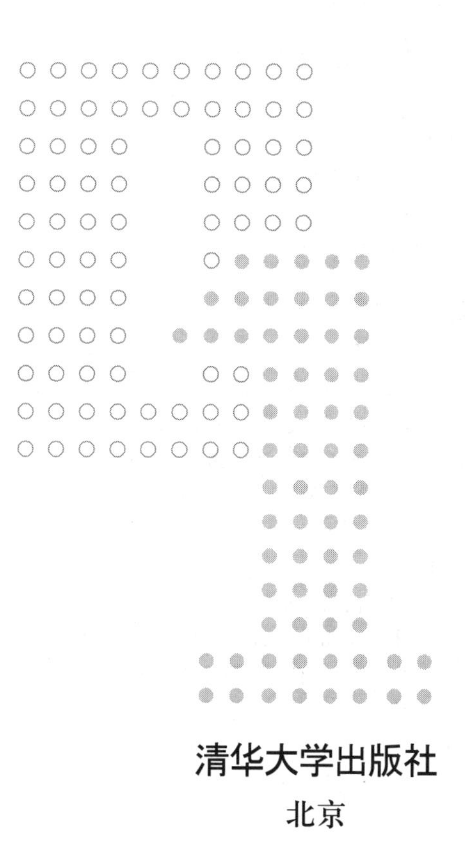

清华大学出版社
北京

内容简介

本书以问题求解为核心，在分析问题、解决问题的过程中融入C语言程序设计的思想和方法，立足于专业基本功的训练和应用工程型人才的培养。本书体系结构新颖独特，内容叙述深入透彻，含有丰富的案例和习题，并有配套的习题解答和实验指导。书中的每个章节都围绕某个案例问题展开，按照“问题描述、输入和输出样例、问题分析、算法设计、程序实现（隐含由读者完成的编译运行测试）及几个小节的问题求解相关的知识点讨论”来组织教材，各种语法现象和程序设计方法只有用到时才讨论，自然而然地出现在读者面前，符合人们的认知规律，容易理解，便于掌握。本书是微课版，有丰富的电子资源，每个问题的求解配有视频、课件和源代码的电子链接二维码，每章有一个实验指导的电子链接二维码。

本书可作为高等院校本、专科计算机相关专业“C语言程序设计”课程的首选教材，也可以供非专业的C语言程序设计等级考试和广大程序设计爱好者选用。

图书在版编目(CIP)数据

问题求解与程序设计 / 鲍春波，林芳编著. —2版. —北京：清华大学出版社，2021.1（2024.8重印）
计算机系列教材
ISBN 978-7-302-56387-7

Ⅰ.①问… Ⅱ.①鲍… ②林… Ⅲ.①C语言－程序设计－高等学校－教材 Ⅳ.①TP312.8

中国版本图书馆CIP数据核字(2020)第166841号

责任编辑：袁勤勇　杨　枫
封面设计：常雪影
责任校对：李建庄
责任印制：杨　艳

出版发行：清华大学出版社
　　网　　址：https://www.tup.com.cn，https://www.wqxuetang.com
　　地　　址：北京清华大学学研大厦A座　　**邮　　编**：100084
　　社 总 机：010-83470000　　**邮　　购**：010-62786544
　　投稿与读者服务：010-62776969，c-service@tup.tsinghua.edu.cn
　　质量反馈：010-62772015，zhiliang@tup.tsinghua.edu.cn
　　课件下载：https://www.tup.com.cn，010-83470236
印 装 者：三河市龙大印装有限公司
经　　销：全国新华书店
开　　本：185mm×260mm　　**印　张**：27.25　　**字　　数**：662千字
版　　次：2015年9月第1版　2021年1月第2版　　**印　　次**：2024年8月第5次印刷
定　　价：69.90元

产品编号：088607-01

第2版前言

党的二十大报告强调，教育、科技、人才是全面建设社会主义现代化国家的基础性、战略性支撑，要“深入实施科教兴国战略、人才强国战略、创新驱动发展战略”“加快建设教育强国、科技强国、人才强国”。这体现了我们党对教育、科技、人才事业内在规律的新认识，体现了对新时代教育、科技、人才工作的新要求，赋予了高校在现代化建设中的新使命。因此高校必须全面提升人才自主培养质量，全面提升科技自主创新能力，全面提升现代大学治理水平，为现代化建设提供强大人才支撑，为全面建设社会主义现代化国家作出高校应有的贡献。很显然，科技强国的基石之一是计算机科学、信息技术人才的培养，而程序设计课程肩负着科技人才的计算思维和逻辑思维能力、设计算法解决专业具体问题的综合能力的培养重任。本教材基于循序渐进和以赛促学的教学理念、线上线下混合的教学模式，培养学生学以致用能力、自主学习意思、团队协作精神，使学生成为严谨求实、敢于创新的科技强国建设人才。贯彻党的二十大精神，发挥教材“培根铸魂，启智增慧”的作用。编者在对本书进行修订时牢牢把握这个根本原则。

本书自2015年出版以来，得到很多老师和同学的认可。青年教师通过本书的教学，大大提高了程序设计课程的教学能力；大学一年级的学生通过本书的学习，对程序设计、计算机科学产生了浓厚的兴趣，开启了他们程序设计和软件开发的人生之旅。由于本书严格的在线评测程序设计风格，以问题求解为核心的软件工程思想体系，以及特别注重分析问题、解决问题能力的培养，专业的程序设计基本功的训练等显著特征，2017年被福建省教育厅评为福建省特色优秀本科教材，本人所在的教学团队——福建理工大学计算机科学与数学学院软件工程教研室被福建理工大学授予教学成果二等奖，在这里非常感谢团队的所有成员。

随着互联网技术的发展，特别是移动互联网的发展，人们的学习方式也发生了根本的变化，各种各样的在线学习平台纷至沓来，原来需要在实验室里，在计算机上才能做的事情，现在通过手机就可以完成了。本书与第1版相比，没有在内容上做大的改动，但在技术阐述上做了一些改写，从而方便了老师教与学生学，每个问题的分析求解都给出了“微课”视频，每个问题的求解程序都可以通过手机“扫码”查看。学生随时随地都可以看视频资料，读程序源码，甚至利用手机在线编译，查看运行结果。作者相信，会有更多的老师和学生喜欢本书，非常欢迎大家与作者进行交流，并提出宝贵的意见和建议。

这里说明一下使用手机扫描书中的二维码获取源代码问题。如果只是查看源代码，扫二维码后即可直接查看。如果想在手机上编译运行，建议先在手机上下载一个“C语言编译器”App，一般来说，运行App之后呈现的是可以输入代码的编辑窗口，这时切换到已经扫码打开的源代码文件，选中所有的源代码并复制(当代码比较长的时候，可能要分几次复制)，然后再切换回编辑窗口，粘贴所复制的代码，然后点击该编译器界面上的“运行”按钮运行程序。读者也可以选择“发送到邮箱”项目，再从邮箱里下载源代码后在计算机上编译运行。

另外,作者是第一次在没有学生听课的情况下,面对计算机讲课并录制视频,视频效果不太理想的地方还请读者谅解。若有错误或不妥之处,请读者批评指正,在此表示衷心的感谢。

本书在修订过程中,不仅得到福建理工大学计算机科学与数学学院软件工程教研室教学团队的支持,还得到四川工业科技学院电子信息与计算机工程学院计算机教研室教学团队的认可,在此一并表示感谢!

鲍春波

2023年8月

第 1 版前言

“高级语言程序设计”是高等院校计算机相关专业开设的第一门计算机课程,它不仅是专业基础课,要为后续课程打基础,还肩负着激发学生的学习兴趣、培养学生的专业基本功、培养学生分析问题解决问题的能力,引导学生成为合格的专业人才(即启蒙、入门)等重任。特别是应用技术型大学、卓越工程师教育培养计划、国际工程教育认证的兴起,对计算机专业人才的培养提出了更高的要求,使得这门课程的重要性更加凸显。作者在多年的教学实践和工程实践中一直在思考一个问题:计算机专业的第一门课到底上什么、怎么上才能符合卓越工程师教育培养计划和培养应用工程型人才,特别是国际型计算机人才的培养目标?带着这样的问题,以福建工程学院校级精品课程建设为平台,不断地进行理论教学和实验教学改革,吸收和学习国内外先进的教学理念和方法。本书和配套的《问题求解与程序设计习题解答和实验指导》是作者多年教学改革的积累和总结。

本书的特点

本书的每章开始列出了几点学习目标,引出了该章要讨论的话题和要解决的问题。每章的最后都有一个小结,以及若干概念复习题、填空题和在线评测题,还有一个比较综合的项目设计。除此之外,本书还有下面一些突出的特点。

1. 以问题求解为核心

学习程序设计的目的就是要解决实际问题,就是要训练和提高分析问题和解决问题的能力。因此本书精心组织了四十多个实际案例问题。每个章节都围绕解决某个或某类案例问题而展开。把各种语法现象和编程技巧与规范融入解决这个问题的具体过程中。在解决问题的过程中学习程序设计的方法,训练程序设计的功夫。对于每个案例,经过分析、设计之后,给出完整的程序实现清单,教师或学生可以编译运行程序,先从感性上了解程序的输入输出和运行结果,然后再详细展开相关的知识点。

2. 融入软件工程的思想

对于每个案例问题,首先按照问题描述和输入输出格式的要求进行全面分析,明确要做什么,考虑各种可能的情况。对每一种情况都给出具体的算法设计方案(伪码或流程图)、对应的代码实现(程序清单),其次对程序或算法用一组测试用例进行运行测试(这个运行测试是实时演示,教材中省略)。不管案例问题是大还是小,都严格按照这样的过程展开,进行强化训练。

3. 遵循循序渐进的原则

传统的教材都是比较集中地介绍各种语法现象,学生比较难以接受。本书采用循序渐进的原则,螺旋式展开,在问题求解需要的时候才介绍语法规范和注意事项。具体表现在以下几个方面。

对于数据类型和运算来说,在第 2 章只是介绍了整型数据和浮点型数据、算术运算和赋值运算。在第 3 章介绍了字符型数据、布尔型数据,关系运算、逻辑运算和条件运算。在第

4章介绍了自增自减运算和复合赋值运算。

对于变量的存储类别和作用域来说,先在5.1.3节初步认识一下,然后在5.2节介绍局部自动变量和局部静态变量及单文件内的外部变量。在5.4.3节进一步介绍应用程序范围内(多文件之间)的全局变量,还在5.4.4节介绍了单文件范围内的静态函数——私有函数。

对于指针,从第2章程序设计入门时的scanf函数中变量取地址,到第6章一维数组名代表的首地址和二维数组名代表的首地址(行地址构成的一维数组)——常指针,再到第7章一般的指针变量出现,以及进一步指向一维数组、指向二维数组的行和列、指向字符串、指向函数的指针讨论等,最后再到第8章的指向结构对象的指针,前后相互呼应。

4. 程序设计在线评测

在线评测(Online Judge)本来是为各种程序设计竞赛提供的平台,通过几年来的教学实践,作者觉得在线评测用于程序设计类课程的教学效果很好。首先,由于每道在线评测的题目都精心设计了一组测试用例,学生要完成它,必须严格按照输入输出样例的格式要求,仔细设计问题的求解算法。在设计过程中必须考虑各种可能的情况,不然就会导致部分测试用例不能通过。因此对于学生来说,非常有利于培养学生的专业素质,提高学生程序设计的能力。其次,由于是在线评测,学生提交作业之后会立即得到评测结果,因此如果在线评测的结果是Accepted,学生也会产生学习兴趣,带来一定的成就感。如果在线评测的结果是错误的,也会马上知道是什么类型的错误,学生也会很快改正。对于教师来说,虽然需要比较多的准备时间,但是题目一旦设计好,基本就不用人工评阅程序了。当然教师也应该抽查学生在线提交的作业,包括正确的和不正确的,从中发现问题。最后,在线评测与传统的作业完成方式相比更能训练学生的动手操作能力、问题求解能力。本书从第2章起,每章都设计了十余道在线评测题目,全书总计包括一百多道在线评测题目。

5. 项目设计

从第2章起,每章最后都至少给出了一个项目设计题目。项目设计题目是一个规模相对比较大的题目,因此,最好以小组为单位集体完成。组员之间彼此进行分工合作,这样可以培养学生的团队协作精神。在设计的时候,如果采用集成环境最好建立一个工程,特别是当项目规模比较大的时候更应该建立工程,在工程中可以方便地管理多个文件。

6. 习题解答与实验指导

本书配备了"习题解答与实验指导",共包含五部分内容。第一部分是本书各章习题的参考答案,包括概念填空题和在线评测题目的参考答案。第二部分是实验指导,介绍了用计算机进行问题求解所需要的环境是如何搭建的。从编译器、编辑器到调试器,从命令行环境到集成环境分别给予介绍。在第5章还介绍了一个gcc编译器支持的图形库grx,初学者在Windows环境下也能比较容易地进行图形程序设计。第三部分是实验,包括与本书各章对应的实验内容。每个实验基本上分为三小节:第一小节是程序基础练习,主要做一些阅读程序练习和修改程序练习,通过练习使学生理解相关的基本概念;第二小节是通过修改调试有错误的程序,训练学生的程序调试能力;第三小节是完整的问题求解,针对问题描述和测试用例的要求,给出完整的程序设计解决方案。第四部分是实验解答,限于篇幅,只对每个实验中程序基础练习部分给出了参考答案,对程序改错部分的每个题目都归纳出了几个知识点，分析了出错的原因。第五部分是课程设计，包括课程设计的目的、要求，课程设计的题目和评分标准，以及课程设计报告的书写格式。课程设计的题目分为A、B两档，把学生按“高级语言程序设计”课程的成绩分成两组，这样做的目的是争取让每个同学都能通过课程设计得到比较充分的锻炼和提高。

7. 课程平台

随着互联网的快速发展，特别是5G高速网络的到来，在线学习已经越来越普及。在线编译器和在线评测系统成为程序设计学习的热门平台。此外，如果想自己搭建一个含有在线评测的自主学习平台，也可以安装moodle系统，不过要另外安装一个onlinejudge插件。

8. 开源软件

本教材使用的软件均为开源软件，包括moodle平台、gcc编译器、gdb调试器、grx图形库及CodeBlocks集成开发环境。教育学生树立版权意识，杜绝盗版，鼓励学生使用开源软件。

9. 本书对部分内容加强了讨论

本书内容包括一般高级语言程序设计教材的全部内容，此外还特别讨论了大整数处理问题、函数接口的设计与实现、建立自己的库、使用函数获得动态申请的内存、用指针访问二维数组元素的各种方法、位运算的应用、gcc编译器支持的C语言图形程序设计、专业编辑器vim的使用、命令行环境等问题，一般的教科书很少涉及这些问题。

10. 例题经过编译测试

本书所有例题的C语言源程序都已经过最新版本的gcc编译器编译测试，因此完全符合C99标准。事实上，所有的源程序都可以直接作为C++源程序，用gcc或g++编译器编译运行。

本书代码对源程序进行了删减，删除了源代码文件中出于方便阅读目的而添加的空行，左大括号调到了上一行的末尾，故现在所列代码行号有跳跃，特此说明。

本书的主要内容

全书共有10章，各章内容概述如下。

第1章　计算机与程序设计。本章介绍了计算机的工作原理和它的快速计算能力、逻辑判断能力，特别强调这些能力都要通过存储程序来实现，因此进一步讨论了如何存储程序和数据、计算机系统软件程序的重要性。为了使学生对程序有一个感性认识并产生一定的兴趣，精选了几个典型的C/C++结构化程序，包括一个命令行的猜数游戏程序、一个图形绘制程序、一个窗口程序、一个简单的嵌入式程序和一个网络应用程序。最后说明了写程序、开发软件要讲究方法，介绍了结构化方法和面向对象方法。程序设计还需要一个基本的开发环境，包括编辑器、编译器和调试器。对于编辑器，鼓励学生学习使用专业的vim或者emacs编辑器。对于编译器，提倡使用开源的、跨平台gcc/g++编译器。调试器使用gdb。同时要求计算机专业的学生必须练好打字功夫，能够熟练地使用操作系统的命令窗口。

第2章　数据类型与变量——程序设计入门。本章通过六个问题的分析求解，使读者初步认识程序设计到底是干什么的。通过问“在屏幕上输出文字信息”的问题，介绍了C/

C++ 结构化程序设计的基本框架及标准输出函数。通过“计算两个固定整数的和与积”问题,引出了常量与变量、整型数据、算术运算、赋值运算等概念。通过“计算任意两个整数的和与积”问题的分析求解,介绍了标准输入函数、测试用例和用流程图表示顺序程序结构的方法。通过“温度转换”问题的求解过程说明了变量初始化和运算的优先级和结合性的重要性。通过“求两个整数的平均值”问题引出了浮点型数据以及不同的数据类型之间的转换等重要概念。通过“求圆的周长和面积”介绍了宏常量和带参数的宏的用法。

第3章　判断与决策——选择程序设计。本章通过五个问题的求解,介绍了具有判断决策能力的程序该如何设计实现。通过“让成绩合格的学生通过”问题引出了逻辑常量、布尔型数据、关系运算、判断条件的各种表达形式,以及 C/C++ 中进行逻辑判断的单分支选择结构。通过“按成绩把学生分成两组”问题引出双分支选择结构和条件运算,同时分析了用两个单分支求解同样问题的情况。通过“按成绩把学生分成多组(百分制)”问题的分析求解,自然而然地引出选择结构的嵌套,同时给出了一种新的表达方式——switch-case 结构。通过“按成绩把学生分成多组(五级制)”引出了字符型数据的表达方法。通过“判断闰年问题”引出了逻辑运算,从而给出了复杂判断条件的表达方法。

第4章　重复与迭代——循环程序设计。本章通过七个问题的分析求解,阐述了三种循环程序结构和三种控制循环的方法。通过“打印规则图形”问题分析了如何从重复的角度观察问题,使读者认识到发现问题中包含的重复因素的重要性,引出了 while 循环结构及计数控制循环的方法。通过“自然数求和”问题引出了与 while 等价的 for 循环结构。通过“简单的学生成绩统计”问题的分析引出了标记控制(按 Ctrl+Z 组合键或输入特殊的值)循环的方法,因为这时不知道重复的次数。数据输入/输出可以是键盘和屏幕,也可以重定向到文件,这样更方便重复测试。通过“计算 2 的算术平方根”问题的分析求解,介绍了误差精度控制循环的方法。通过“打印九九乘法表”问题介绍了循环嵌套和穷举法。通过“素数判断”和“处理有效成绩”问题的分析求解引入了 break、continue 的用法,分析了 goto 语句的利弊。通过“随机游戏模拟”问题介绍了如何产生随机数和自顶向下逐步求精的分析方法。最后对结构化进行了总结,指出任何问题都可以使用顺序结构、选择结构和循环结构通过堆叠和嵌套的方法表示出来。

第5章　分而治之——模块化程序设计。本章循序渐进地介绍了模块化程序设计的思想和方法。通过“再次讨论猜数游戏模拟问题”,采用自顶向下逐步求精的分析过程把问题划分为模块,描述了模块化程序设计的思想。然后进一步介绍了 C/C++ 语言表达模块的基本单位——函数,包括函数的定义、声明、调用和函数测试的基本方法。通过“判断问题”的分析求解进一步加深了函数的概念和函数的模块化功能,并且进一步探讨了函数调用的内部机制及变量的存储类别和作用域在函数调用过程中是如何体现的。接下来通过“问题的递归描述”介绍了递归函数的定义和递归调用的过程。通过“一个简单的绘图函数库”问题,使读者进入了更高的层次,如何把一组函数做成一个库接口,即如何设计接口,如何实现接口,如何使用接口及如何建立一个静态库或者动态库。在这个过程中,介绍了多文件之间的全局变量和文件内部的私有函数的声明方法。然后通过“学生成绩管理系统”问题的分析和设计,介绍了大规模问题的计算机求解方法,包括命令行编译链接多文件、集成环境下建立一个工程，以及使用 make 工具和 makefile 文件编译链接多文件的系统等。

第 6 章　批量数据处理——数组程序设计。本章通过典型的批量数据的排序和查找引出了数组的概念和用法。通过“一门课程的成绩排序”问题的分析，了解到一组数据排序必须首先解决如何存储它们，然后才是怎么排序。通过对排序数据的特点分析，引出了用一维数组存储数据的方法。详细介绍了数组的声明、初始化、元素的引用等。通过“三门课程成绩按总分排序”问题引出了二维数组，详细分析了二维数组与一维数组的异同，特别是一维数组名和二维数组名在逻辑上所代表的含义的不同。由于数组名有特别的含义，因此数组作为函数的参数也有特别的效果。通过两个排序问题的求解，介绍了交换排序、选择排序的算法，还提到了冒泡排序和插入排序。通过“在成绩单中查找某人的成绩”问题的分析，引出了字符数组、字符串和字符串数组。字符串是一类特殊的数据，常常要对它们进行各种各样的操作，在这个问题的求解过程中还介绍了标准库中提供的字符和字符串操作的各种函数的用法，同时还介绍了典型的查找算法——线性查找和折半查找。最后通过分析“大整数计算”问题，用数组模拟了小学生列竖式进行加减的过程，实现了大整数相加的算法。

第 7 章　内存单元的地址——指针程序设计。本章详细介绍了用内存单元的地址间接访问变量、数组、字符串、函数的重要意义和方法。通过“用函数实现两个变量交换”的问题，分析了怎么才能做到用一个函数交换两个变量的值，通过与数组作为函数的参数的作用类比，发现只有用变量对应的内存单元的地址作为函数的参数才能在函数中交换两个变量的值。这样引出了指针的概念和指针变量的声明及引用。通过“再次讨论批量数据处理问题”，介绍了如何用指针间接访问数组元素，仔细讨论了指针偏移和指针位移的方法。通过“再次讨论二维批量数据处理问题”，详细分析讨论了用指针访问二维数组的元素的方法。一是直接使用二维数组名本身这个常指针访问二维数组的元素；二是把二维数组看成是一维数组的一维数组，用一个行指针先访问到行，再访问到列，通过二次间接运算访问二维数组的元素；三是把二维数组看成是一个一维数组，用一个列指针逐列访问二维数组的元素；四是用一个二级指针指向一个指针数组(每个指针指向二维数组的行)，逐行访问二维数组的元素。通过“一个通用排序函数”问题介绍了指向函数的指针作为函数的参数的重要意义。通过“再次讨论字符串”问题介绍了字符型指针指向字符串常量和指向字符型数组的不同，字符型指针数组指向的一组字符串排序在排序过程中可以只交换指针。通过“应用程序运行时提供参数”问题介绍了含有参数的 main(int argc, char *argv[ ])。通过“数据规模未知的问题求解”问题介绍了动态申请内存的库函数，以动态申请单个变量需要的内存、动态申请一维、二维数组为例介绍动态内存申请的方法。特别讨论了如何定义一个能够动态申请空间的函数，通过函数的参数或返回值得到所申请的空间。特别强调了 C 语言函数的参数传递无论是传普通的变量，还是传地址或指针，都是单向传值。为了便于将来数据结构课程的学习，这里还介绍了 C++ 中的传引用，使用传引用可以使指针降一级。

第 8 章　客观对象的描述——结构程序设计。本章介绍了 C 语言描述客观对象的方法。通过“基于对象的学生成绩管理”问题的分析引出了 C 语言描述对象的结构类型。系统地介绍了结构类型的定义方法、用结构类型创建对象(变量)的方法，实现了基于学生成绩结构类型的学生成绩管理，其中学生结构类型作为自定义的一种类型跟编译系统内置的类型一样,可以声明结构类型的数组,可以用指针指向结构类型的对象和结构类型的数组,指出用结构类型的数组作为函数的参数时一般用指针。通过“基于链表的学生成绩管理”问题的分析,引入了自引用结构,自引用结构创建的对象可以彼此用一个指针链接起来,形成一个对象链表。比较了结构对象数组与结构对象链表两种存储结构的优缺点。通过“志愿者管理”问题的分析与求解,引入了联合类型的定义与用法。通过“洗牌和发牌模拟问题”的分析与求解,给出了枚举类型的定义和用法。

第9章　数据的持久存储——文件程序设计。本章首先回顾了数据的变量存储、数组存储甚至是链表存储,它们都具有易失性,引出了数据要持久存储的文件机制。通过“文件复制”问题的求解,介绍了文件格式(文本和二进制)、文件操作的一般步骤、文件指针、缓冲文件系统的概念及文件的各种打开方式。分别用字符读写和字符串行读写设计实现了文件复制问题。通过“把学生成绩数据保存到文件中”的问题求解介绍了文件的格式化读写、块读写(含顺序读写和随机读写)的方法,在此基础上,指出了文件版的学生成绩管理系统的实现问题。

第10章　位运算——低级程序设计。本章介绍了在加密解密算法、图形图像处理和嵌入式系统开发等方面应用非常广泛的基于“位”操作的低级程序设计。通过“网络IP地址的表示”问题介绍了整型数据按位左移右移、按位取反和按位与。通过“加密解密问题”的分析求解介绍了按位或和按位异或。通过“一个图形类型的优化问题”介绍了位段的概念和用法。在位运算的讨论过程中,特别强调每种位运算的特殊作用。

建议教学安排

章　　节	理论学时	实验学时
第1章　计算机与程序设计	2	2
第2章　数据类型与变量——程序设计入门	4	2
第3章　判断与决策——选择程序设计	6	2
第4章　重复与迭代——循环程序设计	6	2
第5章　分而治之——模块化程序设计	6	2
第6章　批量数据处理——数组程序设计	6	2
第7章　内存单元的地址——指针程序设计	6	2
第8章　客观对象的描述——结构程序设计	4	2
第9章　数据的持久存储——文件程序设计	2	2
第10章　位运算——低级程序设计	2	2
合　　计	44	20

在本书的写作过程中,福建工程学院信息科学与工程学院软件工程教研室主任林芳副教授审阅了初稿,对本书提出了宝贵的建议,并组织教研室相关授课老师讨论了本书的教学

内容体系和方法，得到了大家的一致认可，在此表示衷心的感谢。福州大学数计学院谢丽聪副教授对本书的内容体系也给予了充分的认可，在此表示感谢。由于作者水平有限，书中难免存在这样或那样的错误，恳请广大读者批评指正。

鲍春波

2015年元旦于福建工程学院

目　　录

大纲

第 1 章　计算机与程序设计

电子教案

学习目标：

- 理解计算机的基本工作原理和相关的基本概念。
- 认识软件在计算机系统中的重要作用。
- 了解程序设计(软件设计)的基本过程和基本方法。
- 熟悉 C/C++ 语言程序设计的基本环境和基本步骤。

本章从计算机的基本工作原理出发,探索计算机与程序设计的关系。首先要使读者认识到现代计算机之所以无所不能,应用广泛,一方面取决于先进的计算机硬件,更重要的是有丰富的计算机软件,从而明确计算机软件在计算机系统中的地位和作用。然后介绍怎样才能开发出人们所需要的计算机软件,或者说怎样用计算机解决一个实际问题。这涉及一个比较复杂的过程:问题分析、算法设计、程序实现、编译链接、调试运行。

思政案例

1.1　什么是计算机

视频

计算机(Computer)这个词早已经家喻户晓,人人皆知。特别是随着个人计算机和互联网的迅速发展,计算机不仅是复杂的科学计算、自动控制、人工智能、计算机辅助设计与制造等高科技领域的强有力的武器,也已成为人们日常生活、学习、工作必不可少的工具。计算机这样神奇,人们肯定要问:计算机到底是什么呢?计算机是怎么工作的呢?请看下面的几个定义:

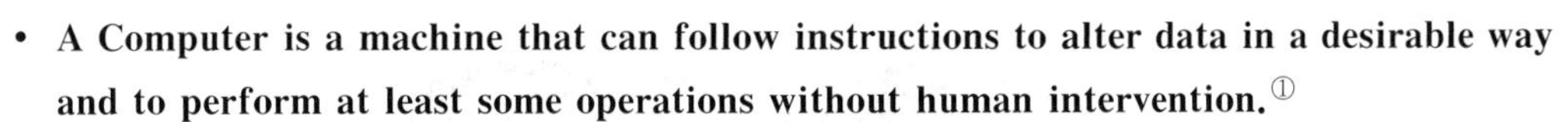

- **A Computer is a machine that can follow instructions to alter data in a desirable way and to perform at least some operations without human intervention.**[1]

计算机是一种能够按照指令对数据进行适当的修改并且至少在没有人干预的情况下能进行运算的机器。

- **A Computer is a device that computes, especially a programmable electronic machine that performs high-speed mathematical or logical operations, or that assembles, stores, correlates, or processes information.**[2]

计算机是一种计算设备,特别是那种可编程的能够高速地执行算术或逻辑运算,或者收集、存储、关联和处理信息的电子设备。

- **A Computer is a device capable of performing computations and make logical decisions at speeds millions (even billions) of times faster than human beings can.**[3]

---

① Pfaffenberger, Bryan. Webster's New World Dictionary of Computer Terms. Eighth Edition. IDG Books Worldwide, 2000, p.120.

② Houghton Mifflin Company. The American Heritage Dictionary. Third Edition. Dell Publishing, 1992, p. 180.

③ Deitel H M, Deitel P J. C++ How To Program. Second Edition. Prentice Hall, 1998, p. 5.

计算机是一种能以比人类快数百万（甚至数十亿）倍的速度进行计算和逻辑判断的设备。

- **A Computer is a programmable machine designed to sequentially and automatically carry out a sequence of arithmetic or logical operations.**[①]

计算机是一种可以连续地、自动地执行一系列算术和逻辑运算的可编程的机器。

上面几个定义从不同程度、不同侧面描述了计算机的基本特征，非常类似，这里可以用几个关键词来刻画：

- 计算机是一种**设备**，一种**电子**设备；
- 计算机具有**运算**（算术运算和逻辑运算）能力，而且是**快速**的；
- 计算机的运算能够**自动**进行，即它是**可编程**的（可把计算的指令按照一定的顺序事先放在计算机中）。

计算机虽然有计算能力，还有逻辑判断能力，但是它并不能**主动**做任何事情，它需要借助于事先编好的**程序**（**指令序列**），按部就班地进行。只有把事先设计好的程序和数据**存储**到计算机中，**启动这个程序**后，计算机才会按照程序中指令的某种次序**自动**执行，直到结束为止，这种类型的计算机称为**存储程序计算机**或**冯·诺依曼计算机**。通过存储程序可以模拟人的逻辑思维能力，使计算机具有与人类大脑相似的功能，因此人们常把计算机称为**“电脑”**。

最早给出自动计算机模型的是英国数学家、逻辑学家**艾兰·图灵**（Alan Mathison Turing）如图1.1(a)所示。1936年，图灵在伦敦权威的数学杂志上发表了一篇划时代的论文《论计算数字及其在判断性问题中的应用》（*On Computable Numbers: with an Application to the Entscheidungsproblem*）。图灵完全是从逻辑上构造出了一个虚拟的计算机——**图灵机**，从理论上证明了制造出通用计算机的可能性，因此**图灵是计算机科学的创始人**。

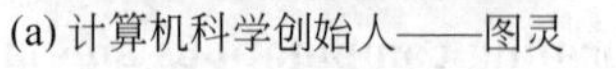

(a) 计算机科学创始人——图灵　　(b) 计算机之父——冯·诺依曼

图1.1　计算机科学和计算机技术的奠基人

1939—1941年，美国爱荷华州立大学的约翰·文森特·阿塔纳索夫（John Vincent Atanasoff）教授和他的研究生克利福特·贝瑞（Clifford Berry）首次用硬件（真空管）实现了

① From Wikipedia, the free encyclopedia 维基百科。

图灵机,命名为 Atanasoff-Berry Computer,简称 **ABC**。

1943 年开始,宾夕法尼亚大学莫尔电气工程学院的莫奇利(John Mauchly)和埃科特(J. Presper Eckert)开始设计 **ENIAC**[①](埃尼阿克)(电子数字积分计算机的简称,英文全称为 Electronic Numerical Integrator And Computer),1946 年投入使用。

美籍匈牙利科学家冯·诺依曼(John von Neumann)如图 1.1(b)所示,ENIAC 的顾问,1945 年,在 ENIAC 研究组共同讨论的基础上,**针对 ENIAC 存在的两个问题:没有存储器(用布线接板控制的),没有使用二进制(用的是十进制)**,发表了一个全新的"存储程序通用电子计算机方案"——EDVAC (Electronic Discrete Variable Automatic Computer),提出了**存储程序**的思想,并成功将其运用在计算机设计之中,开创了计算机新时代,**冯·诺依曼被称为计算机之父**。

世界上第一台冯·诺依曼结构的计算机是 1949 年由英国剑桥大学莫里斯·威尔克斯(Maurice Wilkes)领导、设计和制造的 EDSAC(Electronic Delay Storage Automatic Calculator)。冯·诺依曼计算机从诞生之日起,经历了电子管时代(1949—1956)[②],晶体管时代(1956—1964),集成电路和大规模集成电路时代(1964—1970)、超大规模集成电路时代(1970 年以后)。其类型从**单片机**(或**嵌入式计算机**)、个人计算机、工作站,到小型计算机、大型计算机、巨型计算机。然而不管是哪个时代的,也不管是哪种类型的,冯·诺依曼计算机都是由五个逻辑单元组成的,如图 1.2 所示。

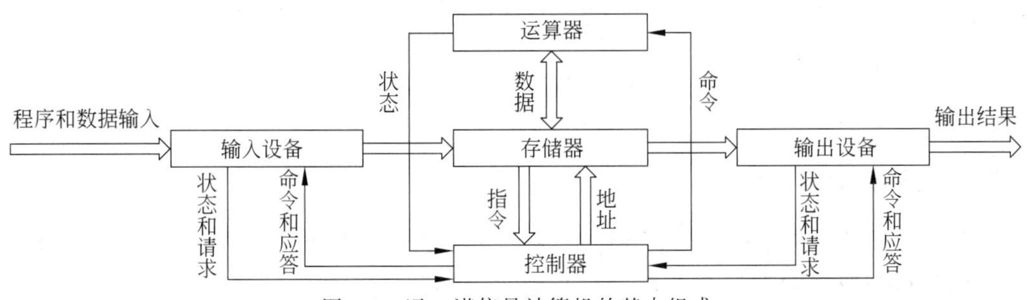

图 1.2 冯·诺依曼计算机的基本组成

输入设备:负责接收信息的部分,包括各种输入设备,如键盘、鼠标、扫描仪。

输出设备:负责输出信息的部分,包括各种输出设备,如显示器、打印机。

存储器:用于存储程序、原始数据和计算结果,存储器分主存储器(内存)和辅助存储器(外存),在此存储器指的是内存。

运算器和控制器:两者统称为**中央处理单元(CPU)**,是计算机的核心。控制器负责协调管理各种计算机操作,运算器实现对数据的算术和逻辑运算。在 CPU 内部有叫作寄存器的存储单元,在 CPU 和主存储器之间还有称为 Cache 的一级、二级缓存的存储单元。

冯·诺依曼计算机的各个组成部分之间的关系如图 1.2 所示,其中宽箭头是数据流,在数据流上传送的信息包括数据(输入数据、中间结果数据、输出结果数据)、程序指令、存储地址等。单线箭头是控制流,在控制流上传送的是控制信号,包括设备的状态和请求、命令和

---

① http://en.wikipedia.org/wiki/ENIAC.

② 很多教科书上说 1946 年问世的 ENIAC 是第一台电子管计算机,但它不是第一台存储程序计算机。

应答等。**冯·诺依曼计算机的工作原理**可以描述如下:在控制器的控制下,首先把**程序和数据**通过输入设备存储到存储器中,然后启动**程序**,按照程序中指令(语句)的顺序逐条处理每一条指令(可能是通过运算器进行一些算术或逻辑运算,也可能是跟输入和输出设备相关的一些输入输出操作),直到程序结束为止,其中程序的结果(包括中间结果)通过输出设备反馈给用户。

不难看出冯·诺依曼计算机的本质是**存储程序**,它是把事先写好的求解程序和原始数据存储到存储器中,这样计算机才能自动快速地对问题求解。

1.2 如何存储程序

1.2.1 存储单位

冯·诺依曼计算机的另一个重要的特征就是使用了**二进制**。在这样的计算机中,不管是数据还是程序指令,所有的信息都用0和1表示,也就是说在存储器中存储的是一个0、1序列。每一个0或者1所占的存储空间称为一个**位**(bit),8个连续的二进制位合起来称为一个**字节**(Byte,简写为B)。一个**存储器**在逻辑上可以看成是由有限个字节组成的一个**线性**序列,通常用KB(Kilo binary Byte)、MB、GB、TB为单位表示存储器的容量,存储单位是Byte。

1KB=1024B

1MB=1024KB

1GB=1024MB

1TB=1024GB

1.2.2 存储方式

实际要存储的一个数据或一条程序指令,一般要占用由几个字节组成的一块存储单元。每个数据和指令所占的存储单元的大小与数据类型和机器有关。**假设当前计算机是16位计算机**,有一组学生成绩数据('A',100,'B',95,'C',80,'D',75,'B',90)要存储到内存中。由于字符数据'A'、'B'、'C'、'D'等,各占用1字节的存储单元,100、95、80、75、90等,整数数据各占2字节大小的存储单元(注意,对于32位计算机或64位计算机,一个整数要占用4字节或8字节的存储单元),因此,它们在内存中的存储映像在逻辑上如图1.3所示。为了方便对数据的存取,通常按存储单元在内存中的位置,以字节为单位用8位、16位或32位二进制数对位置进行**编址**,这样每个存储单元就都有一个**地址**。

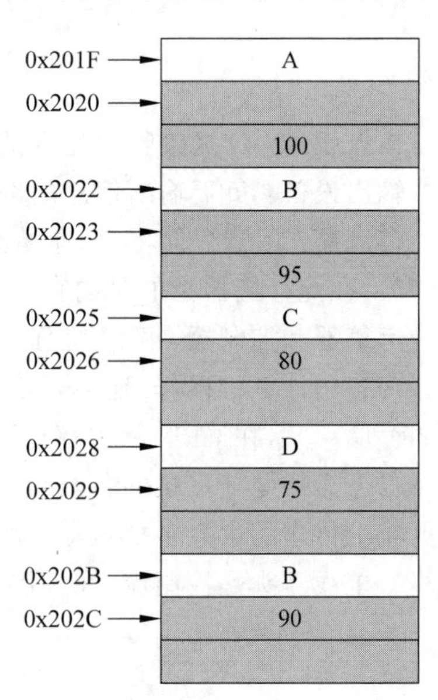

图1.3 数据在内存中的存储映像示意图

图1.3中各个单元的地址是以字节为单位,由于二进制数用十六进制表示非常简洁,因此地址通常用十六进制数表示,例如0x201F(其中前缀0x表示接

下来的数是十六进制数)表示的就是二进制数 0010 0000 0001 1111。假设从 0x201F 开始的单元存储数据'A',则每个数据所在的地址分别是 0x201F,0x2020,0x2021,…,0x202C。用同样的方法可以存储程序指令,但要注意不同的程序指令所占的字节数有所不同,并且跟机器密切相关。

1.2.3 存取操作

我们可以对存储单元进行**读**或者**写**两种操作。读可以获得存储单元的内容,写是修改或更新存储单元的内容。读操作不改变存储单元中的内容,而且可以反复读,存储单元的内容可以说是取之不尽。而写操作会破坏该存储单元中已有的数据,新的数据会覆盖存储单元中已有的数据,即写操作具有破坏性,要慎用。

1.2.4 存储器分类

存储器分为**主存储器**和**辅助存储器**。主存储器(也叫**内存**)是**随机存储器**(Random Access Memory,RAM),这种存储器具有易失性,RAM 在断电后所存储的程序或数据就会立刻消失。还有一种叫作**只读存储器的**(Read Only Memory,ROM),它在出厂之前就把一些基本的指令或数据烧录进去,用户一般只能读取其中的信息。但也有特殊的 ROM 允许用户对其进行擦写或修改,如计算机启动时运行的 BIOS (Basic Input Output System,基本输入/输出系统)程序就是保存在一种叫作 EEPROM(Electrically Erasable Programmable ROM,电可擦除可编程 ROM)或者新一代的 EEPROM——闪存(Flash ROM)的存储器中,用户在必要的时候可以对 BIOS 程序进行系统升级或修改。ROM 最大的特征是不具有易失性,即在断电后,所存储的数据不会丢失。RAM 和 ROM 的容量都比较小,从几百 KB、几 MB 到几 GB,如 1GB、2GB 的内存条等。

辅助存储器(也叫**外存**),可以持久保存程序或数据,即外存是在断电后仍能保存数据的存储设备,如硬盘、光盘(CD/DVD)、软盘、U 盘等。这种存储器的容量一般都比较大,如 80GB、120GB、250GB、1TB 等。

1.2.5 文件与目录

数据或程序在外存一般以**文件**的形式进行存取,每个文件都用(主)**文件名.扩展名**的形式命名,如学生成绩数据文件可以命名为 studentScores.txt,学生成绩统计的 C 语言程序文件可以命名为 studentStat.c,而 C++ 程序文件则需命名为 studentStat.cpp,学生管理系统软件可以命名为 studentManager.exe 等。这里要注意文件名中间的圆点不要丢掉,并特别注意文件扩展名的不同。数据文件和程序代码文件要使用编辑器软件,如记事本(notepad)录入,并以 txt、c 或 cpp 为扩展名来命名,这些文件一般称为**文本文件**,这种文件可以通过编辑软件进行编辑、查看。而以 exe 为扩展名的文件是**可执行文件**,不能通过编辑器直接查看它的内容,它是可以在计算机上直接运行的程序。如果在命令窗口中输入该文件名再回车就可以让它在计算机上运行,大家使用的每个应用软件都是这种可执行文件。

若干个文件可以放在一个**目录**或**子目录**中,目录一般是树状的层次结构,具体结构与操作系统有关。除了使用窗口界面(如 Windows 7 操作系统的资源管理器)查看和访问文件和目录外,作为计算机专业人士也应该熟悉使用命令行来控制计算机。

对于 Windows 7 来说,在开始菜单中的搜索程序和文本编辑框中输入 cmd 后回车,就会有一个黑色的**命令窗口**(也称**控制台**)弹出,如图 1.4 所示。

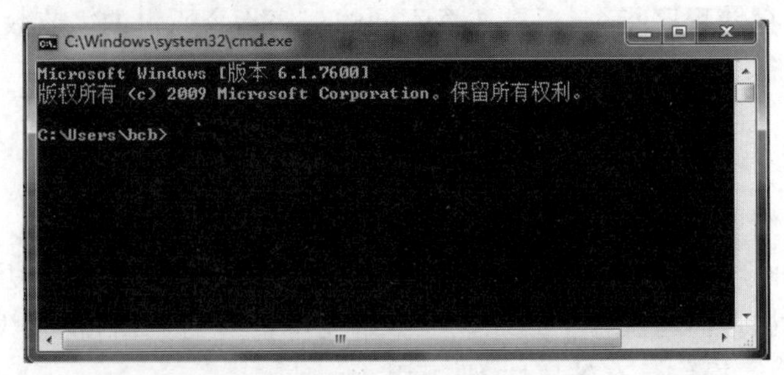

图 1.4　Windows 7 的命令窗口

Windows 命令窗口打开之后,一直会等待用户输入命令(也称 DOS 命令)。DOS 命令有两类,一类是外部命令,另一类是内部命令。外部命令对应一个以"命令名.exe"命名的文件,如 notepad.exe,在命令窗口中直接输入

notepad 回车

就会打开记事本窗口。而内部命令都包含在 cmd.exe 中,常用的内部命令有:

dir——文件或目录列表查看(directory);

cd—— 显示当前目录的名称或将其更改 (change directory);

copy——将至少一个文件复制到另一个位置;

move——将文件从一个目录移到另一个目录;

del——删除至少一个文件或目录(delete);

md——创建目录(make directory);

rd——删除目录(remove directory);

ren——重命名文件(rename file);

path——显示或设置可执行文件的搜索路径;

set——显示、设置或删除 Windows 环境变量;

cls——清除屏幕或命令窗口(clear screen)。

每个命令输入之后必须再按回车键,命令才被解释执行。每个内部命令输入后都由 Command 命令解释器解释处理。

对于 Linux/UNIX 操作系统来说,命令的使用就更重要了。在 Linux/UNIX 系统里有个应用程序叫"终端",启动它后会弹出一个与 Windows 的 cmd 命令窗口类似的窗口。Linux/UNIX 系统的常用命令有:

ls——显示文件列表,列出当前目录中的文件信息(与 dir 类似)(list);

pwd——显示当前工作目录(print working directory);

cd——显示目录或切换目录与 DOS 类似(change directory);

cp——复制文件(copy file);

mv——重命名文件,移动文件(move file);

rm——删除文件 (remove file);

rmdir——删除目录(remove directory);
cat——查看文本文件 (concatenate file);
clear——清除命令窗口或屏幕(clear screen);
mkdir——创建目录(make directory);
set——列出变量 (list variables);
echo——显示变量的值(print the value of a variable);
vi——编辑文本文件(edit a text file)。

1.3 软件与程序设计

视频

假如你去计算机公司配置了一台认为不错的计算机,它有比较快的CPU,比较大的内存和硬盘,还有比较好的显示器、键盘和游戏操纵杆等,那么是不是只有这些好的硬件,计算机就可以很好地工作了呢?当然不行!你必须要先安装一个**操作系统——系统软件**,如Windows XP或者Windows 7、Windows 8,也可以安装Linux操作系统。如果你的计算机没有安装操作系统这样的系统软件,你将无法跟它打交道。如果你要用计算机写一篇报告,还必须安装一个能编辑排版的软件,如字处理软件word.exe。如果你还要用计算机玩游戏,当然还要安装游戏软件。文字处理软件、游戏软件等是具体的一个方面的软件,它们是**应用软件**。如果计算机没有这些应用软件,你就很难用计算机做一些具体的事情。

计算机之所以有各种各样的本领,一方面是有越来越好的硬件支持,但更重要的是有丰富的系统软件和应用软件。**没有软件的计算机称为裸机**。裸机如同一堆废铁,什么也不能做。计算机用户、计算机硬件、计算机系统软件、计算机应用软件作为一个计算机系统,它们之间的关系可以用一个层次图表示,如图1.5所示。

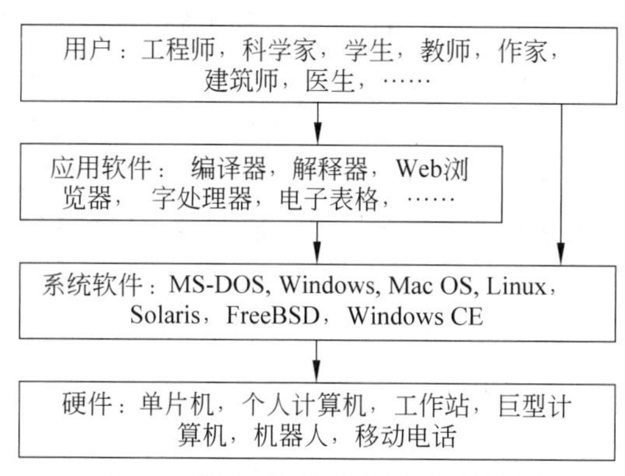

图1.5 用户、软件、硬件之间的关系

从图中不难看出,计算机软件在整个计算机系统中的重要地位。

软件是用户与计算机之间的桥梁,软件是用户操作计算机的接口。

幸运的是,几十年来人们已经开发出了非常多的软件(包括系统软件和应用软件)可以供人们直接安装使用,当然除了开源/免费的软件外,使用软件都是要付费的。

思考题:试列出几款你所熟悉的应用软件。

再假如用户要求你给小学生提供一个做算术练习的环境。可能你马上会问有相应的软件可以用吗？回答是可能有也可能没有。如果没有该怎么办？那就只好自己动手了，实际上所有已有的软件都是前人开发的。开发软件正是计算机相关专业的学生将要从事的主要工作之一。要自己开发软件，首先要搞清楚到底什么是软件？然后再考虑怎么开发它。什么是计算机软件？简单来说软件就是解决某个或某种问题的计算机程序(当然，完整的软件还包括软件的使用说明、帮助文档等)，也就是说，**软件的核心就是程序**。而所谓的**程序就是解决那个问题的具体步骤构成的指令序列**。如果一个问题比较复杂，它相应的软件就可能非常复杂，这种软件显然也不会轻而易举地做出来，必须经过精心地分析和设计才能实现，这要有一个过程。这个过程就是通常说的**软件开发**或者叫**软件设计**，或者更简单地说就是**程序设计**。因此，程序设计的含义就是给出用计算机解决问题的程序。本书不太区分软件和程序这两个词(当然严格来讲它们是不同的)。

怎么进行软件开发或程序设计呢？软件开发或程序设计的过程是怎样的呢？当我们接到一个程序设计的任务时，通常要经历如图1.6所示的几个步骤。

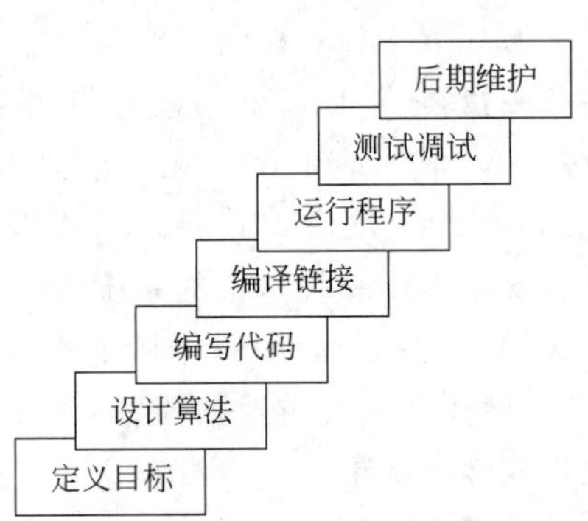

图1.6　程序设计(软件开发)的步骤

- **分析问题，定义目标**。首先必须知道要**做什么**。对于比较简单的问题，只要明确问题的输入和输出，确定输入输出的格式，了解一些附加的需求或约束条件，就应该可以解决了。对于比较复杂的问题，一定要采用特别的分析方法——**软件工程**进行系统的分析，如结构化分析方法和面向对象的分析方法，本书采用结构化的分析方法对问题进行分析。
- **设计算法**。目标明确之后就要回答**怎么做**，给出**解题的具体步骤——算法**，这个过程一般称为**算法设计**。解决一个问题可能有不同的算法。到底哪种算法更好，要经过算法分析才能确定。算法设计和分析有比较系统的理论和方法，技巧性很高，在后续的"算法与数据结构""算法设计与分析"等课程中将系统地学习。本书着重讨论最基本的**结构化程序设计思想，自顶向下、逐步求精**的基本算法设计策略，当然也渗透一些其他算法策略的基本思想，如**分治策略、穷举策略**等。一个算法可以用普通的自然语言陈述，也可以用框图或伪码表达，本书中采用伪码或框图描述算法。
- **算法实现(编写代码)**。有了求解问题的算法之后就可以选用一种计算机语言，如C或C++语言，根据算法写出相应的程序代码，也称源代码，保存到一个扩展名为c或cpp的文件中，称为源文件。用C/C++语言实现的源代码程序是不能直接被计算机执行的，要经过转换(**编译**和**链接**)才能成为**计算机可执行**的软件。
- **调试与测试**。为了检查验证程序是否正确，是否真正实现了问题的目标，一般要对程序进行多次调试与测试。通过调试和测试找出程序中的各种错误(也称Bug)，当然还要分析错误产生的原因，然后修改算法或程序。
- **软件维护**。软件在实际的使用过程中，可能暴露出各种各样的问题，必须及时给以修改和纠正。

不难看出，要自己编写程序或开发软件，一方面必须具有分析问题的能力，弄清楚问题的来龙去脉，然后设计出求解问题的算法；另一方面还要学会一种程序设计语言，用这种语言把算法表达出来,才能最终完成程序设计的工作。这两方面的能力综合起来就是程序设计的基本内涵,即用一种程序设计语言描述出解决某一问题的算法。

1.4 典型程序演示

用 C/C++ 语言几乎可以设计各种各样的程序(软件),如只在命令窗口中进行输入输出的程序——命令行程序、含有图形操作界面的程序——窗口程序、可以绘制图形的绘图程序、游戏程序、网络程序、嵌入式系统程序等。限于篇幅,这里只给出一个猜数游戏程序。

问题描述:

假设甲、乙两人进行猜数游戏。甲心里想好一个 1000 以内的整数,乙来猜。如果乙猜中了,乙赢,游戏结束;如果乙猜的数大于甲想的那个数,甲告诉乙太大了,如果乙猜的数小于甲想的那个数,甲就告诉乙太小了,这样总有一次乙会猜中甲想的那个数。写一个程序,用计算机模拟这个过程,计算机代表甲,随机产生一个 1000 以内的整数,玩家代表乙运行这个程序,猜那个数。

在命令窗口中模拟这个过程的 C 语言程序见程序清单 1.1。

程序清单 1.1

源码 1.1

```
#001 /*
#002 * Guess number game, guessNumber.c
#003 */
#004 #include<stdio.h>
#005 #include<stdlib.h>                //for rand()
#006 #include<time.h>                  //for time()
#007 //function prototype
#008 int makeMagic();                  //thinking a magic number
#009 void guessNumber(int magic);       // guess
#010 //application entrance
#011 int main(void)
#012 {
#013     char a;
#014     int magic;
#015     srand(time(NULL));            //seed random number generator
#016     printf("Welcome to GuessNumber Game\n");
#017     do
#018     {
#019         magic=makeMagic();        //call makeMagic
#020         printf("I have a magic number between 1 to 1000, please guess:");
#021         guessNumber(magic);       //call guessNumber
#022         printf("Continue or no? Y/N\n");
#023         a=getch();                //input a character for continue or no
#024     }while( a=='Y' || a=='y');
#025     return 0;
#026 }
```

```
#027 //define makeMagic function
#028 int makeMagic()
#029 {
#030     int magicNumber;
#031     magicNumber=rand()%1000 +1;
#032     return magicNumber;
#033 }
#034 //define guessNumber function
#035 void guessNumber(int magic)
#036 {
#037     int guess;
#038     do{
#039         scanf("%d",&guess);
#040         if(guess>magic)
#041             printf("Wrong, too high!try again!\n");
#042         else if(guess <magic)
#043             printf("Wrong, too low!try again!\n");
#044     }while(guess<magic || guess >magic);
#045     printf("Congratulation! you are right!\n");
#046 }
```

视频

1.5 程序设计方法

实践证明，程序设计或者软件开发必须讲究方法，不然将后患无穷，甚至是失败。历史上曾出现过所谓的“软件危机”。在早期的软件开发过程中，由于人们不重视开发方法，导致一些软件的开发无法进行下去；即便是开发完了，导致软件的后期维护成为不可能，迫使人们不得不放弃这个已经大量投入开发的软件项目，造成了极大的浪费。人们在一次一次失败中逐渐认识到软件开发就像工厂生产产品，就像建设一个工程一样，必须遵循某种方法，按照某种规律进行，这就是软件工程化。软件开发方法逐渐形成了一个计算机学科的一个专业领域——软件工程。最典型的软件开发方法是**结构化方法**和**面向对象方法**。

1.5.1 结构化方法

结构化方法是一种传统的软件开发方法。它是由结构化分析、结构化设计和结构化程序设计三部分有机组合而成。它的基本思想是把一个复杂问题的求解过程分阶段进行，而且这种分解是自顶向下，逐层分解，使得每个阶段处理的问题都控制在人们容易理解和处理的范围之内。

结构化分析方法强调的是自顶向下、逐步求精的分析过程，在这个分析过程中要特别注意被处理的数据的来龙去脉。

结构化设计方法强调的是在结构化分析的基础上把整个问题的求解过程模块化，从而使问题求解层次化。

结构化程序设计强调的是实现每个模块时只采用三种程序结构，即顺序结构、选择结构和循环结构，如图1.7所示。每种结构只有一个入口和一个出口，不提倡用goto语句任意改变执行顺序和出口。这三种结构可以进一步堆叠和嵌套，以描述任何复杂问题的求解过程。

结构化方法设计的软件比较便于维护。但是当问题过于复杂、规模过于庞大的时候结构化方法开发软件也显得比较困难，暴露出了它的弱点。

C/C++语言都是支持结构化程序设计的语言。本书以结构化方法为主，对给定的问题分析设计和实现。

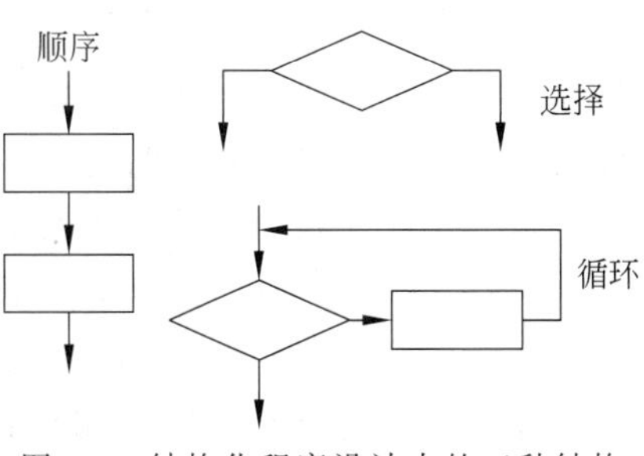

图1.7 结构化程序设计中的三种结构

1.5.2 面向对象方法

客观世界是万物的有机体。每个物体都可称为对象。我们要解决的某个问题一定与某类对象或某几类对象有关，因此必须把问题中包含的对象描述出来，表达出来，同时还要进一步分析这些对象之间有什么关系等。如何表达一个对象呢？可以从两个方面来考虑。一个对象之所以和另一个同类的对象有所不同，是因为对象的一组属性不同而不同，也就是要把对象的属性表达出来，描述它的客观特征。如某个人的一组属性可以是身高、体重、肤色等。同一类的对象除了各自的属性值不同，它们应该有一组行为体现它们的能力，如人类能够行走、说话、劳动等。对象与对象之间是通过它们的行为相互交流和制约。对象之间还可能有层次关系和包含关系。同类型的对象是可以抽象为一个类，如人(类)、学生(类)。一个要用计算机解决的或要用计算机描述的问题往往要包含多个对象，形成一个对象系统。

面向对象方法(Object-Oriented Method)同样包括三个方面：**面向对象的分析方法、面向对象的设计方法和面向对象程序设计**。其基本思想就是从对象(类)出发，进行系统分析，在计算机中建立与客观对象系统一致的对象系统，能够体现它们之间的层次关系，相互作用和制约关系，找到它们之间的求解方案。也就是说，面向对象方法对于整个软件开发过程(包括从分析到设计再到实现)都是基于对象类的，它是建立在“对象”概念基础上的方法学，它以对象为中心，以类(封装了同类对象的属性和行为)、继承(体现类与类之间的层次关系)、多态(对象根据所接收的消息而做出动作，同一消息为不同的对象接受时可产生完全不同的行动)为构造机制，描述客观问题，设计构建相应的软件系统。这种方法与人们认识客观世界的方法相一致。所以，使用面向对象的方法进行程序设计更自然、更有效、更合理、更易于维护。

C++语言不仅支持结构化程序设计，还支持面向对象的程序设计。

1.6 程序设计语言

无论什么样的软件或程序，都要通过一种程序设计语言来表达。程序设计语言是人与计算机交流的工具，就像人与人之间交流需要一种双方都能理解的语言一样，程序设计所用的语言也必须是计算机能够理解的。

从计算机的工作原理可以知道，计算机只能直接接受0或1组成的代码。实际上，每种计算机都有一套用0和1表示的一些指令,如00010101 01101100就是一条机器指令,每条指令中一般包含某种操作和操作数或操作数的地址。所有的指令放在一起构成**计算机的指令系统**。在计算机问世的早期,就是直接用这些指令写算法的程序。这种由计算机指令系统构成的语言称为**机器语言**。显然这种“语言”机器很易“听”懂,可以直接接受,但由于不同的CPU往往有不同的指令系统,每条机器指令又很难记忆,所以机器语言通常称为**低级语言**。用机器语言写出的程序与机器型号类型有关,所以其通用性很差。图1.8是早期的机器语言程序片段及程序经过穿孔输入的纸带示意图,很难想象早期的计算机专家是怎么用计算机解决问题的。

00010101 01101100
00010110 01101101
01010000 01010110
00110000 01101110
11000000 00000000

图1.8　早期的机器语言程序

为了避开直接使用0或1表示的机器语言,人们提出了用一个英文助记单符代表某个0和1组成的机器指令的操作,把操作数的地址也用一个名字代替,如“LD R5, PRICE”,这里不再直接出现0或1,这种格式的指令集合构成的语言称为**汇编语言**,用它写出的程序称为**汇编语言程序**。这样给程序的编制和阅读带来了很大的方便。显然,计算机不会直接理解汇编语言源程序。因此需要使用一个称为“**汇编程序**”的软件把汇编语言程序的代码转换为机器语言程序代码。由于汇编语言程序的代码是机器语言指令的直接替换,所以它还是与机器硬件相关的,仍然是比较低级的,因此汇编语言也是低级语言。下面是机器语言和汇编语言实现的简单加法程序对比。

机器语言		汇编语言	功能说明
二进制表示	十六进制	助记符+变量名	
00010101 01101100	156C	LD R5, PRICE	// 取6C内容送寄存器5
00010110 01101101	166D	LD R6, TAX	// 取6D内容送寄存器6
01010000 01010110	5056	ADDI R0, R5, R6	// 把二值相加,结果送寄存器0
00110000 01101110	306E	ST R0, TOTAL	// 把寄存器0中的结果送地址6E
11000000 00000000	C000	HLT	// 停机

汇编语言虽然是低级语言,写出的代码比较长,可移植性差,可维护性差,但是由于其执行效率比较高,因此很多与硬件密切相关的应用问题仍然是汇编语言的用武之地。

随着计算机技术的发展和计算机应用的推广,人们希望有这样的语言:

(1) 用它写的程序与具体的CPU指令系统无关,可以在不同的硬件平台上使用;

(2) 用少量的代码就可以实现比较复杂问题的处理;

(3) 语言中可以用普通语言的句子和像数学运算一样的公式,形式上很像自然语言。

这样的语言称为**高级语言**。

早在20世纪50年代末期,IBM公司就开发出来专门用于科学计算的高级语言FORTRAN(FORmula TRANslator),用这种语言可以直观地书写科学计算中的公式。虽然开始它是专门为IBM计算机服务的,后来逐渐演变成一种比较通用的语言,现在依然广泛用于科学计算。至今为止,高级程序设计语言已多达数百种,甚至上千种,有的专用于某个领域,有的可以应用于多个领域(通用),非常有代表性的高级语言如表1.1所示。用高级语言实现上述简单的加法运算可以直接写成 total=price+tax。每种高级语言都有自己的语法规定、句型结构。程序员要按照该语言的规则书写具体的程序。显然用高级语言书写的程序更不能直接被计算机所接受了,同样需要一种或多种工具把它转换为机器能够执行的机器语言程序。把高级语言程序转换为机器语言程序的最典型的工具是编译系统(或者叫编译器)、解释系统(解释器)和链接程序(链接器)。**编译器**是把源程序文件从整体上翻译为机器语言指令代码,结果称为目标文件。单个的目标文件一般还不是最终可被计算机执行的软件,因为一般一个问题的程序往往由多个源文件组成,它们逐个被编译之后,产生多个目标文件,即使只产生一个目标文件,也会用到系统的一些模块。**链接器**负责把问题的多个目标文件和在程序中用到的系统库的目标模块链接成一个完整的可执行程序,生成扩展名为 exe 的文件,也就是通常所说的软件。**解释器**是逐句进行翻译,而且翻译之后立刻被执行,它不会生成目标代码文件,也不需要链接成 exe 可执行文件。通过编译链接方式生成软件的语言称为编译型高级语言,如 C/C++ 语言。通过解释方式执行的语言称为解释型高级语言,是人机交互语言,如早期的 Basic 语言、Logo 语言。也有的语言先通过编译生成一种中间码,然后再解释执行,如 Java 语言。

表 1.1 典型的高级程序设计语言

FORTRAN	最早的高级语言之一,面向科学计算的高级程序设计语言
ALGOL60	最早的高级语言之一,面向算法描述,科学计算,C/C++、Java 等都是由 ALGOL 发展而来的
COBOL	面向商业的通用语言
LISP	最早的高级语言之一,面向人工智能的表处理语言
Scheme	是 LISP 语言的一个现代变种
Smalltalk	历史上较早的、面向对象的程序设计语言和集成开发环境
C	结构化的系统编程语言
C++	结构化、面向对象的系统编程语言
Prolog	人工智能语言
Java	一种简单的,面向对象的,分布式的,编译解释型的,健壮安全的,结构中立的,可移植的,性能优异、多线程的动态语言
Perl	一种像 C 语言一样强大的,像 awk、sed 等脚本语言一样方便的解释型语言
Ruby	一种面向对象的脚本语言,语法既像 Smalltalk,又有像 Perl 强大的文字处理功能
PHP	一种 HTML 内嵌式的、在服务器端执行的脚本语言,语言的风格类似于 C 语言
Python	一种解释型的程序设计语言,支持面向过程和面向对象
D	既有 C 语言的强大威力,又有 Python 和 Ruby 的开发效率
Ch	C/C++ 语言解释器,可嵌入的
Logo	一种解释型程序设计语言,内置一套海龟绘图系统

其中,C/C++ 语言是功能强大、使用最广泛的高级语言之一。

1.7 C/C++ 语言简介

C语言是美国AT&T贝尔实验室的Ken Thompson、Dennis Ritchie及其同事在开发UNIX操作系统的过程中产生的副产品。一切都从一个叫Space Travel的电子游戏开始……为了让这款游戏能在PDP-7(美国DEC公司所研发的一款迷你计算机)上运行,Ken Thompson用汇编语言给PDP-7写了一个操作系统——UNIX,他发现汇编语言太不好用了,于是他又在剑桥大学Martin Richards的BCPL语言的基础上开发设计了一款小型的B语言(BCPL语言又可追溯到一种最早的、影响深远的ALGOL 60)。1970年,Thompson用B语言为PDP-11计算机重写了UNIX操作系统的早期版本。到了1971年,B语言已经暴露出不适合于PDP-11计算机的缺点。于是,Dennis Ritchie开发了B语言的升级版,取BCPL中的第二个字母为名,这就是大名鼎鼎的C语言。随后不久,UNIX的内核(Kernel)和应用程序全部用C语言改写。从此,C语言成为UNIX环境下使用最广泛的主流编程语言。

整个20世纪70年代,C语言一直持续发展,1978年,丹尼斯·里奇(Dennis Ritchie,1941.9—2011.10,见图1.9)和布莱恩·科尔尼干(Brian W. Kernighan)合作推出了*The C Programming Language*的第一版(简称为K&R),书末的参考指南(Reference Manual)一节给出了当时C语言的完整定义,成为当时C语言事实上的标准,人们称之为K&R C。从这一年以后,C语言被移植到了各种机型上,特别是在IBM-PC也开始使用C语言,使C语言在当时的软件开发中几乎一统天下。然而,C语言在各种计算机上的快速推广导致出现了许多C语言版本,这些版本虽然类似,但通常是不兼容的。C语言版本写出的程序不能在多种平台上运行,给应用带来了很多麻烦,人们迫切需要一种标准的C语言版本,需要一种与机器无关的C语言。

图1.9 C语言之父——Dennis M. Ritchie

1983年,美国国家标准委员会成立了X3J11,专门负责信息技术标准化的机构,起草了关于C语言的标准草案。

1989年,草案被ANSI正式通过美国国家标准(ANSI/ISO 9899: 1990),称为C89标准,这时的C语言称为**ANSI C**。*The C Programming Language*第二版就是根据ANSI C(C89)进行了更新。

1990年,ISO (http://www.iso.org/iso/home.html) 批准了ANSI C成为国际标准,于是ISO C(又称为C90)诞生了。除了标准文档在印刷编排上的某些细节不同外,ISO C(C90)和ANSI C(C89)在技术上完全一样。ISO在1994年、1996年分别出版了C90的技术勘误文档,更正了一些印刷错误,并在1995年通过一份C90的技术补充,对C90进行了微小的扩充,经过扩充后的ISO C被称为C95。

1999年,ANSI和ISO又通过了C语言的新标准和技术勘误文档,该标准被称为C99。它基本上与ANSI C兼容,但删去了一些不安全特征。

2011年12月8日,ISO发布了**C语言的最新标准C11**,即ISO/IEC 9899:2011。C11新标准提高了对C++的兼容性,并将一些新特性增加到C语言中,支持多线程。

C语言具有以下几个显著的特点。

- 高效性。高效性是C语言与生俱来的优点之一。C语言的产生就是为了替换用汇编语言写的应用程序。
- 可移植性。所谓可移植性就是当你在一种类型的计算机上用C语言写好了程序,可以不用修改或很少修改就可以在另一类计算机上使用。C语言具有可移植性的原因要感谢C语言与UNIX操作系统的早期结合以及后来的标准化工作。另一个原因是C语言编译器规模小且容易编写,使其得到广泛应用。
- 功能强大。C语言的数据类型和运算符非常丰富,具有强大的表达能力。
- 灵活性。C语言最初是为了系统编程,实际上可以应用于编写从嵌入式系统到商业数据处理的各种应用程序。C语言在一些特性的使用上限制比较少,如字符可以和整数相加。
- 标准库。C语言标准库中包含了数百个函数,实现输入/输出、字符处理、存储分配、数学计算、文件处理等。

C++是对C的一个扩展,是对C语言已有功能的增强(也有人说是更好的C),同时支持面向对象的方法。1979年,Bjarne Stroustrup(本贾尼·斯特劳斯特卢普,见图1.10)借鉴Simula语言中Class的概念,开始研究增强的C语言,使其支持面向对象的特性。1983年,这种语言被命名为C++。1986年,B. Stroustrup出版了*The C++ Programming Language*第一版,这时C++已经开始受到关注,B. Stroustrup被称为C++之父(Creator of C++)。1989年,负责C++标准化的ANSI X3J16挂牌成立。1990年,B. Stroustrup出版了*The Annotated C++ Reference Manual*(简称ARM),由于当时还没有C++标准,因此ARM成了事实上的标准。1990年,Template(模板)和Exception(异常)加入到了C++中,使C++具备了**泛型编程**(Generic Programming)和更好的运行时错误处理方式。1994年,C++标准草案出台。B. Stroustrup出版了*The Design and Evolution of C++*(简称D&E)。后来C++标准草案中又增加了STL(标准模板库)的建议草案。1998年,ANSI和ISO终于先后批准C++语言成为美国国家标准和国际标准(ISO/IEC 14882:1998,简称C++98)。时隔多年之后,C++有了很大的发展,于2011年9月发布了C++第三版的标准ISO/IEC 14882:2011,也是最新标准,又称C++0x或C++11。在这个版本中增加了很多核心语言的新机能,并且拓展了C++标准程序库。C++语言的标准在不断发展完善,每隔3年就有新的东西添加进来,并发布新的版本,C++ 20版即将发布。

图1.10 C++之父——B. Stroustrup

本书以C/C++语言为工具,讨论结构化程序设计的基本方法、基本技巧,培养学生程序设计的基本能力。虽然本书中所有实例(见7.7.7节)的源码均保存为C语言程序文件,即后缀为.c的文件,但它们都可以直接修改为C++文件,即把程序文件的后缀.c修改为.cpp。

思政案例

视频

1.8 C/C++ 结构化程序设计基本环境

如果你已经对某个问题的目标和任务很清楚了,也已经知道用计算机解决它的具体方案了,接下来就要把它的实现代码输入到计算机里,进行编译链接生成最终的可执行代码(应用程序)。为了完成这样的任务需要一些工具,一般包括**一个编辑器、一个编译器和一个调试器**。编辑器为我们提供了一个输入代码、编辑代码的环境,通过编辑器可以把实现的代码输入到一个文件中,这种文件通常称为**源代码文件**,简称**源文件**。1.4 节的猜数游戏程序要使用编辑器输入,建立相应的程序文件 guessNumber.c。最简单常用的编辑器是 Windows 操作系统提供的记事本软件 notepad,还有要特别安装才有的 UltraEdit 软件,以及 Linux/UNIX/Mac OS 等操作系统特有的编辑器 Vim 或 Emacs 等(这两个编辑器都已经有 Windows 版本了)。编译器为我们提供了翻译源代码文件的工具,编译的结果形成二进制的**目标文件**,.o 或.obj 文件,这种文件虽然已经是由机器指令组成的代码文件,但它还不能被计算机执行。编译器通常内含**链接器**,或者说具有链接的功能。一个问题常常含有多个文件模块对应的目标文件(也可以是一个目标文件),它们必须要同一些在程序中用到的 C/C++ 标准库提供的目标文件链接在一起才能形成一个最终的**可执行文件**。目前最受欢迎的编译器之一就是 gcc(GNU compiler collection),它是开源的跨平台的软件集合,它不仅仅包含 C 语言编译器,还包含 C++、Java、FORTRAN、Objective-C 等多个编译器。gcc 的官网 http://gnu.april.org/software/gcc/不断发布最新版本,到 2020 年 5 月,最新版本是 gcc 10.1。在 Windows 操作系统下需安装 MinGW,请参考本书配套的"习题解答与实验指导"。假设已经建立了工作目录 D:\work,并且已经使用编辑器建立了源文件 hello.c,启动命令窗口,切换到 D 盘,再用命令 cd work 改变到目录 work 下,这时可以使用 dir 命令查看一下是否已经有 hello.c,如果有,就可以用编译器 gcc 对其编译和链接了,具体用法如下。

编译源程序:

```
gcc -c hello.c 回车
```

其中-c 是 gcc 命令的一个选项,表示编译(compile)的意思,如果没有语法错误,编译的结果将产生一个.obj 或.o 文件:hello.obj 或 hello.o。

链接目标程序:

```
gcc -o hello hello.o 回车
```

其中-o 也是 gcc 的一个选项,表示链接目标文件生成一个后缀为.exe 的可执行文件,注意表面看来只有一个 hello.o,实际上还包括程序中需要的标准库中的目标文件,标准库的目标文件会自动链接。如果编译链接都成功了,hello.exe 就能像 DOS 命令一样使用了。

一个程序一般不是一次就能做到完美无缺,常常存在这样那样的错误(称为 **Bug**),这种错误可能不是**语法错误**(syntax error),而是**逻辑错误**(logical error),或者是程序在运行时出错而中断执行,这是**运行错误**(runtime error)。出现了错误就要想办法发现它们,更正过来,这个过程称为**调试**。调试是有技巧的,大家可以使用专门的工具——**调试器**,也可以不用调试器,详细介绍参考本教材配套的《问题求解与程序设计习题解答和实验指导》。

如果使用调试器,可以用与 gcc/g++ 配套的 gdb,它可以像 gcc 那样在命令窗口中单独使用，如图 1.11 所示。使用 gdb 的前提是在编译时要再增加一个选项-g，意思是编译生成的文件要包含各种调试信息，即

```
gcc -g -c hello.c 回车
gcc -o hello.exe hello.o 回车
```

或

```
gcc -g -o hello.exe hello.c 回车
```

这时就可以

```
gdb hello.exe 回车
```

进入调试状态，具体调试过程参见本书配套的《问题求解与程序设计习题解答和实验指导》。

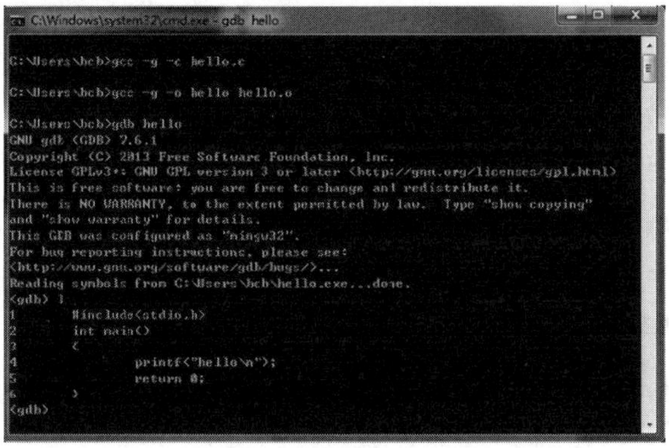

C:\Windows\system32\cmd.exe - gdb hello
C:\Users\hcb>gcc -g -c hello.c
C:\Users\hcb>gcc -g -o hello hello.o
C:\Users\hcb>gdb hello
GNU gdb (GDB) 7.6.1
Copyright (C) 2013 Free Software Foundation, Inc.
License GPLv3+: GNU GPL version 3 or later <http://gnu.org/licenses/gpl.html>
This is free software: you are free to change and redistribute it.
There is NO WARRANTY, to the extent permitted by law. Type "show copying"
and "show warranty" for details.
This GDB was configured as "mingw32".
For bug reporting instructions, please see:
<http://www.gnu.org/software/gdb/bugs/>...
Reading symbols from C:\Users\hcb\hello.exe...done.
(gdb) l
1 #include<stdio.h>
2 int main()
3 {
4 printf("hello\n");
5 return 0;
6 }
(gdb)

图 1.11　gdb 软件界面

以上的编译、链接、调试都是在命令行环境进行的，虽然有点麻烦，但它可以很清楚地让大家知道每个步骤具体的作用和结果。作为计算机专业的同学来说，在命令行环境下操作是一个基本功，希望大家喜爱这种方式。当熟悉了这个过程之后，就可以改用集编辑、编译、链接、调试为一体的**集成开发环境**——窗口界面。常用的集成开发环境有多种，本书推荐使用 Code::Blocks 集成开发环境，其中内置了非常好用的编辑器和 gcc/g++ 编译器，以及 gdb 调试器，其主界面如图 1.12 所示。

hello.c - Code::Blocks 13.12
File Edit View Search Project Build Debug Fortran wxSmith Tools Tools+ Plugins DoxyBlocks Settings Help
Management
Projects
Workspace
Start here
hello.c
/*
* hello.c: display Message
*/
#include <stdio.h> //for printf
int main(void) //entrance
{
printf("Hello, Welcome to C/C++!\n");
return 0;
}
Logs & others
Code::Blocks
Search results
Cccc
Build log
Build messages
CppCheck
File
Line
Message
Windows (CR+LF)
WINDOWS-936
Line 4, Column 18
Insert
Read/Write
default

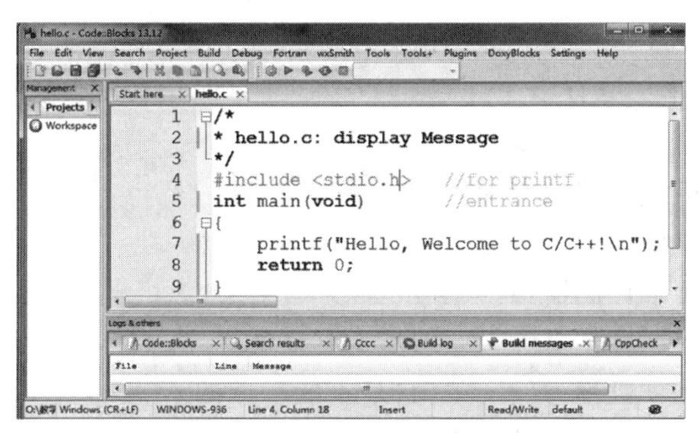

图 1.12　Code::Blocks 集成开发环境

小　结

本章简单介绍了存储程序计算机的基本工作原理，讨论了存储单位、存储方式、存取操作等存储相关的内容。特别强调了计算机软件在计算机系统中的重要性，介绍了计算机软件开发或计算机程序设计的几个基本步骤(或阶段)。软件开发或程序设计要讲究方法。为了让初学者对程序有一个感性认识并产生兴趣，列举了几个典型的C语言开发的程序。本章还介绍了软件开发的结构化方法和面向对象方法。程序或软件必须通过程序设计语言来表达，本章最后介绍了当前比较流行的程序设计语言C/C++，用C/C++进行程序设计所需要的基本环境，一种是命令行环境，另一种是集成开发环境，两种环境都提倡使用开源的、跨平台的gcc/g++编译器和Code::Blocks集成开发环境。

概念理解

1. 简答题

(1) 什么是计算机？什么是冯·诺依曼计算机？

(2) 计算机是怎样工作的？

(3) 什么是计算机软件？

(4) 什么是程序设计？

(5) 计算机是如何存储程序和数据的？

(6) 计算机软件开发/程序设计的基本步骤是什么？

(7) 什么是结构化方法？

(8) 什么是面向对象的方法？

(9) 什么是程序设计语言？它是怎么分类的？

(10) C/C++语言各有什么特点？

(11) 编译器是干什么的？gcc编译器如何使用？

2. 填空题

(1) 计算机不仅有(　　)能力，还有(　　)能力。

(2) 程序和数据在计算机内部都是由(　　)组成的。

(3) 存储器在逻辑上是有限个字节的(　　)，存储单位是(　　)，它由8个(　　)组成。

(4) 存储器存储单元的编号称为(　　)。

(5) 对存储器可以进行两种操作：(　　)和(　　)。

(6) 主存储器是随机存储器，它具有(　　)。

(7) 辅存储器上的信息是以(　　)的形式存储的。

(8) 没有软件的计算机称为(　　)，它是不能工作的。

(9) 计算机能够直接理解的是0或1表示的(　　)。

(10) 问题的求解步骤称为(　　)，确定算法的过程称为(　　)。

(11) 我们将要学习用高级语言写程序，高级语言程序必须经过(　　)或(　　)，翻译成计算机能够理解的机器语言程序，才能成为最终用户需要的计算机软件。

基本功训练

1. 熟悉常用的DOS命令或者Linux命令的使用方法，如切换盘符，创建目录cd，查看目录dir(linux的ls)等。选定一个磁盘，创建你自己的工作目录。

2. 熟悉文件的基本操作，建立文件、保存文件、打开文件、复制文件、删除文件、移动文件等。选择一个编辑器，如UltraEdit建立hello.c，把它保存在你的工作目录中，退出，再打开，修改，再保存。

3. 英文打字基本功训练，要求每个人必须做到"盲"打，即按照标准的指法打字，并有一定的速度。可以借助英文打字软件金山打字通来训练英文打字的基本功。适当练习中文打字。

4. 熟悉编辑器的用法，至少能熟练使用UltraEdit或记事本软件输入英文文章和C/C++源程序。有能力的同学，应当学会vi/vim/gvim的使用方法。自选英文文章或源程序作为训练材料。源程序可选本章中给出的演示程序，输入之后保存到你的工作目录中。

5. 初步了解程序设计的基本过程，即编辑源程序、编译(如有错误，修改，再编译)、链接、执行(如有错误再修改源程序，再编译链接，再执行)的全过程，这个过程中可能包含多次阶段性反复。

实 验 指 导

第 2 章　数据类型与变量——程序设计入门

电子教案

学习目标：

- 掌握程序的基本框架和一些基本概念。
- 掌握 C 语言程序的数据输入和输出的方法。
- 理解数据类型、变量的概念。
- 掌握整型变量和浮点型变量的定义和使用方法 。
- 理解不同数据类型的转化原则。
- 培养程序设计的良好风格。
- 认识程序的顺序结构。
- 掌握程序设计的基本步骤。

本章通过几个简单问题的计算机求解，介绍 C 语言程序的基本框架和一些基本概念，包括应用程序的入口——main 函数的基本结构，C 语言的基本输入输出方法，C 语言中如何处理整数数据和小数数据，在计算机内部整数和小数数据是如何存储的，数据类型的概念和不同数据类型之间的转换方法，常量与变量的概念和它们的定义方法，程序设计的良好习惯和风格等。

本章要解决的问题有：

- 在屏幕上输出文字信息；
- 计算两个整数的和与积；
- 温度转换；
- 求两个整数的平均值；
- 计算圆的周长和面积。

视频

2.1　在屏幕上输出文字信息

问题描述：

在显示器屏幕上输出“Hello，Welcome to C/C++ !”文字信息。

输入样例：

无

输出样例：

```
Hello,Welcome to C/C++!
```

问题分析：

现在的任务是要把文字信息“Hello，Welcome to C/C++ !”显示到屏幕上的某一个位置。这个问题看似简单，但实际计算机要做很多事情。首先，因为计算机的显示屏幕是由整齐排列的像素点(小方块)组成的，对于分辨率为 1024×768 的屏幕，每一条水平线上含有 1024 像素点，共有 768 条线，共计 786 432 像素。所以在屏幕上显示信息实际上就是要控制屏幕上的哪些像素点应当被点亮,哪些像素点可见。其次要确定一个显示的开始位置。然后计算机将根据文字信息的形状点亮屏幕上相应像素的位置。具体怎么确定起始位置,怎么点亮像素是不是都要C程序员自己来考虑呢?如果是这样,这个问题实现起来就一点也不简单了。事实上,这些非常底层的操作,C程序员根本不必去关心,因为有人已经写好了专门用于在屏幕上输出信息的一个工具——printf函数,大家只需使用这个工具即可。

算法设计:

调用printf函数在屏幕上输出"Hello, Welcome to C/C++!"。

源码2.1

程序清单2.1

```
#001 /*
#002 * hello.c: 在屏幕上显示信息
#003 */
#004 #include <stdio.h>                          //printf需要的头文件
#005 int main(void)                              //应用程序的入口
#006 {
#007     printf("Hello, Welcome to C/C++!\n"); //调用printf,显示给定的信息
#008     return 0;                               //程序正常结束时返回0
#009 }
```

运行程序:[①]

2.1.1 C语言程序的基本框架

程序清单2.1虽然简单,但它体现了C/C++结构化程序的基本框架。任何C/C++结构化程序一般都要包含注释部分、预处理部分、主函数部分和其他函数部分,基本框架如下:

```
/*
* 程序注释
*/
#include<头文件>                             //预处理指令
//其他函数的使用声明
[函数1的声明]
[函数2的声明]
⋮
[函数n的声明]
//主函数,任何应用程序都是从主函数开始执行
int main(void)                               //主函数的头
{
    语句序列;                                //问题求解的具体步骤
    return 0;                                //程序结束时返回0
}                                            //主函数结束
[其他函数1]
```

① 教师在课堂上可以实时编译链接并运行程序,向学生展示运行结果。学生自学时也可自己编译运行教材配套资源中的程序。本书中的每个案例程序都有这样一个环节,为了节省篇幅,运行程序这一部分就省略了。

```
[其他函数 2]
⋮
[其他函数 n]
```

其中，主函数部分是程序的主体，是必不可少的，是独一无二的，它包括主函数的头和一对大括号{}扩起来的函数体。其他函数部分可有可无，可多可少。其他函数的样子同主函数十分类似，只是函数名称各有不同，函数功能和地位有所不同。C/C++ 语言程序中的各个函数是彼此独立存在的，函数之间是通过互相调用相互联系。可以说 C/C++ 语言结构化程序是由若干个函数组成的，关于函数的详细讨论见第 5 章。在第 5 章之前，问题求解程序只涉及主函数和部分标准库中的函数。

下面针对这个程序框架的基本部分和程序清单 2.1 的实现代码，介绍 C/C++ 结构化程序的几个最基本的内容。

2.1.2 注释

注释是对程序的说明和解释。既可以对整个程序进行注释，介绍程序的内容，标明程序的设计者和设计时间等；也可以对程序的某一部分甚至某一条语句进行注释，说明该语句的功能和作用。编译器不会编译程序中的注释部分，它仅仅是为了便于人们阅读而存在的，是面向用户的。注释可以增加程序的可读性。

注释方法有两种。一种是使用配对的符号/ * 和 * /，在它们之间的内容就是注释信息，这种注释可以分布在多行，但中间不能再出现/ * 或 * /，不然会产生注释错误。这种方法一般用于整体注释或段落注释，如程序清单 2.1 中的第 #001 行到第 #003 行。另一种方法是使用双斜杠//符号注释，这种注释比较灵活，它表示某一行从//开始之后的内容是注释部分。这种方法便于单行注释，如程序清单 2.1 中的第 #005 行、第 #007 行中的注释。

适当增加一些注释是良好的程序设计习惯，如果在程序中不加任何注释，换来的是别人可能很难读懂该程序，甚至过一段时间之后连自己也读不懂了。

2.1.3 预处理指令

程序清单 2.1 中的第 #004 行称为**预处理指令**(preprocessor directives)，它是在程序编译之前由一个所谓的**预处理程序**执行的。gcc 编译器不仅可以编译链接，还能进行预处理。每个预处理命令均由 # 开始，如 #include、#define 等。#include 预处理指令是把程序中需要的头文件在预处理阶段包含到程序中，它是一个**嵌入替换过程**，把一行预处理指令替换为整个要嵌入的头文件。程序中要使用 C 标准库中的 printf 函数，它对应的头文件是 stdio.h，所以在程序的预处理部分要包含这个头文件。

头文件是一个文本文件，可以用编辑器打开它，查看其中的信息。打开 stdio.h 就可以看到其中包含了 printf 函数的一些说明信息和调用格式。C 语言头文件是 C 语言标准库提供的，它们位于 C 语言安装目录的 include 子目录中，大家可以查看还有哪些头文件。头文件中没有函数的实现代码，真正的 printf 函数的实现代码是在 C 标准库中 libcmt.lib (Windows 操作系统的静态库为.lib)或 libc.a(Linux 系统的库为.a)中，大家可以用 ar 命令查看库中的内容，例如：

```
ar -t libcmt.lib 或 ar -t libc.a
```

就可以列出库中所有的.o文件,其中会有一个printf.o文件。一般来说,库文件是放在系统安装目录的lib子目录中,将来在程序链接的时候就会把C标准库中的相关代码自动地与大家自己写的程序链接到一起,形成一个可执行的exe文件。

2.1.4 主函数——应用程序的入口

一个C/C++语言应用程序,不管它的规模有多大,是简单还是复杂,都应该只有一个开始执行的入口,这就是**主函数** int main(void),其中的int(integer)表示整型数据类型,意思是当主函数执行完毕时要返回一个整型数值。main后面的(void),括号表示main是函数,void表明这个函数没有参数。一般情况下,main函数是不需要参数的,但实际上main是可以有参数的,通过参数可以向函数的执行体传递一些必要的信息。本书中的大部分程序的main函数都是没有参数的,有参数的main函数见7.3.3节。一个C/C++语言应用程序必须要包含主函数,没有主函数的程序编译链接之后是不能独立运行的。一个应用程序除了主函数之外还可能有更多其他的函数。不管一个程序包含多少个函数,当程序被执行的时候,主函数是程序的唯一入口。函数之间通过互相调用彼此联系起来,形成一个有机的整体。

程序清单2.1经编译链接之后,生成可执行程序hello.exe,在命令窗口运行它时,具体执行过程如下:

(1) 在命令窗口中输入hello.exe,回车;

(2) 程序从#005行开始执行,进入函数体;

(3) main函数调用printf函数在屏幕上显示"Hello,Welcome to C/C++!",并换行;

(4) 执行return 0语句,返回到命令窗口。

其中,"return 0 ;"语句称为**返回语句**。执行这个语句将结束主函数的执行,把控制权交给调用main函数的操作系统。return 0在结束应用程序的同时把一个整数0返回,这表示程序正常结束。

2.1.5 转义序列

本节的问题是要输出文本信息"Hello, Welcome to C/C++ !",但在程序清单2.1中却是"Hello, Welcome to C/C++ !\n",你有没有注意到字符"\n"? 虽然"\n"也在引号中,但在结果中却没发现它。这是为什么呢? 这是因为反单斜杠开始的字符有特别的含义,printf函数遇到这样的字符就会做特别的处理。反斜杠字符"\"称为**转义字符**(escape character),"\"后面跟一个字符后称为一个**转义序列**(escape sequence),也就是说,有些特别的字符如果在前面加上"\"其意义就发生了转化,或者避免与其他相关字符混淆。转义序列"\n"的含义是回车换行,printf函数遇到它后光标会到新的一行开始处。常用的转义序列如表2.1所示。

模仿程序hello.c不难写出输出多行文本信息到屏幕上的程序,同样也不难给出把一句话分成多行输出的程序。对于前者只需注意printf函数可以使用多次,对于后者只需注意转义序列也可以使用多次。在需要的任何地方都可以任意使用printf函数和转义序列。请猜测下面的程序会有什么样的输出结果。

表 2.1 常用的转义序列

转义序列	含　义	转义序列	含　义
\n	换行(Newline)	\'	输出单引号 (Single Quotation Mark)
\t	水平制表(Horizontal Tabulation)	\?	输出问号(Question Mark)
\\	输出反斜杠(Backslash)	\r	输出回车符(Carriage Return)(不换行,光标定位当前行的开始位置)
\a	响铃符(Alert or Bell)	\b	退格(Backspace)
\"	输出双引号 (Double Quotation Mark)		

源码 2.2

程序清单 2.2

```
#001 /*
#002 * hello.c: display Messages
#003 */
#004 #include<stdio.h>
#005 int main(void)
#006 {
#007     printf("Hi,How are you!\n");
#008     printf("Hello\nWelcome to C/C++!\n");
#009     return 0;
#010 }
```

可以打开编辑器输入程序清单 2.2 的代码,并以 hello2.c 为名保存到工作目录中,然后打开命令窗口,进入工作目录,用 gcc 对 hello2.c 进行编译链接,最后运行 hello2 看看有什么结果,与你猜测的结果一致吗?

2.1.6 保留字与分隔符

保留字又称**关键字**,它是 C 语言预先规定的具有固定含义的一些单词,如 int、void、return 等,用户只能按照预先规定的含义来使用它们,不能改变其含义。ISO/ANSI C 规定的保留字见附录 A。

还有一些称为**保留标识符**的单词,如标准库函数中函数的名字 printf,这样的函数名字有数百个,我们会陆续介绍其中的一些。完整的 ANSI C 标准库函数参考见 http://www.cplusplus.com/reference /clibrary/。

就像写文章有标点符号一样,写程序也要有一些**分隔符**,否则,编译器就无法区分不同的内容,阅读起来也不够清晰,理解起来会造成错误或误解。C/C++ 程序中的分隔符有逗号、分号、冒号和空白符。空白符包括空格、回车/换行、制表符 Tab 等。如主函数的头中 int 与 main 之间、return 与 0 之间的空格起到一种分隔的作用。

2.1.7 标准输出函数

C/C++ 语言程序的基本单位是**语句**,它是以**分号**结尾的。在程序清单 2.1 中,与算法的步骤相对应的语句序列只有一句,即

```
#007  printf("Hello,Welcome to C/C++!\n");
```

这是本节问题求解的关键。计算机执行这个语句就能在屏幕上输出文字信息“Hello，Welcome to C/C++!”。这条语句称为**函数调用语句**，因为它使用了C语言stdio**标准库**中提供的一个工具函数printf——**标准输出函数**。所谓的标准输出就是屏幕输出，常常也把输出信息称为打印输出。#007行这条语句的功能是向标准输出设备上输出信息，因此也叫标准输出语句。C语言的标准库相当于一个工具箱，标准库中的函数就相当于工具箱中的一个工具。只要知道函数的调用格式以及调用后的结果就可以嵌入相应的头文件使用它了。printf函数的调用格式之一是

```
printf("要显示的信息和格式说明");
```

注意：要显示的信息和相关的格式说明必须用双引号括起来。格式说明的内容比较丰富，在本节用到的只是一个转义序列“\n”。更一般的printf函数调用格式是

```
printf("要显示的信息和格式说明",输出列表);
```

其中，会有更多的格式说明陆续在后面的章节介绍。

练习题：

1. 在屏幕上打印一首诗歌。
2. 在屏幕上打印一个由*号组成的矩形。
3. 在屏幕上打印一个动物图案或人物头像再配上一个月历或年历。(有一定的挑战，你想尝试吗?)

2.2 计算两个固定整数的和与积

问题描述：

写一个程序计算固定整数2和3的和与积，输出计算结果。

视频

输入样例：

无

输出样例：

```
2+3=5
2*3=6
```

问题分析：

计算机的基本能力之一就是**计算**。不用计算机，人们都知道怎么计算两个整数的和与积。但是如果不告诉计算机怎么做，计算机知道怎么实现吗？显然，无论问题多么简单，都要告诉计算机怎么做它才能实现。先简单分析这个问题要让计算机做什么。问题中已经明确说明要计算两个固定整数2和3的和与积，2和3在写程序的时候就已经知道了。计算的结果在屏幕上输出出来，输出的格式在输出样例中也已经规定，分两行显示。如果套用2.1节的方法，直接使用printf函数输出上面的结果信息，你能写出相应的调用printf函数的语句吗？像下面这样写可以吗？

```
printf("2 +3=5\n 2 * 3=6\n");
```

注意，其中的星号*表示乘法运算。看懂了吗？能得到题目要求的结果吗？对照2.1

节的输出文本信息的方法,结果应该是正确的。但是,在这里计算机根本没有做任何计算,它是直接把计算算式输出到屏幕上了,其中的计算结果5和6是程序员计算出来告诉计算机的,因此这样做没有任何意义。正确的做法应该是让计算机计算出2+3等于多少、2*3等于多少,然后再把结果输出到等式的右端。怎么让计算机计算呢?只要算式不在引号里就可以了,编译器会识别2+3和2*3这种算式的。2.1节已经给出的printf函数的一般格式中的输出列表位置就可以放置算式,这样调用printf函数就可以先算出算式的结果,再按照格式说明输出到屏幕上。具体实现见程序清单2.3。

算法设计1:

直接在printf的输出列表中计算2+3和2×3的值,并按照输出格式输出计算结果。

程序清单2.3

源码2.3

```
#001 /*
#002 * add2int1.c:两个固定整数的和与积
#003 */
#004 #include<stdio.h>
#005 int main(void)
#006 {
#007     printf("2+3=%d\n2*3=%d\n",2+3,2*3); //2+3和2×3的结果填入到格式说明
                                              中%d对应的位置
#008     return 0;
#009 }
```

算法设计1的实现方法是把**计算和输出**都交给了printf,显然如果计算比较复杂的时候,printf的输出列表就会显得很拥挤而"不堪重负"。更好的做法是把计算任务从printf中分离出来,先得到计算的结果,然后再让printf输出结果,即让printf主要完成输出任务。因此有下面的算法设计2。具体实现见程序清单2.4。

算法设计2:

① 把固定整数2、3暂存到某个地方(变量)中,如变量number1和number2;

② 分别计算number1和number2的和与积;

③ 按照输出格式的要求输出计算结果。

程序清单2.4

源码2.4

```
#001 /*
#002 * add2int2.c:两个固定整数的和与积改进版
#003 */

#004 #include<stdio.h>

#005 int main(void)
#006 {
#007     int number1,number2;          //为存储整数声明几个整型变量
#008     int sum,product;

#009     number1=2;                    //为变量赋值
```

```
#010     number2=3;

#011     sum=number1 +number2;        //两个整型变量中的值求和,结果放在整型变量 sum 中
#012     product=number1 * number2; //两个整数变量中的值求积,结果在变量 product 中

#013     printf("%d+%d=%d\n ",number1,number2,sum);    //按照格式输出各个变量中的值
#014     printf("%d*%d=%d\n",number1,number2,product);

#015     return 0;
#016 }
```

2.2.1 输出列表和占位符

请仔细观察程序清单 2.3 中的#007 行,printf 函数的调用格式是 2.1 节提到的一般格式,既包含"^"括起来的信息和格式说明"2+3=%d\n2*3=%d\n",又有逗号隔开的输出列表"2+3,2*3",如图 2.1 所示。

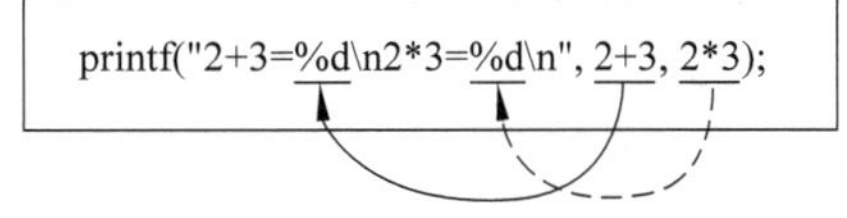

图 2.1 占位符与输出列表的对应关系

这样的 printf 函数是怎么执行的呢? 每个输出列表项是一个具有计算功能的算式,在格式说明中要显示结果的地方使用了两个前缀为%的符号%d,称为**占位符**,其中 d 表示这个占位符的位置要放置的内容是整数。一个占位符与一个输出列表项相对应,见图 2.1 中的两条带箭头曲线。这里双引号引起来的内容可以认为是规定了输出列表项 2+3、2*3 的输出格式,双引号中的内容整体上可以被认为是一个格式说明,里面蕴藏着要显示的信息。%d 除了规定了要输出的数值是整数之外,还隐含了一个数值转化过程,因为 2+3=5、2×3=6 的计算结果 5 和 6 在内存中是二进制数,而把它显示到屏幕上是文本字符,内存中的整数占 4 字节,而文本字符是 1 字节,所以从计算到显示要经历一个转换过程,因此%d 也称为**转换说明**。这一点对于多位整数,或小数计算更能显示出转换的意义,如计算的结果是 1000000,在内存中它是 4 字节的二进制码,而在屏幕输出的信息是 7 个文本字符,从 4 字节的二进制码到 7 个字符的 ASCII 码有一个转换过程,这个转换的要求是通过占位符表示的。printf 函数的更一般的形式为

```
printf("显示信息和格式说明",输出列表);
```

的应用是比较灵活的,其中格式说明中的占位符除了%d 之外还有其他类型,如%f、%c 等,输出列表也会有其他更多的表现形式。原则上,只要输出列表项能有一个"值"与其对应就可以。%d 输出时会根据输出列表项数据的大小自动输出它。如果想要给输出列表项指定一个宽度也可以。请看下面的例子,观察程序的输出结果。

程序清单 2.5

源码 2.5

```
#001 /*
#002 * intalign.c: 整数输出的宽度和对齐方式
#003 */
#004 #include<stdio.h>
```

```
#005 int main(void)
#006 {
#007     printf("%d %d %d\n",2,33,556);  //整数的实际宽度输出
#008     printf("%d %d %d\n",232,2233,245);
#009     printf("%5d %5d %5d\n",2,33333,556);//规定了整数的宽度是5,不足5位的右对齐
#010     printf("%5d %5d %5d\n",232,33333,245);
#011     printf("%-5d %-5d %-5d\n",2,33333,556);  //规定了整数的宽度是5,不足5位的
                                                  //左对齐
#012     printf("%-5d %-5d %-5d\n",232,33333,245);
#013     return 0;
#014 }
```

运行结果:

```
2 33 556
232 2233 245
    2 33333   556
  232 33333   245
2     33333 556
232   33333 245
```

程序清单2.5中的输出列表项就是简单的常数,不需要计算。从运行结果可以发现,默认的占位符%d是按照整数的自然长度进行输出的,而%5d指定输出宽度是5个字符,不足5个字符时是**右对齐输出**的,而%-5d同样是宽度设为5,但它是**左对齐输出**的。实际应用时可以选择不同的输出方式。

2.2.2 数据类型——整型

C/C++语言中的数据是有**类型**的。一个**数据类型**是一组数据的集合和在这个数据集合上的一组操作的简称。**整型**数据类型**用int表示**。计算机里的整型数据与数学上的整数不完全一致。数学上的整数是无限的,但C/C++语言中的整数范围是有限的。这是由于一个具体的整数在内存中是用一组有限的单元表示的,这组有限的内存单元到底有多大与机器硬件或者编译器有关。对于32位计算机来说,如果用gcc/g++或VC++编译器,一个整数占用4字节的内存单元。而比较早期的16位计算机,用相应的编译器Turbo C(简称TC),一个整数仅有2字节。即使32位计算机,如果用TC或WinTC编译器,由于它的编译核心是基于16位计算机设计的,所以一个整型数仍然只有几字节。而2字节的整型数据其最大值为正的01111111 11111111,最小值是负的11111111 11111111,其中最左边一位是个符号位,0表示是正,1表示负,这个数的绝对值就是10000000 00000000−1即$2^{15}-1$,所以其有效范围只能是−32 768~32 767的整数。类似的,4字节的整型数据的绝对值的最大值是2的31次方减1,其有效范围是−2 147 483 648~2 147 483 647的数。在使用整型数据的时候一定要注意这个范围,超出了这个范围就不会得到正确的结果。

整数集合上规定了一组操作之后,整型数据才有意义。C/C++中的整型数据类型可以进行算术四则运算、赋值运算、关系运算(赋值运算、关系运算在后面的章节中介绍)等。因此可以说

整型数据类型=有限的整型数据集合+一组支持的操作

C/C++ 语言除了有整型之外，还有表示实数的浮点型、表示字符的字符型 char 等。对于整型，又分为无符号整型(unsigned int)，短整型(short int)、长整型(long int、long long int)等。浮点型又分为单精度浮点型(float)、双精度浮点型(double)。对于其他这些数据类型也是一样，都要确定它的数据集合和一组操作。

每个数据类型都有其各自的数据范围。如果想知道编译器中各种类型的数据到底占多少字节的内存单元，可以使用 C/C++ 语言提供的一个特殊运算 sizeof(数据类型或变量名)(注意这个运算含有跟函数一样的括号，但它不是函数)即可轻松地得到答案，请看下面的代码。

程序清单 2.6

源码 2.6

```
#001 /*
#002 * sizeoftype.c:各种常用数据类型的变量所占存储空间的大小
#003 */
#004 #include<stdio.h>
#005 int main(void)
#006 {
#007     printf("Data type              Number of Bytes\n");
#008     printf("---------              ---------------\n");
#009     printf("char                   %d\n",sizeof(char));
#010     printf("int                    %d\n",sizeof(int));
#011     printf("unsigned               %d\n",sizeof(unsigned));
#012     printf("short                  %d\n",sizeof(short));
#013     printf("long long              %d\n",sizeof(long long));
#014     printf("float                  %d\n",sizeof(float));
#015     printf("double                 %d\n",sizeof(double));
#016     return 0;
#017 }
```

运行结果：

```
Data type         Number of Bytes
---------         ---------------    short          2
char              1                  long long      8
int               4                  float          4
unsigned          4                  double         8
```

这是 gcc/g++ 编译器的运行结果，如果用 Turbo C 编译运行，int 整型变量的大小是 2 而不是 4。因此在写程序的时候，如果不能确定所用的编译器数据类型的大小，最好通过 sizeof 运算来确定。

2.2.3 常量与变量

1. 常量

C/C++ 语言程序中的数据可以是常量形式，也可以存储在某个变量中。程序清单 2.3

中的2、3就是十进制的**整型常量**。注意，整型常量还可以写成八进制或十六进制形式，八进制常量以数字0开头，如012；十六进制整型常量以0x开头，如0x12。

2. 变量

程序清单2.3中直接把两个整数放在printf的输出列表项中进行计算，这样做可以得到需要的结果，但是过于死板，当问题稍微复杂一点的时候，这样就显得非常笨拙。实际上，可以把计算任务从printf函数中解放出来，计算出结果之后，再利用printf函数把结果显示到屏幕上。这就产生了一个新的问题，在计算结果输出之前怎样临时存放呢？C/C++提供了一种变量的机制，在变量中可以临时存放原始数据、中间结果或者最后结果。

所谓变量，就是抽象的数据类型创建的具体对象。整型类型(int)可以创建整型变量。程序清单2.4中的#007行

```
int number1,number2;
```

就是用抽象的整型类型声明了两个具体的整型变量number1或number2。在程序中，它们用于存储具体的整数2或3。用抽象的数据类型声明变量的一般形式是

```
类型名 变量名,变量名,…;
```

在一个类型名后可以声明若干个不同名称的变量，当然也可以写成多行，如：

```
类型名 变量名;
类型名 变量名;
```

C/C++中的变量与数学中变量的含义大不相同。某种类型的变量实际上与一块连续的内存单元相对应，变量名就是那块连续内存单元的名称，之所以称number1为**变量**，是因为它对应的内存单元可以存放整型常量2，也可以存放3，是可变的。整型变量number1对应的内存示意图如图2.2所示。

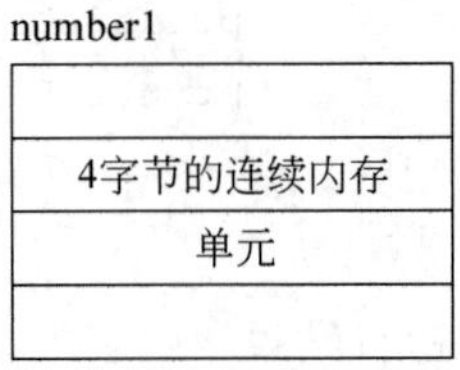

number1

4字节的连续内存单元

图2.2 变量名number1是内存单元的名字

声明变量的语句称为**变量声明语句**，它是**非执行语句**，它只是在编译的时候申请变量对应的内存单元。在程序运行的时候它是不执行的。

在程序清单2.4中，除声明了number1和number2的变量外，还声明了变量sum和product用来存放求和与求积的结果。在输出求和与求积结果之前先计算出它们的值，临时存储到sum和product变量中。然后调用printf函数，输出sum和product中的值。这样原始数据和计算结果都放在相应的变量中了，因此在printf函数中的输出列表可以是number1、number2、sum和number1、number2、product，它们与格式说明“%d+%d=%d\n”“%d * %d=%d\n”相对应。

注意，在程序中要使用某个变量必须先声明再使用，标准C规定声明语句必须位于一个函数的开始部分，但C99或C++允许在函数的任何需要的地方定义变量。程序清单2.4中的#007行和#008行是两个变量声明语句。通过变量声明语句，编译器知道程序中要用到哪些变量，它们是什么类型的，并为其分配相应的内存空间。如果变量没有声明就使用，就会在编译时出现编译错误。例如，假设在程序清单2.4的#010行后插入一行：

```
number3=10;
```

就会出现编译错误

```
error: 'number3' was not declared in this scope
```

3. 标识符的命名规则

变量是需要命名的，变量名是变量的**标识符**。变量命名要遵循标识符命名的基本规则：

(1) 标识符由英文字母、数字和下画线组成，且必须以英文字母或下画线开头。

(2) 不允许使用系统中的**关键字**(或称**保留字**)如 int、float、double、char 等，C 语言中包含的关键字见附录 A。

(3) 标识符名应该尽量有意义，这样便于阅读，如 number、sum 等。也可以用多个单词的组合，如 mathSum 或 MathSum 等。

(4) 标识符是区分字母大小写的，一般用小写或大小写混合，有时也用大写。

(5) 标准库中定义的标识符一般不能被重新定义，如 printf。

练习题：

下面的标识符哪个是合法的标识符：x1，x2，2x，1x，22，11，int，printf，A1，β1。

2.2.4 算术运算和算术表达式

在程序清单 2.3 和程序清单 2.4 中，使用了与数学中类似的两种算术运算加法(+)和乘法(*)，C/C++ 语言提供的算术运算还有减法(-)、除法(/)和求余(%)。这几种运算的操作数必须有两个，把具有两个操作数的运算称为双目运算。C/C++ 语言还提供了两个单目算术运算，它们是取正(+)(可以省略) 和取负(-)，例如-2 和+3。这些算术运算除求余运算外，它们的操作数既可以是整数，也可以是小数。注意，求余运算的操作数必须是整数，余数的符号取被除数的符号，例如，15%7 的结果是 1，15%(-7)的结果也是 1，(-15)%7 的结果是-1。

要特别注意 C/C++ 语言中的算术运算与数学上写法的不同之处。乘法运算符的符号不是“×”，除法运算的符号不是“÷”，还要注意除法运算符“/”的倾斜方向，不要与转义字符“\”混淆。

在 C/C++ 中把由运算符和操作数组成的式子叫作**表达式**，算术运算符与操作数连起来的式子就称为**算术表达式**，如程序清单 2.3 的输出列表项 2+3 和 2*3 和程序清单 2.4 中的 number1+number2 和 number1*number2 都是算术表达式。现在的表达式都比较简单，操作数仅仅是一个整型常数或者一个存放数据的变量名，在后面的学习中会看到操作数的形式可以有其他更丰富的形式。

2.2.5 赋值语句

有了变量之后，就可以把数据暂存到变量中，即把数据写入变量。也可以从变量中取出数据，即从变量中读数据。C/C++ 语言把向变量中写数据称为**给变量赋值**，对应的语句称为**赋值语句**。

程序清单 2.4 中的#009 行和#010 行

```
number1=2;
number2=3;
```

是两个赋值语句,分别把2和3赋给了number1和number2,即把2和3暂存到变量number1和number2中。其中的"="号不是数学上的相等,而是**赋值运算符**,它是把右端的数据赋给左端的变量,含有赋值运算的式子称为**赋值表达式**,number1=2和number2=3是两个赋值运算形成的赋值表达式。注意赋值表达式和赋值语句的区别。而#011行和#012行

```
sum=number1 +number2;
product=number1 * number2;
```

也是两个赋值语句,它们是从number1、number2变量对应的内存中读出数据,做加法或乘法运算,再把结果写到sum或product变量对应的内存中。这两个赋值语句左右两端的操作数都是变量,但它们要进行的操作是不同的。赋值运算右端的变量进行的是读操作,左端的变量进行的是写操作。

请问"number1=number2;"会得到什么结果?

C/C++语言把可以放在赋值运算左端的量称为**左值**(lvalue,left value),左值是可以修改的量,与内存单元相对应。如果写成下面的形式就错了:

```
2=number1;
```

因为2不是左值,2不可以放在赋值运算的左端。同样,把赋值语句"sum=number1+number2;"写成

```
number1+number2=sum;
```

也是错的,因为一个表达式也不是左值,即表达式不可以放在赋值运算的左端。

不难看出,内存变量的**读操作可以反复进行**,而内存变量的**写操作则具有破坏性**,即一个变量中已存的数据读出之后其中的数据仍然存在,但是当写入新数据时原来的数据就会被覆盖。要特别注意内存变量的这一特征。

从上面的讨论可知,赋值运算的右端可以是常量,也可以是变量,甚至是表达式。如果是变量,这个变量在赋值之前进行了对内存的一个**读**操作;如果是常量,则直接赋值给左端变量;如果是一个表达式,则把计算的结果赋给左端变量。赋值运算的左端必须是一个左值。

思考题1:在C/C++语言的程序中,语句"sum=sum+1;"的含义是什么?可以写成"sum+1=sum;"吗?

思考题2:一个算术表达式可以添加一个分号结尾,构成一个独立的语句吗?如"2+3;""a+b;"等,这样有意义吗?

思政案例

2.2.6 程序设计的风格

写程序跟做文章一样,必须养成良好的习惯和风格。大家仔细观察一下程序清单2.4的代码。

main函数的函数体#007到#015行采用了**缩进格式**,即每行都缩进几个字符,在第3章、第4章的各种程序结构也将采用缩进格式,这样看起来更直观。

适当的增加空行以体现程序中的段落,程序清单2.4中用空行把程序分成了变量声明

段(#007 到#008)、变量赋值段(#009 到#010)、计算段(#011 到#012)和数据输出段(#013 到#014),没有这些空行程序也不会有任何错误。需要说明的是,**由于受篇幅所限,本书的程序代码把本应该有的空行都删掉了**。大家自己写程序的时候可以像程序清单 2.4 那样适当增加空行。

在有些名称前后有意增加**空格**使程序更清晰。程序清单 2.4 的运算符前后都增加了一个空格。

养成加**注释**的习惯,统一**标识符的命名风格**等都是值得注意的程序设计风格。

从一开始学习程序设计就注意培养自己的程序设计风格很有意义,这就像学习弹钢琴、训练各种体育项目一样。程序是否规范、是否具有良好的设计风格是计算机专业素质的体现。

2.3 计算任意两个整数的和与积

问题描述:

给定任意两个整数,计算它们的和与积,输出计算结果。

视频

输入样例:

```
2 3
```

输出样例:

```
2+3=5
2*3=6
```

问题分析:

2.2 节解决了两个固定整数的计算问题。程序清单 2.4 的程序在程序设计时就要把两个需要计算的整数写到程序中。如果要对其他数据进行计算,就要修改程序。每计算一次就要修改一次,这显然不是人们所期望的。尽管如此,还是已经初步领略到了一点程序设计的味道。理想的程序应该是对任何符合条件的两个数都能计算出它们的和与积。本问题中需要计算的两个整数就是任意的,在写程序的时候是未知的,两个整数是在程序运行时由用户来确定。这更让我们想到程序中参与计算的量应该是变量。重新考察程序清单 2.4 不难发现,只要能解决如何在程序运行时给变量 number1 和 number2 提供具体的数值,问题便得到解决。在运行程序时用户提供数据一般是从键盘输入,如果程序员自己来解决键盘输入问题,同输出数据到屏幕一样是很困难的,涉及如何知道用户输入了什么字符,如何把字符转换为整型数据,用户输入的数据要存放到哪里,程序中的变量怎么找到数据保存的位置等等一系列问题。幸亏 C 语言标准库中提供了专门用于读用户键盘输入数据的工具函数 scanf。在 scanf 中规定了用户输入数据的格式以及用什么变量读用户输入的数据等,本问题求解的关键就是使用 scanf 函数读用户输入的数据。

算法设计:

① 读入用户从键盘输入的两个整型数据;

② 计算它们的和与积;

③ 输出计算结果。

程序清单 2.7

源码 2.7

```
#001 /*
#002 * add2int3.c:求两个任意整数的和与积
```

```
#003 */
#004 #include<stdio.h>
#005 int main(void)
#006 {
#007     int number1,number2;                    //为存储整数声明几个整型变量
#008     int sum,product;
#009     scanf("%d%d",&number1,&number2); //从标准输入读数据
#010     sum=number1+number2;        //两个整型变量中的值求和,结果放在整型变量 sum 中
#011     product=number1 * number2;         //两个变量中的值求积,结果放在 product 中
#012     printf("%d+%d=%d\n",number1,number2,sum); //按照格式输出各个变量中的值
#013     printf("%d*%d=%d\n",number1,number2,product);
#014     return 0;
#015 }
```

2.3.1 标准输入函数

程序在运行时读取用户输入的数据是非常典型的操作。在 stdio 标准库中的**标准输入函数** scanf 就是按照指定的格式从键盘读数据,其基本调用格式如下:

```
scanf("输入格式说明",输入变量的地址列表);
```

它的功能是**从键盘(即标准输入)按照" "中的格式串所指定的数据类型和格式读数据到地址列表对应的输入变量中**。当程序运行时,执行到标准输入函数 scanf 调用语句的时候,程序会等待用户输入。程序清单 2.7 中的#009 行

```
scanf("%d%d",&number1,&number2);
```

就是用变量 number1 和 number2 读用户输入的两个整型数据。这个 scanf 函数的样子与 printf 函数看上去很类似,使用这个函数同样需要包含 stdio.h 头文件。但是注意观察就会发现其中还是有几点不同,它们也是很容易出错的地方。

(1) "%d%d"中不需要使用转义序列"\n",它规定了输入数据的类型是整型,并且两个%d 之间隐含一个空格**分隔符**,即两个整数之间在输入时用空格作为分隔符,也可以用 Tab 符隔开,或者输入一个数据之后回车,再输入第二个数据。

"%d%d"还可以有其他的形式,如"%d %d",内部增加了空格,这跟没有空格格式相同;又如"%d,%d",这里分隔符是逗号,要求用户在输入数据时用逗号分隔。分隔符可以任意指定,但要注意程序中用了什么分隔符,在输入数据时就用那种分隔符分隔数据。有时需要用一个 printf 调用语句增加一些输入格式的提示信息,用户输入数据的时候才不至于出错。

(2) 输入列表项 &number1, &number2 不是简单的变量列表,而是在每个变量之前加了一个特别的符号 &,它的含义是取变量对应的内存单元的**首地址**,& 称为**取地址运算符**。如果不小心写成了

```
scanf("%d%d",number1,number2);
```

虽然不会出现语法错误,但**运行时将发生致命错误**。

(3) 默认的标准输入是用户的键盘，必要的时候可以修改标准输入设备。一个简单又实用的方法是通过输入重定向把标准输入修改为指定的一个**文本文件**，关于输入重定向请参考 4.3.4 节。

再次审视 scanf 函数的功能，前面已经指出当程序执行 scanf 函数时，地址列表中的**变量会按照格式从标准输入读数据**。这里的变量从标准输入读数据是怎么读的呢？是直接读吗？其实不然，变量是间接地从键盘读数据，图 2.3 给出了 scanf 函数的工作过程示意图。从图中可以看出键盘与内存变量的关系，键盘输入的数据并没有直接送给接收数据的内存变量，而是输入到一个称为**缓冲区**(buffer)的地方。内存变量其实不是从键盘读数据，而是到缓冲区中读出符合格式的数据。如果有符合格式的数据，就读出；如果没有数据可读，系统将会等待用户输入。如果用户输入了错误的格式，内存变量就可能会读到错误的数据。

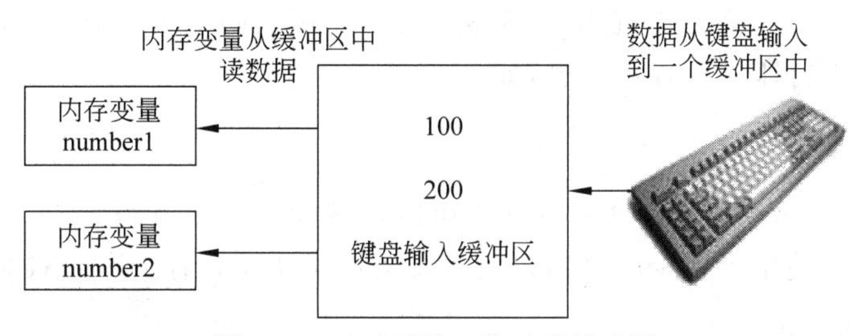

图 2.3 scanf 函数工作过程示意图

怎么知道 scanf 函数中地址列表对应的变量是否正确读到数据了呢？每次调用 scanf 函数它都会返回一个状态值，这个状态值体现了 scanf 函数中按格式正确读到数据的变量数(从左向右)，因此在程序中可以用一个整型变量接收这个状态值，如：

```
int status;
status=scanf("%d %d",&number1,&number2);
printf("%d\n",status);
```

如果变量 number1 和 number2 正确地读到了数据，status 值应该是 2。如果用户输入的不是整型数，scanf 函数的返回值可能就不是 2。如果 number1 读数据不正确，status 值就是 0，如果 number1 读数据正确，number2 读数据不正确，则 status 的值是 1。如果直接输入了一个 Ctrl-Z 键，表示键盘输入结束，可以看到 status 的值是 −1。这个状态值很有用，可以用来判断 scanf 函数调用是否正确或者是否要结束键盘输入，具体请参考第 3 章。

2.3.2 测试用例

思政案例

如果已经对程序清单 2.7 进行了编译和链接，生成了一个可执行程序 add2int3.exe，现在就可以运行它了。程序运行时变量读入不同的数据，程序就会有不同的计算结果。设计一个含有输入输出的程序时，通常还需要设计出几组典型的输入数据，用以测试程序是否能够正常运行，每一组输入数据及其对应的输出结果都称为一个**测试用例**(test case)。ACM 国际大学生程序设计竞赛(简称 ACM)的题目都会给出输入输出的样例(sample case)，规定程序的输入输出格式。ACM 题目在线评测就是用提交的程序去读事先已经设计好的一组输入测试用例，如果程序的运行结果都与输出测试用例一致，那么程序就是完全正确的。

本书中所有要解决的问题(包括每节的例题和每章的在线评测习题)都与ACM题目类似。每个题目描述之后都给出了输入输出样例,明确了输入输出格式,每个在线评测习题还有一组测试用例用于评测。所有的在线评测题目都已挂在cms.fjut.edu.cn自主学习平台上。对于本节的问题来说,虽然输入数据比较简单,但也可以有不同的测试用例,如2 3或4 5等。注意在输入数据的时候可以一行输入,也可以分两行输入。

(1) 输入2 3回车。

(2) 输入2后回车,再输入3回车也符合要求。

因为输入回车后,第一个数据2进入了输入缓冲区,被第一变量读走,但第二个变量没有数据可读,所以继续等待用户输入,当你输入了第二个数据3,再次回车时,第二个变量才读到数据。

还要注意一点,有时为了提醒用户,常常在scanf函数调用之前加一个输出提示信息的语句,即用打印语句打印一条提示信息,如

```
printf("please input 2 integer:\n");
```

这样当执行到scanf语句的时候用户就知道要做什么了。但是ACM竞赛对输入输出有严格的限制,如果使用了多余的输出语句将视为结果错误,因此参加ACM竞赛的同学要特别注意问题的输出说明。

2.3.3 程序的顺序结构

再回头看看两个数求和与求积的程序(程序清单2.4和程序清单2.7),从宏观上看,它们的结构是非常清晰的,明显可以看到其中的段落:

变量的声明
数据输入
计算处理
数据的输出

等,这些段落之间具有简单的顺序关系,即先进行数据输入,然后再进行计算,最后输出计算结果,这是依次执行的。C/C++中称这种依次执行的程序结构为**顺序结构**。程序的结构可以用流程图清晰地表示出来。图2.4是典型的顺序结构流程图,其中矩形为**处理框**,表示执行某条可执行语句或者多条可执行语句构成的语句块。椭圆表示程序开始或结束,含有箭头的连接线为**流向线**。你有没有注意到,在流程图中没有程序的声明部分,这是因为它们本来是不可执行的语句。变量的声明部分是非执行语句,不必画在流程图中。流程图体现的是**可执行语句**。

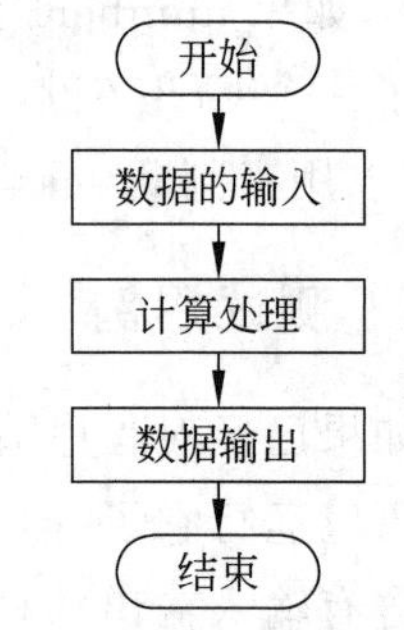

图2.4 程序的顺序结构

程序清单2.7仅能计算一组两个整数的和与积。如果有多组数据需要求和与求积,就要多次运行程序,这样就显得特别麻烦。实际上,如果对程序清单2.7中的输入/计算/输出重复执行,就可以处理用户输入的多组数据了。在一个程序中要反复做同一件事情,显然就不再是顺序结构了,而是循环结构要表达的。如果还能在每次重复的时候做出选择,进行判断,这就是选择结构了。因此当问题比较复杂时,就必须使用比顺序结

构复杂的选择结构(请参见第3章)、循环结构(请参见第4章),甚至要通过它们的有机组合来实现。程序2.8是具有重复“输入/计算/输出”能力的简单实现,是无条件的重复。

程序清单 2.8

源码 2.8

```
#001 /*
#002 * add2int4.c:求任意多两个任意整数的和与积
#003 */
#004 #include<stdio.h>
#005 int main(void)
#006 {
#007     int number1,number2;              //为存储整数声明几个整型变量
#008     int sum,product;
#009     while(1)                          //无限循环
#010     {
#011         scanf("%d%d",&number1,&number2);//按照规定的格式从标准输入读数据
#012         sum=number1 +number2;         //两个变量中的值求和,结果放在整型变量 sum 中
#013         product=number1 * number2; //变量中的值求积,结果放在 product 中
#014         printf("%d+%d=%d\n",number1,number2,sum);//按格式输出变量中的值
#015         printf("%d*%d=%d\n",number1,number2,product);
#016     }//无限循环,在运行时要结束这个无限循环必须通过 CTRL-C 强行中断
#017     return 0;
#018 }
```

＃009行到＃016行构成了一个循环结构,重复处理用户键盘输入的2个整数、计算和打印输出。其中while是循环结构的开始,括号中的1表示逻辑真,while(1)表示这个循环要永远进行,即＃009行到＃015行之间的输入/计算/输出永远重复进行。这样的循环是一个无穷循环,只能按Ctrl＋C键强制停止它。关于循环结构的详细描述将在第4章介绍。

思考题:你能设计一个小学生算术练习程序吗?

提示:本节的问题是用户输入两个整数,计算机对其进行计算,然后输出计算结果。现在反过来考虑问题,让计算机出题,小学生答题,然后计算机检验答案是否正确,给出评语,询问是否继续。如果想完整地解决这个问题现在还不太可能,但是可以分析解决这个问题的困难在哪里?先给出一个初步方案。

2.4 温度转换

视频

问题描述:

将华氏温度转换为摄氏温度,计算公式为 $C=(5/9)(F-32)$ 。请分两种情况给以实现:一是在程序中指定一个华氏温度,计算对应的摄氏温度;二是程序运行时键盘输入一个华氏温度,计算它的摄氏温度。

输入样例1(针对第一种情况):

```
无        //程序中指定华氏温度 100
```

输出样例1:

```
37
```

输入样例2(针对第二种情况):

```
100
```

输出样例2:

```
37
```

问题分析：

问题中的计算公式比两个数求和与求积稍微复杂了一点，但是它们似乎没有什么本质的差别，你能写出问题的求解程序吗？在这个公式中有3个整数是固定不变的，即5、9、32，它们是整型常量。有2个整型量是可变的，华氏温度F，摄氏温度C，因此程序中只需定义两个整型变量，一个存放华氏温度的值，另一个存放计算结果，即摄氏温度的值，不妨定义为

```
int fahr;  int celsius;
```

或者

```
int fahr,celsius;
```

如何给华氏温度变量fahr提供数据？参考2.2节和2.3节的方法，一是采用赋值语句在写程序的时候确定一个华氏温度值，实现第一种情况；二是使用scanf函数在程序运行的时候由键盘输入一个华氏温度值，实现第二种情况。有了数据就可以按照公式进行计算了，关键是如何把数学上的计算公式写成C/C++语言程序的表达式，进一步形成一个语句。下面的写法哪一个可以得到正确的结果呢？

① celsius=(5/9)(fahr−32)；

② celsius=5 * (fahr−32)/9；

③ celsius=(5/9) * (fahr−32)；

④ celsius=5 (fahr−32)/9；

①和④似乎没有什么问题，但是犯有同样的错误，因为C/C++语言中不允许省略乘法运算符“*”；②和③的写法是正确的，但是③不能得到正确的结果，为什么呢？你知道5/9的计算结果吗？C/C++语言规定两个整型数据的运算结果仍为整型数据，因此唯一正确的就是②。

经过上面的分析，应该能给出问题的算法了，也应该可以写出相应的实现代码，请试试看。

算法设计：

① 确定一个华氏温度值(第一种情况在程序中指定，第二种情况由键盘输入)；

② 利用公式计算相应的摄氏温度；

③ 输出计算结果。

程序清单 2.9

源码 2.9

```
#001 /*
#002   * fahr2celsius1.c:华氏温度转化为摄氏温度
#003   * 在程序中给定一个华氏温度,用变量初始化确定一个华氏温度值
#004   * 使用计算公式: celsius=5*(fahr-32)/9 计算摄氏温度
#005 */
#006 #include<stdio.h>
#007 int main(void)
#008 {
#009     int  fahr=100;                //初始化
#010     int  celsius;                 //未初始化
#011     celsius=5 * (fahr-32) / 9;    //计算结果赋给 celsius
```

```
#012    printf("%d\n",celsius);         //输出结果
#013    return 0;
#014 }
```

程序清单 2.10

源码 2.10

```
#001 /*
#002 * fahr2celsius2.c: 华氏温度转化为摄氏温度
#003 * 键盘输入华氏温度,使用计算公式 celsius=5*(fahr-32)/9 计算摄氏温度
#004 */
#005 #include<stdio.h>
#006 int main(void)
#007 {
#008    int  fahr;                      //变量声明
#009    int  celsius;
#010    scanf("%d",&fahr);              //输入一个华氏温度
#011    celsius=5 * (fahr-32)/9;        //计算对应的摄氏温度
#012    printf("%d\n",celsius);         //输出
#013    return 0;
#014 }
```

2.4.1 变量的初始化

C/C++ 语言中声明一个变量就是在内存中申请一块连续的内存单元,程序清单 2.10 中的 #008 行和 #009 行

```
int fahr;  int celsius;
```

声明了整型变量 fahr 和 celsius,编译器编译时就会为它们各自分配 4 字节的内存单元,注意这个申请到的内存单元并不是空的,其中会有一个不确定的值,有人说它是一个“垃圾”数。在执行到 #010 行时,用户从键盘输入了一个数才覆盖了 fahr 中的“垃圾”数,执行到 #011 行的时候才用计算的结果覆盖了 celsius 中的“垃圾”值。如果在 #010 行之前不小心读了 fahr 或 celsius 的值,并参与其他运算了,将产生预想不到的结果。不妨用一个输出语句检验一下,为此在程序清单 2.10 的 #010 行后插入一行:

```
printf("%d %d\n",fahr,celsius);
```

然后运行该程序,结果会是什么呢?每个人运行的结果可能不同。不管是什么结果,都是我们不需要的“垃圾数”。为了避免产生意想不到的后果,一般在声明变量之后立即使用有意义的值修改它,这样才不至于让这个“垃圾数”起作用。修改变量中数据的方法现在有两种:一是使用赋值语句,二是用 scanf 函数通过键盘输入。C/C++ 还允许在声明变量的同时直接分配给它一个初值,称为**变量初始化**。程序清单 2.9 中的 #009 行就是通过初始化的方法给变量 fahr 赋了一个 100,即

```
#009    int  fahr=100;                 //初始化
```

有人把变量声明之后立即再通过赋值语句赋值也称为初始化。下面再看一个例子。

【例 2.1】 制作一个华氏温度和摄氏温度的对照表。华氏温度从 0 开始，到 300 为止，每间隔 20 华氏度计算出对应的摄氏温度值。

这个问题需要定义几个变量：华氏温度的初值变量 lower，上限 upper 及步长 step，它们都有明确的值，因此可以在声明它们的同时对其初始化：

```
int lower=0;          /* 温度表的下限 */
int upper=300;        /* 温度表的上限 */
int step=20;          /* 步长 */
```

也可以在定义它们之后立即用赋值语句修改它们的值，达到初始化的目的，见程序清单 2.11。

源码 2.11

程序清单 2.11

```
#001 /*
#002   * fahr2celsius3.c:
#003   * 对 fahr=0,20,...,300 使用计算公式 celsius=5*(fahr-32)/9
#004   * 分别计算对应的摄氏温度值，打印出华氏温度与摄氏温度对照表
#005 */
#006 #include<stdio.h>
#007 int main(void)
#008 {
#009     int  fahr,celsius;
#010     int  lower,upper,step;
#011     //初始化
#012     lower=0;                                // 温度表的下限
#013     upper=300;                              // 温度表的上限
#014     step=20;                                // 步长
#015     fahr=lower;                             //华氏温度从 0 开始
#016     while(fahr <=upper) {                   //这里 fahr<=upper 是一个重复的条件
#017         celsius=5 * (fahr-32) / 9;          //对不同的 fahr 计算 celsius 的值
#018         printf("%d\t%d\n",fahr,celsius);    //按照格式打印华氏与摄氏的温度值
#019         fahr=fahr +step;                    //fahr 增加一个步长
#020     }//对增加的步长进一步回到 while，判断重复的条件是否真实
#021     return 0;
#022 }
```

运行结果：

```
0       -17                    160     71
20      -6                     180     82
40      4                      200     93
60      15                     220     104
80      26                     240     115
100     37                     260     126
120     48                     280     137
140     60                     300     148
```

注意：fahr 从 lower 开始到 upper 为止，重复地计算 celsius 并输出，因此程序的 #017 行和 #019 行是重复执行的语句，先是对于 fahr 为 0，计算 celsius 的值，成对打印 fahr 值和对应的 celsius 值，然后再用步长更新 fahr，再计算，再打印，只要 fahr 不超过一个事先规定的上限 upper，就重复执行 #017 行至 #019 行的语句。关于有条件的重复——循环程序结构的细节，将在第 4 章仔细研究。

2.4.2 运算的优先级和结合性

众所周知，数学中的算术运算是先乘除后加减，有括号先算括号里的，这条原则在 C/C++ 程序设计中仍然有效。也就是说，在 C/C++ 语言中，算术表达式中如果含有括号( )，要先算括号中的，括号的优先级最高，其次是单目的取正或取负运算，然后是双目的乘除和求余运算，最后才是双目的加减运算。

温度转换计算公式 5 * (fahr-32)/9 的运算顺序如下：

① 计算 fahr 与 32 的差；

② 计算 5 与①的结果之积；

③ ②的结果除以 9。

注意：在 C/C++ 语言中只允许使用小括号提高运算的优先级，并可以多层小括号嵌套，但不允许使用[ ]和{ }。

如果在一个表达式中有两个以上同一级别的双目算术运算，则从左向右依次进行，在 C/C++ 语言中称这种特性为结合性，因此可以说**双目算术运算是左结合**的，而**单目的取正和取负运算以及赋值运算则是右结合**的。下面看几个例子。

【例 2.2】 写出 $y=ax^2+bx+c$ 对应的 C/C++ 语言的表达式。如果 a=2，b=3，c=7，x=5，给出计算 y 值的顺序。

C/C++ 中没有平方运算，也没有幂运算，乘方只能用乘法表达，所以 $y=ax^2+bx+c$ 对应的表达式为

```
y=a * x * x +b * x +c;
```

把 a，b，c，x 的值代入后为

```
y=2 * 5 * 5 +3 * 5 +7;
```

按照算术运算的优先级和结合性，计算 y 的顺序为

```
① 2 * 5=10      →    y=10 * 5 +3 * 5 +7;
② 10 * 5=50     →    y=50 +3 * 5 +7;
③ 3 * 5=15      →    y=50 +15 +7;
④ 50 +15=65     →    y=65 +7;
⑤ 65 +7=72      →    y=72;
```

【例 2.3】 给出计算表达式 a+b+c 的顺序。

按照算术四则运算的左结合性，计算 a+b+c 相当于计算(a+b)+ c。

【例 2.4】 给出计算－＋－a 的顺序。

按照取负和取正运算的右结合性，计算－＋－a 相当于－(＋(－a))，最右边的取负先

跟a结合进行计算,计算的结果再取正,最后再取负,但要注意取正运算结果不应发生变化。

【例2.5】 给出计算 a=b=c=10 的顺序。

因为赋值运算具有右结合性,因此计算 a=b=c=10 相当于(a=(b=(c=10)))。即最先把10赋值给c,再把c的值赋给b,最后把b的值赋给a。因此它相当于执行了 c=10;b=c;a=b;三次赋值运算。

到现在为止,已经介绍的运算符有括号、算术运算、赋值运算,它们的优先级和结合性可以归纳如表2.2所示。

表2.2 运算的优先级和结合性(优先级从高到低)

运算符	含义	结合性
()	括号	—
+,-	单目运算,取正、负	从右向左
*,/,%	双目运算,乘、除、求余	从左向右
+,-	双目运算,加、减	从左向右
=	双目运算,赋值	从右向左

练习题:把 $2x^2-3(x-2)\div 9$ 写成C/C++语言的算术表达式并写出它的运算顺序。

视频

2.5 求两个整数的平均值

问题描述:

计算两个整数的平均值。分两种情况:一种情况是结果也为整数;另一种情况是结果为实数,精确到小数后1位。

输入样例(情况1):

```
5 8
```

输出样例(情况1):

```
6
```

输入样例(情况2):

```
5 8
```

输出样例(情况2):

```
6.5
```

问题分析:

数学上求两个整数的平均值很简单,只要把两个整数相加除以2就可以了。但是仔细考虑会发现,两个整数的平均值的计算结果可能是整数,也可能是实数(含有小数部分),例如:

```
(8 +4) / 2=6
(6 +5) / 2=5.5
```

如果是两个整数相加3等分的话,小数部分就更丰富了,这时还要考虑精确到小数点后面几位的问题。前面已经提到,C/C++中整数的算术运算其结果仍然为整数。如果只需要整数结果的平均值,会很容易写出对应的程序,即

程序清单 2.12

源码 2.12

```
#001 /*
#002  * intAverage.c: 求两个整数的平均值,结果仍为整数
#003 */
#004 #include<stdio.h>
#005 int main(void)
#006 {
#007     int  number1;                              //声明存放第一个加数的变量
#008     int  number2;                              //声明存放第二个加数的变量
#009     int  average;                              //声明存放整数平均值的变量
#010     scanf("%d%d",&number1,&number2);           //从标准输入读数据
#011     average=(number1 +number2)/2;              //计算平均值
#012     printf("%d\n",average);                    //输出结果
#013     return 0;
#014 }
```

从程序清单 2.12 的运行结果可以看到,当测试数据是 80 和 90 时,结果是 85,与想要的结果完全一致。但当测试数据是 5 和 6 时,平均结果是 5,而不会是 5.5。为什么是这样的结果呢?其根本原因就是#011 行中赋值运算右端的操作数都是整数,即两个整数相加再除以整数 2,其结果将舍掉小数部分,然后再赋值给左端的整型变量 average。C/C++ 规定只有同类型的数据才可以运算,其运算结果还是那种类型。因此,如果需要平均值的结果含有小数部分并精确到小数点某一位,只有整数类型的数据就不够用了。C/C++ 提供了一种可以存储含有小数部分的数据类型——**浮点型(float 或 double)**,有了浮点型才可以表示含有小数的数据,本节将详细讨论浮点型数据的使用方法。不管运算结果是整数还是小数,它们的求解算法都是相同的,都是要先输入数据,再计算,最后输出计算结果。因此只需适当修改程序清单 2.12 便可以得到具有小数平均值结果的程序,见程序清单 2.13 和程序清单 2.14。

观察程序清单 2.13 和程序清单 2.14,与程序清单 2.12 相比有几处不同。程序清单 2.13 的#010 行先声明了单精度的浮点型变量 average,这是本节重点介绍的内容**浮点数据类型**,见 2.5.1 节。接着#012 行的赋值语句和#013 行的输出语句都有一些细微的变化。#012 行赋值运算的右端增加了一个(float),它的作用是强制地把求和的整数结果转化为 float 型,同样程序清单 2.14 的#012 行,直接把 2 写成了 2.0,这也是为了数据类型的转换,见 2.5.4 节。程序清单 2.13 和程序清单 2.14#013 行的输出语句出现了一个新的占位符%f 和%.1f,这是浮点型数据的输出格式,见 2.5.2 节。

算法设计:

① 输入两个整型数据;

② 计算它们的平均值;

③ 输出计算结果。

程序清单 2.13

源码 2.13

```
#001 /*
#002  * floatAverage.c: 求两个整数的平均值,结果为实数
```

```
#003  * 默认的精度,精确到 6 位小数
#004 */
#005 #include<stdio.h>
#006 int main(void)
#007 {
#008    int  number1;                              //声明存放第一个加数的变量
#009    int  number2;                              //声明存放第二个加数的变量
#010    float  average;                            //声明存放整数平均值的变量
#011    scanf("%d%d",&number1,&number2);           //从标准输入读数据
#012    average=(float)(number1 +number2)/2;       //显式转换为浮点型再计算平均值
#013    printf("%f\n",average);                    //按默认的精度输出,精确到 6 位小数
#014    return 0;
#015 }
```

程序清单 2.14

源码 2.14

```
#001 /*
#002  * floatAverage2.c: 求两个整数的平均值,结果为实数,精确到 1 位小数
#003 */
#004 #include<stdio.h>
#005 int main(void)
#006 {
#007    //变量声明
#008    int  number1;                         //声明存放第一个加数的变量
#009    int  number2;                         //声明存放第二个加数的变量
#010    float average;                        //声明存放实数平均值的变量,浮点型/单精度
#011    scanf("%d%d",&number1,&number2);//从标准输入读数据
#012    average=(number1 +number2)/2.0; //把 2 显式转换为浮点型 2.0,计算平均值
#013    printf("%.1f\n",average);             //输出浮点型平均值,精确到 1 位小数
#014    return 0;
#015 }
```

2.5.1 浮点型数据

C/C++语言把含有小数部分的数据称为**浮点型**数据。同整型类似,浮点型数据也有常量和变量之分。那么,浮点型常量是什么形式呢?如何把一个浮点型数据保存在内存中呢?浮点型常量有两种表现形式:一种是十进制小数形式,另一种是指数形式,前者类似于数学上的小数,后者类似于数学上的科学计数法。

十进制小数形式的浮点常量是由数字和小数点组成,而且必须包含小数点,如 0.123、23.45、.90、23.和 15.0 等都是合法的浮点型常量。注意其中与数学上的写法不同的地方,.90 是 0.90,23.是 23.0。15.0 与 15 有着本质的区别,前者是浮点型数据,后者是整型数据。

指数形式的浮点常量包括小数部分和指数部分,指数部分是 10 的幂,由于在 C/C++程序中不能写出作为指数的上标,所以指数部分写成"e 指数"或"E 指数"的形式;小数部分是通常的小数,不过小数点的位置可以浮动(这正是浮点数浮点的由来),小数和指数之间是相乘的关系,但乘号省略。如 0.000 000 123 45,数学上可以写成 1.2345×10^{-7}、$0.123\ 45\times$

10^{-6}或者 123.45×10^{-9}，而在 C/C++ 程序中却写成 1.2345e−7、0.123 45e−6 或 123.45e−9。又如 88 839 920 000.0，写成指数形式则是 8.883 992E+10 或888.3992e7。当一个实数的绝对值较大或者较小时，用指数形式比较简洁直观。虽然小数点是可以浮动的，但写成具有一位整数的小数形式比较好。

C/C++ 语言中提供了 3 种浮点数据类型，分别是 float 单精度浮点型、double 双精度浮点型和 long double 扩展的双精度浮点型，常用的是 float 和 double。

浮点型常量默认为 double 类型，单精度浮点型常量可以后跟 F 或 f 表示，如 1.26F、1.25e−3f，扩展的双精度类型常量后跟 L 或 l 表示，如 1.26L。

浮点型数据，无论它是小数形式还是指数形式，编译器都采用统一的浮点方式存储，如图 2.5 所示。每个浮点型数据包含三部分：最高位是符号部分 S(sign)，接下来是指数部分 E(Exponent)，最后是尾数部分 M(mantissa)。对任意一个浮点数 n：

$$n=(-1)^S\times M\times 2^E$$

当 $n>0$ 时，$S=0$；当 $n<0$ 时，$S=1$。

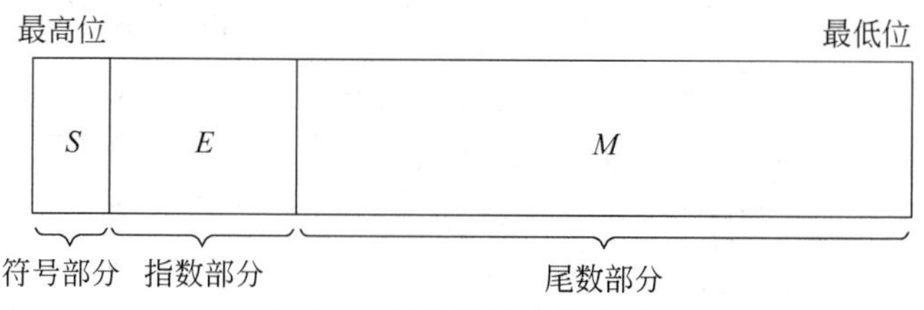

图 2.5 浮点数的内部表示

不难想象，指数部分 E 所占的位数越多，浮点数 n 的范围越大，尾数部分 M 占的位数越多，浮点数 n 的精度越高。C/C++ 语言标准中并没有规定浮点类型的精度到底是多少，正像整型类型的大小因编译器不同有所不同一样，浮点型的精度和范围也是与编译器相关的。1985 年以前，一直没有一个统一的浮点数标准，这给数据交换、计算机协同工作造成了极大不便。1985 年，电气和电子工程师协会(Institute of Electrical and Electronics Engineers，IEEE)发布了 IEEE 754 标准[①]，给出了浮点数的存储规范，现在的编译器都遵循这个标准。IEEE 754 描述了单精度浮点数 float、双精度浮点数 double 及扩展的单精度和双精度的存储规范。其中单精度和双精度是最常用的。

单精度的 float 用 32 个二进制位存储，其中符号位 S 占 1 位，指数 E 占 8 位，尾数 M 占 23 位。双精度的 double 用 64 个二进制位存储，其中符号位 S 占 1 位，指数 E 占 11 位，尾数 M 占 52 位。

指数部分，也称**阶码**，采用移位码存储，单精度的偏移值是 127，双精度的偏移值是 1023。采用移位码表示指数部分的好处是不必考虑指数的符号位，对于单精度的浮点数来说，只要指数在 −126～127，偏移之后就是无符号整数 1～254，而且指数 0 对应全 0。例如，如果实际数据的指数为 −8，在计算机内部要存储的是 119 的二进制表示，反之把内部的二

① IEEE 754 是 IEEE 二进制浮点数算术标准(ANSI/IEEE Std.754-1985)，又称 IEC 60559：1989，它是 20 世纪 80 年代以来最广泛使用的浮点数运算标准，为许多 CPU 与浮点运算器所采用。该标准的主要贡献者是美国伯克利大学的 Kahan 教授，1989 年的 ACM 图灵奖得主。

进制表示减去127，即可获得实际指数。

尾数部分用规格化的二进制小数的原码存储。规格化的小数是具有1位整数的小数，而且整数部分一定是二进制的1，所以就没有必要占用尾数的二进制位了。因此单精度浮点数的23位尾数存储的就是纯小数，双精度的52位尾数存储的也是纯小数。

【例2.6】 把十进制数100.25存储为单精度的浮点数。

100.25的二进制表示1100100.01，规格化之后得

$$1.100\ 100\ 01 \times 2^6$$

把指数6偏移，即127+6=133，也就是

$$(111\ 111)_2 + (110)_2 = (1\ 000\ 101)_2$$

符号位为0，因此100.25的单精度存储格式为

0 01000101 10010001 00000000 00000000

反之，由浮点数的二进制位的序列很容易得到实际的存储的十进制数据，只要注意阶码是移码表示，尾数有一个隐含的整数位即可。

根据IEEE 754的浮点数存储格式，可以计算出它们的范围和精度，如表2.3所示。

表2.3　浮点型数据的IEEE标准

类　型	内存字节数	最小正值	最大正值	精　度
float	4	1.17×10^{-38}	3.40×10^{38}	6～8位有效数字
double	8	2.22×10^{-308}	1.79×10^{308}	6～17位有效数字

在C/C++程序中，人们比较关心的是浮点型数据怎么用变量表示，怎么使用浮点型变量进行各种运算。浮点型变量的声明方法与整型变量的声明方法相同，但它的使用方法与整型变量还是有很多不同。

2.5.2　浮点型数据的输入与输出

正如程序清单2.13中#013行看到的那样，浮点型数据的输出使用了一个新的格式转换说明符或者叫占位符%f。浮点型数据输出，不管是单精度还是双精度变量均使用%f转换说明符，默认精度都是小数点后面6位有效数字。如果不需要那么多小数位，或双精度数据需要更高的精确度，则需在%和f之间使用**格式修饰符，即%m.nf**，其中m是输出数据的宽度，注意m是包含小数点在内的输出数据字符的个数，n是输出数据的精度，即小数点后面的位数。例如：

```
float a=123.456;              输出结果为
printf("%6.2f\n",a);          //123.46
printf("%7.2f\n",a);          // 123.46
printf("%4.2f\n",a);          //123.46
```

%6.2f的输出结果说明，当a的整数位数加小数点位和小数位之和刚好是m时，将顶格输出；%7.2f的输出结果说明，当它们之和小于m时，数据之前用空格补充；当它们之和大于m时不会丢掉任何整数位，将顶格输出。精度为2时第3位小数要向前四舍五入。另外，当只关心输出数据的精度时，m常常被省略，如

```
printf("%.2f\n",a);
```

%.2f 表示输出精确到两位小数。

%f 同样可以用于标准输入函数 scanf 中，允许用户输入一个小数型或指数型的单精度浮点数据，其实，还有一个与%f 具有同样功能的占位符%e。注意，如果要给一个 double 型的变量输入数据，在 scanf 中要使用%lf 或 %le，否则将不能得到所要的结果，如

```
double x;
scanf("%lf",&x);
```

但要注意，在 printf 中是不允许使用%lf 的，单双精度都要使用%f。

【例 2.7】 float 和 double 型数据的默认精度和最大精度。

程序清单 2.15

源码 2.15

```
#001 /*
#002 * floatPrecision.c: 浮点数的精度
#003 */
#004 #include<stdio.h>
#005 int main(void)
#006 {
#007     float x;
#008     double y;
#009     //scanf("%f%lf",&x,&y);        //可以键盘输入
#010     printf("the default precision:\n");
#011     x=0.1234567292012;              //纯单精度小数
#012     y=0.1234567890123456939;        //纯双精度小数
#013     printf(" %f      %f\n",x,y);  //单精度到小数 6 位,双精度小数也是 6 位
#014     x=1234.1234567292012;           //整数若干位,小数若干位
#015     y=1234.1234567890123456939;     //整数若干位,小数若干位
#016     printf(" %f   %f\n",x,y);      //单精度有效 8 位,双精度最多 16 位,小数最多 6 位
#017     x=12345678.7234567292012;       //整数和小数位更多
#018     y=1234567890123456789.233674755435; //整数和小数位更多
#019     printf(" %f      %f\n",x,y);  //float 和 double 默认的输出精度
#020     printf("the customized width and precision:\n ");
#021     x=0.1234567292012;              //纯单精度小数
#022     y=0.1234567890123456789 39;     //纯单精度小数
#023     printf("%11.9f  %20.18f\n",x,y);//单精度最多 8 位有效,双精度最多 17 位有效
#024     x=12345678.7234567292012;
#025     y=1234567890123.233674755435;
#026     printf("%11.9f %20.18f\n",x,y);//单精度的最多 8 位有效,双精度最多 17 位有效
#027     return 0;
#028 }
```

运行结果：

```
the default precision:
0.123457        0.123457
1234.123413        1234.123457
12345679.000000        12345678901234568.000000
the customized width and precision:
0.123456731     0.12345678901234568O
12345679.000000000     1234567890123.23360000000000000
```

可以看到，单双精度数据的默认输出精度均为小数点后6位，采用四舍五入进位。整数部分与小数部分混合的单精度类型的数据默认输出精度为8位有效数字，双精度的为17位有效数字。如果按指定宽度和精度输出，单精度数据为最多8位有效，双精度数据最多17位有效。

2.5.3 浮点型数据的舍入误差和溢出问题

单精度浮点型数据最多只有8位有效数字，默认保留6位小数，因此8位有效数字之外的数据就不准确了。

【例 2.8】 舍入误差。

程序清单 2.16

源码 2.16

```
#001 /*
#002 * floaterr1.c : 舍入误差
#003 */
#004 #include<stdio.h>
#005 int main(void)
#006 {
#007      float a,b;
#008      a=12345678900;
#009      b=a +200;
#010      printf("a=%f\n         +200\nb=%f\n",a,b);
#011      b=a +1000;
#012      printf("\na=%f\n        +1000\nb=%f\n",a,b);
#013      b=a +2000;
#014      printf("\na=%f\n        +2000\nb=%f\n",a,b);
#015      b=a +4000;
#016      printf("\na=%f\n        +4000\nb=%f\n",a,b);
#017      b=a +40000;
#018      printf("\na=%f\n       +40000\nb=%f\n",a,b);
#019      a=1234567.125;
#020      b=a +234.796;
#021      printf("\na=%f\n     +234.796\nb=%f\n",a,b);
#022      return 0;
#023 }
```

运行结果：

```
a=12345678848.000000                a=12345678848.000000
        +200                                  +4000
b=12345678848.000000                b=12345682944.000000

a=12345678848.000000                a=12345678848.000000
        +1000                                +40000
b=12345679872.000000                b=12345718784.000000

a=12345678848.000000                a=1234567.125000
        +2000                             +234.796
b=12345680896.000000                b=1234801.875000
```

从运行结果可以看到，变量b没有比变量a增加200，变量a中的数字已经超出了8位有效数字的宽度，在8位之外增加200，在8位之内根本就体现不出来，会自动舍掉精度以外的数字。这是由于机器存储位数的限制造成的，这种误差称为**舍入误差**。如果把a改成1234567，则b＝a＋200就一定能得出正确的结果了。程序中还分别给a增加1000、2000、4000、40000等进行测试，发现只有在8位之内的数位才有正确的结果，其他位均不能确定。程序中最后令a＝1234567，给它增加了一个234.796，发现只有7位整数和1位小数得到正确的结果，其他小数位舍弃。从这里也可以发现一个值得注意的问题：**比较两个实数是否相等是不可靠的，很容易出现问题，应尽量避免**。

【例2.9】 浮点数的溢出。

程序清单2.17

源码2.17

```
#001 /*
#002  * floaterr2.c: 浮点数的溢出
#003  */
#004 #include<stdio.h>
#005 int main(void)
#006 {
#007     float toobig=3.4E38*100.0f; //3.4E38是最大的单精度数
#008     printf("%f\n",toobig);      //扩大100倍后向上溢出
#009     float x=0.123456;           //6位有效数字
#010     printf("%f\n",x/100);       //再缩小为原来的1/100向下溢出
#011     return 0;
#012 }
```

运行结果：

```
1.#INF00
0.001235
```

注意：程序中3.4E38是最大的单精度浮点数，单精度变量toobig不可能保存比单精度的最大值还大100倍的数据，这时将产生向上的溢出，输出结果是无穷大，用#INF表示；单精度浮点数x的值是0.123456，小数点后刚好有6位有效数字，把它除以100之后小数点将

向左移两位，最后两位有效数字就会丢掉，产生向下溢出。在有浮点数据参与运算时要注意这种溢出现象。

2.5.4 不同类型之间的转换

到现在为止，已经介绍了两种数据类型：整型和浮点型。在具体解决问题时，常常需要这两种不同类型的数据进行混合运算。整型和浮点型数据虽然都占4字节的内存单元，但是它们的存储方式截然不同，显然是不能直接相加减或乘除的，但是C/C++语言却允许在一个表达式中混合使用不同的数据类型。不同的类型不能直接参与算术运算又允许混合使用，这岂不是自相矛盾吗？其实不然，编译器会通过一种所谓的**隐式转换**帮助解决这个矛盾，或者程序员在程序设计时通过一种**强制运算**进行**显式转换**达到统一的形式。

1. 隐式转换

1）算术运算隐式转换

当算术表达式中的操作数类型不同时，编译器会对其自动按照默认的规则进行类型转换。转换策略是把操作数转换成可以安全地用于两个操作数的那个类型，通常称为**类型提升**。具体原则如下。

（1）整型和浮点型进行算术运算时先把整型提升为浮点型。从程序清单2.18的运行结果可以看到，整型变量k和双精度浮点型变量x进行加法运算的结果是浮点型数，这是因为在编译的时候，编译器已经把k+x中的k提升为浮点型，所以在实际计算时将是两个浮点型数相加。注意，这个转换仅对k+x表达式的计算而言，变量k本身不会有任何变化，第#010行的运行结果说明了这一点。另外，如果使用%d输出浮点型数，结果会为0，不会把浮点型数转换为整型数。整型数用%f输出也会是0，不会进行转换，即**输出不会自动转换数据类型**。

（2）同是浮点型数据，则单精度提升为双精度，双精度提升为扩展双精度。

（3）同是整型数据，但是整型类型不同，则把有符号的整型(int)提升为无符号整型(unsigned int)，无符号整型提升为有符号长整型(long int)，有符号长整型提升为无符号长整型(unsigned long int)，进一步还有long long。

2）赋值运算隐式转换

当赋值语句左右两端的数据类型不同时，在赋值时也会产生自动转换，转换的原则是把右侧表达式的值转换为左侧变量的类型，再赋值给左侧变量。

【例2.10】 隐式转换。

程序清单2.18

源码2.18

```
#001 /*
#002  * typeconvers.c：算术运算类型转换和赋值运算类型转换
#003  *                        输出时不能转换
#004  */
#005 #include<stdio.h>
#006 int main(void)
#007 {
#008     int k=10;
#009     double x=100.0;
#010     printf("%f  %d\n",k+x,k+x); //k提升为double,第2个x不能降低为int
```

```
#011     printf("%d  %f\n",k,x);  //k仍是整型,仅是在k+x时临时提升为double类型
#012     float y=5.6;
#013     k=y/2;            //2隐式地提升为float与y运算,赋值给k时又转换为int类型
#014     x=y/2;            //2隐式地提升为float与y运算,结果赋值给左端的double类型
#015     printf("%d  %f\n",k,x);
#016     return 0;
#017 }
```

运行结果：

```
110.000000  0
10  100.000000
2  2.800000
```

程序中第#013行的表达式y/2的值本来是2.8,但在赋值的时候2.8自动转换成了2,结果k=2。第#014行中的y/2是float类型,但由于赋值语句左端是double,故当赋值给x时自动转换成了double类型。

2. 显式转换

上述的隐式转换自然很方便,但如果不希望得到自动转换的结果,在程序设计时又没有意识到会自动转换,往往就会造成错误。因此当需要转换的时候,明确地把它表示出来是更好的选择。**显式转换**是一种强制地类型转换。具体做法是在需要转换的表达式或变量之前添加一个转换操作,一般形式如下：

```
(类型名)表达式
```

例如设有float x,int m,n,则(int)x就把x转换为了整型,(float)(m+n)就把m+n的结果转换为了单精度浮点型。由于这种转换方式直观明显,而且是程序员有意识地强加上去的,所以出错的可能很小。

现在注意一下程序清单2.13中的#012行

```
average=(float)(number1+number2)/2;
```

首先强制地把number1+number2的整型结果转换为了float类型,这是显式转换,然后在这个浮点型数与整数2相除的时候,2隐式转换为2.0,整型提升为float类型。经过提升之后,分子分母类型相同进行除法运算,其结果浮点型值赋给浮点型变量average。

再注意程序清单2.14中的#012行

```
average=(number1+number2)/2.0;      //把常量2显式转换为浮点型2.0,计算平均值
```

其中,number1+number2的整型结果与浮点型常量2.0计算之前先提升为浮点型,除得的结果是浮点值再赋给average。

2.6 计算圆的周长和面积

视频

问题描述：

编写一个程序,根据键盘输入的圆半径,计算圆的周长和面积,同时输出圆周率的值。

输入样例:

```
10
```

输出样例:

```
PI:3.141593
circumference=62.831860
area=314.159300
```

问题分析:

大家都知道,圆的周长和面积计算需要使用一个特别的量,即圆周率 π。如果要精确到小数点后 6 位,π 的值为 3.141593,这个值在程序中可能要多次用到,每次都写这么长的小数太麻烦,如果能用一个符号代替它就省事了。在下面的实现中,定义了一个符号 PI 代替圆周率。

算法设计:

① 输入一个半径值;

② 计算周长和面积;

③ 输出 PI 值和计算结果。

程序清单 2.19

源码 2.19

```
#001 /*
#002 * areacircle.c: 计算圆的周长和面积
#003 */
#004 #include<stdio.h>
#005 #define  PI  3.141593
#006 int main(void)
#007 {
#008     int r;
#009     double circ,area;
#010     scanf("%d",&r);
#011     circ=2*PI*r;
#012     area=PI*r*r;
#013     printf("PI:%f\n",PI );
#014     printf("circumference=%f\n",circ );
#015     printf("area=%f\n",area );
#016     return 0;
#017 }
```

2.6.1 符号常量

为了方便起见,C/C++ 允许为常用的数值常量使用预处理指令 # define 定义一个专用的符号,这个符号的命名规则同变量一样,但一般使用大写字母。其形式为

```
#define  常量名字  常量值
```

这个定义称为**宏定义**,所定义的常量称为**符号常量**或**宏常量**。圆周率 π 可以定义为

```
#define  PI  3.141593
```

见程序清单 2.19 中 #005 行。含有符号常量的程序是如何工作的呢?宏定义预处理指令

＃define 和＃include 一样，它们都是在预处理阶段执行的命令。因此程序中的宏常量 PI 是在预处理阶段会被逐个地被替换为 3.141593，这个过程叫**宏替换**。也就是说，在编译的时候每个 PI 的地方都已经被替换为 3.141593 了。但有一种情况例外，即在输出语句中被双引号括起来的除外，也就是说，双引号括起来的不是符号常量，它是要输出的字符信息，如程序清单 2.19 中＃013 行引号内部的 PI。

注意：不能把 PI 看成变量，如果认为它是一个不可修改的变量就错了。符号常量和变量有着本质的区别，变量是在编译时分配空间，符号常量是在预处理阶段进行替换。

2.6.2 带参数的宏

除了一个常量可以定义一个宏替代之外，一个表达式也可以定义一个带参数的宏替代。带有参数的宏定义形式如下：

```
#define  宏名字(宏参数列表)  含有参数的宏替换表达式
```

其中，宏名字通常用大写字符，宏参数列表是逗号隔开的多个形式参数，它们是**没有类型的**。含有参数的宏替换表达式与普通表达式类似，但在形式上要特别注意参数要被括号括起来，整体也要括起来，这是由于宏是在预处理的时候被**替换**成宏表达式，替换的时候形参要被实参取代，不加括号可能会产生错误结果。还要注意在宏名字与左括号之间不能有空格，宏定义的**末尾不要加分号**。下面用两个例子说明。

【例 2.11】 定义一个数的平方宏。

```
#define  SQUARE(x)  ( (x) * (x) )
```

这个宏叫 SQUARE，它有一个参数，宏替换的结果是参数的平方。在程序中出现这个宏的地方在预处理时都会被替换成参数的平方。下面的程序清单就使用了这个宏。

程序清单 2.20

源码 2.20

```
#001 /*
#002 * macro.c : 带参数的宏
#003 */
#004 #include<stdio.h>
#005 #define  SQUARE(x)  ( (x) * (x) )
#006 int main(void)
#007 {
#008     int a=99;
#009     printf("%d\n",SQUARE(a+1));
#010     return 0;
#011 }
```

程序在预处理阶段，会用＃005 的宏替换表达式替换＃009 行中的 SQUARE 替换的结果为

```
printf("%d\n",((a+1) * (a+1)));
```

然后才编译。

注意，在宏定义中，必须把参数括起来，还要把整个替换表达式括起来，不然宏替换的结

果就会出错。请思考，如果定义成下面这样会怎么样？

```
#define  SQUARE(x)  x*x
```

或者

```
#define  SQUARE(x)  (x)*(x)
```

通过检验可知，假设实参为 a+1，则 SQUARE(a+1)替换为 a+1*a+1，它的结果不是 a+1 的平方，我们期望的结果是替换为(a+1)*(a+1)，两者截然不同，后者才是我们需要的；同样，假设实参为 a+1，则 1/SQUARE(a+1)替换为 1/(a+1)*(a+1)，它不是平方的倒数，而我们期望的是要替换为 1/((a+1)*(a+1))。

小　结

本章是程序设计的入门篇，涉及的问题包括从单一的文本信息显示到简单的算术运算，介绍了在 C/C++ 程序中如何表示整型数、浮点型数，编译器是如何存储整数和实数的，引入了数据类型和变量的概念，介绍了如何通过变量初始化、赋值语句、scanf 函数给变量提供数据，如何通过 printf 函数输出变量或表达式的值。本章的问题求解过程都是顺序进行的，一般具有三个阶段：首先是输入数据，然后进行计算，最后是输出计算结果，其中的计算步骤一般是通过赋值语句或直接把算术表达式放在输出语句中实现。在 C/C++ 中规定，只有同种类型的数据才能参与赋值运算或算术运算，如果两个数据的类型不同，可以通过隐式的（编译器默认的方法）或显式的转换先把它们变成相同的类型再运算。值得注意的是，C/C++ 中的算术运算与数学上的算术计算不完全相同，要注意它们的差别，还要注意算术运算和赋值运算的优先级和结合性。本章最后介绍了在预处理阶段替换的宏。本章还特别强调了程序设计的风格，从一开始就养成良好的程序设计习惯，对于计算机专业人员来说是非常必要的。

概念理解

1. 简答题

(1) C 语言程序的基本框架是什么？

(2) C 语言程序中的数据是如何存储的？

(3) 整型数据与浮点型数据有什么不同？

(4) 什么是常量？什么是变量？

(5) 变量为什么要初始化？

(6) C 语言中的算术运算与数学中的算术运算有什么异同？

(7) 什么叫表达式？什么叫算术表达式？

(8) 什么叫作左值？

(9) 什么是赋值语句？

(10) C 语言中整数和实数可以混合运算吗？

(11) 不同的数据类型之间是如何转换的？

(12) 如何给变量提供数据？怎样输出计算结果？

(13) 转义序列和占位符是什么？它们用在哪里？起什么作用？

(14) 具有顺序结构的程序有什么特征？

(15) C/C++ 语言程序中什么语句是非执行语句？

2. 填空题

(1) C 语言程序的源文件需要使用(　　)输入到计算机中，并以.c 为扩展名保存到(　　)中；C++ 语言源程序则以(　　)为扩展名保存到一个文件中。

(2) 任何 C/C++ 语言程序的入口都是(　　)，而且只有一个入口。

(3) C 语言的标准库中提供了很多可以直接使用的实现某种功能的工具函数，如可以在标准输出(屏幕)上显示信息的函数(　　)，可以通过标准输入(键盘)输入信息的(　　)函数，它们属于标准库 stdio，使用时只需包含相应的(　　)stdio.h。

(4) C 语言程序在编译前先要进行(　　)，即由(　　)执行 # 号开始的预处理指令。

(5) C 语言中的数据是有(　　)的，如整型 int，浮点型 float、double 等，不同类型的数据在内存中的存储方法和所占的存储空间一般不同。

(6) C 语言规定只有类型相同的数据才可以运算，因此数据的类型经常需要转换，如采用一些内定的、默认规则的(　　)转换或采用强制的、直观的(　　)转换。

(7) C 语言中使用(　　)存储数据，它与内存中某块(　　)相对应。

(8) C 语言中的变量必须先(　　)后(　　)。

(9) 可以对变量进行两种操作，其中一种操作具有破坏性，另一种没有。具有破坏性的操作是(　　)，具有非破坏性的操作是(　　)。

(10) C 语言程序的语句都以(　　)结尾。

(11) 为了使 C 语言程序有比较好的可读性，通常给程序添加一些(　　)和空行，用来说明某个变量的作用或某段程序的功能，使程序段落清晰。

(12) printf 函数中使用的转义序列\n 表示(　　)，它把光标定位在屏幕下一行的开始位置。printf 中指定输出变量格式的，如%d、%f 称为(　　)符或(　　)说明符。

(13) C 语言程序中的函数体从(　　)开始，到(　　)结束。

(14) 计算通常是在(　　)语句中完成的，如“a=b+c;”。

(15) 一个变量声明之后、使用之前通常要给一个初值，称其为(　　)，如累加变量 s=0。

(16) 左值是可以出现在赋值运算(　　)的量。左值是可以修改的量，与内存单元相对应，所以常量和算术表达式不是左值。

(17) 浮点型数据是有(　　)的，与数学上的实数不完全相同。

(18) 符号常量是不可以修改的，它在预处理阶段被所定义的值(　　)。

(19) 带参数的宏定义中的每个参数和表达式必须放在(　　)里，它是没有(　　)的。

(20) 一个问题的求解算法可以直观地用(　　)表示。

常 见 错 误

- 语句末尾丢掉了分号，非语句行末尾多了分号。
- 把算术运算表达式与数学上的计算式子混淆。错误的书写，如丢掉乘法运算符。错误的认识,如认为两个整数运算的结果可以直接得到实数结果。

- 在计算过程中,没有注意到类型转换问题,包括显式的强制类型转换和隐式的默认类型转换。
- 使用 printf 函数时,数据的输出格式错误,该用整型%d 转换说明的用了浮点型转换说明%f,或者反过来。对于 double 型的数据输出格式使用了%lf。
- 变量没有声明就使用,会产生语法错误。
- 变量没有提供数据就用于某种算术运算或其他会产生读操作的运算都会产生逻辑错误。
- 变量命名不符合标识符命名规则,产生语法错误。
- 使用 scanf 函数时,输入格式错误,常常像 printf 函数那样,误用回车换行。
- 在 scanf 的输入变量列表中,变量前没有使用地址运算符 &,这不会有语法错误,但会产生致命错误,即运行时程序崩溃。
- 在 scanf 中对%f 使用了精度说明是错误,含有精度的转换说明只能用于 printf。
- 输入格式转换说明(占位符)与输入列表中的变量类型不匹配,或者个数不一致,会产生逻辑错误。
- 输入数据时没有按照输入格式进行输入,造成错误的计算结果。
- 输入输出不符合测试用例的要求,在线评测将出现格式错误。
- 赋值语句的左操作数使用了非左值的东西,如 1=x。
- 除以 0 将导致致命错误。

在线评测

1. Hello

问题描述:

在屏幕上输出信息"Hello,World!",并换行。

输入样例:

无

输出样例:

```
Hello,World!
```

2. 输出图案

问题描述:

在屏幕上输出一个每行 8 个"*"号的平行四边形图案。

输入样例:

无

输出样例:

```
   ********
  ********
 ********
********
```

3. 简单的整数运算

问题描述:

键盘输入 a,b,c,d 的整数值,计算[2(a+b)+3(c-d)]÷2 的值,输出计算结果。

输入样例：

```
5 8 6 4
```

输出样例：

```
16
```

4. 计算二次多项式的值

问题描述：

对于任意一个 x 的 2 次多项式，假设各项的系数 a，b，c 和 x 的值均取整数。写一个程序，读取用户从键盘输入的一组系数 a，b，c 和 x 的值之后，计算对应的二次多项式的值，并输出计算结果。

输入样例：

```
1,2,3
1
```

输出样例：

```
6
```

5. 硬币兑换问题

问题描述：

请你给银行的柜员机写一个硬币兑换计算程序。当顾客把一些 1 元、5 角、1 角的硬币投入柜员机的入币口之后，柜员机就执行你写的程序，计算出应该兑换的 10 元纸币的数量和剩余硬币的数量，并在屏幕上显示计算结果，单击 OK 按钮之后，柜员机的出币口会把 10 元纸币及不足 10 元的硬币返回给顾客。这里把硬币投入简化成顾客按顺序输入各种硬币的数量，输入的顺序是 1 元数、5 角数、1 角数。输出的结果为 10 元数，元数和角数，出币口出币的环节可以忽略。

输入样例：

```
15 23 106
```

输出样例：

```
3 7 1
```

6. 分离 3 位整数的每一位

问题描述：

对任意一个键盘输入的 3 位整数，求出它的个位、十位和百位，并按下面格式输出结果“integer %d consists of unit digit %d, tens place %d and hundreds place %d\n”。提示，分离出一个整数的某一位可以用除法和求余运算相结合的方法。

输入样例：

```
123
```

输出样例：

```
integer 123:
unit digit 3, tens place 2, hundreds
place 1
```

7. 简单的浮点运算

问题描述：

对于键盘输入的实数 x，y，z，计算(x+y+z)/2 的值，结果精确到一位小数。

输入样例：

```
26.5 88.2 23.98
```

输出样例：

```
138.7
```

8. 存款利息计算

问题描述:

对键盘输入的存款数 deposit,年利率 rate 和存款年数 n,计算 n 年后的本利和 amount。本利和计算公式为 amount=deposit(1+rate)n。注意:输入利率是一个小数,通常是一个百分数,如 3.2%,但为了简便,输入时只输 3.2 即可,输入之后再除以 100。提示:一个数的 n 次幂可以使用 C/C++ 标准数学库中的函数 pow,但要在 main 函数的前面增加一行预处理指令 #include<math.h>,函数 pow 的调用方法为 pow(a, b),其中 a 是底,b 是指数,pow 调用的结果是 a 的 b 次幂。

输入样例:	输出样例:
10000 3.2 1	10320.00

9. 平均成绩计算

问题描述:

计算一个学生的数学、语文、计算机 3 门课程的平均成绩,并输出结果,结果精确到小数 1 位。

输入样例:	输出样例:
80,90,100	90.0

10. 二进制数转换为十进制

问题描述:

键盘输入一个任意 4 位二进制数,计算出它对应的十进制数。提示:二进制数的每一位从低到高是 1 位(也是个位)、2 位、4 位、8 位,1、2、4、8 分别称为该位的基数或权。对于给定的二进制数可以按权展开,如$(1110)_2=1\times8+1\times4+1\times2+0\times1=(14)_{10}$,求出对应的十进制数是 14。

输入样例:	输出样例:
1110	14

项目设计

1. 打印一个心形图案

问题描述:

只用 printf 函数打印如图 2.6 所示的心形图案。

运行结果:

如图 2.6 所示。

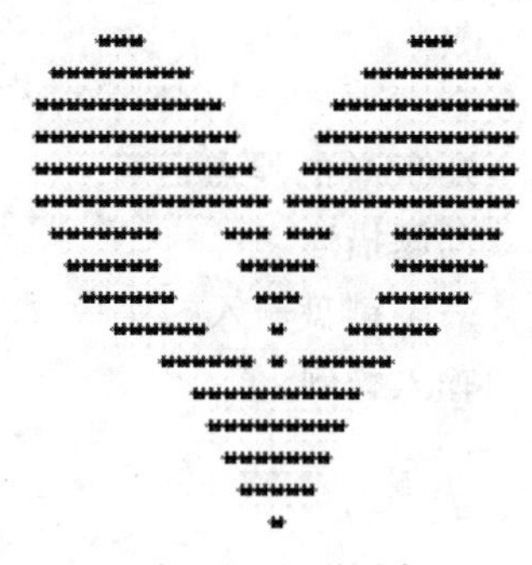

图 2.6 心形图案

2. 打印一个 100 以内的平方表和立方表

问题描述:

计算 100 以内的平方和立方并打印出来,第 1 列是 0~100,第 2 列是平方值,第 3 列是立方值,每列的数字左对齐,前两列的宽度是 4 位数字加一个 Tab 对应的宽度，设 Tab 制表符的宽度是 5 个字符。

运行结果：

```
number  square  cube
0       0       0
1       1       1
2       4       8
...
```

实验指导

第3章 判断与决策——选择程序设计

电子教案

学习目标：

- 掌握用流程图描述算法的方法。
- 理解关系运算、逻辑运算和条件运算。
- 掌握几种形式的逻辑判断条件。
- 能用选择结构解决逻辑判断与决策问题。
- 理解复合语句的概念。
- 熟悉现有各种运算的优先级。

通过第2章的入门学习，大家已经能够用计算机解决一些比较简单的问题了。请回顾第2章解决的问题的特点：先给定一些数据，然后按照某个公式计算出一些结果，最后把结果输出到屏幕上，告知用户。这个过程可以说是直线型的，很固定，每个步骤的先后顺序是固定不变的、依次进行的，在这个过程中不需要做任何判断，没有任何智能在里面，对应的程序结构是顺序结构。实际上计算机不仅能计算，按照公式计算，而且还能够有选择地、有判断地采取不同的计算方案，也就是计算机具有判断决策能力，能像人一样思考。本章要展现的就是计算机是如何表示判断条件，如何做判断决策的。

本章要解决的问题是：

- 让成绩合格的学生通过；
- 按成绩把学生分成两组；
- 按成绩把学生分成多组；
- 判断某年是否为闰年。

视频

3.1 让成绩合格的学生通过

问题描述：

假设有一个计算机打字训练教室，刚入学的大一学生都要到这个训练教室练习打字。计算机自动考核，成绩在60分以上视为合格。训练教室的门口有一个计算机控制的栏杆，它是一个"智能栏杆"，知道每一个参加训练的学生的当前训练成绩，因此当有人走进它时，它会获取学号，并要求输入成绩，然后计算机会检查输入的成绩是否属实，如果属实并大于或等于60，栏杆将自动打开，允许通过。可想而知，如果成绩小于60，智能栏杆会是什么样子。注意，键盘输入成绩的时候必须要诚实，别忘了它是智能栏杆，不然就会有不良的记录。写一个程序模拟这个"智能栏杆"。

输入样例1：

```
70
```

输出样例1：

```
good you passed!
```

输入样例 2：

```
50
…
```

输出样例 2：

无

问题分析：

问题似乎很复杂，控制栏杆的起落其实就是一个简单的判断，“成绩是大于或等于 60 吗?”，如果大于或等于 60，它就升起，几秒钟后落下，等待其他学生的到来。它始终处于监控状态。“允许通过”可以用输出“good! you passed!”信息表示。获取成绩，可以用 scanf 语句来模拟，获得成绩后，进行判断，如果成绩大于或等于 60，才打印通过信息，不然什么都不做，继续等待别的学生输入。

算法设计(伪码)： 流程图如图 3.1 所示。

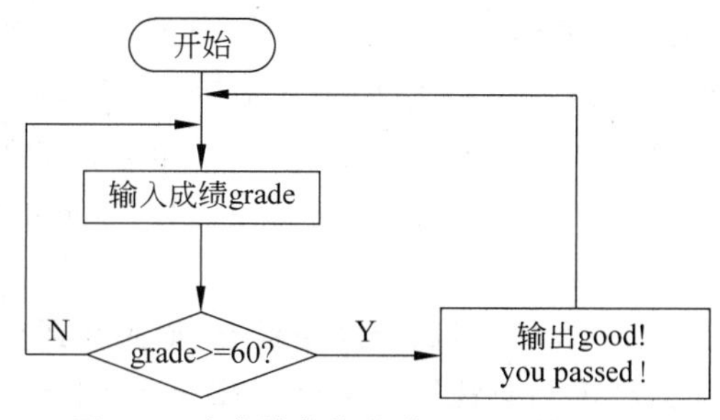

图 3.1　让成绩合格的学生通过的流程图

① 计算机等待输入成绩；

② 如果成绩大于或等于 60，输出“good! you passed!”，回到①；

③ 否则，回到①。

程序清单 3.1

```
#001 /*
#002 * stupassed.c:判断学生成绩是否通过
#003 */
#004 #include<stdio.h>
#005 int main(void)
#006 {
#007     int grade;
#008     while( 1 ){
#009           scanf("%d",&grade);
#010           if(grade >=60)
#011                printf("good!you passed!\n");
#012     } //此循环只能采用 Ctrl-C 强行中断
#013     return 0;
#014 }
```

3.1.1 关系运算与逻辑判断

程序清单 3.1 中#010 行有一个式子 “grade >= 60”，它是**关系表达式**，其中出现的运

算符 ＞＝ 称为**关系运算符**。这个表达式是把 grade 变量中的值与 60 进行大于或等于比较,比较的结果有两种可能,或者为真,或者为假,当大于或等于成立时为真,否则为假。由此可见,关系表达式的真假是表示逻辑判断的条件,使用关系表达式就可以让计算机具有一定的"智能"。

C/C++ 支持 6 种关系运算,其中大于(＞)、小于(＜)、大于或等于(＞＝)、小于或等于(＜＝)与数学上两个数的比较运算＞、＜、≥、≤相对应,但要注意写法上有所不同。此外还有等于(＝＝)、不等于(!＝)两种运算,这与数学上的写法大不相同。这里有两个容易犯的错误:一是把由两个符号构成的关系运算如＜＝分开书写成＜ ＝,中间多了一个空格;二是非常容易把判断相等的关系运算＝＝写成一个＝号,而且这个错误比较隐蔽,因为编译器不会知道你要进行关系运算,而是认为你要进行赋值运算,不会报错。

显然,关系运算像算术四则运算一样,都是**双目运算**,即它们都有两个操作数。由关系运算符连接起来的式子称为**关系表达式**,如 grade ＞＝ 60 就是一个关系表达式。

到此为止,已经有三类主要的运算了,它们是算术运算、赋值运算、关系运算等。在一个表达式中既可以出现算术运算,也可以出现关系运算,甚至它们的混合运算,因此不同类型的运算符之间必须规定严格的优先级。即使是同一类运算,不同的运算之间也要有严格的结合性。这三类运算的优先级是:

关系运算的优先级低于算术运算,但高于赋值运算,而关系运算中比较大小的四个运算＞、＜、＞＝、＜＝的优先级又高于判断相等的两个运算＝＝和!＝。

关系运算是左结合的,但一般很少用到,因为常常造成误解,真正使用的时候多加一层括号更清楚。表 3.1 扩展了表 2.2,给出了当前各种运算符的优先级和结合性。

表 3.1 运算符的优先级和结合性(优先级从高到低)

运 算 符	含 义	结 合 性
()	括号	最近的括号配对
＋,－	单目运算,取正、负	从右向左
*,/,%	双目运算,乘、除、求余	从左向右
＋,－	双目运算,加、减	从左向右
＞,＜,＞＝,＜＝	双目运算,比较大小	从左向右
＝＝,!＝	双目运算,判断是否相等	从左向右
＝	双目运算,赋值	从右向左

【例 3.1】 设有"int a, b, c, status; a＝1; b＝2; c＝3;",分析下面两个语句中各种运算的顺序:

```
① printf("%d\n",a+b>c);      //算术运算与关系运算混合
② status=a>b;                //赋值运算与关系运算混合
```

分析如下:因为算术运算优先于关系运算,所以① 的运算顺序为先 a＋b,其结果再与 c 比较;因为关系运算优先于赋值运算,所以② 的运算顺序为先 a＞b,结果再赋值给 status。

【例 3.2】 设有"int a＝30,b＝20, c＝2,status;",下面的语句正确吗?

```
status=a >b >c;
```

如果正确，status 的值会是多少？

首先肯定连续使用关系运算是没有语法错误的，但是很容易让人造成误解，因为从数学上来看，b 是介于 a 和 c 之间的，所以比较的结果应该为 1。但在 C/C++ 中是不能按照数学上的关系理解级联的多次比较，编译器会按照左结合的方式先求 a > b 的值为 1，求得的结果 1 再与 c 比较，1 不大于 c，所以 1 与 c 比较的结果为 0，然后 0 赋给 status，最后 status 的值是 0。因此该语句不能表达数学上介于两个数之间的不等式。

3.1.2 逻辑常量与逻辑变量

1. 逻辑常量

任何表达式都是有值的，算术表达式的值是算术运算的结果，赋值表达式的值是赋值的结果。C/C++ 中关系表达式的值应该是比较的结果。关系表达式比较的结果不是真就是假，因此它的值或者为 1，或者为 0。一个关系表达式的值在逻辑上只有两种可能，因此逻辑常量只有 0 和 1。程序清单 3.2 对 a＝10 和 b＝20 分别输出了关系表达式 a＞b、a＜b、a＝＝b、a＞＝b、a＜＝b 及 a!＝b 的值。注意，逻辑值 0 和 1 是特殊的整型数，因此输出的时候仍然使用%d。

程序清单 3.2

源码 3.2

```
#001 /*
#002 * compare2numbers.c:比较两个数
#003 */
#004 #include<stdio.h>
#005 int main(void){
#006     int a=10,b=20;
#007     printf("%d ",a>b);
#008     printf("%d ",a>=b);
#009     printf("%d ",a<b);
#010     printf("%d ",a<=b);
#011     printf("%d ",a==b);
#012     printf("%d\n",a!=b);
#013     return 0;
#014 }
```

运行结果：

```
0 0 1 1 0 1
```

2. 逻辑变量

标准 C 语言中没有提供逻辑数据类型，因此如果要用一个变量存储逻辑常量 0 或 1 的话，只能用整型变量来模拟。在程序清单 3.2 中，如果声明一个整型变量 status 存放逻辑比较的结果，那么就有程序清单 3.3 的程序。

程序清单 3.3

```
#001 /*
```

源码 3.3

```
#002 * logicAssign.c:两个数的比较结果暂存到一个逻辑变量中或者整型变量中
#003 */
#004 #include<stdio.h>
#005 #include<stdbool.h>
#006 int main(void){
#007     int a=10,b=20;
#008     int status;
#009     //_Bool status;
#010     // bool status;
#011     status=a>b;
#012     printf("%d ",status);
#013     status=a>=b;
#014     printf("%d ",status);
#015     status=a<b;
#016     printf("%d ",status);
#017     status=a<=b;
#018     printf("%d ",status);
#019     status=a==b;
#020     printf("%d ",status);
#021     status=a!=b;
#022     printf("%d\n",status);
#023     return 0;
#024 }
```

注意：程序中的第#011行赋值运算的优先级低于关系运算，因此先进行关系运算，再把比较结果0或1赋值给status。

C99专门为逻辑数据提供了一种数据类型_Bool，称为**布尔型**，它是用英国数学家Geordge Boole命名的。程序清单3.3的#008行、#009行及#010行都是等价的，即逻辑值可以用bool型或_Bool型，也可以使用int型代替，会得到同样的结果。值得注意的是，如果在程序中使用bool型，必须包含头文件stdbool.h，这个头文件虽然是C++的，但在C程序中也可以使用。打开stdbool.h就会发现，bool就是_Boole的另一个名字而已，在这个头文件还定义了符号常量true和false，用它们来表示逻辑值1和0。

3.1.3 单分支选择结构

关系表达式的真或假构成了逻辑判断的条件。C/C++的选择结构就是通过判断条件的真和假有选择地执行某些语句(分支)。按照分支的多少分为三种选择结构：单分支、双分支和多分支。本节介绍单分支的选择结构。

单分支选择结构用if语句表达，具体格式如下：

```
if(判断条件表达式)
    条件为真时执行的语句或语句块;
其他语句
```

其中，判断条件表达式可以是3.1.2节介绍的关系表达式，也可以是其他形式(详见

3.1.4 节);条件为真时执行的语句可以是任何可执行语句,甚至可以是多个语句构成的**语句块**(也称为**复合语句**,详见 3.1.4 节)。单分支选择结构的流程图如图 3.2 所示。

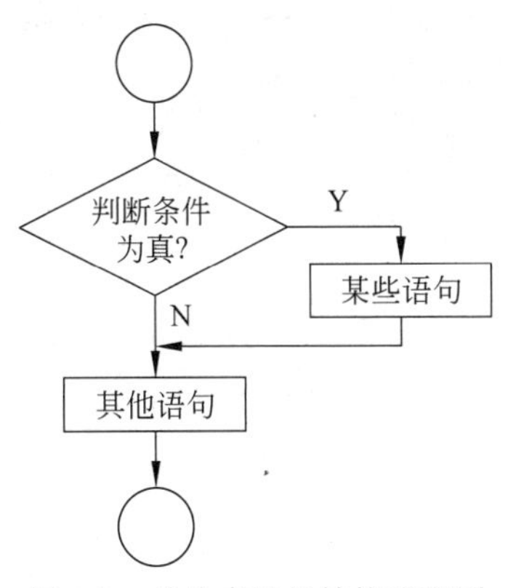

图 3.2 单分支选择结构流程图

注意 if 语句的结构和写法。从结构上来看,可以认为 if 语句由两部分组成:一部分是 if 判断行,if 后面的判断条件一定要用小括号括起来;另一部分是条件为真时要执行的语句,这一部分可以是一个单句,也可以是一组语句。因为 **C/C++ 语言对行不敏感,写成多行还是一行都是一样的**,所以 if 语句写成两行或多行完全是为了阅读上的清晰,完全可以把它们都写在一行里。不管把它写成几行,if 语句的两部分合起来才是一个 if 语句。**注意 if 判断行的末尾是没有分号的**。程序清单 3.1 的 #010 行和 #011 行合起来才是一个单分支选择结构,或者叫 if 语句。注意它的写法

```
if(grade>=60)
    printf("good,you passed!\n");
```

也可以把它写成一行

```
if(grade>=60)  printf("good,you passed!\n");
```

但是这种写法对于条件为真时要执行的语句是多个的时候就不方便了,因此不提倡这种写法。

程序结构通常用**流程图**表示可以直观地认识它的执行过程,if 语句对应的流程图如图 3.2 所示。在流程图中,一般把判断条件表达式置于菱形框之内,用菱形框表示判断条件,所以通常称菱形框为**判断框**。判断框有且只有一个入口,有且只有一个可以选择的出口,“真”或者“假”。流程图中的两个小圆圈表示在其之前或之后是程序的其他部分,它是连接其他部分的关节,称为**连接框**。从流程图可以看出 if 语句的执行过程是:条件为真时执行某个可执行语句或复合语句;条件为假时跳过那个可执行语句或复合语句去执行 if 结构下面的其他语句。

【例 3.3】 对键盘输入的两个整数 a 和 b,输出它们所具有的大小关系。

先简单进行分析。两个数的大小关系可能有多种,大于、小于、大于或等于、小于或等于、不等于、等于,不能只给出其中的一种判断。如果大于关系成立,大于或等于也成立,不等于也成立。输入的数据不同,大小关系也不同。因此需要列出所有可能的大小关系。具体实现如程序清单 3.4。

程序清单 3.4

源码 3.4

```
#001 /*
#002 * compare2numbers2.c:比较两个数
#003 */
#004 #include<stdio.h>
#005 int main(void){
#006     int a,b;
```

```
#007     scanf("%d%d", &a, &b);
#008     if(a>b)
#009         printf("%d>%d\n",a,b);
#010     if(a>=b)
#011         printf("%d>=%d\n",a,b);
#012     if(a<b)
#013         printf("%d<%d\n",a,b);
#014     if(a<=b)
#015         printf("%d<=%d\n",a,b);
#016     if(a==b)
#017         printf("%d==%d\n",a,b);
#018     if(a!=b)
#019         printf("%d!=%d\n",a,b);
#020     return 0;
#021 }
```

运行结果：

输入样例1：

```
2 3
```

输出样例1：

```
2<3
2<=3
2!=3
```

输入样例2：

```
3 2
```

输出样例2：

```
3>2
3>=2
3!=2
```

输入样例3：

```
3 3
```

输出样例3：

```
3>=3
3<=3
3==3
```

3.1.4 特殊形式的判断条件

除了利用像grade>=60这样的关系表达式的值作为逻辑判断条件之外，还有一些特殊形式，它们不是关系表达式，但当它们用作判断条件时，系统就会把它们转换为逻辑值。如算术表达式的值、一个整型变量或常量的值、一个字符常量值，甚至是浮点型变量或常量。C/C++规定一个表达式的值或某个变量的值或常量，当它们出现在if语句或其他含有判断条件的语句中时，只要它们的值非零，就转换为逻辑真，只有它们的值为零时才为逻辑假。简单来说，**非0即为逻辑真，0为逻辑假**。下面分别举例说明。

【例3.4】 判断一个整数不是偶数(或者是奇数)。

一个数x如果它能被2整除它就是偶数，也就是说如果x%2等于0，那么x就是偶数，那么一个数不是偶数的判定条件为真怎么写呢？答案是x%2 != 0，即x除以2其余数不为零，不为零的数当然不等于0，因此结果为真。下面的if语句

```
if( x%2!=0 )
    printf ("%d 不是偶数\n",x);
```

按照**非零即为逻辑真**的原则，可以把它简写为

```
if( x%2 )
    printf ("%d 不是偶数\n",x);
```

这里用算术表达式 x%2 作为逻辑判断条件，当它的值非零时就转化为逻辑真。

【例 3.5】 判断一个整数不是零。

很容易写出“一个整数 x 不是零”为真的条件 x!= 0，因此有下面的 if 语句

```
if( x !=0 )
    printf ("%d 不是零\n",x);
```

与例 3.4 类似，同样有下面的简写形式：

```
if( x )
    printf ("%d 不是零\n",x);
```

这里直接使用了变量的值作为判断条件，当 x 不是零时它的值就转换为逻辑真。

现在回头看看 while(1)，这个 1 就是一个常量作为逻辑判断条件的例子，1 不为零，所以当然就是逻辑真了。其实，如果把 1 换成任何一个其他不为零的整数，负数也可以，其效果都是一样的，如 while(2)、while(－100)。而且这个常数作为逻辑条件是不变的，所以它永远为真。

还有更多形式的判断条件，后面章节会陆续介绍。

3.1.5 比较两个实数的大小

在数学上，比较两个实数与比较两个整数没什么区别，但在计算机中，比较两个实数要特别小心了。由于实数在计算机中存储是有精度的，float 类型的数据只有 6 位或 8 位有效数字，double 类型的数据也只有 16 位或 17 位有效数字。从下面的例子可以看到，单精度变量 a 虽然赋值是 3.1，但实际内存中存放的却是 3.099999905，单精度变量 b 是 3.099999991397669，但实际在内存中存放的也是 3.099999905，不管是内部还是外部，a 与 b 小数点后前 7 位是相等的，所以结果是 a 等于 b，而表面看上去应该 a 大于 b。双精度的变量 x，程序中给的也是 3.1，但内存中存储的是 3.10000000000000100，而双精度的 y= 3.099999991397669，但内存里存储的是 3.099999991397668800，由于双精度的变量精度比较高，所以比较的结果与实际数据的比较结果一致，即 x>y。从这两个例子可以看出，两个实数是否相等是与精度密切相关的，在单精度时两个数据相等，在双精度时两个数据可能不等。

程序清单 3.5

源码 3.5

```
#001 /*
#002 * realCompare.c: 实数比较大小
#003 */
#004 #include<stdio.h>
#005 int main(void){
```

```
#006    float a,b;
#007    a=3.1;
#008    b=3.099999991397669;
#009    printf("%11.9f  %11.9f\n",a,b);
#010    printf("%f  %f\n",a,b);
#011    if(a>b)
#012       printf("a>b\n");
#013    if(a<b)
#014       printf("a<b\n");
#015    if(a==b)
#016       printf("a==b\n");
#017    double x,y;
#018    x=3.1;
#019    y=3.099999991397669;
#020    printf("%20.18f  %20.18f\n",x,y);
#021    printf("%f  %f\n",x,y);
#022    if(x>y)
#023       printf("x>y\n");
#024    if(x<y)
#025       printf("x<y\n");
#026    if(x==y)
#027       printf("x==y\n");
#028    return 0;
#029 }
```

运行结果:

```
3.099999905  3.099999905
3.100000  3.100000
a==b
3.100000000000000100  3.099999991397668800
3.100000  3.100000
x>y
```

从程序清单3.5可以看出,**两个实数是否相等是由指定的精度决定的**。在给定的精度下,两个实数的差如果等于零意味着两个实数相等,否则就是不等。精度常用一个小数表示,如0.01就是精确到2位小数,0.0001就是精确到4位小数,当小数位数更多的时候可以用指数形式表示,如.1e-7就是精确到第8位小数,这种精度数据常常用变量eps表示,即

```
double eps=.1e-7;
```

在程序设计的时候**一般不是直接比较两个实数是否相等,而是通过它们之间的误差的精度来判断**,误差如果在允许范围之内就认为是相等的了。标准数学库math.h提供了一个求绝对值的函数fabs(double x),在程序中用来求两个数的误差的绝对值,如果这个绝对值不超过给定的精度eps,就可以认为这两个数是相等的。程序清单3.6中给定了一个精度eps=0.001和单精度的pi=3.1415926,用户任意输入一个pi值存入yourPi中,程序通过把

yourPi 与程序中的 pi 值比较，如果它们的误差的绝对值不超过给定的精度 eps，这时就认为 yourPi 符合精度，也可以认为在给定的精度下，yourPi 与程序中的 pi 相同。如果它们的误差的绝对值大于给定的精度，这时认为 yourPi 不符合精度要求。

程序清单 3.6

源码 3.6

```
#001 /*
#002 * realCompare2.c: 判断给定的 pi 值是否符合精度
#003 */
#004 #include<stdio.h>
#005 #include<math.h>
#006 int main(void){
#007     double eps=0.001,yourPi;
#008     double pi=3.1415926;
#009     printf("I have a precision now,pls input your PI value:\n");
#010     scanf("%lf",&yourPi);                  //输入一个 pi 值
#011     double err=fabs(pi-yourPi);            //计算误差
#012     printf("fabs(pi-yourPi)=%10.8f\n",err);//打印误差
#013     if(err<=eps)                           //符合精度
#014     {
#015      printf("%10.8f=%10.8f according to the precision %10.8f\n",pi,yourPi,
         eps);
#016         printf("yourPi %10.8f is met the precision %10.8f\n",yourPi,eps);
#017     }
#018      if(fabs(pi-yourPi)>eps)               //没有达到精度
#019     printf("yourPi %10.8f is not met the precision eps %10.8f\n",yourPi,eps);
#020      return 0;
#021 }
```

运行结果 1：

```
I have a precision now,pls input your PI value:
3.14(用户输入的)
fabs(pi-yourPi)=0.00159260
yourPi 3.14000000 is not met the precision eps 0.00100000
```

运行结果 2：

```
I have a precision now,pls input your PI value:
3.1415(用户输入的)
fabs(pi-yourPi)=0.00009260
3.14159260=3.14150000 according to the precision 0.00100000
yourPi 3.14150000 is met the precision 0.00100000
```

3.1.6 复合语句

复合语句是多个语句的复合体，它是由**左右两个大括号括起来的语句块**。复合语句本身自成一体，它与程序的其他部分既相互独立又有一定的联系。请看下面的例子。

```
if(grade < 60 )
{
    printf("you are not passed\n");
    printf("hope you make great efforts\n");
    nopassed=nopassed +1;
}
```

或者

```
if(grade< 60 ){
    printf("you are not passed\n");
    printf("hope you make great efforts\n");
    nopassed=nopassed +1;
}
```

注意大括号的位置,它们可以顶格左对齐,也可以左右错开,是不同程序风格的体现。前者称为 **Allman 风格**(Allman 来源于 sendmail 和其他 UNIX 工具的作者 Eric Allman),后者称为 **K&R 风格**(K&R 是 Kernighan 和 Ritchie 的简称,他是 *The C programming language* 的作者)。你更喜欢哪一种?还要注意复合语句包含的内部语句采用缩进格式,这样更便于阅读。

上面的复合判断语句,当判断条件 grade<60 为真时执行的是一个复合语句。复合语句可以出现在任何程序结构中,任何单个语句的位置都可以用一个复合语句代替,后面要介绍的循环体或者某个顺序结构的一部分都可以是某个复合语句。

视频

3.2 按成绩把学生分成两组

问题描述:

教师要把参加某次测验的学生按成绩及格与否分成两组,并统计出各组的人数。

输入样例:

```
88 99 77 66 55 44        //或者分多行输入
Ctrl-Z
```

输出样例:

```
you belong in group A
you belong in group A
you belong in group A
you belong in group A
you belong in group B
you belong in group B
aNum=4
bNum=2
```

问题分析:

3.1 节的问题只考虑了成绩合格者如何处理,成绩不合格者置之不理,即当判断条件为真时去处理事情,而当判断条件为假时就跳过了,没有做任何事情。很多场合我们不仅要描述判断条件为真时做什么,还要对判断条件为假时的情况做出处理。本节的问题仍然是一个判断决策问题。按学生成绩把学生进行分组,就是成绩大于或等于 60 时的学生去 A 组,成绩小于 60 的学生去 B 组,并统计出每组的学生数。用简单的单分支选择结构可以解决这个问题吗?回答是可以的。大家分析下面的程序是否可行,看看存在什么不足。

程序清单 3.7

源码 3.7

```
#001 /*
#002 * twoif.c: 使用 if(单分支选择)语句实现学生按成绩及格与否分组
#003 */
#004 #include<stdio.h>
#005 int main(void){
#006     int aNum =0, bNum =0; //声明两个计数变量,并初始化为 0
#007     int grade;              //学生成绩变量
#008     while(1) { //无限循环,只能在输入结束时用 Ctrl-C 结束
#009         scanf("%d",&grade) ;
#010         if(grade >=60 ) {     //及格分组统计
#011             printf("you belong in group A\n");
#012             aNum =aNum +1;
#013         }
#014         if(grade <60 ) {      //不及格分组统计
#015             printf("you belong in group B\n");
#016             bNum =bNum +1;
#017         }
#018         printf("aNum =%d\n", aNum);  //输出当前统计结果
#019         printf("bNum =%d\n", bNum);
#020     }
#021     return 0;
#022 }
```

这个程序实现的正确性是没有问题的,但仔细看会发现,不管你的成绩是大于或等于60,还是小于60,#010行、#014行的两个判断都要进行。例如,现在一个学生的成绩是90,首先经历#010行的判断,grade>=60为真,执行#011行和#012行。紧接着就要执行#014行的判断,grade < 60为假,因此不执行#015行和#016行。同样,如果一个成绩是50,也要经历同样的两次判断。每个成绩都要判断两次,显然是一种浪费。实际上,成绩大于或等于60和成绩小于60这两个判断条件之间是紧密相连的,是恰好相反的。如果第一个条件为假,自然就有另一个条件为真,没有必要再去重复判断。对于具有这样性质的判断问题,C/C++提供了一种双分支选择结构if-else。

这个实现还有一个问题就是while(1)无限循环结构,一个班级的实际学生数是有限的,当没有数据输入的时候,while(1)要停下来,如果没有其他的控制手段只能在运行时按Ctrl-C结束。在前面这个实现里,输出部分也在while(1)循环结构里,每个同学分组之后都打印当前的统计结果,如果有这样的需要当然没有问题,但如果只要求所有的同学分组之后给出最终的统计结果就不好办了。这时势必要把输出部分拿到while之外,但由于不能控制结束while所以输出就做不到了。因此我们必须给出控制while的方法,scanf函数有一个特点,就是当没有数据要输入的时候,如果输入了Ctrl-Z,这时scanf函数就读不到需要的数据了,它会返回一个特殊的信息EOF(它是一个用#define定义的符号常量,其值为-1),它表示输入已经结束。所以,我们现在可以用它来控制循环的结束,关于循环方面的细节在第4章进行详细介绍。

算法设计：流程图如图 3.3 所示。

① 把统计求和变量 aNum,bNum 初始化为 0；

② 输入学生成绩,如果输入了 Ctrl-Z,执行⑤,否则转③；

③ 如果成绩大于或等于 60,输出分到 A 组信息,a 加 1,返回②；

④ 否则,输出分到 B 组信息,b 加 1,返回②；

⑤ 输出最终统计结果程序结束。

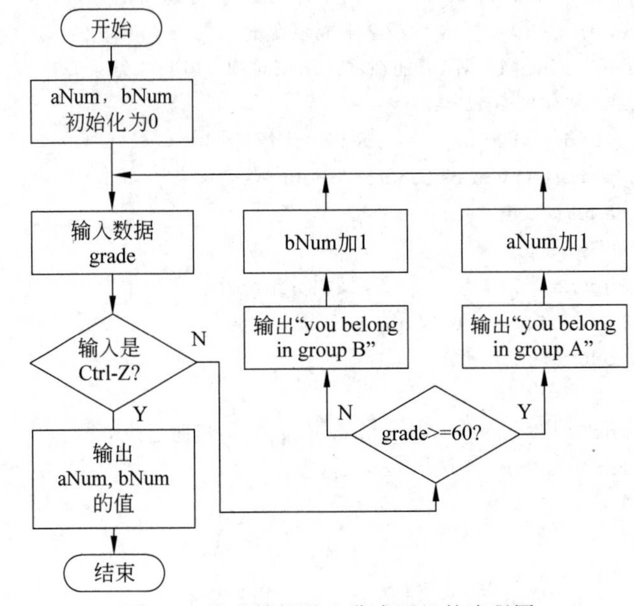

图 3.3　按成绩把学生分成两组的流程图

程序清单 3.8

源码 3.8

```
#001 /*
#002 * ifelse.c:使用 if-else(双单分支选择)语句实现学生按成绩及格与否分组
#003 *           通过 Ctrl-Z 结束键盘输入
#004 */
#005 #include<stdio.h>
#006 int main(void) {
#007     int aNum = 0, bNum = 0;                    //声明两个计数变量,并初始化为 0
#008     int grade;                                 //学生成绩变量
#009     while(scanf("%d",&grade) != EOF) {         //读学生成绩直到输入 Ctrl-Z 为止
#010         if(grade >= 60 ) {                     //及格分组统计
#011             printf("you belong in group A\n");
#012             aNum = aNum + 1;
#013         } else{                                //不及格分组统计
#014             printf("you belong in group B\n");
#015             bNum = bNum + 1;
#016       } }
#017     printf("aNum = %d\n", aNum);               //输出统计结果
#018     printf("bNum = %d\n", bNum);
```

```
#019     return 0;
#020 }
```

3.2.1 双分支选择结构

程序清单 3.8 的#010 行到#016 行是一个双分支的选择结构，条件“grade>=60”为真时执行一个分支，否则执行另一个分支。双分支选择结构用 if-else 语句表示，其一般形式为

```
if(判断条件表达式)
   条件为真时要执行的语句
else
    条件为假时要执行的语句
其他语句
```

其中，表达式和语句的含义同单分支选择结构一样。它的执行过程如图 3.4 所示，当判断条件为真时执行 if 和 else 之间的语句，否则(隐含着判断条件为假)，执行 else 后面的语句。在这个结构中存在两个分支，对于给定数据，只能有一个分支符合判断条件。不管是哪个分支，执行完毕之后都应该执行 if-else 结构下面的“其他语句”。这种双分支选择结构是对称的。

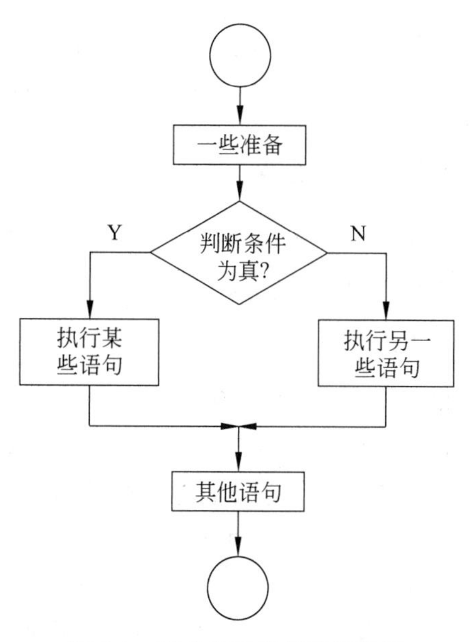

图 3.4　双分支选择结构流程图

从程序清单 3.7 和程序清单 3.8 的运行结果可以看到，两个平行的单分支选择结构和一个双分支选择结构都能实现本节的问题，其结果是完全一致，但是它们的运行过程有很大的不同。两个单分支要判断两次，而一个双分支只判断一次。下面再看几个小例子。

【例 3.6】 判断一个数是奇数还是偶数。

程序实现的片段如下：

```
scanf("%d",&num);
if(num%2 )
    printf("num is odd\n");
else
    printf("num is even\n");
```

当用户输入一个整数之后，如果输入的是奇数，则 num%2 不为 0，判断条件为真，输出信息 num is odd，如果输入的是偶数，num%2 为 0，判断条件为假，输出 num is even。输出哪条信息(进入哪个分支)由判断条件 num%2 的真假决定。

【例 3.7】 判读一个数是大于或等于零还是小于零。

程序实现的片段如下：

```
scanf("%d",&num);
if(num >=0 )
    printf("num is equal to 0 or positive number;\n");
else
    printf("num is a negative number;\n");
```

【例 3.8】 判断一个人的体重是否过大,判断标准是身体指数 t 是否大于 25,其中 $t=w/h^2$(w 为体重,h 为身高)。

程序实现的片段如下:

```
scanf("%f %f", &w, &h);
t=w/(h * h);
if(t>25 )
    printf("your weight is higher \n");
else
    printf("your weight is not higher,
           but I could not know if your weight is lower \n");
```

3.2.2 条件运算

由于双分支选择结构应用比较频繁,C/C++ 提供了一种特别的运算,称为**条件运算**,用来表达对称的双分支选择结构,具体格式如下:

```
表达式 1? 表达式 2 : 表达式 3
```

这里?与:是**条件运算符**,它需要三个操作数:第一个操作数是表达式 1,第二个操作数是表达式 2,第三个是表达式 3。这个运算是唯一的三目运算,由条件运算符连起来的式子称为**条件表达式**。条件表达式的值由表达式 1 的真假来决定是取表达式 2 的值还是表达式 3 的值。当表达式 1 为真时,条件表达式的值等于表达式 2 的值,否则等于表达式 3 的值。表达式 1 是判断条件,表达式 2 和表达式 3 是对称的两个选择。条件表达式的使用非常灵活简洁,它可以独立作为一个语句,也可以作为其他运算的操作数。它出现在普通表达式可以出现的任何地方。下面看 6 个例子。

【例 3.9】 用条件表达式判断一个数是奇数还是偶数。

```
num%2? printf("num is odd\n"): printf("num is even\n");
```

根据 num%2 的真假执行不同的打印输出,当 num%2 不等于 0 时输出 num is odd,否则输出 num is even。

【例 3.10】 用条件表达式判断一个数是正还是负。

```
num >=0
    ? printf("num is equal to 0 or positive number;   \n")
    : printf("num is a negative number;   \n");
```

这里把一个条件表达式语句写在了多行,但要注意它是一个语句,只能在末尾有一个“;”号。

【例 3.11】 打印两个数中的较大者,对于给定的 i 和 j,

```
printf("%d\n", i >j? i : j);
```

根据 i>j 的真假，输出 i 或 j，当 i>j 时输出 i，否则输出 j。

【例 3.12】 返回两个数中的最大者，对于给定的 i 和 j，

```
return( i >j ? i : j) ;
```

根据 i>j 的真假，返回 i 或 j，当 i>j 时返回 i，否则返回 j。

【例 3.13】 求两个数的最大值，对于给定的 a 和 b，

```
max=a >b ? a : b;
```

max 的值由 a>b 的真假决定，当 a>b 时 max 的值为 a，否则为 b。

注意：条件表达式一般多用于三个表达式比较简单的情形。

【例 3.14】 条件运算是右结合的，对于给定的 a、b、c、d 条件表达式。

```
a >b ? a : c >d ? c : d
```

按照右结合的原则，c >d 先作为第二个条件表达式的判断条件，如果它为真，取 c，否则取 d，然后再看 a>b 是否为真，如果为真，则取 a，否则取 c>d 时条件运算的值。它相当于

```
a >b ? a :( c >d ? c : d)
```

3.3 按成绩把学生分成多组(百分制)

视频

问题描述：

写一个程序帮助教师把学生按分数段(90 分以上，80～89 分，70～79 分，60～69 分，小于 60 分)分成多组，统计各组的人数。

输入样例：

```
please input grades:
44 55 77 88 99 98 78 67
^Z
```

输出样例：

```
Failed! group F
Failed! group F
Middle! group C
Better! group B
Good! group A
Good! group A
Middle! group C
Pass! group D
aNum =2
bNum =1
cNum =2
dNum =1
FNum =2
```

问题分析：

在 3.2 节已经使用双分支选择结构解决了把学生按成绩分为两组的问题。本节的问题要求进行更细致的划分，即根据成绩的分数段(90 分以上，80～89 分，70～79 分，60～69 分，小于 60 分)把学生划分为多个组，不妨设为 A、B、C、D、F 组，并分别统计各组的人数。问题中有多个判断条件，而且不是简单的关系表达式所能表达的。90 分以上和 60 分以下比较容易表达，用一个简单的关系表达式即可。其他几种情况都是一种复合条件，即两个条件要

同时满足,如成绩为80～89分的复合条件是“成绩大于或等于80分”并且“成绩小于90分”,前面曾经指出这样的条件不能写成

```
80<=grade <90
```

如果这样写,它并不表示成绩grade为80～90分,它将从左至右分两段进行计算。如果一定要用一个表达式表达这种比较复杂的条件,要用到3.5.1节介绍的逻辑运算,这里暂时不考虑这种方法,下面从两个方面进行讨论。

第一种方法:仍然采用简单的关系表达式作为条件。由于介于两者之间分数段判断是一个复合条件,这种复合条件判断可以通过两个简单判断的**嵌套**来实现,见3.3.1节。若干个复合条件可以彼此独立,也可以按照相邻分数段之间彼此存在的联系用双分支中的else体现出来,具体见算法设计1,详细讨论见3.3.2节。同一个问题,不一定必须先判断什么,后判断什么,但判断顺序的不同,将导致不同的嵌套顺序,算法设计2与算法设计1的判断顺序不同,因此嵌套结构也不同。

第二种方法:是对分数间接地进行判断,把输入的成绩进行适当的转换(除以10再取整),再去判断它属于哪一组。这时所有的成绩转换为有限的几种情况,即10、9、8、7、6、5、4、3、2、1、0。解决这类问题引进一种新的选择结构,switch-case多分支选择结构,具体见算法设计3,详细讨论见3.3.3节。

算法设计1:流程图如图3.5所示。

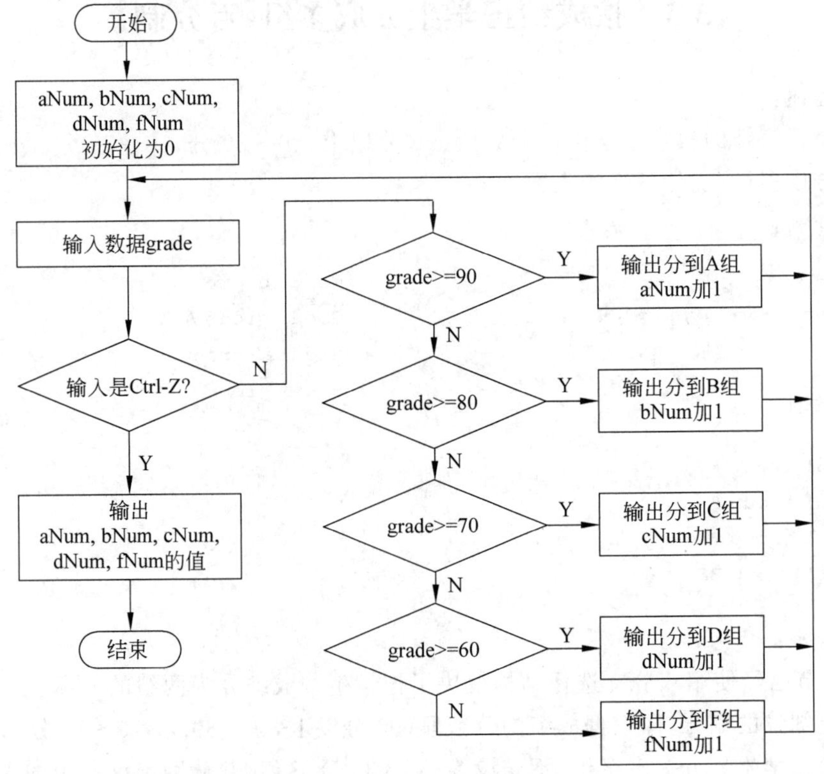

图3.5 按成绩把学生分成多组算法1的流程图

如果按照成绩从大到小或从小到大进行判断，则有比较整齐的嵌套描述。本算法描述按成绩从大到小的顺序来判断，即先判断成绩是否大于或等于90，如果不是，再看是否大于或等于80，以此类推。具体算法描述如下。

① 把统计求和变量aNum，bNum，cNum，dNum，fNum初始化为0；
② 输入学生成绩；
③ 如果输入没有结束则执行④，否则执行⑨；
④ 如果成绩大于或等于90，输出分到A组信息，aNum加1，返回到②；
⑤ 否则如果成绩还大于或等于80，输出分到B组信息，bNum加1，返回到②；
⑥ 否则如果成绩还大于或等于70，输出分到C组信息，cNum加1，返回到②；
⑦ 否则如果成绩还大于或等于60，输出分到D组信息，dNum加1，返回到②；
⑧ 否则输出分到F组信息，fNum加1，返回到②；
⑨ 输出统计结果。

程序清单 3.9

源码 3.9

```
#001 /*
#002 * ifelse_nest.c: 使用双分支嵌套,把学生按成绩的分数段分组
#003 */
#004 #include<stdio.h>
#005 int main(void){
#006     int aNum =0, bNum =0, cNum =0, dNum =0, fNum =0;
#007     int grade;
#008     printf("please input grades:\n");
#009     while( scanf("%d",&grade) !=EOF){
#010         if( grade >=90 ){
#011             printf("Good! group A\n");
#012             aNum=aNum +1;
#013         }else if( grade >=80 ){
#014             printf("Better! group B\n");
#015             bNum=bNum +1;
#016         }else if( grade >=70 ) {
#017             printf("Middle! group C\n");
#018             cNum=cNum +1;
#019         }else if( grade >=60 ) {
#020             printf("Pass! group D\n");
#021             dNum=dNum +1;
#022         }else {
#023             printf("Failed! group F\n");
#024             fNum=fNum +1;
#025         }}
#026     printf("aNum=%d\n", aNum);
#027     printf("bNum=%d\n", bNum);
#028     printf("cNum=%d\n", cNum);
#029     printf("dNum=%d\n", dNum);
#030     printf("FNum=%d\n", fNum);
```

```
#031    return 0;
#032 }
```

算法设计 2：流程图如图 3.6 所示。

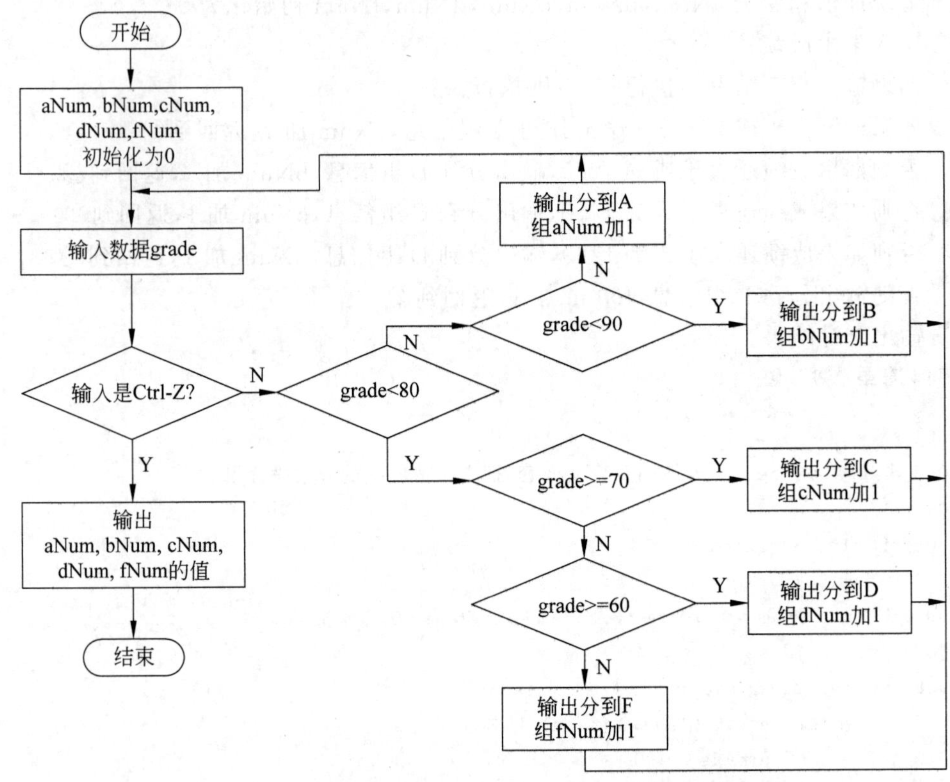

图 3.6　按成绩把学生分成多组算法 2 的流程图

如果按成绩的**客观分布规律**考虑判断的顺序，即可能性比较大的先判断，那么首先应该判断成绩是否介于 70 分和 80 分之间，如果不是，则有两种可能，一是大于或等于 80 分，二是小于 70 分。如果是大于或等于 80 分，进一步看是否小于 90 分，又分两种情况，小于 90 分和大于或等于 90 分；如果是小于 70 分，进一步看是否大于或等于 60 分，这时又有两种情况，小于和大于或等于 60 分。这个改进的算法描述如下：

① 把统计求和变量 aNum，bNum，cNum，dNum，fNum 初始化为 0；

② 输入学生成绩；

③ 如果输入没有结束则执行④，否则执行⑨；

④ 如果成绩小于 80 且大于或等于 70，输出分到 C 组信息，cNum 加 1，返回到②；

⑤ 否则如果成绩小于 90 且大于或等于 80，输出分到 B 组信息，bNum 加 1，返回到②；

⑥ 否则(成绩大于或等于 90) 输出分到 A 组信息，aNum 加 1，返回到②；

⑦ 否则如果成绩小于 70 且大于或等于 60，输出分到 D 组信息，dNum 加 1，返回到②；

⑧ 否则(成绩小于 60)，输出分到 F 组信息，fNum 加 1，返回到②；

⑨ 输出统计结果。

程序清单 3.10

源码 3.10

```
#001 /*
#002 * ifelse_nest_better.c: 使用双分支嵌套实现学生分组,最易发生的放在最外层
#003 */
#004 #include<stdio.h>
#005 int main(void){
#006     int aNum=0, bNum=0, cNum=0, dNum=0, fNum=0;
#007     int grade;
#008     printf("please input grades:\n");
#009     while(scanf("%d",&grade)!=EOF){
#010         if( grade <80 )
#011         if( grade <70 )
#012         if( grade <60){
#013             printf("failed! group F\n");
#014             fNum=fNum +1;
#015         } else{
#016             printf("Pass! group D\n");
#017             dNum=dNum +1;
#018         } else{
#019             printf("Middle! group C\n");
#020             cNum=cNum +1;
#021         }else if( grade <90 ){
#022             printf("Better! group B\n");
#023             bNum=bNum +1;
#024         }else {
#025             printf("Good! group A\n");
#026             aNum=aNum +1;
#027         }
#028     }
#029     printf("aNum=%d\n", aNum);
#030     printf("bNum=%d\n", bNum);
#031     printf("cNum=%d\n", cNum);
#032     printf("dNum=%d\n", dNum);
#033     printf("FNum=%d\n", fNum);
#034     return 0;
#035 }
```

算法设计 3：流程图如图 3.7 所示。

上述两种算法都是通过直接判断学生成绩进行分组。如果把成绩除以 10 取整,可以发现,100 分对应 10,90～99 分对应 9,80～89 分对应 8,以此类推,0～9 分对应 0,也就是说,对于每个学生的成绩,可以把它们除以 10 取整之后对应到 0,1,2,3,…,10 的整型常量上,依据这个整型常量即可断定该同学应该分到哪一组。如果是 0,1,2,3,4,5 就都分到 F 组,如果是 9 和 10 都归为 A 组,其他的 8、7、6 依次对应 B、C、D 组。

算法描述如下：

① 把统计求和变量 aNum,bNum,cNum,dNum,fNum 初始化为 0;

② 输入学生成绩 grade;

③ 如果 grade 大于 100 或小于 0,输出错误信息,返回到②;
④ 如果输入没有结束则执行⑤,否则执行⑫;
⑤ 把成绩除以 10 并取整,得到对应的整型值 grade;
⑥ 如果 grade 是 10 或 9,输出分到 A 组信息,aNum 加 1,返回到②;
⑦ 如果 grade 是 8,输出分到 B 组信息,bNum 加 1,返回到②;
⑧ 如果 grade 是 7,输出分到 C 组信息,cNum 加 1,返回到②;
⑨ 如果 grade 是 6,输出分到 D 组信息,dNum 加 1,返回到②;
⑩ 如果 grade 是 5 或 4 或 3 或 2 或 1 或 0,输出分到 F 组信息,fNum 加 1,返回到②;
⑪ 如果 grade 是其他数字,输出错误信息,返回到②;
⑫ 输出统计结果。

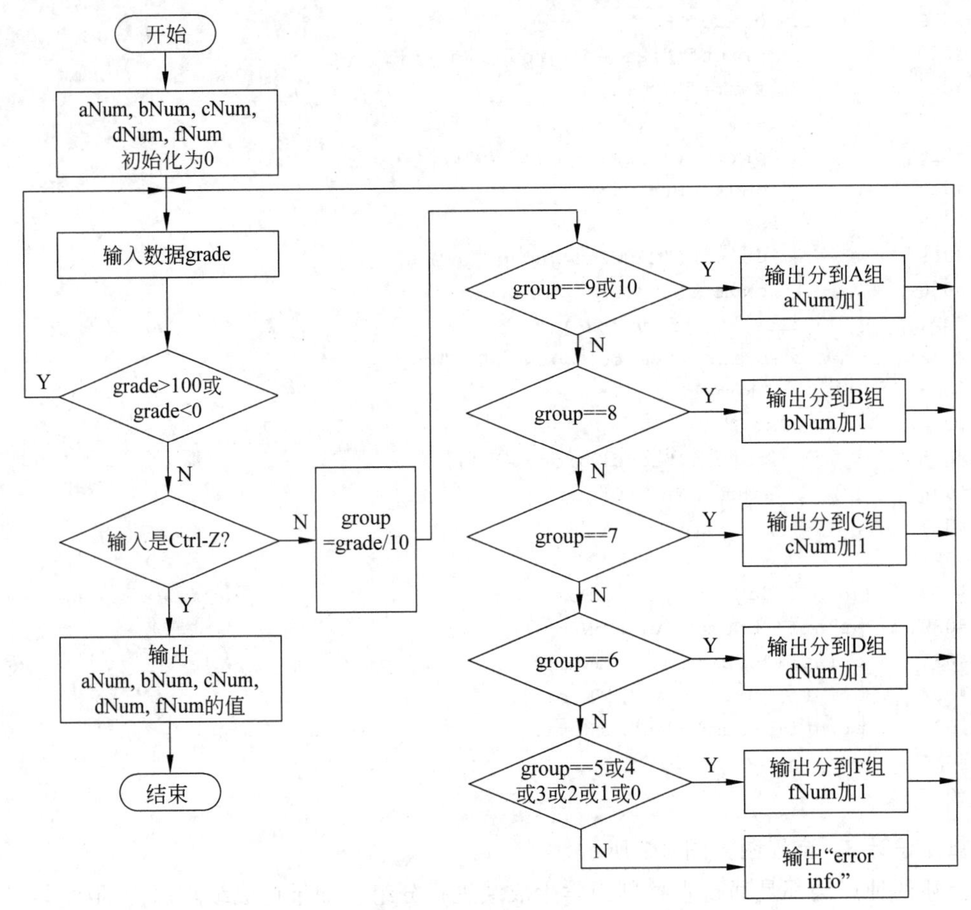

图 3.7 按成绩把学生分成多组算法 3 的流程图

源码 3.11

程序清单 3.11

```
#001 *
#002 * switch5gradeint.c: 用 switch 开关语句实现按五级制成绩的学生分组和统计
#003 * /
#004 #include<stdio.h>
#005 int main(void) {
```

```
#006  int aNum=0, bNum=0, cNum=0, dNum=0, fNum=0; //初始化
#007  int grade,group;
#008  printf("please input your grade:\n");
#009  while( (scanf("%d",&grade)) !=EOF ) {       //输入不是 Ctrl-Z 执行下面的循环体
#010      group=grade/10;
#011      switch( group ) {
#012          case 0: case 1:                        // 不及格的分支
#013          case 2: case 3:
#014          case 4: case 5:
#015                fNum=fNum +1;
#016                printf("Failed! group F\n");
#017                break;
#018          case 6:                                //成绩是 60 到 69 的分支
#019                dNum=dNum +1;
#020                printf("Pass!"group D\n");
#021                break;
#022          case 7:                                //成绩是 70 到 79 的分支
#023                cNum=cNum +1;
#024                printf("Middle!"group C\n");
#025                break;
#026          case 8:                                //成绩是 80 到 89 的分支
#027                bNum=bNum +1;
#028                printf("Better!"group B\n");
#029                break;
#030          case 9: case 10:                       //9,10 属于同一分支,90 以上的优秀
#031                aNum=aNum +1;
#032                printf("Good!"group A\n");
#033                break;
#034          default:                        //如果不是 0~10 则输出错误信息,不统计
#035                printf("grade is error, try again\n");
#036      }
#037  }
#038  printf("aNum=%d\n", aNum);                     //输出统计结果
#039  printf("bNum=%d\n", bNum);
#040  printf("cNum=%d\n", cNum);
#041  printf("dNum=%d\n", dNum);
#042  printf("FNum=%d\n", fNum);
#043  return 0;
#044 }
```

3.3.1 嵌套的 if 结构

什么是嵌套呢？简单来说，就是两个东西彼此套在一起，是一种包含关系。一个单分支的 if 能和另一个 if 套在一起吗？让我们仔细分析一下单分支的 if 结构。if 条件为真时要执行的某些语句并没有规定必须是什么语句，当然也可以是另一个 if 结构，即

```
if(表达式 1)
    if(表达式 2)
        表达式 2 为真时执行的语句
```

这样两个 if 结构彼此就嵌在一起了,外层 if 语句的表达式 1 为真时要执行的语句是内层的另一个 if 语句。

这种嵌套结构表达了一种**复合条件**,即如果表达式 1 为真,并且表达式 2 也为真,则执行"表达式 2 为真时要执行的语句"。

【例 3.15】 下面的程序片段表达了什么判断?

```
if(grade>=60)
    if( grade <70 )
        printf("Passed!"\n");
```

其含义是,如果成绩大于或等于 60,并且又小于 70,计算机回答"Passed!",即判断成绩是否介于 60 和 70 之间。

请注意这种嵌套的书写格式。上面的写法是逐层缩进的格式,还可以把内外层的 if 左对齐,

```
if( grade >=60)
if( grade <70 )
    printf("Passed!"\n");
```

也可以添加{ }把内层的 if 包围起来,

```
if(grade>=60){
     if( grade <70 )
         printf("Passed!"\n");
}
```

哪一种写法更好呢?添加大括号的格式更加直观。

如果把本节问题中的各个分数段分别进行判断,那么介于 80 和 90 之间的判断就可以用一个独立的 if 嵌套实现,同样介于 70 和 80 之间、60 和 70 之间都可以用一个独立的 if 嵌套实现等,问题便可以得到解决,这种方法的完整实现请大家作为一个练习尝试一下。

3.3.2 嵌套的 if-else 结构

与单分支的 if 结构嵌套类似,if-else 结构同样可以嵌套,而且更加灵活方便。当 if 判断条件为真时要运行的语句,或者 else 部分要运行的语句都可以是另一个 if 或 if-else 结构。双分支的 if-else 是对称结构,if 部分和 else 部分都可以再嵌套其他的选择结构。if-else 结构的 if 部分嵌套另一个 if-else 的基本框架如下:

```
if(表达式 1)
    if(表达式 2)
        表达式 2 为真时执行的语句
    else
        表达式 2 为假时执行的语句
```

```
else
    表达式 1 为假时执行的语句
```

if-else 结构的 else 部分嵌套另一个 if-else 的基本框架如下：

```
if(表达式 1)
    表达式 1 为真时执行的语句
else
    if(表达式 2)
        表达式 2 为真时执行的语句
    else
        表达式 2 为假时执行的语句
```

可以想象，if 部分或 else 部分的 if-else 还可以进一步嵌套其他的选择结构，这样的嵌套可以包含多层。不管内部嵌套了多少层，从最外层来看就是一个 if-else 结构。对于本节的按分数段划分问题用嵌套的 if-else 描述应该是下面的样子：

```
if( grade >=90 ){
    printf("Good! group A\n");
    aNum=aNum +1;
}
else
    if( grade >=80 ){
        printf("Better! group B\n");
        bNum=bNum +1;
    }
    else
        if( grade >=70 ) {
            printf("Middle! group C\n");
            cNum=cNum +1;
        else
            ...
    }
```

这个嵌套结构在 grade>=90 不为真时内嵌了一个另外的 if-else 结构，内嵌的 if-else 进一步判断 grade>=80 是否为真，当 grade>=80 为假时又内嵌了一个 if-else 结构，判断 grade>=70 是否为真，当 grade>=70 为假时可以继续嵌套另一个 if-else 结构，判断 grade>=60 是否为真，当 grade>=60 为假时都归结为 F 组，嵌套结束。这样的嵌套可能很多层，如果每层缩进一部分，虽然看上去层次很清晰，但是它有明显的不足，当嵌套的层数很多时，就会一直向右倾斜下去，以至于无法在一页之内完成，所以这种格式不是好的书写格式，通常写成如下的左对齐的形式：

```
if(表达式 1)
    语句序列 1;
else if(表达式 2)
    语句序列 2;
else if(表达式 3)
```

```
    语句序列 3;
      ⋮
else
    语句序列 n;
其他语句;
```

注意:其中下一层的 if 提升到上一层的 else 后面组合到一起,写成 else if,不要把 else 和 if 连在一起写成 elseif。这种嵌套的双分支选择结构可以用图 3.8 表示。类似地,我们还可以把单分支的 if 和双分支的 if-else 混合嵌套,这一部分留给读者。大家思考一下这样的嵌套结构是怎么执行的呢?随便给几个成绩测试后就知道了。嵌套的选择结构包含很多判断条件,但是对于某个成绩来说,只要有一个条件为真就会在执行完某个语句后离开整个 if-else 嵌套结构。

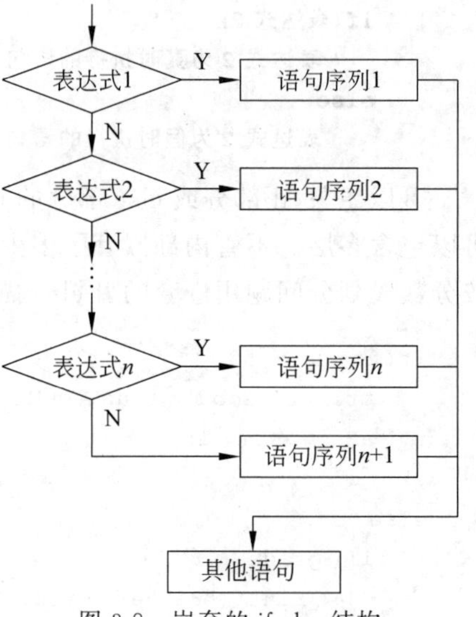

图 3.8　嵌套的 if-else 结构

程序清单 3.9 的 #010 行到 #025 行 if-else 嵌套是本节问题的完整实现,注意它的写法。算法设计 1 是从 grade>=90 开始判断的,其实完全可以把判断条件再换一种顺序,如从判断 grade<60 开始,再判断 grade<70,等等。还可以从其他的判断条件开始,不管从什么判断条件开始,分组的结果应该是完全一样的,但判断的过程就不完全相同了。一个嵌套在内层的条件是否为真的判断,要经历它的外层的若干次判断为假时才能抵达,这个特点提醒我们,如果有多个判断条件,采用嵌套的 if-else 表达,应该把最可能发生的那个条件放在最外层,以便它为真时就离开整个 if-else 嵌套结构,如图 3.9 所示;如果把最不可能发生的条件放在比较外面的层,由于它为假的可能性很大,每次判断其他条件时都要经过它,这样就多做了一次判断。

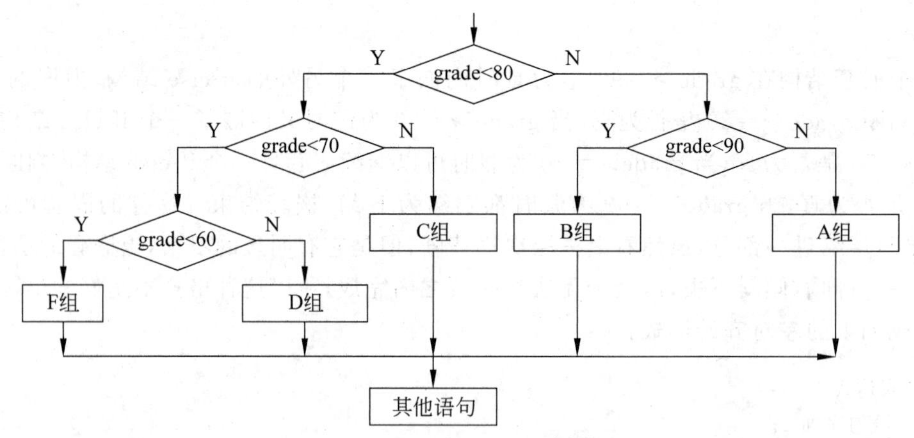

图 3.9　从最可能发生的判断开始

由于正常情况下学生的成绩处于中游的比较多,所以算法设计 2 是从小于 80 开始判断的，对应的流程图如图 3.9 所示，详细实现见程序清单 3.10。

还有一点非常值得注意，嵌套的 if-else 结构，不管写成级联缩进的形式还是左对齐的形式，C/C++ 语言都采用同样的匹配原则：与 else 配对的 if 是**最近还未与其他 else 匹配的 if**。

【例 3.16】 设①x=9，y=11 或② x=11，y=9，分别分析下面的程序片段(1)和(2)的结果是什么。

(1)

```
if(x<10)
if(y>10)
    printf("+++++++\n");
else
    printf("#######\n");
printf("$$$$$$$\n");
```

(2)

```
if(x<10)
    if(y>10)
         printf("+++++++\n");
else
    printf("#######\n");
printf("$$$$$$$\n");
```

虽然片段(2)人为地把 else 与外层的 if 匹配，但实际 else 仍然与内层的 if 匹配，因此两者的结果都是一样的。即写法不同不影响程序的实质，但有可能产生误导。对于假设① x<10 为真，进一步判断 y>10，由于 y>10 也为真，所以运行结果为打印“+++++++”换行，再打印“$$$$$$$”换行。对于假设② x<10 为假，所以跳过内嵌的 if-else，直接打印“$$$$$$$”换行。适当增加一些大括号，可以使程序更明确，如：

```
if(x<10){
    if(y>10)
        printf("+++++++\n");
}else {
        printf("#######\n");
        printf("$$$$$$$\n");
    }
```

思考题 1：对于上面的程序片段，你尝试其他加括号的方法，分析其结果。

思考题 2：对于算法描述 1 和 2，如果用户输错了成绩怎么办？如输入了 150 或者 −59 呢？

3.3.3 多分支选择结构

思政案例

从 3.3.2 节的讨论可以发现嵌套的 if-else 可以表达非常复杂的判断条件，实际上属于多分支的选择结构，当某个条件为真时选择相应的分支执行相关的操作。正如我们在问题分析中分析的那样，如果把输入的成绩进行适当的转换(除以 10 再取整)，再去判断它属于

哪一组,这时问题的判断条件就变成了几种非常简单的情况判断,即只要判断是否是10、9、8、7、6、5、4、3、2、1、0这11种情况即可。有很多实际问题包含的逻辑判断都是这样一类比较简单地判断一个整型表达式的值是否等于某个范围内的一个常量。每个常量对应一个分支,执行某些操作,具体执行哪个分支,由整型表达式的值来决定的。这个整型表达式就相当于一个**多向开关**,开关转向哪个常量,就去执行那个常量对应的分支。为了方便这类问题的解决,C/C++ 提供了一个特别的多分支选择结构 switch-case 语句,其具体格式如下:

```
switch (整型表达式){
    case 常量表达式:
        要执行的语句
        [break;]
    case 常量表达式:
        要执行的语句
        [break;]
    ⋮
    [default:
        默认的执行语句
    ]
}
其他语句;
```

注意:switch-case 由多个组成部分构成。

(1) switch 中的整型表达式必须是具有整型值的表达式,C/C++ 把字符当成整数来处理,所以字符也可以出现在这里,这个表达式一定要用小括号括起来。

(2) switch 的主体用一对大括号括起来。

(3) 平行的"case 常量表达式:",这个 case 是系统关键字。常量表达式的值是一个整型常量,不允许有相同的 case 出现,case 后面的冒号是不可少的。每个 case 里要执行的语句可以是多条语句,它们不必使用大括号括起来。每个 case 是一个分支。

(4) 在每个 case 里都可以包括一个"break;",这个 break 也是系统的关键字。它的含义是跳出 switch 结构,一般是要加上这个语句的。如果没有"break;",则会继续执行下面的分支。break 不是专门为 switch 服务的,它还是第4章要学的循环结构的工具。

(5) 在整个 swith 主体的最后是一个可选的"default:"和默认的执行语句,这个"default:"规定了如果 switch 的整型表达式的值没有对应的常量 case,switch 就执行这个默认的分支。如果没有 default 分支,且整型表达式的值没有对应的常量 case,则自然会离开 switch 语句。

switch-case 结构的**执行过程**是先计算具有整型表达式的值,然后把这个值与 case 中的常量表达式的值比较,如果相等则找到了一个分支,去执行那个 case 中的语句序列,如果在这个分支有 break 语句,则跳出整个 switch 结构,到大括号后面的"其他语句;"去执行,如果无 break 语句,则会顺序执行相邻分支的语句序列。如果计算的整型表达的值没有对应的 case,则去执行那个默认的分支,然后离开 switch,同样是到"其他语句;"去执行。

switch-case 结构比较复杂,其流程图见图3.10,图中的 iVal 为整型表达式的值。

本节问题的求解算法3就是用 switch-case 实现的。在算法设计3的实现中,不能直接

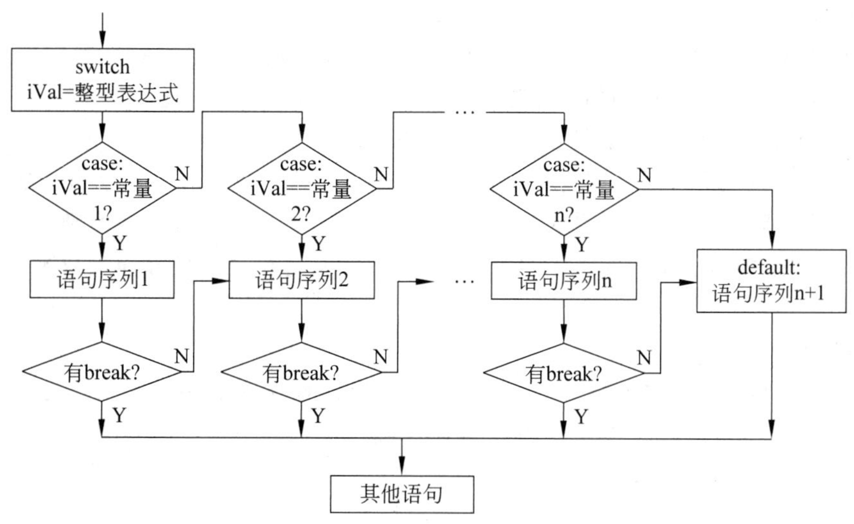

图 3.10 switch case 结构流程图

把成绩作为 switch 的表达式,因为成绩从 0～100,范围过大,可能的情况过多,要把它对应到几个分数段上比较困难。因此算法 3 先把成绩用 10 去整除,把整除的结果作为 switch 的开关表达式,这样就只有 11 种可能了,其中 0～5 划分到一个组是不及格的分数段,6、7、8 为一组,对应 60～70、70～80、80～90 几个分数段,9 和 10 对应优秀分数段。几个常量整型值 0～5 对应一个分数段,程序中 case 0、case 1、case 2、case 3、case 4、case 5 的 6 种情况就要合并为一个分支,它们做相同的事情,都归为 F 组。这种情况下,这 6 个 case 就可以并列在一起,前几个 case 里都是空,它们与 case 5 共同都去执行一组语句。同样,case 9 和 case 10 也归并为一个组。详细实现大家参考程序清单 3.11。

3.4 按成绩把学生分成多组(五级制)

问题描述:

写一个程序把学生按成绩分成多组,并统计各组人数,学生成绩为 5 级制 A、B、C、D、F,允许输入小写字符。

输入样例:

```
please input grades A/a, B/b, C/c, D/
c, F/c:
A b b c f d c b c d
^Z

pass! group D
middle! group C
better! group B
middle! group C
pass! group D
```

输出样例:

```
good, you belong in group A
better! group B
better! group B
middle! group C
failed! group F
aNum =1
bNum =3
cNum =3
dNum =2
FNum =1
```

问题分析:

五级制的成绩为优秀、良好、中等、及格和不及格,分别用字符'A'、'B'、'C'、'D'和'F'表示。因此输入学生成绩的时候就是要输入这几个特殊字符,这时的情况数只有5种可能,与3.3节算法设计3中的情况数相比更少。成绩是字符时是不是也可以用switch-case来表达呢?答案是可以!因为字符也可以具有整型值的结果,每个字符对应的整数是它的ASCII码,所以字符可以作为switch-case的整型表达式。关键是如何判断用户输入的是哪个字符,如果知道了用户输入的是字符,就可以对其进行分组划分和人数统计了。具体算法设计如下。

算法设计:

当学生成绩是五级制的时候,每次要判断的就是检查输入的字符是否与已知的五组成绩名称相同。由于在C/C++中字符也是整数,所以,也可以采用3.3节的算法3中的整数值分支判断方法,流程图见图3.11。

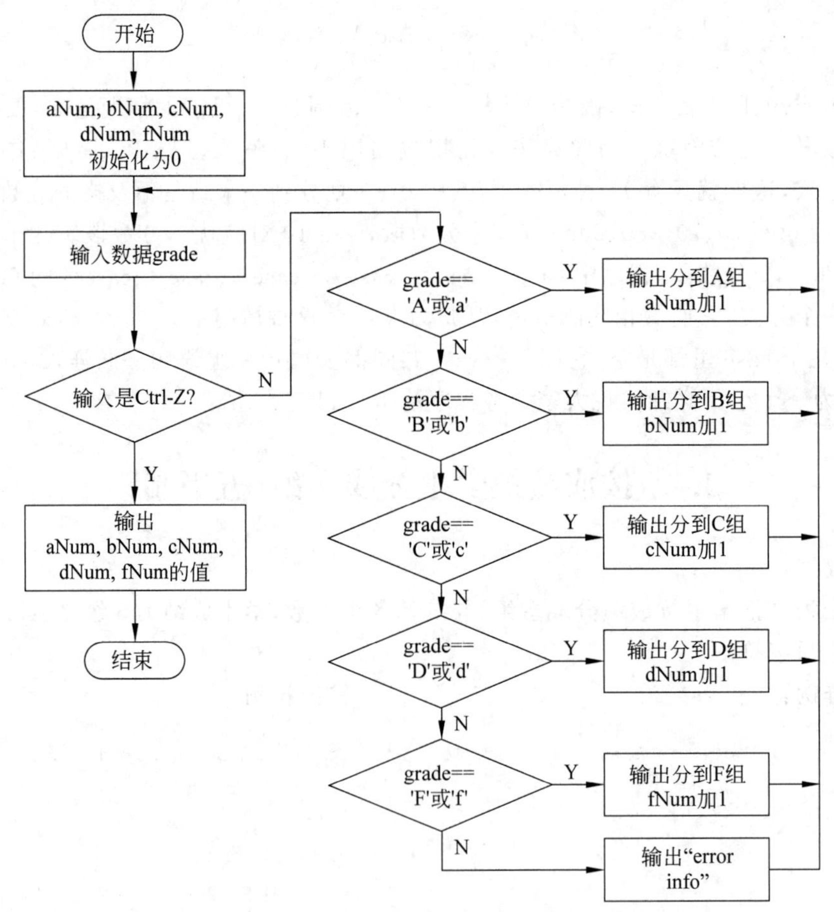

图3.11 按五级制成绩把学生分组流程图

① 把统计求和变量aNum,bNum,cNum,dNum,fNum初始化为0;

② 输入学生成绩grade;

③ 如果输入没有结束则执行④,否则执行⑩;

④ 如果 grade 是'A'或'a'，输出分到 A 组信息，aNum 加 1，返回到②；
⑤ 如果 grade 是'B'或'b'，输出分到 B 组信息，bNum 加 1，返回到②；
⑥ 如果 grade 是'C'或'c'，输出分到 C 组信息，cNum 加 1，返回到②；
⑦ 如果 grade 是'D'或'd'，输出分到 D 组信息，dNum 加 1，返回到②；
⑧ 如果 grade 是'F'或'f'，输出分到 F 组信息，fNum 加 1，返回到②；
⑨ 如果 grade 是其他字符，输出错误信息，返回到②；
⑩ 输出统计结果。

源码 3.12

程序清单 3.12

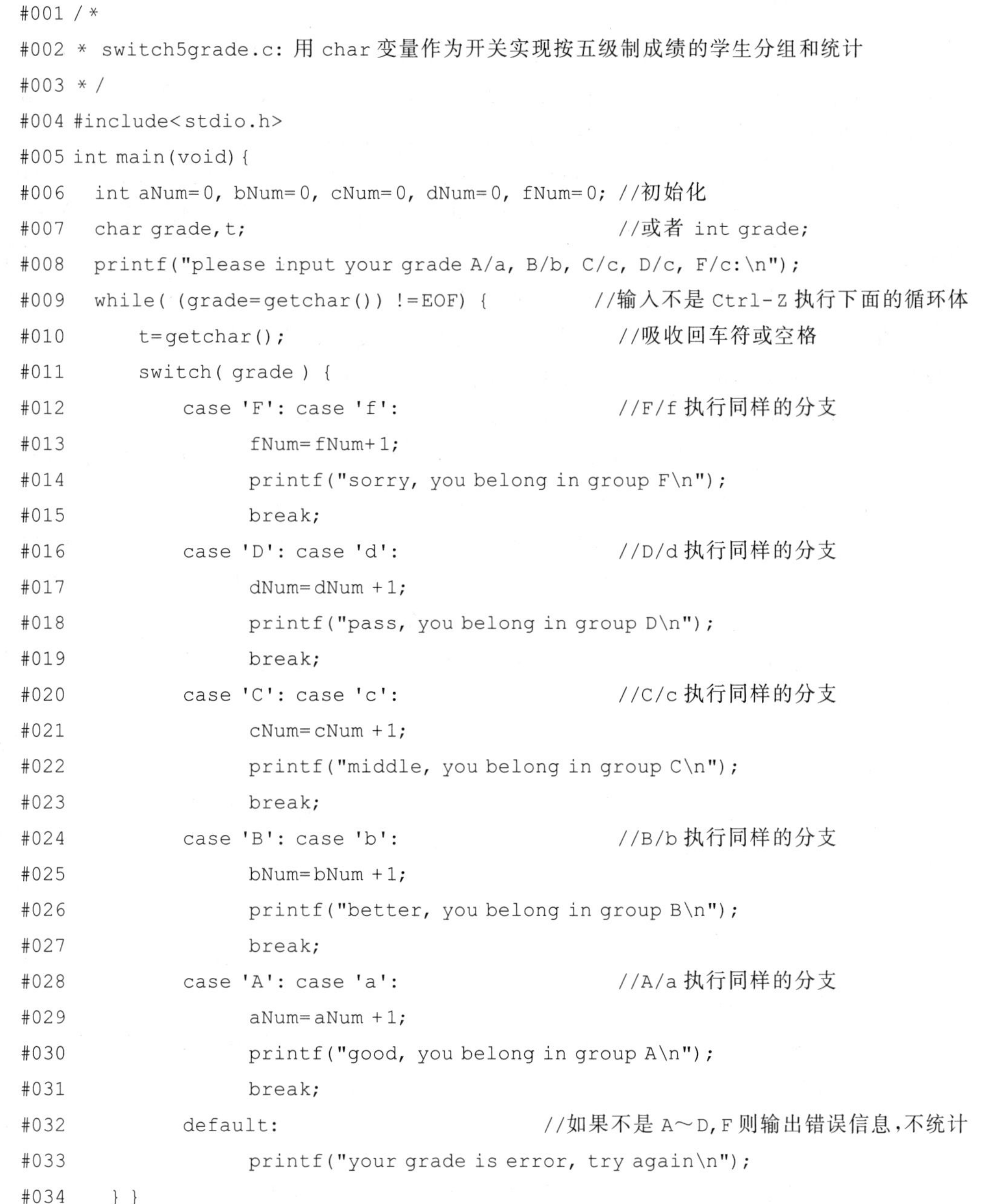

```
#001 /*
#002  * switch5grade.c: 用 char 变量作为开关实现按五级制成绩的学生分组和统计
#003  */
#004 #include<stdio.h>
#005 int main(void){
#006   int aNum=0, bNum=0, cNum=0, dNum=0, fNum=0; //初始化
#007   char grade,t;                              //或者 int grade;
#008   printf("please input your grade A/a, B/b, C/c, D/c, F/c:\n");
#009   while( (grade=getchar()) !=EOF) {          //输入不是 Ctrl-Z 执行下面的循环体
#010       t=getchar();                           //吸收回车符或空格
#011       switch( grade ) {
#012           case 'F': case 'f':                //F/f 执行同样的分支
#013                 fNum=fNum+1;
#014                 printf("sorry, you belong in group F\n");
#015                 break;
#016           case 'D': case 'd':                //D/d 执行同样的分支
#017                 dNum=dNum +1;
#018                 printf("pass, you belong in group D\n");
#019                 break;
#020           case 'C': case 'c':                //C/c 执行同样的分支
#021                 cNum=cNum +1;
#022                 printf("middle, you belong in group C\n");
#023                 break;
#024           case 'B': case 'b':                //B/b 执行同样的分支
#025                 bNum=bNum +1;
#026                 printf("better, you belong in group B\n");
#027                 break;
#028           case 'A': case 'a':                //A/a 执行同样的分支
#029                 aNum=aNum +1;
#030                 printf("good, you belong in group A\n");
#031                 break;
#032           default:                    //如果不是 A~D,F 则输出错误信息,不统计
#033                 printf("your grade is error, try again\n");
#034     } }
```

```
#035   printf("aNum=%d\n", aNum);                          //输出统计结果
#036   printf("bNum=%d\n", bNum);
#037   printf("cNum=%d\n", cNum);
#038   printf("dNum=%d\n", dNum);
#039   printf("FNum=%d\n", fNum);
#040   return 0;
#041 }
```

3.4.1 字符常量和变量

C/C++提供了一种特别的数据类型——字符类型,用char表示,专门定义存放字符的变量。前面介绍了整型、浮点型、逻辑型等数据类型,已经看到每一种类型都有与它相关的常量,可以把常量保存在同类型的变量中,对于字符类型也是如此。

字符型常量包括26个英文字符(大小写不同)、0~9的数字字符、运算字符,还有一些特殊字符,所有这些构成了128个字符的ANSI标准字符集,参见附录B。其中,第33个字符到第127个字符是可见字符,从第1个字符到第32个字符和第128个字符是不可见的控制字符。字符常量在程序中要用单引号括起来表示,如'A'、'B'、'a'、'1'、'2'等。如果把字符常量去掉单引号,就不是字符常量了,就成了一个变量标识符或其他意义的标识符。数字字符常量要去掉单引号就变成了整型常量。

对于一些特别的可见字符和不可见字符,如果要在程序中作为字符常量使用的话,必须使用前面介绍过的转义序列即由反斜杠"\"开始的序列才可以,并用单引号括起,如回车键用 '\r',反斜杠自身要用'\\'表示等,参见2.1.6节的转义序列表。

128个ANSI字符又称为ASCII字符,每个ASCII字符对应一个7位的二进制码,即ASCII码。如'A'~'Z'的ASCII码是1000001~1011010,转换为十进制为65~90,实际上C/C++中内部就是把字符作为一个短整型数据来处理的。

字符变量的声明方法同其他类型变量的声明方法相同,只是类型不同而已。字符类型用char表示。例如:

```
char c1, c2; c1='A'; c2='1';
```

这样就声明了两个字符变量c1和c2,它们分别与一个字节的内存单元相对应,存放了字符常量'A'和'1'。也可以用整型变量存放字符常量,如:

```
int grade1, grade2; grade1='A';  grade2='B';
```

这里是把字符'A'和'B'的ASCII码赋给了整型变量grade1和grade2。无论是哪种用法,计算机内部接受的都是字符的ASCII码。

既然字符常量是对应的ASCII码,所以两个字符常量或者存放字符常量的变量就可以比较大小。例如:

```
c1 >c2 或 grade1=='B'
```

因此,字符关系表达式甚至是单个字符常量或变量都可以作为判断条件。

3.4.2 字符型变量的输入与输出

字符型数据怎么通过键盘输入呢？又怎么把字符输出到屏幕上呢？仍然可以使用 scanf 和 printf 函数对字符型数据进行输入和输出，但这时的占位符是%c。

【例 3.17】 先输入一个字符，然后输出那个字符和它的 ASCII 码。

这个问题似乎很简单，只要定义一个字符型变量，然后调用 scanf 和 printf 函数去输入输出即可。请看下面的程序是否正确。

程序清单 3.13

源码 3.13

```
#001 /*
#002 * charIo.cpp: 字符数据的输入输出
#003 */
#004 #include<stdio.h>
#005 int main(void){
#006     char a; //for 输入的字符
#007     //char t; //for 吸收回车字符
#008     printf("please input a character:");     //第一次输入提示
#009     while(scanf("%c",&a)!=EOF)               //输入字符 Ctrl-Z 输入结束
#010     {
#011         //scanf("%c",&t);                    //吸收回车字符
#012          printf("%c %d\n",a,a);                    //%c 输出输入的字符,%d 输出
ASCII 码
#013         printf("please input a character:");//下一次输入提示
#014     }
#015     return 0;
#016 }
```

先运行看看结果如何：

```
please input a character:a
a 97
please input a character:
10
please input a character:b
b 98
please input a character:
10
please input a character:^Z
```

这个运行结果正确吗？程序的#008 行提示输入一个字符，#009 行用一个字符变量 a 读输入的字符，如果输入的不是 Ctrl-Z，#012 行分别打印出刚刚输入的字符和它对应的 ASCII 码，这样的事情重复进行。但运行结果却不是想要的结果。当输入了一个字符'a'，#012 行和#013 行却执行了两次，第一次读到了'a'，并打印出 a 97，97 是字符 a 的 ASCII 码，第二次又读到了一个什么呢？打印结果是一个不可见字符和 ASCII 码 10，然后才停下来等待第 3 次输入。查一下 ASCII 字符表可以知道，ASCII 码是 10 的字符是回车符。这说明当输入了一个字符'a'后按的回车键被变量 a 第二次读到了。大家知道，变量不是直接从键盘读入，而是到输入缓冲区中去读，scanf 函数会按照占位符的格式去读缓冲区中的内容。scanf 执行一次仅从缓冲区读到了一个字符，但由于一次输入'a'和回车符，是两个字符，因此下次再执行 scanf 的时候会再去读缓冲区中的内容，第三次再读时缓冲区为空，才会等待

输入新的字符,所以才会有上面那样的结果。如何避免这样的问题呢,解决的方法是多用一次 scanf 调用,把那个没用的回车符读到一个临时变量 t 中,也可以说是吸收掉那个无用的字符。如果把#011 行注释符去掉,即恢复#011 行

```
#011   scanf("%c",&t);
```

还有#007 行也恢复,再次运行发现结果就是我们想要的了。

C 语言的标准库 stdio 中还提供了一个专门用于从键盘读一个字符的函数 getchar(),用起来更加方便。例如语句

```
a=getchar();
```

与 scanf("%c",&a)作用完全一致。类似的,可以用

```
getchar();
```

去替代 scanf("%c",&t)。与 getchar()配对的还有一个专门用于输出一个字符到屏幕的函数

```
putchar(a);
```

它可以代替 printf("%c",a)。注意这个 putchar()需要一个字符型参数变量,而 getchar()不要参数,是返回获得的字符。

程序清单 3.12 的实现充分使用了字符型变量和常量,但有几点需要注意:

首先,学生成绩是某个字符,因此定义了字符型变量 grade,并使用了 getchar 函数从键盘读取。还要注意到,因为每输入一个成绩字符之后都要按回车键,所以多用了一次 getcar 函数调用,用来吸收没有用的回车符,不然下一次输入的成绩数据就不能正确读到。

其次,switch-case 的整型表达式就是字符变量 grade,虽然是字符类型,但由于其内部处理是作为 ASCII 码对待,所以它符合开关表达式的整型值的要求。每个分支包含两个 case:一个对应大写字符,一个对应小写字符,这样对用户输入的大写或小写字符就不加限制了。具体到底是执行哪个分支,是由 grade 与 case 中的字符比较的结果决定的,如 grade=='A'或 grade=='a'为真,则执行 case 'a'和 case 'A' 的分支。

另外,由于问题中要处理多个学生的成绩,所以程序中使用了循环,而且是用 Ctrl-Z 判断循环结束。循环中在两处使用了

```
printf("please input your grade A/a, B/b, C/c, D/d, F/f:");
grade=getchar();
```

第一次使用是在 while 外,它是为了第一次判断 grade!=EOF 服务的,不然 grade 变量的值是不确定的。第二次是在 while 内,是为了下一次判断和循环提供 grade 变量的值,关于这类循环结构将在第 4 章详细介绍。

最后再介绍两个很特别的从键盘获得一个字符的函数,它们在头文件 conio.h 声明中。一个是 geche(),它能接收键盘输入的任意一个字符,无须回车,而且自动地显示到屏幕上(回显)。另一个是 getch(),它同 geche() 不同的就是无回显。这两个与 getchar()比较,gechar()需要按回车键,变量才能在输入缓冲区中读到一个字符,无回显。这三个函数极易混淆,要特别注意它们的用法。

3.5 判断闰年问题

问题描述：

判断某年份是否是闰年。

输入样例：

```
2004
```

输出样例：

```
2004 is leap year!
```

问题分析：

首先要知道闰年的基本规则："四年一闰；百年不闰，四百年再闰"。即判断某年是不是闰年就是要判断"某年能被4整除但不能被100整除或者能被4整除又能被400整除"是否成立。这个条件是比较复杂的，如何用这个条件进行逻辑判断呢？如果设当前年份是year，大家不难分别写出"year能被4整除""year能被400整除""year不能被100整除"等条件，这些条件单独为真不能说明某年是不是闰年，而是下面两种组合条件有一个为真时才能判断该年是闰年：

① "year能被4整除"并且"year不能被100整除"。

② "year能被4整除"并且"year能被400整除"。

你能用单分支的if结构或双分支的if-else结构实现这个判断吗？试试看！现在用一个简单的if语句或if-else语句实现是不太可能的，必须用多个if或if-else才能把判断闰年的条件表达出来，具体实现留给读者。C/C++提供了另一类运算：逻辑运算，专门来表达具有"并且""或者"含义的比较复杂的逻辑判断条件，详细介绍见3.4.1节。程序清单3.14就是用逻辑运算实现的。

算法设计：

① 输入年份year；

② 如果"year能被4整除"并且"year不能被100整除"或者"year能被4整除"并且"year能被400整除"，输出是闰年；

③ 否则，输出不是闰年。

程序清单3.14

```
#001 /*
#002 * leapyear.c : 判断某年是否是闰年,"四年一闰;百年不闰,四百年再闰"
#003 */
#004 #include<stdio.h>
#005 int main(void){
#006     int year;
#007     scanf("%d", &year);
#008     //简单的逻辑运算组合实现复杂的条件
#009     if(year%4==0 && year%100!=0 || year%4==0 && year%400==0 )
#010         printf("%d is leap year!\n", year);
#011     else
#012         printf("%d is not leap year!\n", year);
#013     /*利用逻辑与和或的短路性: 四年一闰的条件放在最前面,如果它为假,逻辑与必为假
```

```
#014      如果逻辑与为假(能被 4 整除也能被 100 整除或者不能被 4 整除),
#015      要进一步判断是否能被 400 整除 */
#016     if(year%4==0 && year%100!=0 || year%400==0 )
#017         printf("%d is leap year!\n", year);
#018     else
#019         printf("%d is not leap year!\n", year);
#020     return 0;
#021 }
```

3.5.1 逻辑运算

逻辑运算包括**逻辑与**“&&”、**逻辑或**“||”和**逻辑非**“!”。前两个是双目运算,后一个是单目运算,它们的操作数可以是任何值为逻辑真或逻辑假的表达式,也可以直接是任何值为非零的表达式作为逻辑真,或者任何值为0的表达式作为逻辑假。含有逻辑运算的表达式称为**逻辑表达式**。下面讨论一下逻辑运算的具体计算规则。

1. “逻辑与”运算 &&

“逻辑与”运算的运算规则是:只有两个表达式的值均为逻辑真,这两个表达式的“逻辑与”才为真。有一个表达式的值为假,两个表达式的**“逻辑与”**必为假。即有

```
1 && 1 =1;  1 && 0 =0 && 1 =0 && 0 =0;
```

例如,逻辑表达式

```
(grade >=80) && ( grade <90)
```

的含义是当 grade >= 80 和 grade < 90 都为真时为真,判断条件为真。因此,用逻辑与很容易表达成绩介于80分和90分之间的判断条件。两个参与“逻辑与”运算的表达式均为真时,整个逻辑表达式的值才为真。

2. “逻辑或”运算||

“逻辑或”运算的运算规则是:如果两个表达式的值至少有一个为真,那么这两个表达式的**逻辑或**就为真。即有

```
0 || 1 =1 || 0 =1 || 1 =1;  0 || 0 =0;
```

例如,假设一门课包含实验课和理论课两部分的成绩,实验课的成绩用 grade1 表示,理论课的成绩用 grade2 表示,现在规定,这门课是否重修的条件是实验课或理论课有一个不及格者要重修。用逻辑表达式表示就是

```
(grade1 <60 ) || ( grade2 <60)
```

其含义是当 grade1 < 60 为真或 grade2 < 60 为真时该逻辑表达式就为真,两个参与“或”运算的表达式有一个为真,整个逻辑表达式就为真。

3. “逻辑非”运算!

“逻辑非”运算的运算规则是:如果一个表达式的值为逻辑假,那么这个表达式的**逻辑非**就为逻辑真,反之也成立,即有

```
!0 =1, ! 1 =0;
```

例如,逻辑表达式

```
!( grade >=90)
```

的含义是当 grade >= 90 为假时为真,即当 grade < 90 为真时为真。

3.5.2 逻辑运算的优先级和短路性

在一个逻辑表达式中可以使用多个逻辑运算,因此逻辑表达式可以表示很复杂的判断条件。在一个逻辑表达式中可能有多个相同或不同的逻辑运算,可能还有逻辑运算以外的运算构成逻辑运算的操作数,如算术表达式、关系表达式等,因此必须清楚逻辑运算的优先级和结合性。逻辑非运算是单目运算,它的优先级较高,同单目的+、- 运算同级,逻辑与运算的优先级高于逻辑或运算,而逻辑与的优先级又低于关系运算,因此可以把

```
(grade >=80) && ( grade <90)
```

简写成

```
grade >=80 && grade <90
```

把

```
(grade1 <60) || (grade2 <60)
```

简写成

```
grade1 <60 || grade2 <60,
```

但是

```
!( grade >=90)
```

不能写成

```
!grade >=90,
```

因为逻辑非的优先级高于关系运算。到现在为止的各种运算的优先级和结合性可归纳为表 3.2。

表 3.2 运算的优先级和结合性(优先级从高到低)(扩展)

运 算 符	含 义	结 合 性
()	括号	最近的括号配对
+,-,!	单目运算,取正、负、逻辑非	自右向左
*,/,%	双目运算,乘、除、求余	从左向右
+,-	双目运算,加、减	从左向右
>,<,>=,<=	双目运算,比较大小	从左向右
==,!=	双目运算,判断是否相等	从左向右

续表

运 算 符	含 义	结 合 性
&&	双目运算,逻辑与	从左向右
||	双目运算,逻辑或	从左向右
?:	三目运算,条件运算	自右向左
=	双目运算,赋值	自右向左

逻辑表达式的计算,实质就是逻辑真、逻辑假的计算,也就是 0、1 的计算。这类计算有一个非常特别的特点,含"逻辑与"运算的表达式,从左至右计算,遇到 0 就不用再向右计算了,因这时逻辑表达式的值必为假,只有都是真的时候向右计算才有意义。同样,由"逻辑或"构成的逻辑表达式也是从左向右计算,如果遇到有一个操作数的表达式的值是 1 就不用再向右计算了,因这时整个逻辑表达式的值必为真。这种现象称为逻辑表达式具有**短路性**,利用这个特点可以减少很多无用的计算,避免一些不该产生的错误结果。如

```
( i !=0 ) && (j / i >0)
```

就是一个逻辑与表达式,如果 i != 0 为假,整个逻辑表达式必为假,就不用计算(j/i >0)的真假,不然将导致零做分母的错误。C/C++ 编译器就是这样处理逻辑表达式的。这也启示在使用运算符 && 的表达式中,应该把最可能假的条件放在最左边,在使用运算符 || 的表达式中把最可能真的条件放在最左边,以加快程序的执行。

有了逻辑运算,判断闰年的逻辑表达式可以写成如下的形式,

```
(year %4 ==0 && year %100 !=0) ||  year %400 ==0
```

这里利用了短路性,使得表达式的逻辑或运算后面的表达式可以省略一个 year % 4==0。当然还可以写出其他的等价形式,完整的程序见程序清单 3.14。

作为练习,可以尝试用逻辑表达式作为判断条件重新实现把学生按成绩分组的问题,实现之后可以与其他实现方法做个比较。

小 结

本章解决的问题增加了智能性,也就是说,问题的求解程序要能够针对问题中原始数据或中间结果所处的状态,进行不同的数据处理。这样的求解程序具有某种逻辑判断能力,问题的求解程序像人脑一样,具有了一定程度上的"思维"能力。本章详细讨论了程序的这种思维能力表达方法。在 C/C++ 语言中,可以用各种形式的表达式表示具有逻辑真假值的判断条件。可以作为逻辑判断条件的,在形式上是多种多样的,如算术表达式、关系表达式和逻辑表达式均可以作为逻辑判断条件,字符型数据也可以进行比较。衡量的标准是非常简单的,就是根据表达式值来判断条件的真假,任何非 0 值均为逻辑真,只有值为 0 时才为逻辑假。根据逻辑条件的真假,C/C++ 提供了单分支、双分支和多分支的选择结构来表达逻辑判断。C/C++ 还允许对选择结构进行嵌套以表达比较复杂的逻辑判断问题。

概念理解

1. 简答题

(1) 什么是关系运算？什么是关系表达式？

(2) 什么是逻辑运算？什么是逻辑表达式？

(3) 可用作逻辑判断条件的是什么？算术表达式可以作为判断条件吗？

(4) C/C++ 语言程序是怎样进行逻辑判断的？

(5) 单分支选择结构与双分支选择结构有什么不同？

(6) 如何进行比较复杂的逻辑判断？

(7) 选择结构的嵌套与多分支选择结构有什么不同？

(8) 什么是运算符的优先级和结合性？

(9) 两个实数可以比较大小吗？怎么比较？

(10) 两个字符可以比较大小吗？怎么比较？

2. 填空题

(1) 在 C 语言中，可以有条件地执行某个或某些动作，这对应一种程序控制结构，称为(　　)，该结构有三种基本形式，分别是(　　)、(　　)和(　　)。

(2) 关系运算符有(　　)、(　　)、(　　)，表示相等的关系运算是(　　)。

(3) 逻辑运算符有(　　)、(　　)、(　　)。

(4) 可以作为选择结构逻辑判断条件的表达式有关系表达式、逻辑表达式、算术表达式或者其他，不管是哪一种表达式，它们的值或者为(　　)或者为(　　)。

(5) 数值常量可以作为选择结构的条件，但是只要是非 0 的数值都是(　　)，数值常量为 0 则为(　　)。

(6) 关系运算、赋值运算等是双目运算，即有两个操作数，而条件运算是(　　)。

(7) 多分支选择结构 switch-case 是通过一个(　　)的值作为一个开关，执行不同的(　　)语句。

(8) 选择结构通常用(　　)格式书写，但嵌套的 if-else 最好是(　　)。

(9) 字符型数据在计算机内部就是它的(　　)。

(10) 由于逻辑运算的操作数是(　　)，因此逻辑表达式具有(　　)。

(11) C 语言允许把若干语句使用(　　)和(　　)括起来形成复合语句，也叫语句块。

(12) 一个选择结构和一个顺序结构及不同的选择结构之间均可以(　　)和(　　)，以表达更复杂问题的求解过程。

常见错误

- 关系运算符书写错误，二目运算符<=、>=、==、!=是由两个字符构成的，它们必须连续书写，初学者容易中间加空格，这就造成了语法错误。
- 关系运算的相等测试==误用为赋值运算=，这时不会产生语法错误，但是可能存在逻辑上的错误，计算结果可能不是想要的。

- 单分支选择结构 if(判断条件)通常单独为一行,但它并不是一个语句,它与判断条件为真时要执行的语句(可能是复合语句)放在一起才是一个完整的 if 语句或 if 结构。如果在 if(判断条件)加了分号,就会造成无论判断条件为真还是为假,都要执行后面的语句,就会产生逻辑上的错误。
- 双分支选择结构的 if 条件之后多写了分号,会造成 else 没有匹配的 if,产生语法错误。
- 双分支的选择结构 if-else 可以和另一个单分支 if 或双分支选择 if-else 结构嵌套使用,else 与 if 有一个默认的匹配规则,如果有特别的嵌套要求,必须适当添加{ },不添加{ }或错误地添加{ }都可能造成逻辑上的错误。
- switch-case 语句中需要 break 语句的地方漏掉了 break 语句。
- 忘记给复合语句添加{、}或两个都漏写。
- 浮点型数据是有精度的,超出了允许的精度范围就不可靠了,因此浮点数直接进行比较是否相等往往会造成逻辑错误。
- 任何场合都认为浮点数据是精确的往往会导致不正确的结果。
- 对于复杂的逻辑判断条件,即关系运算和逻辑运算混合时特别有逻辑非运算! 时,要注意运算的优先级、结合性及短路性。

在线评测

1. 奇偶判断

问题描述:

键盘输入一个整数,判断它是奇数还是偶数,如果是奇数输出 1,否则输出 0。

输入样例:

```
5
```

输出样例:

```
1
```

2. 求两个整数的最大值

问题描述:

键盘输入两个整数,求它们的最大值。

输入样例:

```
2 3
```

输出样例:

```
3
```

3. 比较两个整数的大小

问题描述:

键盘输入两个整数,判断它们的大小,给出它们的所有可能的大小关系。

输入样例:

```
2 3
```

输出样例:

```
2<3
2<=3
2!=3
```

4. 分段函数求值

问题描述：

设有一个分段函数，x>0 时，y=1−x；x=0 时，y=2；x<0 时，y=(1−x)的平方。写一个程序，对任意 x 的值求函数 y 的值。

输入样例：

```
1
```

输出样例：

```
0
```

5. 回文判断

问题描述：

键盘输入一个 5 位整数，判断它的各位是否构成回文，如 12321 构成回文，12345 不构成回文。如果构成回文输出 1，否则输出 0。

输入样例：

```
12321
```

输出样例：

```
1
```

6. 字符判断

问题描述：

键盘输入一个字符，判断它是数字字符还是大写英文字符或小写英文字符或是空格或者其他字符，如果是数字字符输出 N，如果是大写英文字符输出 U，如果是小写英文字符输出 L，空格输出 S，其他字符输出 O。提示字符属于哪一类可以直接比较，也可以用字符的 ASCII 码判断，例如大写字符是介于'A'和'Z'之间，用 ASCII 码就介于 65 和 90 之间。

输入样例：

```
5
```

输出样例：

```
N
```

7. 计算一个整数的位数

问题描述：

从键盘输入一个不超过 4 位数的正整数，计算它是几位数的整数。

输入样例：

```
32
```

输出样例：

```
2
```

8. 选择时间段

问题描述：

设有如下的时间表：

```
** Time table **
1 morning
2 afternoon
3 night
********
```

如果用户输入 1，则显示“Good morning!”，输入 2，则显示“Good afternoon!”，输入 3 则显示“Good night!”，如果输入了非 1，2，3，则显示“Selection error!”。提示，先用输出函数输出时间表，再从键盘读用户的输入值，根据输入的值不同，用 switch case 语句输出不同的反馈信息。

输入样例:

```
1
```

输出样例:

```
** Time table **
1 morning
2 afternoon
3 night
*********
Good morning!
```

9. 求3个整数的最大值

问题描述:

键盘输入3个整数,求它们的最大值,输出结果。

输入样例:

```
1 2 3
```

输出样例:

```
3
```

10. 3个整数排序

问题描述:

键盘输入3个整数,把它们按照从小到大的顺序打印出来。

输入样例:

```
3 1 2
```

输出样例:

```
1 2 3
```

项 目 设 计

石头剪刀布游戏模拟

问题描述:

写一个程序模拟两个人玩“石头、剪刀、布”游戏。游戏规则为石头胜过剪刀,剪刀胜过布,布胜过石头,如果两个人同时说出“石头、剪刀、布”当中的任意一个,则两个人平。

实 验 指 导

第 4 章　重复与迭代——循环程序设计

学习目标：

电子教案

- 掌握循环结构的三要素。
- 掌握控制循环的方法：计数器控制、标记控制、迭代条件控制等。
- 熟悉 3 种循环结构 while、do-while、for 的使用。
- 学会用多重循环。
- 理解自顶向下、逐步求精的思想。
- 理解结构化程序设计的基本思想。

重复现象在现实生活中可以说无处不在。一年四季，春夏秋冬，周而复始；茫茫大海，潮起潮落，天天如此；很多生产流水线，每时每刻都在反复做着同样的事情。很多问题的求解可以通过多次重复找到答案。重复似乎很乏味，但重复给人以希望，重复可以从头再来，重复可以绚丽多彩。很难想象世界要是没有了重复会变成什么样。在前面的问题求解过程中，为了充分表达问题的解，已经反复使用了重复。如果没有重复，计算机每次只能处理一个数据或一组数据，要想处理更多的数据，还要再次运行，给人感觉与实际进程不符。如小学生算术练习，做了一次再做一次就是重复。对学生按成绩分组和统计，处理了一个同学的成绩之后马上就迎来了下一个同学，也是重复。本章将系统地讨论重复问题如何用C/C++程序描述。计算机的特点是运算速度快，精度高，不怕重复。如何用"重复"这一利器解决现实问题是本章的核心。

本章要解决的问题是：

- 打印规则图形；
- 自然数求和与阶乘计算；
- 学生成绩管理；
- 计算 2 的算术平方根；
- 打印九九乘法表；
- 判断一个数是否是素数；
- 猜数游戏模拟。

4.1　打印规则图形

视频

问题描述：

写一个程序，从键盘输入一个行数 m，使用星号字符打印一个 m 行 20 列的矩形图案。

输入样例:

```
5
```

输出样例:

```
********************
********************
********************
********************
********************
```

问题分析:

从输出的图案能发现其中包含什么样的"重复"吗?如果能确定重复的对象,就应该能确定要重复多少次了,进一步就应该知道什么时候终止重复、完成任务。

如果大家认为重复做的事情是执行输出语句

```
printf("********************\n");
```

那么,就肯定知道要重复的次数是5。对应的程序该是什么样的呢?有的人可能很快给出答案,把要重复执行的输出语句写5行,这似乎是一个正确的答案,但如果问题中的图案有100行甚至1000行、10 000行呢?显然此方法不太合适。也就是说,直接书写重复的内容若干次不是控制重复的好方法。C/C++语言提供了**循环结构**来表达这种重复问题(**事先知道重复多少次**)。在这种循环结构中能把

- 重复要做的事情
- 重复多少次
- 如何控制重复终止

这三要素充分表达出来,其中控制重复的次数是解决重复问题的关键。设问题中要重复5次,如何知道什么时候达到了这个重复次数呢?显然,如果每重复一次计数一次,重复了5次之后就计数到了5,这就不应该再重复了。也就是说,在程序中应该有一个能计数的工具——计数器,程序在每次重复之后检查计数器是多少,控制重复是否进行。

算法设计:

① 计数器counter初始化为0;

② 键盘输入星号的行数m;

③ 如果counter<循环次数m,则执行④,否则循环结束;

④ 输出一行********************;

⑤ 计数器counter增加1,转到③。

程序清单 4.1

源码4.1

```
#001 /*
#002 * printRect.c: 计数控制的 while 循环打印矩形图案
#003 */
#004 #include<stdio.h>
#005 int main(void){
#006     int m, counter = 0;           //计数器初始化,注意是从0开始
#007     scanf("%d", &m);
#008     while( counter <m )           //计数器小于m时重复执行下面的语句块
#009     {
```

```
#010        printf("********************\n");   //打印一行*号
#011        counter =counter +1;                //计数器增1
#012     }                                      //回到while,判断计数器是否小于m
#013     return 0;
#014 }
```

4.1.1 计数控制的 while 循环

通过计数的方式控制重复的次数是最直接的方法了。怎么样让计算机计数呢？方法很简单，就是定义一个整型变量，用这个变量来充当计数的工具，设变量为

```
int counter;
```

用这个变量计数的过程如下：

counter 必须先初始化为 0(当然也可以不从 0 开始)。然后每重复做完一次要做的事情，变量 counter 加 1 即可，即 counter＝counter＋1。这样做 10 次之后，counter 的值就应该是 9(注意它是从 0 开始的)。不管什么时候，只要你查看一下 counter 变量的当前值，就知道已经重复了几次了。通常把能够计数的变量称为**计数器**。假设一个问题要重复的次数是 10，那么用计数器控制重复是否继续进行，就是要判断条件

```
counter<10
```

是否为真，如果它为真，说明重复的次数还没有超过 10 次，就要继续重复做某件事，否则说明重复的次数已经达到了 10 次，就会停止重复。这样就通过计数的方式达到了控制重复是否再进行的目的了。

C/C++ 提供了可以表达这种重复过程的循环结构，它们是 while、do-while、for，我们先学习 while 循环结构。计数控制的 while 循环结构为

```
计数器初始化为 0;
while( 计数器<要重复的次数?){
    重复执行一些语句;  ┐
          …           ├循环体
    计数器更新(计数);  ┘
}
其他语句
```

计数控制的 while 循环对应的流程图如图 4.1 所示。

不难发现，计数控制的 while 循环结构包含 3 个重要的组成部分：

- **计数器初始化**；
- **循环条件**；
- **计数器更新**。

它们缺少一个或有一个不正确，都要给循环带来不正常或错误的结果。如果计数器没有初始化，循环次数可能出错；如果计数器不能更新，循环条件可能就不会发生变化，因此就会造成**无限循环(循环条件永远为真)**；循环条件要是不正确就更不能得到预期的结果。通常把 while 的条件为真时执行的所有语句叫作**循环体**。控制循环的计数器变量也称为**循环控制**

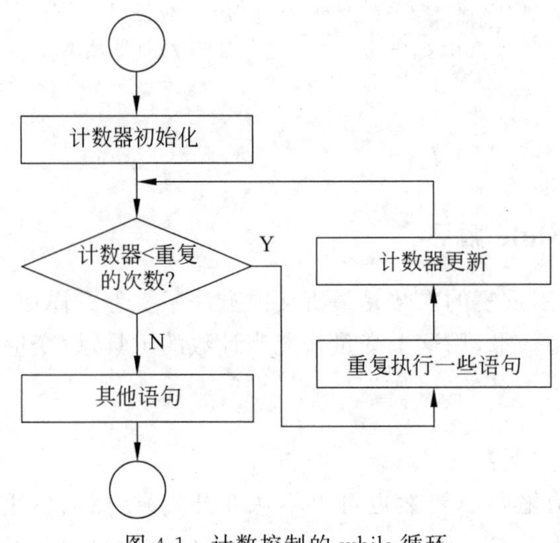

图 4.1 计数控制的 while 循环

变量。程序清单 4.1 中的♯008 行到♯012 行就是一个计数控制的 while 循环。

思考题:

① 如果计数器初始化为 1,循环的另外两个要素是否要做相应的变化? 怎么变化?

② 本节的打印矩形问题如果重复的不是一行 * 号,而是一个 * 号可以吗?

③ 回头看看曾经用过的"while(1)",它符合 while 循环结构吗?

4.1.2 自增、自减运算

while 循环的计数器更新就是计数器变量加 1,变量加 1 或减 1 是程序设计时经常做的事情,为了方便,C/C++ 专门提供了自增"++"和自减"--"运算。自增运算和自减运算都是单目运算,其意义是把**变量**(**不可以是非变量,如常量或表达式等都属非变量**)加 1 或减 1 之后,结果再赋给自己,运算符++和--既可以前置在变量的左边(称为**前缀**),又可以后置在变量的右边(称为**后缀**)。例如:

```
counter=counter+1;
```

用自增运算可以简写成

```
counter++; (或++counter;)      //注意++和 counter 之间允许有空格,但常常不写空格
```

在它们单独出现成为一个独立的句子时,两种写法的结果是一样的。同样如果有

```
counter=counter-1;
```

用自减运算可以简写成

```
counter--; (或--counter;)
```

这里要注意两点:一是运算符"++"或"--"(两个加号或减号)是不可以分开写的,两个加号或减号连在一起组成一个符号。二是自增自减运算的前缀和后缀形式,当它们在与其他运算结合形成的表达式中自增或自减的前缀和后缀是不同的。如果是前缀,则意味着那

个变量先加 1(或减 1),然后结果再参与其他运算;如果是后缀,则意味着那个变量先参与其他运算,然后再自增 1 或减 1。

【例 4.1】 设有 int m,n=1,求下面这个语句之后 m 和 n 的值。

```
m=n++;
```

这里后缀的自增运算处于赋值表达式之中,它等效于下面两个语句:

```
m=n;                                        //先把 n 的值赋值给 m
n=n +1;                                     //再增加 1 赋给自己
```

因此 m 的值为 1,n 的值为 2。

【例 4.2】 设 int m,n=1,求下面这个语句之后 m 和 n 的值。

```
m=++n;
```

这里前缀的自增运算处于赋值表达式之中,它等效于

```
n=n +1;                                     //先增加 1 赋给自己
m=n;                                        //再把 n 的值赋值给 m
```

因此 m 的值为 2,n 的值为 2。

【例 4.3】 设 int m,n=1,求下面这个语句之后 m 和 n 的值。

```
m=-n++;
```

这里后缀的自增运算与取负运算相邻,取负运算"—"和自增运算都是单目的,它们的优先级是相同的,但它们是右结合的,因此等效于

```
m=-(n++);
```

然而按照后缀自增的含义,它与

```
m=-n;
n=n+1;
```

是等效的。因此 m 的值为—1,n 的值为 2。

建议不要过多地使用自增或自减运算,而宁可使用与其等效的多个语句,这样会增加程序的可读性。过多的自增或自减放在同一个表达式中,很难看懂,不易于维护。

练习题:把程序清单 4.1 中的计数器增 1 改为自增运算。

4.2 自然数求和

视频

问题描述:

写一个程序,输入一个自然数,计算这个数以内的自然数之和。

输入样例:

```
100
```

输出样例:

```
5050
```

问题分析：

对于输入100,求100以内的自然数之和,有的同学可能马上写出下面的答案：

```
printf("%d\n",1 +2 +3 +… +100);
```

或者定义一个求和变量s,

```
s=1 +2 +3 +… +100;
printf("%d\n", s);
```

遗憾的是,C/C++语言中没有省略号(…)运算,因此这样做显然是错误的。

既然没有省略号,有的同学可能会想,完整地写出100个数求和的算式可以吗？当然可以,但是当数据量比较大的时候就有困难了,因此不是我们要用的方法。

可能有的同学又突然想起了曾经学过的等差数列前n项和公式：

```
s=(1 +100) * 100/2;
```

这是很不错的方法。但是如果不知道有这样的求和公式该怎么办呢？最朴素的思想就是一个一个累加。先算出1个自然数的和,再算出2个自然数的和,以此类推,经过100次重复,就算出了100以内的自然数之和。如果用s表示累加求和的结果,它的初始值清空为0,100个自然数累加求和的过程为

```
s=s+i; i=1,2,3,…,100
```

这个过程是一个重复的过程,但这个重复跟4.1节的重复问题有点不同。现在重复做的动作虽然都是累加求和,但要累加的数i是变化的。这里i起到两个作用：一是每次要累加到s中的自然数就是i;二是作为一个控制循环的计数器,即这个循环仍为计数控制的循环。存放累加求和结果的变量s通常称为**累加器**。累加过程中的s左右两端的含义不同,右端的s是累加到i-1的结果,而左端的s是将要累加到i的结果。式子s＝s＋i有迭代累加的含义。至此,不难写出下面的求解算法。

算法设计：

① 计数器i和累加器s初始化为0；

② 键盘输入一个自然数n；

③ 如果计数器的值小于或等于重复的次数n,执行④,否则执行⑦；

④ 迭代累加s＝s＋i；

⑤ 计算器加1；

⑥ 回到③；

⑦ 输出计算结果。

程序清单4.2

源码4.2

```
#001 /*
#002 * sum100.c: 计数控制的 while 循环求自然数之和
#003 */
#004 #include<stdio.h>
#005 int main(void){
#006     int i =1;                          //计数器 i 初始化, 注意 i 初始化值是 1
```

```
#007     int sum =0;                    //累加器 sum 初始化,为什么是 0
#008     scanf("%d", &n);
#009     while( i <=n ){
#010         sum =sum +i;               //迭代累加
#011         i++;                       //计数器加 1
#012     }
#013     printf("%d\n", sum);
#014     return 0;
#015 }
```

4.2.1 迭代与赋值

数学上,有很多有规律的数据序列,其中的相邻两项彼此存在某种迭代关系,后一项可以用前一项计算出来。例如等差数列,假如公差是 2,A_0是 1,则第 k+1 项与第 k 项之间的关系是 $A_{k+1}= A_k+2(k=0,1,\cdots)$,即把 A_k的值代入该关系式即可算出 A_{k+1}。如果要计算第 100 项,只需重复 99 次迭代计算即可。这种迭代关系,在 C/C++ 程序设计中用赋值语句表示最为恰当。设变量 a 赋以 A_0的值,那么 $A_{k+1}(k=0,1,\cdots)$的值同样用 a 存放,即 a=a+2,把这个迭代赋值重复 99 次即得该序列的第 100 项。迭代重复是一类典型的重复问题,程序清单 4.2 的累加求自然数的和就是这样的过程:

```
s=s +i;
```

i 从 1 到 100 变化,循环条件是 i<=100,累加器 s 初始化为 0。下面再看两个例子。

【例 4.4】 写一个程序计算 10!。

10 的阶乘计算与自然数求和类似。不同的是现在需要累乘,如果变量 fac 初始化为 1,则下面的累乘

```
fac= fac * i;
```

反复进行 10 次,即可得到最终的结果,其中计数器 i 的初始值为 1(i 的初始值为 2 可以吗)。注意:累乘变量 fac 的初始值必须为 1(fac 的初始值为 0 会怎样呢)。完整的实现代码见程序清单 4.3。

程序清单 4.3

源码 4.3

```
#001 /*
#002 * fac.c: 计数控制的 while 循环求 10!
#003 */
#004 #include<stdio.h>
#005 int main(void) {
#006     int i =1;                      //计数器 i 初始化, 注意 i 初始化值是 1
#007     int fac =1;                    //累乘器 fac 初始化
#008     while( i <=10) {
#009         fac =fac * i;              //迭代累乘
#010         i++;                       //计数器加 1
#011     }
#012     printf("fac =%d\n", fac);
```

```
#013     return 0;
#014 }
```

运行结果：

```
fac=3628800
```

上述程序只能计算 10 的阶乘，大家可能会尝试把 10 改为其他数，但阶乘计算的结果很快就超出了整数变量所能存储的范围，即使使用长整型 long int，甚至 long long 也是如此。这该怎么办呢？难道不能用计算机计算比较大的整数的阶乘吗？是的，直接计算只能处理比较小的整数的阶乘计算。如果要计算大整数的阶乘，要用特别的技巧和手段，详细介绍见 6.4 节的**大整数问题**。

【例 4.5】 计算某个斐波那契数。

斐波那契(Fibonacci)数列是这样定义的：

```
0,1,1,2,3,5,8,13,21,34,55,89,…
```

它以 0,1 开头并且把 0 称为第 0 项，1 称为第 1 项，从第 2 项开始，每项都是前两项之和。设 f1 存储一个已经求得的斐波那契数，初始值为 0；f2 存储另一个相邻的斐波那契数，初始值为 1，f 存储 f1 与 f2 之和，是一个后继的斐波那契数。重复这个过程就可以求得任意一个斐波那契数，这显然也是一个迭代重复的过程，描述如下。进行可以得到下面的

初始序列：f1，f2

迭代关系：f＝f1＋f2　＝＞ f1，f2，f

变更角色　　　　　　　　　f1 f2 f　即　f1＝f2，f2＝f。

计算第 12 项斐波那契数的求解算法为：

① f1 初始化为 0，f2 初始化为 1，计数器 i 初始化为 2。

② 如果 i＜＝12。

i. f ＝ f1 ＋ f2；

ii. f1 ＝ f2；　　　　　//把现在的 f2 作为下一次求和的 f1

iii. f2 ＝ f；　　　　　//把刚刚求得的斐波那契数 f 作为下一次计算的 f2

iv. 计数器 i 加 1。

v. 回到②。

③ 否则输出计算结果 f。

程序清单 4.4

源码 4.4

```
#001 /*
#002 * fibonacci.c:计数控制的 while 循环求第 12 项斐波那契数
#003 */
#004 #include<stdio.h>
#005 int main(void){
#006     int f1 =0;              //第 0 项
#007     int f2 =1;              //第 1 项
#008     int i =2;               //从第 2 项开始计算
#009     int f;
```

```
#010    while( i <=12){
#011        f =f1 +f2;          //计算第 i 项,这个迭代需要前面相邻的两项
#012        f1 =f2;             //新的 f1 是刚才的 f2
#013        f2 =f;              //新的 f2 是刚刚算出来的 f
#014        i++;                //下一个 i
#015    }
#016    printf(" 12th fibonacci number is %d \n",f);
#017    return 0;
#018 }
```

运行结果：

```
12th fibonacci number is 144
```

上面这种求解算法使用了 3 个变量存储斐波那契数，也可以像前面累加求和与累乘求阶乘中那样充分利用赋值语句的特点，使用两个变量存储斐波那契数，具体迭代过程如下：

```
初始序列   f1, f
迭代关系 f1=f1 +f; =>f1, f, f1  //原 f1 的值被覆盖,f 成为第 1 个数,f1 是第 2 个数
         f =f +f1; =>f, f1, f    //f 的值被覆盖,f1 成为第 1 个数,f 是第 2 个数
```

注意：这里重复迭代是两个赋值语句交替进行，每次求出两个斐波那契数。

思考题：

① 程序清单 4.2 中计数器为什么要从 1 开始？如果在循环结束后输出计数器 i 的值结果应该是多少？

② 10！的程序实现中 fac 为什么要初始化为 1？

③ 计算斐波那契数的第二种方法，连续使用“f1= f1 +f;”迭代可以吗？

4.2.2 更多的赋值运算

计算迭代累加或累乘有共同的特点，就是赋值语句左右两端有同名的变量，这种形式会经常出现，为了简单起见，C/C++ 专门提供了一些特别的算术赋值运算，以简化迭代计算的形式，这些运算有 +=、-=、*=、/= 和 %=，它们都是双目运算，称为**复合赋值运算**。例如，设有 int a;则可以像下面这样：

```
a -=5;                         //它与 a =a-5 完全等效
a +=5;                         //它与 a =a +5 完全等效
```

类似的还有 a *=5、a /= 5、a %= 5 等。要特别注意这类运算符号是两个符号连在一起表示一种运算，中间不可带有空格。

大家可以用复合赋值运算替换上面的累加和累乘，使程序变得更加简洁。复合赋值运算的优先级和结合性与普通的赋值运算相同。还有几个跟位运算相关的复合赋值运算详见第 10 章的位运算。

4.2.3 for 循环

重复次数事先可以确定的问题有很多，C/C++ 提供了 for 循环，使得这类问题用循环

结构描述更加简洁。for循环的格式如下:

```
for(表达式 1; 表达式 2; 表达式 3){
    当表达式 2 为真时执行的语句或语句块;
}
其他语句;
```

其中,表达式1是计数器(也称循环控制变量)初始化,表达式2是循环的条件,控制循环是否进行,表达式3是计数器更新。与while循环比较可以发现,for循环结构把while循环中的三要素都集中在了小括号中,与3个表达式相对应。

图4.2直观地对比了while跟for的一致性,给出了计数控制的while循环是怎么变成for循环的。不难看出,任何一个while计数控制的循环都可以很容易地被转换为一个for循环,而且更简洁了。反之,一个for循环也可以写成while结构。也就是说,一个for循环与while循环是完全等价的。与for循环结构等价的while循环结构为

```
表达式 1;
while(表达式 2){
    当表达式 2 为真时要重复执行的语句;
    表达式 3;
}
其他语句;
```

```
计数器初始化;
while (计数器<要重复的次数? ){
    重复执行一些语句;
    计数器更新(计数);
}
其他语句;
```

⇨

```
表达式1;
while(表达式2){
    当表达式2为真时要重复执行的语句;
    表达式3;
}
其他语句;
```

⇩

```
for(表达式1; 表达式2; 表达式3){
    当表达式2为真时执行的语句或语句块;
}
其他语句;
```

表达式1 ↔ 计数器初始化
表达式2 ↔ 计数器满足的条件
表达式2 ↔ 计数器更新(计数)

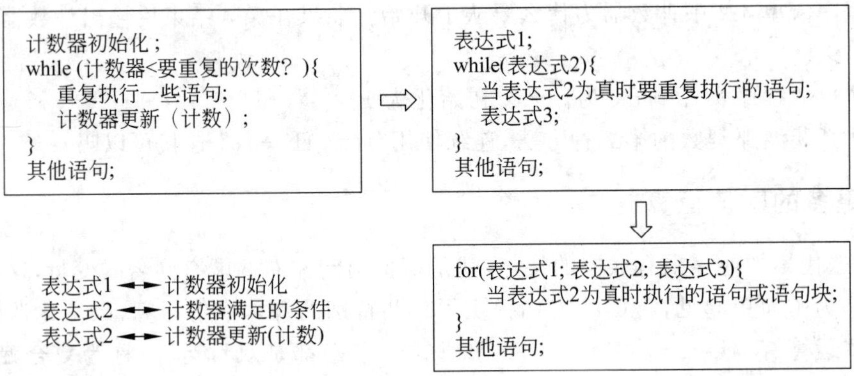

图4.2 while循环与for循环的对应关系

现在用for循环重新实现100以内自然数求和的算法:

```
for( i =1;i <=100; i++){
    s +=i;
}
```

或者更加简单地写成

```
for( i =1; i <=100; i++)
    s +=i;
```

for语句的执行过程同while语句的执行过程是完全一致的。首先执行表达式1,i初始化为1,然后执行表达式2,即判断i<=100是否为真,如果为真,执行循环体,然后执行表达式

3，即 i++，重新判断循环条件是否真，循环条件为真时继续循环，如此反复，直到判断条件为假时离开循环，如图 4.3 所示。

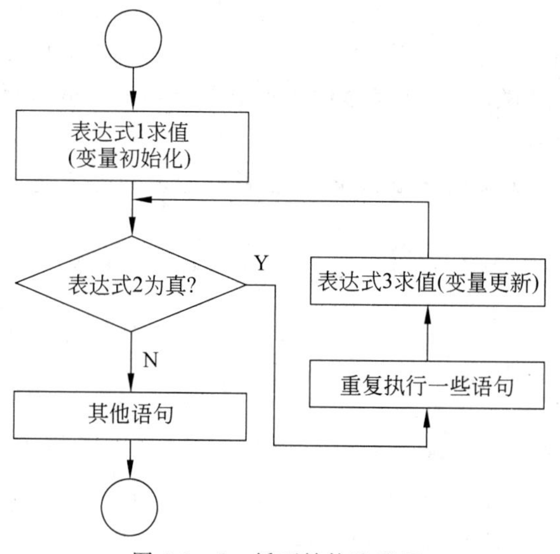

图 4.3 for 循环结构流程图

for 循环的使用非常灵活。通常情况下 3 个表达式都是存在的，但实际使用时允许省略表达式 1 或表达式 2 或表达式 3，可以部分省略，也可以全部省略。不同的存在形式，效果有所不同。下面举例说明。

【例 4.6】 表达式 1 可以省略，但是第一个分号不可以省略。

```
int i=1, s =0;
for(; i <=10; i++)
    s+=i;
printf("s=%d\n", s);
```

注意：这里虽然省略了表达式 1，但实际上它在 for 语句之前 i 有初始值。

【例 4.7】 表达式 1 可以由“，”号连接起来的表达式组成。

```
int i, s;
for( i =1, s =0; i <=10; i++)
    s+=i;
printf("s=%d\n", s);
```

注意，这里表达式 1 中的逗号是一种运算，称为**逗号运算**，其含义是从左向右依次执行逗号分隔的各个组成部分，由逗号运算组成的表达式称为**逗号表达式**，因此，可以说 for 循环的表达式 1 可以是一个逗号表达式。

逗号表达式不仅可以用在 for 循环中，还可以出现在其他地方，如

```
int a=10, b=20;          //注意这里的逗号不是逗号运算，它是变量声明语句变量列表的分隔符
b =(a++, b+a);           //这里的逗号是逗号运算
```

大家猜猜 b 应该是多少？总的来看，上面这个语句是一个赋值语句，是把逗号表达式

(a++,b+a)的值赋给b,那么这个逗号表达式的值是多少呢？逗号运算规定,逗号表达式的值,是从左向右依次计算各个部分的值之后,取最后那个操作数的值。因此b的值应该是b+a的值,而不是a++计算的结果,但是a++的结果影响到了b+a的计算,b+a的值应该为11+20,所以最终b的值为31。注意,a++虽然是后缀,但这里认为它是独立的,其结果是11,而不是10。**也就是说,逗号运算是依次计算各个组成部分,取最后那部分的计算结果作为整个逗号表达式的值。**

注意：逗号运算的优先级低于赋值运算,因此必须把逗号表达式用括号括起来,否则b的值则为10。

【例4.8】 表达式2可以省略,但是第二个分号不可以省略。

```
int i, s;
for( i =1, s =0; ; i++)
    s+=i;
printf("s=%d\n", s);
```

注意：这个循环编译时不会出错,但它是一个无限循环,必须想办法让循环终止。

【例4.9】 表达式3可以是一个逗号表达式。

```
int i , s =1;
for(i=1; i <=10; i++, s+=i) ;
printf("s=%d\n", s);
```

注意：这个循环的循环体是一个**空语句**,而且必须有这个空语句,如果遗漏,编译器会认为后面相邻的语句是循环体。还要注意,s初始值为1,因为第一次循环i=1时,1没有加到s中。循环体为空语句的循环称为**空循环**。

【例4.10】 表达式3可以省略,但它前面的分号不能省略。

```
int i=1, s=0;
for( ; i <=10 ; ){
    s+=i;
    i++;
}
printf("s=%d\n", s);
```

注意：表达式3移到了循环体中。

【例4.11】 3个表达式都可以省略,但是两个分号不能丢掉。

```
int i=1, s=0;
for( ;  ; ){
    s+=i;
    i++;
}
printf("s=%d\n", s);
```

这是一个无限循环,要特别考虑如何终止循环(可以用4.6节介绍的break在给定的条件下离开循环)。

【例 4.12】 表达式 3 可以是循环控制变量增加，也可以是循环控制变量减少。

```
int i , s =0;
for( i=10; i>=1; i--)
    s+=i;
printf("s=%d\n", s);
```

注意：这里循环控制变量的初值和更新的表达方法，同时还要注意表达式 2 判断条件的变化。

【例 4.13】 表达式 2 是一个判断条件，其形式可以多种多样，只要不等于 0 就为逻辑真，执行循环体，为 0 时就是逻辑假，结束循环。

```
int i , s =0;
for( i=10; i ; i--)
    s+=i;
printf("s=%d\n", s);
```

注意：这里的表达式 2 的特殊性，单个的 i 构成了判断条件，它不是 0 时就为逻辑真，否则为假。表达式 2 可以很复杂，也可以很简单，又如

```
int i , s =0;
for( i=10; i && s<20 ; i--)
    s +=i;
printf("s=%d\n", s);
```

这里的表达式 2 是一个逻辑表达式。

从以上的例子可以充分看出 for 循环结构的灵活性。到现在为止，不管是 while 循环还是 for 循环，循环控制变量通常都是整型的 i、j 等，有没有人想过用 float 或 double 类型的变量能作为循环控制变量吗？如果循环的步长是一个小数是否可以？

【例 4.14】 请比较下面 3 个程序片段，分析它们的结果。

(1)

```
double x;
for(x=0.1;x<=2.0;x+=.1)          //循环条件 x 不超过 2.0,步长是.1
    printf("%.1f ",x);
printf("\n%20.16f\n",x);         //输出循环结束时 x 的值
```

运行结果是：

```
0.1 0.2 0.3 0.4 0.5 0.6 0.7 0.8 0.9 1.0 1.1 1.2 1.3 1.4 1.5 1.6 1.7 1.8 1.9
  2.0000000000000004
```

(2)

```
double x;
for(x=0.1;x<=2.0+0.05;x+=.1) //循环条件增加了一个误差 0.05
    printf("%.1f ",x);
printf("\n%20.16f\n",x);
```

运行结果是：

```
0.1 0.2 0.3 0.4 0.5 0.6 0.7 0.8 0.9 1.0 1.1 1.2 1.3 1.4 1.5 1.6 1.7 1.8 1.9 2.0
  2.1000000000000005
```

(3)

```
double x;
for(x=1;x<=20;x++)              //循环控制变量 x 取整数,循环条件是不超过 20
    printf("%.1f ",x/10);
printf("\n%20.16f\n",x);
```

运行结果是：

```
0.1 0.2 0.3 0.4 0.5 0.6 0.7 0.8 0.9 1.0 1.1 1.2 1.3 1.4 1.5 1.6 1.7 1.8 1.9 2.0
  21.0000000000000000
```

上述程序片段1的循环控制变量是double类型,并且增量为0.1,从打印结果看,循环的最后一个x的值是1.9,不是我们需要的2.0,离开循环时x的值是2.0000000000000004,大于2.0。而程序片段2做了一点调整,令终值多了0.05,这时的最后一次循环的x值就是2.0,刚好是我们需要的结果。之所以这样,是因为double类型的数比较大小是有误差的,正如在3.1.4节讨论的那样,实数比较大小应该在某个精度范围内才有意义。如果浮点型变量作为循环控制变量,步长则是小数,若处理不当,会容易产生错误的结果,因此一般不提倡用小数作为循环控制变量的增量。程序片段3的结果是正常的,虽然也是double型循环控制变量,但它是以1为步长变化的,终值也是一个没有小数位的double数,因此,一般是不会出问题的,但也要当心。

思考题：

下面(1)、(2)两个程序片段,哪个能实现打印0到2π之间所有间隔10度的正弦值,或者说哪个能更好地实现。大家可以先分析一下,然后上机检验一下运行的结果。

```
#include<math.h>                //sin(x) 是正弦函数,x 为弧度
const float PI=3.1415926;       //定义一个浮点型常量 PI,参考 4.4.2 节
```

(1) 循环控制变量是浮点型。

```
double x; int n;
double delt10=10 * PI/180;
for(x=0.0; x<=2 * PI; x +=delt10)
{
    n=(int)(x * 180/PI);        //弧度转换为度,为打印服务
    printf("%d : %f\n", n, sin(x));
}
```

(2) 循环控制变量是整型。

```
int m; double x;
for(m=0; m<=360; m+=10)
{
```

```
    x = m * PI/180;              //度转换为弧度,为 sin(x)函数服务
    printf("%d : %f\n", m, sin(x));
}
```

4.3 简单的学生成绩统计

问题描述：

给教师写一个统计平均成绩的程序，班级人数不限，结果精确到 1 位小数。

输入样例 1：//Ctrl-Z 控制循环

```
please input grade, Ctrl-Z for
finish:
100 100 100 100
^Z
```

输出样例 1：

```
Total = 400
Average = 100.0
```

输入样例 2：//−1 控制循环

```
please input grade, -1 for finish:
65 65 65 -1
```

输出样例 2：

```
Total = 195
Average = 65.0
```

问题分析：

在数学上，这是一个非常简单的计算问题，只要把全班所有学生的成绩加起来再除以人数即可。但用计算机解决这个问题对于初学者来说就不那么容易了，因为这里的人数是不定的。一般来说，用计算机求解往往是针对一类问题。本问题不针对某一个具体的班级，当程序写好后对任何班级都适用。

求平均成绩关键是累加求和之后，在求平均值的时候要知道人数。如果在写程序的时候知道班级学生人数，这类问题就很容易用计数控制的循环结构来解决。班级人数固定的程序使用起来受到很大的限制，人数不符合的班级就不能使用。如果班级人数不做任何限制程序都能使用，就要在程序运行的时候统计人数，那怎么知道什么时候统计完毕了呢？在第 3 章就已经多次使用了一种特殊的符号 EOF，当循环要结束的时候输入一个特殊的控制字符 Ctrl-Z 即可，scanf 语句如果读到这个控制字符就会返回−1。而符号 EOF 就是一个用预处理指令＃define 定义的一个符号常量，与它对应的就是−1。这是比较好的方法，可以有效地解决学生人数不确定的问题。除此之外，还有一种比较常用的方法，即程序员在程序中设置一个特别的信息，称为**标记或哨兵**，当用户需要循环结束的时候，只要输入这个标记就可以离开循环。如成绩数据一般是大于 0 的整数，可以用与成绩数据不同的值−1 作为标记。下面使用这两种方法，分别进行讨论。

算法设计：

① 求和变量和计数变量初始化为 0；

② 输入学生成绩或特殊标记；

③ 如果没输入结束控制字符 Ctrl-Z 或结束标记−1，执行④，否则转⑥；

④ 统计人数，累加成绩；

⑤ 返回到②；

⑥ 如果学生数不等于0,执行⑦,否则转⑧;

⑦ 计算平均值,输出结果;

⑧ 程序结束。

源码 4.5

程序清单 4.5

```
#001 /*
#002 * averageGrade.c: 计算平均成绩,Ctrl-Z 控制循环
#003 */
#004 #include<stdio.h>
#005 int main(void){
#006     int total=0;                                   //初始化
#007     int number=0;
#008     int grade;
#009     double average;
#010     printf("please input grade, Ctrl-Z for finish:\n");
#011     while( scanf("%d",&grade) !=EOF) {    //输入成绩或 Ctrl-Z
#012         total +=grade;                             //累加求和
#013         number++;                                  //计数
#014     }
#015     if(number!=0){                            //有可能没有输入任何成绩数据
#016         average =(double)total/number;   //求平均
#017         printf("Total =%d\n",total);
#018         printf("%4.1f\n", average);
#019     }
#020     return 0;
#021 }
```

源码 4.6

程序清单 4.6

```
#001 /*
#002 * averageGrade2.c: 计算平均成绩,输入-1 结束循环
#003 */
#004 #include<stdio.h>
#005 int main(void){
#006     int total=0;                                   //初始化
#007     int number=0;
#008     int grade;
#009     double average;
#010     printf("please input grade, -1 for finish:\n");
#011     scanf("%d",&grade);                           //输入成绩或-1
#012     while( grade!=-1 ) {
#013         total +=grade;                             //累加求和
#014         number++;                                  //计数
#015         scanf("%d",&grade);                       //等待下一个同学输入
#016     }
#017     if(number!=0){                            //有可能没有输入任何成绩数据
```

```
#018         average = (double) total/number;   //求平均
#019         printf("Total = %d\n", total);
#020         printf("%5.1f\n", average);
#021      }
#022      return 0;
#023 }
```

4.3.1 标记控制的 while 循环

标记是一种事先约定的信息，是在程序中已经规定好了的。当程序运行时，用户如果输入这个标记信息，循环就结束，如果输入的是需要处理的数据，程序就去执行循环，做需要重复处理的事情。因此，标记控制的 while 结构应该是下面的格式：

```
用户输入信息                                   //可能是要处理的信息，也可能是标记
while(用户输入的信息不等于标记) {
    重复执行一些语句;
    用户输入信息;
}
其他语句;
```

这种结构一般要在 while 之外先有一个用户输入语句，它为 while 的第一次判断提供数据。如果用户第一次就输入了标记，这时判断条件为假，一次循环都不会做。如果第一次输入的数据不是标记，while 的判断条件为真，就进入循环，执行循环体。

注意：循环体内最后一个语句还要有一个跟 while 外同样的输入语句，它是为 while 的下一次循环服务的，如果第二次以后的某一次输入了标记，则循环判断条件为假，将离开循环，否则就继续循环。标记控制的循环不关心循环多少次，循环次数的多少由用户决定。标记控制的循环流程图如图 4.4 所示。

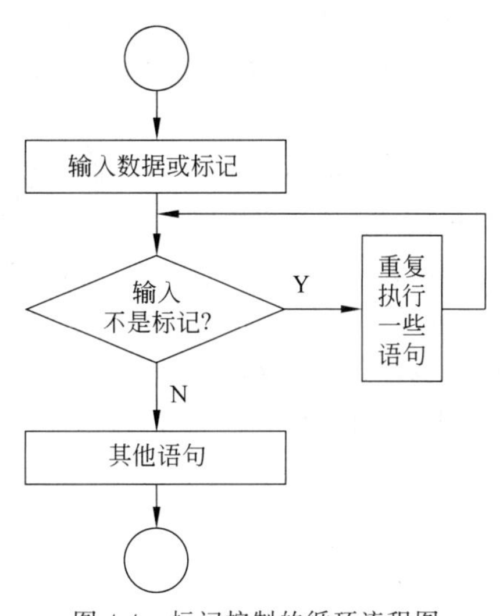

图 4.4 标记控制的循环流程图

求全班学生的平均成绩，一般情况下班级的人数多少不一，因此采用标记控制的循环比较方便。用什么数据作为标记呢？标记数据应该和要处理的数据有明显的不同。成绩一般是 0～100 的整数，所以标记就不能取 0～100 的数，在程序清单 4.6 中用了−1 作为标记，当然也可以选择其他数据，如 999、9999 等作为标记，只要能和实际处理的数据互相区别就行。

程序清单 4.5 中没有使用标记控制循环，采用的是结束输入的控制字符 Ctrl-Z，它使函数调用 scanf("%d",&grade)返回−1，当没有数据要处理时输入 Ctrl-Z，判断条件

```
scanf("%d", &grade) != EOF
```

为假，循环结束，当正常输入数据时，上式为真，进入循环，执行循环体。注意程序清单 4.5

的#011行。

注意:输入 Ctrl-Z 跟输入—1是不同的,但两者都有结束循环的功能。输入标记一定要提示用户,而且在循环外和循环内要有两个 scanf 调用语句;输入 Ctrl-Z 比较简洁方便,可以作为默认的方式,当然最好也有一个提示信息,这种方法可以直接把 scanf 调用作为 while 的判断条件,不用写两个 scanf 调用。

4.3.2 程序的容错能力

什么是程序的容错能力呢?当一个程序交付给用户使用的时候,用户难免输入错误的数据,或者按错了键,这称为输入了非法数据。如果用户输入了非法数据,程序就崩溃了(这时可能出现运行时错误,也可能造成死循环等),那这个程序就显得很脆弱了,可以说它的容错能力很差。反之,如果不管用户输入什么样的数据,程序都不会崩溃。用户正确的操作会有正确的结果,错误的操作则给出提示,允许用户重新输入,我们说这个程序的容错能力很强。程序的这种特性叫作**鲁棒性**或**健壮性**。鲁棒性强的程序是软件工程质量所需要的。

程序清单4.5和程序清单4.6学生成绩统计的程序就具有较弱的鲁棒性,因为当用户输入非数值的数据时,如普通的英文字母字符,程序就会出现错误(大家可以试试)。如果要设计成鲁棒性比较强的程序,必须考虑用户的错误输入如何处理。如果用户输入的成绩是非数字字符,可以这样处理:

```
int flag=scanf("%d",&grade);
if(flag ==0) printf("input data type error!\n");
fflush(stdin);
```

前面说过,scanf 函数当输入数据与格式不符时,会返回一个状态0。利用这一特点增加一个判断语句,这样当输入与格式%d 不符的字符数据时,必然返回0。但是如果用户输入的是小数,如76.5,grade 会从缓冲区中读出76,返回状态值为1。但是缓冲区中还剩余.5会被下一次 scanf 读出,还会出错,为了避免这个现象,可以采用函数 fflush(stdin)清除输入缓冲区,也称为**刷新缓冲区**,这样就不会影响下一次用户的输入了,其中 stdin 代表标准输入。

把程序清单4.6中的

```
printf("please input your grade or -1 for end:");
scanf("%d",&grade);
```

替换为

```
int flag=0;
while(flag==0){
    printf("please input your grade or -1 for end:");
    flag =scanf("%d",&grade);
    if(flag==0)
        printf("input data type error!\n");
    fflush(stdin);                                //清空输入缓冲区
}
```

即可避免错误发生。

还有其他提高程序容错能力的方法,在后续章节的讨论中会进一步介绍,大家也可以参考相关的资料。

4.3.3 程序调试与测试

不管是什么样的问题,也无论是谁写的程序,都可能出现这样或那样的错误(常称错误为 bug)。有的错误比较容易发现,有的则比较隐蔽,有的甚至很难发现,更有甚者有的错误不能发现。常见的错误类型有 3 种: **编译错误、运行错误和逻辑错误**。对于编译错误是很容易解决的,但对于运行错误和逻辑错误就是比较致命的。如果发现程序中有逻辑错误或运行错误,就必须要想办法查出它到底错在哪里,错误的根源是什么。寻找程序的错误根源并改正的过程称为**程序调试**(**Debugging**)。具体的调试方法请参考本书配套的《问题求解与程序设计习题解答和实验指导》。

当问题的求解需要判断和重复的时候,运行结果往往与数据密切相关。为了确保程序在任何情况下都能正常运行,必须**精心设计一些数据——测试用例**(参考 2.3.2 节),检验程序是否都能正常地做出反应,看看能否发现更多的错误,这个过程就是**程序测试**。例如,对于双分支和多分支的选择结构来说,各个分支的处理是否都能正常工作。对于每个分支都要设计一个测试用例进行测试。对于本节的成绩统计,至少有两种情况: 一是确实输入了一组成绩数据,二是一个成绩数据都没有输入。这两种情况就要设计两个测试用例。关于程序测试相关的更多内容请参考本书配套的《问题求解与程序设计习题解答和实验指导》。

4.3.4 输入输出重定向

计算机默认的标准输入(stdin)是键盘,默认的标准输出(stdout)是屏幕,scanf 函数是从键盘读数据,printf 函数把数据输出到屏幕上。

对于成绩统计这类问题,因为要处理的数据往往都比较多,如果每次测试运行都从键盘输入数据,就会做很多无用功。即使在程序设计的时候,可以先用少量的数据测试,但将来用户使用的时候,如果要再次运行程序,每次还是要重新从键盘输入数据,这样就显得非常笨拙不好用啦。大家都希望原始数据只输入一次,下次运行时继续使用。这怎么实现呢?大家很容易想到要用文件,因为把数据存储在文件中,可以持久保存。那当程序运行时能从文件读数据吗? 能,操作系统允许输入重定向,即允许把默认的标准输入——键盘修改成某个事先已经建立好的数据文件。

同样,对于程序的运行结果也可能需要多次查看,如果计算结果没有保存下来,每次需要查看运行结果的时候,就要再次运行程序,多次重复运行同样的程序得到同样的结果也是无用的重复。像输入可以重定向一样,操作系统也允许输出重定向,即把默认输出到屏幕修改成输出到某个数据文件,这样程序的运行结果就可以通过文件反复查看了。有了输入输出重定向,借助文件,就可以一次输入或一次运行多次受益。

输入输出重定向有两种方法:

(1) 命令行方法,在程序运行时使用重定向操作符＞和＜,把标准输入重定向到某个数据文件。

(2) 在程序代码中使用 freopen 函数把标准输入重定向到某个数据文件。

【例 4.15】 使用输入输出重定向求解本节提出的平均成绩统计问题。

求解方法1：命令行方法。

程序清单4.5中averageGrade.c经编译链接之后生成了可执行文件averageGrade.exe，就可以在命令行运行了。为了在运行时程序能从文件读数据，首先建立一个学生成绩文件score.dat，然后在命令窗口运行程序averageGrade.exe时使用重定向符<，把默认从键盘读成绩数据重定向到从文件score.dat读，即

```
averageGrade.exe <score.dat
```

但这时运行结果还是显示到屏幕上，如果在使用重定向符<之后再用重定向符>

```
averageGrade.exe <score.dat >result.dat
```

则程序不仅从文件score.dat读数据，而且程序的运行结果也会重定向到文件result.dat中。

求解方法2：在程序中使用输入/输出重定向freopen函数：

```
freopen("score.dat", "r", stdin);
freopen("result.dat", "w", stdout);
```

其中，r是读入的意思，上述语句是把标准输入stdin重定向到文件score.dat，w是写的意思，上述语句是把标准输出stdout重定向到文件result.dat。在程序中使用freopen实现本节的问题的代码见程序清单4.7。

程序清单4.7

源码4.7

```
#001 /*
#002 * averagegrade3.c: 计算平均成绩,输入输出重定向为文件
#003 */
#004 #define LOCAL                              //当不需要时只需把这行注释掉
#005 #include<stdio.h>
#006 int main(void){
#007     int total=0;
#008     int number=0;
#009     int grade;
#010     double average;
#011 #ifdef LOCAL
#012     freopen("data.in","r",stdin);    //输入重定向为文件
#013     freopen("data.out","w",stdout); //输出重定向为文件
#014 #endif
#015     scanf("%d",&grade);
#016     while( grade !=-1)  {
#017         total +=grade;
#018         number++;
#019         scanf("%d",&grade);
#020     }
#021     if(number!=0){
#022         average =(double)total/number;
#023         printf("Total =%d\n",total);
#024         printf("Average =%4.1f\n", average);
```

```
#025      }
#026      return 0;
#027 }
```

请大家注意，ACM 竞赛是不支持文件操作的，因此也就不支持输入输出重定向，但是它对 ACM 竞赛过程中的**程序调试**是有帮助的，可以把数据一次性输入到文件中，在程序调试过程中使用输入输出重定向可以多次读文件中的数据，进行多次**程序测试**。但注意只能在测试程序时使用 freopen，提交程序时要去掉 freopen，即让上述程序中 #012 行和 #013 行的 freopen 失效。让它失效不一定真正删除，可采用预处理的**条件编译**手段进行处理。为此，我们只需在 #004 行定义一个宏 LOCAL，把 #012 行和 #013 行用 #011 行和 #014 行的条件编译包括起来，这样只有 #004 行有效时，#012 行和 #013 行才有效。当提交时只需注释掉 #004 行，#015 行和 #016 行就失效了。

4.3.5 do-while 循环

前面已经介绍了两种循环结构：while 和 for，实际上它们是完全等效的，它们的共同特点是：当循环判断条件为真时执行循环体，如果循环条件一直为假，则一次循环体都不会执行，每次都是先判断后执行。但有时会有不同的需要，就是要做的事情至少要执行一次，然后才根据条件判断是否要再重复执行，如果条件不为真就离开循环，这种循环是先执行后判断。如一个操作平台的界面，有几个按键可以去操作，而且是无条件地允许先按一次，但是如果按错了键，就退出了系统，否则就可以反复去按键，直到按了不该按的键，就离开了。这种先执行后判断的循环叫作直到型循环，在 C/C++ 中用 do-while 循环结构表示，其一般形式如下：

```
do {
    可以重复做的事;
}while(表达式);
其他语句;
```

注意：while 末尾的分号很易忘记，忘记这个分号是一个常犯的语法错误。do-while 循环结构的执行过程如图 4.5 所示。

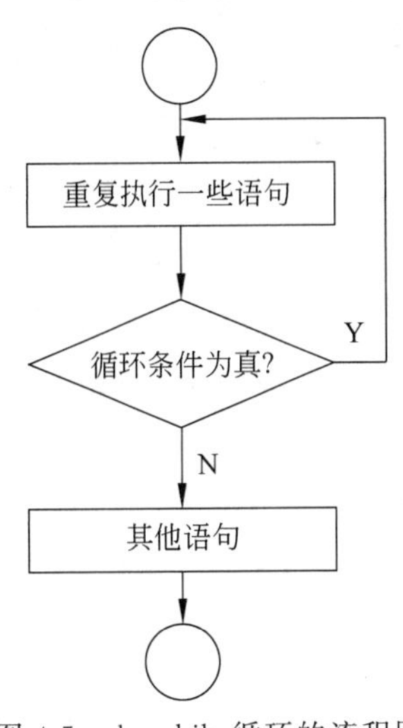

图 4.5　do-while 循环的流程图

【例 4.16】 一个简单的按键显示程序。

程序允许用户按任意的键，只要不是 n 或 N，就显示键入的对应字符，否则退出程序，完整的实现代码见程序清单 4.8。

程序清单 4.8

源码 4.8

```
#001 /*
#002  * dowhile2.c: 使用 do-while 循环显示按键
#003  */
#004 #include<stdio.h>
#005 #include<conio.h>                    //for getche()
#006 int main(void){
```

```
#007     char a;
#008     do{
#009         a =getche();              //不需要回车就能读取键盘输入的字符,自动回显
#010     }while( a !='N' && a!='n'); //如果不是 N/n 就循环
#011     printf("\nyou pushed N or n\n");
#012     return 0;
#013 }
```

或者

源码 4.9

程序清单 4.9

```
#001 /*
#002 * dowhile.c: 用 do-while 显示键盘输入字符
#003 */
#004 #include<stdio.h>
#005 #include<conio.h>                //for getch()
#006 int main(void){
#007     char a;
#008     int b;
#009     do{
#010         a =getch();              //不用回车但无回显
#011         putchar(a);              //所以要在这里显示
#012     }while( a !='N' && a!='n');
#013     printf("\npushed N or n\n");
#014     return 0;
#015 }
```

两个程序的测试运行结果如下：

```
sdklfjsdlfjsldjfsdkljfn
you have pushed N or n
```

注意：这个 do-while 循环结构的执行过程，它是无条件进入循环且等待输入字符，结果会显示到屏幕上，只要输入的不是字符 N 或 n 就允许继续输入，直到输入了字符 N 或 n(上面的运行结果是输入了 n)就离开循环，反馈“pushed N 或 n”。程序清单 4.8 和程序清单 4.9 两个程序使用了不同的函数获得键盘输入的字符，请大家注意它们的不同。因 getch()无回显，所以要用 putchar(a)把字符显示到屏幕上；而 getche()自动回显，所示不需要使用 putchar。

大家还可以用 do-while 重新实现 4.2 节的求和程序及本节的成绩统计等问题，请看程序清单 4.10，并注意它们之间的差别。

源码 4.10

程序清单 4.10

```
#001 /*
#002 * dowhile3.c: 用 do-while 循环实现 100 以内的自然数求和
#003 */
#004 #include<stdio.h>
```

```
#005 int main(void){
#006     int s =0;                    //初始化
#007     int i =100;                  //注意 i 从 100 开始
#008     do{
#009         s =s +i;                 //累加
#010         i--;                     //i 减 1
#011     }while( i >0);               //直到 i<=0 为止
#012     printf("s =%d\n", s);
#013     return 0;
#014 }
```

这个 do-while 循环使用了**递减的控制变量 i**,i 的初始值为 100,s 的初始值为 0,执行循环第一次之后才去判断循环条件是否成立,每执行一次循环 i 减少 1,当 i 为 1 时求和结束,即当 i 为 0 时循环条件为假,循环结束。

视频

4.4 计算 2 的算术平方根

问题描述:

计算 2 的平方根的近似值(一般只求正平方根),要求精确到第 3 位小数。

输入样例:

无

输出样例:

1.414

问题分析:

计算 2 的平方根是一个数学味比较浓的问题。典型的方法是**牛顿迭代法(也称为切线法)**。具体过程分析如下,求 2 的算术平方根也就是求方程 $x^2=2$ 的一个正根,即求方程 $x^2-2=0$ 的根。大家知道方程的根是一个特别的 x 值,把它代入方程后方程两端会相等。如果把方程左端看成一个函数 $f(x)=x^2-2$,那么方程的根就是满足函数 $f(x)=0$ 的 x,即使函数 $f(x)$为 0 的 x 值,如图 4.6 所示。图中曲线 $f(x)$与 x 轴的交点$(x,0)$即是 $f(x)$等于零的点,交点$(x,0)$的 x 坐标就是 $f(x)=0$ 的正根。这个根在数学上是唯一的实数,但实际上是不可能求出它的精确值,只能在一定精度的要求下求出它的近似值。牛顿迭代法的思想是,给一个初始值 x_n,求出曲线 $f(x)$在点$(x_n,f(x_n))$处的切线,切线与 x 轴的交点作为根 x 的一个近似值 x_{n+1}即

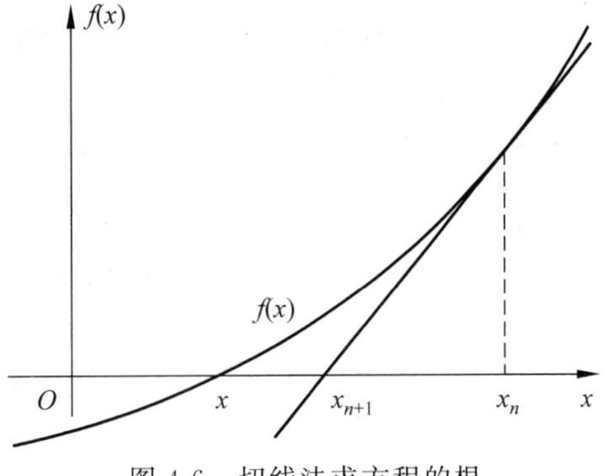

图 4.6 切线法求方程的根

$$x_{n+1}=x_n-\frac{f(x_n)}{f'(x_n)},\quad n=0,1,2,\cdots$$

其中,$f'(x_n)$是曲线 $f(x)$在点$(x_n,f(x_n))$处的切线斜率,上式通过 x_n 计算出了比较接近 x 的 x_{n+1},然后再对于 x_{n+1} 重复刚才的过程,又会得到一个更接近 x 的 x_{n+2},这样重复多

次,新计算出的结果会越来越接近于要求的根。

对于 $f(x)=x^2-2$ 来说,上述迭代公式为

$$x_{n+1}=x_n-\frac{x_n^2-2}{2x_n}=\frac{1}{2}\left(x_n+\frac{2}{x_n}\right),\quad n=0,1,2,\cdots$$

其中,曲线 $f(x)=x^2-2$ 在 x_n 处的斜率为 $2x_n$,把上式转化为C/C++的表达式,即

```
x=(x0 +2/x0 ) / 2;          //这个过程可以反复进行
```

首先给一个 x0 值,然后求出 x,再用 x 作为新的 x0,再次代入迭代表达式,如此反复。下面给出具体的迭代过程:

```
设 x0=10,   代入迭代公式计算 x =(x0 +2/x0 ) / 2
得 x=5.100, 令 x0=x,再代入迭代公式 x =(x0 +2/x0 ) / 2,(注意,这里把刚刚计算出的 x 作为新的 x0)
得 x=2.7461,令 x0=x,再代入迭代公式 x =(x0 +2/x0 ) / 2
得 x=1.7372,令 x0=x,再代入迭代公式 x =(x0 +2/x0 ) / 2
得 x=1.4442,令 x0=x,再代入迭代公式 x =(x0 +2/x0 ) / 2
得 x=1.4145,令 x0=x,再代入迭代公式 x =(x0 +2/x0 ) / 2
得 x=1.4142
```

这时发现它们越来越接近精确值 1.414……而且 1.414 这部分已经不变了,这就是精确到 0.001 的计算结果。

算法设计:

① x0 初始化;

② 用迭代公式 x=(x0+2/x0)/2 计算出 x;

③ 如果 fabs(x−x0)>=eps,执行④,否则转⑤;

④ x0=x;用刚计算出的 x 值作为新的 x0,返回到②;

⑤ 输出结果。

程序清单 4.11

源码 4.11

```
#001 /*
#002 * sqrt2.c:误差控制的循环,切线法求 2 的平方根
#003 */
#004 #include<stdio.h>
#005 #include<math.h>                                  //for fabs()
#006 int main(void){
#007     double x0=10;                                 //初始结果
#008     double x;                                     //迭代结果
#009     const double eps=0.001;                       //误差精度
#010     int k=1;                                      //k 记录迭代次数
#011     x=(x0+2/x0)/2;                                //第一次迭代
#012     printf("k=%d, x=%.4f\n",k,x);
#013     while(fabs(x-x0)>=eps) {                      //精度不够时重复计算
#014         x0=x;                                     //用刚才迭代的结果做新的初始值
#015         x=(x0+2/x0)/2;                            //计算新的迭代结果
```

```
#016        k++;
#017     }
#018   return 0;
#019 }
```

4.4.1 误差精度控制的 while 循环

前面我们已经讨论了计数控制的循环和标记控制的循环。本节的牛顿法求一个数的平方根问题，要重复进行的是一个迭代过程 x=(x0+2/x0)/2，这个过程既不知道循环次数，也没有什么可以输入的结束标记，怎么控制这个循环呢？通过迭代发现，如果精确到小数后第 3 位，第 6 次迭代计算之后就没有再重复计算的意义了，也就是已经达到了精度要求，重复迭代到此就可以停止了。这个精度该如何测定呢？方法很简单，只要把相邻两次的计算值相减得到一个差，看看它的绝对值是否比规定的精度 0.001 还小即可。如果这个判断为真则已经达到了精度。如果误差的绝对值比规定的精度还大，则意味着还没有达到计算精度，需要继续迭代计算。这个计算精度 0.001 常称为**误差精度**，它是根据实际需要确定的一个量。当误差精度比较小的时候，还可以用指数常量表示，如 .1e−5，它等价于 0.000001。计算一个量的绝对值要用到包含在数学库中的函数 fabs(double x)，它需要嵌入头文件 math.h。本节问题的误差计算可以写成 fabs(x−x0)。这种用误差精度控制的循环结构基本框架为

```
迭代初值 x0 初始化 ,误差精度 eps 初始化
用迭代公式计算 x
while( fabs(x-x0) >=eps ){
    x0=x;                                  //刚刚计算得到的 x 作为新的 x0
    用迭代公式计算新的 x;
}
```

误差精度控制的 while 循环流程图如图 4.7 所示。

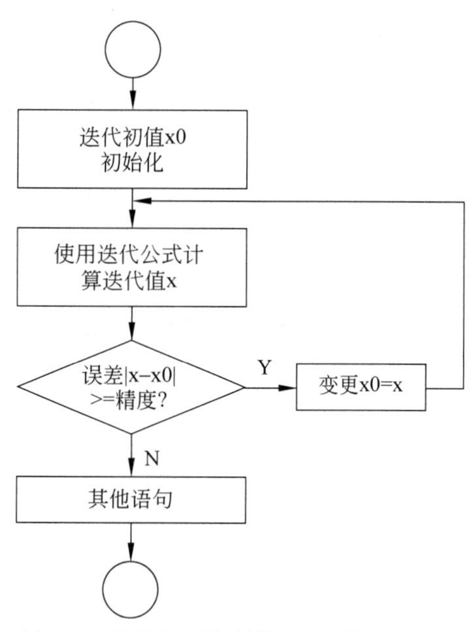

图 4.7 误差精度控制的 while 循环流程图

不同的问题其迭代公式有所不同，要求的误差精度 eps 也会不同。下面再看一个例子。

【例 4.17】 用下面的 e 的级数展开形式

$$e=1+\frac{1}{1!}+\frac{1}{2!}+\frac{1}{3!}+\cdots$$

求常数 e 精确到小数点后第 8 位的值。

用这个级数展开求 e 的值是一个累加求和的过程，这个过程到底到什么时候结束是受精度约束的，精度越高，加的项就越多。可以把这个过程用下面的语句表达：

```
e=e+1.0/i!; //i=0,1,2,…,e 初始化为 0,注意
            //这里 1.0 的作用
```

这个语句重复地迭代累加 e,随着 i 的增加,分式 1.0/i! 就越小,每次在原来的基础上增加一个 1.0/i!。上式左右两端相减就是相邻两次累加产生的误差 1.0/i!,如果这个差比给定的精度还小就已经达到了精度,循环就应该停止。因此现在的迭代条件就是 fabs(1.0/i!)>=eps,如果这个条件不满足,循环将停止。详细代码见程序清单 4.12。

程序清单 4.12

源码 4.12

```
#001 /*
#002 *   e.c: 误差精度控制循环计算 e=1 +1/1! +1/2! +... +1/n!
#003 */
#004 #include<stdio.h>
#005 #include<math.h>                 //for fabs()
#006 int main(void){
#007   double e=1,term;               //初始值为第一项
#008   long i=1;                      //第 2 项的 i 为 1
#009   long product=1;                //1!
#010   const double eps=.1e-7;        //小数后第 8 位
#011   term=1.0/product;
#012   //前 i 项之和与前 i-1 项之和的误差为 i!的倒数,i 从 0 开始
#013   while( fabs(term) >=eps) {                   //误差比规定的精度大,需要继续累加
#014       e +=term;                                //前 i 项之和
#015       printf("i=%d, e=%.10f\n",i,e);           //输出前 i 项之和,用于查看每次累加的结果
#016       i++;                                     //下一项的 i
#017       product *=i,term=1.0/product;            //下一项的 i!
#018   }
#019   printf("approximate of e: %.8f\n", e);//最后输出符合精度的 e 值
#020   return 0;
#021 }
```

运行结果:

```
i=1, e=2.0000000000
i=2, e=2.5000000000
i=3, e=2.6666666667
i=4, e=2.7083333333
i=5, e=2.7166666667
i=6, e=2.7180555556
i=7, e=2.7182539683
i=8, e=2.7182787698
i=9, e=2.7182815256
i=10, e=2.7182818011
i=11, e=2.7182818262
approximate of e: 2.71828183
```

注意:程序清单 4.12 中的 while 循环有双重功能,不仅累加了 e 的值,而且还得到了需要的阶乘计算 product=i!。还要注意 1.0 的作用,fabs 函数需要 double 类型的参数,e 反复累加的也是一个 double 小数,所以必须确保 1.0/product 是 double 类型,如果写成 1/product,结果将是整数 0。有的同学可能会尝试求更高精度的 e 值,但要注意这种算法中含有阶乘计算,当 i 比较大时就会产生溢出现象,所以要想真正解决这个问题还要解决大整数阶乘计算问题。

4.4.2 const 常量

误差精度一旦确定它就是一个常量,不希望在程序中做任何修改。在 2.6.1 节曾经介绍过用使用宏定义#define 定义符号常量

```
#define  PI  3.1415926
```

这样定义的符号PI是在预处理的时候把程序中的PI都替换成对应的常量。

C/C++还提供了在编译时定义常量的一种方法，就是使用const关键字，如程序清单4.11中的误差精度eps定义为

```
#009    const double eps=0.001;        //误差精度
```

程序清单4.12中的

```
#010    const double eps=.1e-7;        //小数后第8位
```

其中，const是用来定义一个量是常量的限定符。注意这样的常量是有类型的，也是有名字的，它就像定义普通变量那样定义，只不过要在前面用const限定这个变量不可以被修改，因此它是常量。圆周率3.1415926用const定义为pi如下：

```
const double pi=3.1415926;
```

这样定义的常量是不需要替换的。

思考题：用宏定义#define定义的符号常量和const定义的常量有什么不同？

4.5 打印九九乘法表

视频

问题描述：

打印一个九九乘法表。

样例输入：

```
无
```

样例输出：

```
1*1=1
2*1=2  2*2=4
3*1=3  3*2=6   3*3=9
4*1=4  4*2=8   4*3=12  4*4=16
5*1=5  5*2=10  5*3=15  5*4=20  5*5=25
6*1=6  6*2=12  6*3=18  6*4=24  6*5=30  6*6=36
7*1=7  7*2=14  7*3=21  7*4=28  7*5=35  7*6=42  7*7=49
8*1=8  8*2=16  8*3=24  8*4=32  8*5=40  8*6=48  8*7=56  8*8=64
9*1=9  9*2=18  9*3=27  9*4=36  9*5=45  9*6=54  9*7=63  9*8=72  9*9=81
```

问题分析：

这个表格有9行9列，每行的列数不同，但是有一定的规律，第1行有1列，第2行有2列，……，第9行有9列。每个表项都是做类似的事情，即**打印两个数的乘积公式和结果**，总计有81个表项。是不是写一个81次的循环就够了？没那么简单。每个表项由两个变化的乘数，一个是跟行数对应的第一个乘数，可以用i表示，另一个是与列对应的第二个乘数，可以用j表示。要重复81次：

当i等于1时,j重复一次,

当i等于2时,j重复2次,

⋮

当i等于9时,j重复9次。

对每个i都要做一趟类似的事情,当i固定时,在那一趟里再做几次不等的重复,即对j再重复若干次。这个重复可以看成是两层结构:外层是重复的做若干行,内层是每一行再重复做若干次。这种重复是重复中含有重复,这就是本节要解决的循环嵌套问题。

算法设计:

① 循环控制变量i,j初始化为1;

② 如果i>9,程序结束,否则转③;

③ 如果j>i,输出换行符,i++,返回②,否则转④;

④ 输出i×j=i×j的结果,j++,返回③。

程序清单4.13

源码4.13

```
#001 /*
#002 *   99table.c: 循环嵌套实现九九乘法表
#003 */
#004 #include<stdio.h>
#005 int main(void){
#006     int i,j;
#007     for(i=1; i<=9; i++){
#008         for(j=1; j<=i; j++)
#009             printf(" %d*%d=%-2d", i, j, i*j );
#010         printf("\n");
#011     }
#012     return 0;
#013 }
```

4.5.1 多重循环嵌套

打印给定格式的九九乘法表是比较复杂的,我们可以先看一个比较简单的例子。

【例4.18】 打印由*组成的10行20列的矩形。

前面已经使用循环打印过这个图形,当时重复要做的事情是

```
printf("********************\n");
```

对于这个打印语句可以再分析一下,实际上它是重复打印20次*,结束后打印一个回车换行。因此可以把它写成一个循环和一个单独的打印换行,即

```
for(j=0 ; j<20 ; j++)
    printf("*");
printf("\n");
```

每一行都做同样的事情,因此上面这个程序段重复10次,就可以打印出一个整齐的矩形图案。这个问题的实现就是循环里又嵌套一层循环,循环分内外两层。行的重复是外循环,每

做一次行循环，内循环要从头到尾走一遍，即重复输出若干列。这个双重循环的流程图如图 4.8 所示，图中对于外层循环的控制条件的不同写法画了两个功能相同的流程图。其完整实现代码见程序清单 4.14。

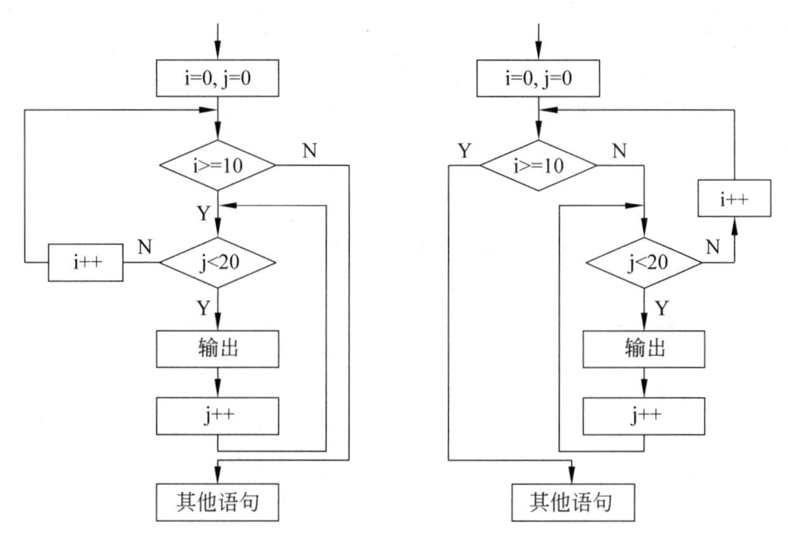

图 4.8 双重循环嵌套的流程图(循环条件的不同写法导致流程图有所不同)

程序清单 4.14

源码 4.14

```
#001 /*
#002 * rectnestloop.c: 嵌套循环实现打印矩形图案
#003 */ #include<stdio.h>
#004 int main(void){
#005     int i=0,j;
#006     while(i<10){
#007         for(j=0; j<20; j++)
#008             printf("*");
#009         printf("\n");
#010         i++;
#011     }
#012     return 0;
#013 }
```

这是双层循环的嵌套，外循环是计数控制的 while 循环，内层循环是另一个计数控制的 for 循环。嵌套循环的执行过程是外循环每执行一次，内层循环就要从头到尾执行一趟，两层循环是一种完全包含关系，不允许出现交叉。当然，嵌套的循环用哪个循环结构是没有限制的，是 while 循环，还是 for 循环，或者 do-while，根据具体情况和自己的喜好确定，这个问题用两个 for 循环比较简洁，大家自己重写一下。

【例 4.19】 用双重循环打印一个平行四边形。

平行四边形不像矩形那样方方正正。假设要打印一个 5 行，每行 10 个 * 号的平行四边形。在屏幕上打印信息是不可以跳过多少列进行打印的。跳过的空格也是需要打印处理的。如果把平行四边形扩充一下，使其成为一个梯形，如图 4.9 所示，它的每一行都是从第一个字符开始了。只不过每行开始的一部分是空格。每行第一部分的空格数是4、3、2、1、0。这样打印平行四边形就可以设计成双循环的嵌套,外循环每次打印一行,内循环由三部分组成,第一部分是打印空格,并且每行的空格数是不等的;第二部分是打印10个*;第三部分是打印一个回车换行。完整的程序见程序清单4.15。

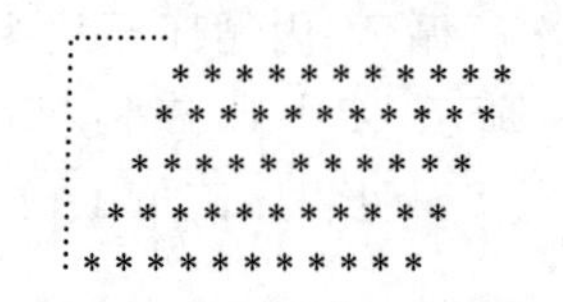

图4.9　字符组成的平行四边形

源码4.15

程序清单4.15

```
#001 /*
#002 * parallelrect.c:循环嵌套打印平行四边形
#003 */
#004 #include<stdio.h>
#005 int main(void){
#006     int i,j;
#007     for(i=0; i<5; i++)  {
#008         for(j=4-i; j>0; j--)            //打印空格
#009             printf(" ");
#010         for(j=0; j<10; j++)             //打印*
#011             printf("*");
#012         printf("\n");                   //打印换行
#013     }
#014     return 0;
#015 }
```

运行结果:

```
    **********
   **********
  **********
 **********
**********
```

注意,在程序清单4.15中,外循环中有两个并列的内循环,第一个内循环的j的初始值是随着外循环i的变化而变化的,是4−i,而且j是递减的,最后一行的j等于0,没有空格。第二个内循环是固定要打印10个*。

练习题:使用*打印三角形或菱形。

通过上面两个例子是不是已经有办法打印九九乘法表了呢?九九乘法表显然要用双层循环,内层循环j的重复次数随着外层循环i的变化而变化,j=i,内循环做完之后同样要打印一个换行。完整代码见程序清单4.13,其中

```
#009      printf(" %d*%d=%-2d", i, j, i*j );
```

就是双重循环反复要执行的语句,打印格式%-2d中的负号规定打印的两位整数左对齐,即当打印结果是1位的时候占用2位中左边的那位。如果大家对程序清单4.13中的双重循环觉得不太好理解,可以先考虑一种特殊情况,就是矩形的九九乘法表,每行的j都是从1

到 9 变化。

程序清单 4.16

源码 4.16

```
#001 /*
#002 *    打印双九九乘法表
#003 */
#004 #include<stdio.h>
#005 int main(void){
#006     int i,j;
#007     for(i=1; i <=9; i++) {
#008         for(j=1; j <=9; j ++)
#009             printf(" %d*%d=%-2d", i, j, i*j );
#010         printf("\n");
#011     }
#012     return 0;
#013 }
```

运行结果：

```
1*1=1  1*2=2  1*3=3  1*4=4  1*5=5  1*6=6  1*7=7  1*8=8  1*9=9
2*1=2  2*2=4  2*3=6  2*4=8  2*5=10 2*6=12 2*7=14 2*8=16 2*9=18
3*1=3  3*2=6  3*3=9  3*4=12 3*5=15 3*6=18 3*7=21 3*8=24 3*9=27
4*1=4  4*2=8  4*3=12 4*4=16 4*5=20 4*6=24 4*7=28 4*8=32 4*9=36
5*1=5  5*2=10 5*3=15 5*4=20 5*5=25 5*6=30 5*7=35 5*8=40 5*9=45
6*1=6  6*2=12 6*3=18 6*4=24 6*5=30 6*6=36 6*7=42 6*8=48 6*9=54
7*1=7  7*2=14 7*3=21 7*4=28 7*5=35 7*6=42 7*7=49 7*8=56 7*9=63
8*1=8  8*2=16 8*3=24 8*4=32 8*5=40 8*6=48 8*7=56 8*8=64 8*9=72
9*1=9  9*2=18 9*3=27 9*4=36 9*5=45 9*6=54 9*7=63 9*8=72 9*9=81
```

4.5.2 穷举法

计算机的一个重要特点就是计算速度快，它"不怕"那种手工几乎不可能完成的、大量的重复性计算。如果不限制运行时间，可以让计算机用穷举法（也称蛮力法、死算）在大量可能的情况中去筛选问题的答案。下面以百钱买百鸡问题为例介绍这种方法。

【例 4.20】 百钱买百鸡问题。

假设某人用一百个铜钱买了一百只鸡，其中公鸡一只 5 枚钱、母鸡一只 3 枚钱，小鸡 3 只一枚钱，求他买的一百只鸡中公鸡、母鸡、小鸡各多少只？

设一百只鸡中公鸡、母鸡、小鸡分别为 x、y、z，问题可化为下面的三元一次方程组：

$$\begin{cases}5x+3y+z/3=100(\text{百钱})\\x+y+z=100(\text{百鸡})\end{cases}$$

显然这个方程组是一个不定方程组，不存在唯一解。解决这类问题的一个非常笨拙的，但对计算机来说是很有效的方法就是逐个去试算——**穷举法或蛮力法（Brute Force）**。如果 100 枚钱都买公鸡最多可买 20 只，如果都买母鸡最多 33 只，如果都买小鸡最多是 100 只。穷举法就是对 0～20 的每个 x 的值，0～33 的每个 y 值，以及 0～99（步长为 3）的每个 z 值，把所有可能的值逐个与给定的方程组条件做匹配，符合方程组条件的就是一个解，不符合的则略去。因此,这是一个三重循环问题,最外层 x 从 0 变到 20,中层 y 从 0 到 33,最内层 z 从 0 到 100,具体代码如下。程序中的 i,j,k 与 x,y,z 相对应。

源码 4.17

程序清单 4.17

```
#001 /*
#002 * 穷举法解百钱百鸡问题
#003 */
#004 #include<stdio.h>
#005 int main(void){
#006 `   int i,j,k;
#007     for(i=0; i<=20; i++)
#008     for(j=0; j<=33; j++)
#009     for(k=0; k<=99; k+=3)                //每次都检查是否满足联立方程组
#010         if( 5*i +3*j +k/3==100 && i+j+k==100)
#011             printf("cock:%-2d hen:%-2d chicken:%-2d\n",i,j,k);
#012     return 0;
#013 }
```

运行结果:

```
cock:0  hen:25 chicken:75
cock:3  hen:20 chicken:77
cock:4  hen:18 chicken:78
cock:7  hen:13 chicken:80
cock:8  hen:11 chicken:81
cock:11 hen:6  chicken:83
cock:12 hen:4  chicken:84
```

很多问题都可以用穷举法求解实现,如鸡兔同笼问题、直角三角形判断问题等。

视频

4.6 判断一个数是否是素数

问题描述:

从键盘输入一个自然数,判断其是否是素数,并输出相应的反馈信息。如果是素数输出 1,否则输出 0。

输入样例 1:

```
11
```

输出样例 1:

```
1
```

输入样例 2:

```
10
```

输出样例 2:

```
0
```

问题分析:

首先要知道什么是素数。素数也称质数,是只有 1 和自身两个因数的自然数。其次要确定判断一个数是素数的方法。方法有多种,这里介绍两种,其他的方法请大家查阅相关的资料。

方法 1：依素数的定义，判断一个数 m 是否是素数，只需依次用 2～m－1 的数作为除数，判断它是否能整除 m，如果发现某个 2～m－1 的数能整除 m，则就可断定 m 必不为素数，否则，m 就是素数。注意从定义可知自然数 1 不是素数，自然数 2 是最小的素数。

方法 2：数学上已经证明的结果：只需验证 2 到 m 的算术平方根之间的数是否整除 m 即可。这个结论可以简单地推导一下，假设 m 能被某个整数 p 整除，则 m 除以 p 仍为整数，设为 q，也即 m＝p＊q，p、q 该是什么范围的整数呢？一种极端情况是 p、q 刚好相等，也即 p、q 等于 m 的平方根，一般情形下，要么 p＜q，要么 q＜p，也就是肯定有一个是小于 m 的平方根，这说明 m 如果能被某个整数整除，它一定会先在小于或等于 m 的平方根之内发生。

两种方法只是除法的次数不同，它们都是要重复的检验 m 能否被 2 到某个数之间的自然数整除，都可以用一个计数控制的循环实现。方法 1 的计数上限是 m－1，方法 2 的计数上限是 m 的算术平方根。很容易发现，在这个计数控制的循环过程中，在每次循环时都要做一个判断，当判断为真时就要跳出循环，或者说离开循环，这时循环的次数可能还没有达到，却要离开循环，这该怎么实现呢？回顾 3 种循环结构的流程图，不管是先判断后执行的 while、for 循环结构，还是先执行后判断的 do-while 循环结构，它们所形成的循环都是从一个入口进入，在另一个出口结束，如图 4.10 所示，这是结构化程序设计所追求的。但是，判断素数的循环过程却不满足这种单入口单出口的循环要求。

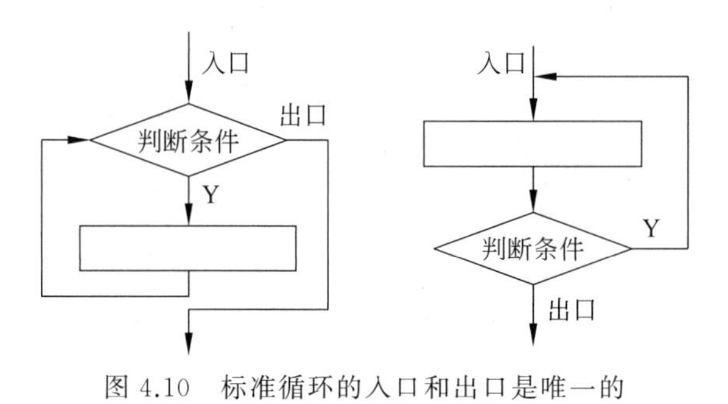

图 4.10　标准循环的入口和出口是唯一的

下面以方法 2 为例进行讨论。如果设 i 是控制循环的计数器，k 是要判断的数 m 的算术平方根，则循环的条件是

```
i <= k
```

在判断自然数 m 是否是素数的循环过程中有两种情况发生时，都会离开循环。一种情况是对所有的 i 如果都不能整除 m，这时 m 一定是素数，即当 i＞k 时离开循环，这是正常的结束循环；另一种情况是如果某个 i 能整除 m，就没有必要再循环了，这时 m 必然不是素数，即当 i＜＝k 时就要离开循环，这是非正常结束（除非修改判断条件）。这样如果用“i＜＝k”作为循环的条件，判断素数的循环就有两个可能的出口，流程图如图 4.11 所示。C/C++ 提供了一个 break 语句允许提前终止一个通常的单入口单出口的循环。程序清单 4.18 就是用 break 语句实现的，具体算法见流程图 4.11。实际上不用 break 语句也可以实现，但是要修改判断条件，见 4.6.1 节。此外，C/C++ 还允许使用 continue 语句提前终止某次循环进行下一次循环，在 4.6.1 节通过一个简单的学生成绩处理问题的求解来介绍 continue 的用法，该问题的算法流程图如图 4.12 所示，其详细描述和分析见 4.6.1 节。

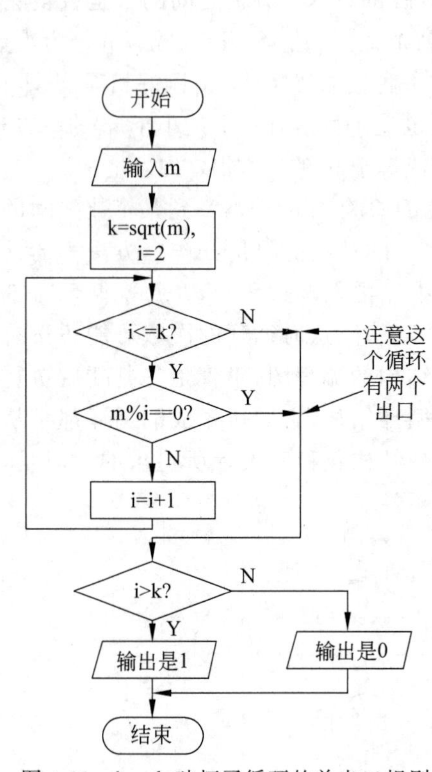

图 4.11　break 破坏了循环的单出口规则

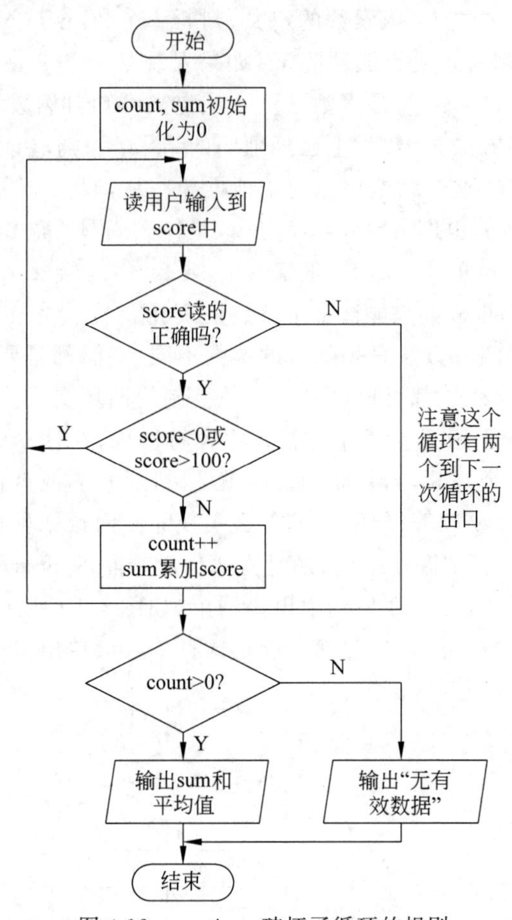

图 4.12　continue 破坏了循环的规则

下面的算法设计中没有考虑特殊输入的情况,如输入的自然数是1,或输入的是小于1的数,读者可以把这些特殊情况的处理添加进去。另外,它只能处理一个数的判断,读者可以把它扩充成处理多个数的判断。

算法设计:

① 循环控制变量 i 初始化 2;

② 输入一个自然数 m;

③ 求 m 的算术平方根 k;

④ 如果 i<=k,执行⑤,否则执行⑦;

⑤ 如果 m%i ==0,则执行⑦;

⑥ 否则 i++,返回③;

⑦ 如果 i>k,输出 1,否则输出 0。

程序清单 4.18

源码 4.18

```
#001 /*
#002 * prime2.c: 判断输入的整数 m 是否是素数
#003 *            用 2 到 sqrt(m)逐个去除 m
#004 */
```

```
#005 #include<stdio.h>
#006 #include<math.h>
#007 int main(void){
#008     int m,i,k;
#009     scanf("%d",&m);      //输入大于2的整数,2是最小的素数
#010     k=sqrt(m);
#011     for(i=2;i<=k;i++)
#012         if(m%i==0)       //如果某个小于m的i能整除m,说明m不是素数
#013             break;
#014     if(i>=k+1)
#015       printf("1\n");     //如果离开循环后i大于或等于m,说明m是素数
#016     else
#017       printf("0\n");     //如果i<m离开循环,说明m不是素数
#018     return 0;
#019 }
```

4.6.1 break/continue

1. break

break语句已经在多分支选择结构switch-case出现过,当某个分支执行完毕之后用break强行离开switch-case结构。实际上break还可以与三种循环结构语句结合使用,达到类似的效果。不过现在是当需要提前终止循环的时候离开循环,然后去执行循环后面的语句。在图4.11的流程图中,当某个i能整除m时,需要提前离开循环时就可以用"break;"语句提前结束循环,正如程序清单4.18 ＃012行和＃013行那样:

```
#012 if(m%i==0)
#013         break;
```

2. continue

与break不同,C/C++还允许用continue语句,在一个循环过程中有条件地结束某次循环或跳过某次循环的一部分,继续执行下一次循环。请看例4.21。

【例4.21】 学生成绩处理。

用户从键盘输入整型成绩数据,允许用户输入无效数据,包括非数值数据和超出范围的数据。写一个程序滤掉无效数据,只对**有效**数据累加求和,用一个任意字符数据表示成绩输入结束。如果有效数据非零,打印平均结果。

输入样例:

```
60 60 60 -1 60 110 q
```

输出样例:

```
ok ok ok err ok err
average of 4 scores is 60.0
```

先简单分析一下。这个问题是反复接收用户的输入,只要用户输入的数据有效就重复做指定的事情,**如果用户输入的数据超出了范围则忽略它**,如果用户输入了非法数据(不符

合格式要求的),则退出循环。注意,这个问题中忽略的含义是对超出范围的数据不做重复要做的事情,但是循环并没有结束,还要继续处理用户的其他输入,对应的算法流程图如图4.12所示。

在图4.12中,第一个循环条件是“score读数据正确吗”,这个循环条件的含义是什么?score能够读到数据就是正确的,但是未必是要处理的数据,因此它是有条件的处理,不符合条件的数就不处理。什么是score读数据不正确呢?就是score没有按照格式要求读到数据,没有读到数据是在类型不匹配的时候发生的。读到数据还是没读到数据可以通过scanf函数调用的返回值来判断,因此可以直接使用scanf调用作为条件判断是否读数据正确。流程图中第二个条件是“score<0或score>100吗”,读数据正确后,读到的数据也未必是要处理的数据,是有条件处理输入的数据,要做的事情是计数与累加。这个判断条件是判断数据是否超出范围,超出范围就跳过了计数与累加,但要继续做下一次循环。C/C++允许使用continue语句实现这样的特征。流程图中第三个条件是“count>0”,只有这个条件为真时才能计算平均值。完整的实现代码见程序清单4.19。

源码4.19

程序清单4.19

```
#001 /*
#002 * scoreAverage.c: 求一组学生成绩的平均值,要求过滤掉非有效的成绩数据
#003 */
#004 #include<stdio.h>
#005 int main(void){
#006     int count=0;
#007     float score,sum=0;
#008     //%f可以接受整数和小数成绩,但输入一个字符型数据时,scanf返回0,循环结束
#009     while(scanf("%f",&score)){
#010         if(score <0 || score >100){        //滤掉非有效成绩
#011             printf("err ");                //显示错误
#012             continue;
#013         }
#014        printf("ok ");                      //显示正确
#015        count++;                            //计数
#016        sum +=score;                        //求和
#017     }
#018     if(count){
#019         printf("average of %d scores is %.1f\n",count,sum/count);
#020     }
#021     return 0;
#022 }
```

注意:程序中的#009行,while的判断条件是scanf函数调用,scanf不仅能通过score按照给定%f格式接收键盘输入的数据,还可以返回一个状态值1或0,读数据正确时的状态是1,读数据不正确时状态为0。当按照格式%f输入整数或实数时scanf则返回1,否则输入一个非整数/实数如q字符时,则状态为0,循环结束。#012行是continue语句,当#010行的条件为真时就执行它,它会跳过#014行到#016行继续执行while的下一次循环。

思考题：break/continue 破坏了程序的单入口单出口的结构化特征，不用 break/continue 是否可以实现同样的效果？答案是可以！完全可以！

break /continue 语句都改变了正常循环的执行，使正常循环的控制流程发生了转移。这种方法实际上破坏了程序的结构化，结构化程序设计在原则上是不提倡使用这种方法的。事实上，存在可以替代它们达到同样效果的方法。

【例 4.22】 采用设置标志法，代替 break 语句求解本节的素数判断问题。

适当修改循环条件就可以避免使用 break。在判断素数的过程中，增加一个标志变量 flag，flag 取 0 表示不是素数，flag 取 1 表示是素数，如果循环条件改为(i<=k && flag)，就可以用 flag=0 替代 break。只需让 flag 的初始值为 1，当某个 i 能整除 m 时令 flag=0。这样 flag 为 0 时判断条件 i<=k && flag 必为假，因此将提前结束循环。详细实现代码见程序清单 4.20。

程序清单 4.20

源码 4.20

```
#001 /*
#002 * prime3.c: 判断输入的整数 m 是否是素数
#003 *           用 2 到 sqrt(m)逐个去除 m,用标志实现 break
#004 */
#005 #include<stdio.h>
#006 #include<math.h>
#007 int main(void){
#008     int m,i,k;
#009     int flag=1;
#010     scanf("%d",&m);     //输入大于 2 的整数,2 是最小的素数
#011     k=sqrt(m);
#012     for(i=2;i<=k && flag;i++)
#013         if(m%i==0)      //如果某个小于 m 的 i 能整除 m,说明 m 不是素数
#014             flag=0;
#015     if(flag)
#016         printf("1\n"); //如果离开循环后 i 大于或等于 m,说明 m 是素数
#017     else
#018         printf("0\n"); //如果 i<m 离开循环,说明 m 不是素数
#019     return 0;
#020 }
```

注意：break 语句只适用于三种循环结构和多分支选择结构，continue 只能用于三种循环结构中。采用其他方式形成的循环用 break 和 continue 都是无效的，见 4.6.2 节 goto 语句和 if 形成的循环。

同样，在程序中也可以避免使用 continue 语句，用标准的结构化语句实现相同的效果。把 continue 去掉之后，**只需把 if 修改为 if else**，原来正常循环的累加部分作为 else 分支的内容即可，具体实现请大家作为练习完成。

4.6.2 goto 语句

上述的 break/continue 一般都是在某种条件下使用的，是有条件地改变执行语句的顺序;而且它们被限制只能在特定的程序结构中使用,注意两者都不能用在选择结构中。早期的编程语言如Basic、FORTRAN,包括C语言写的程序中,到处都可以看到一个特别的语句goto。goto语句是**无条件转移语句**,几乎可以出现在函数内部的任何可执行语句的地方,可以出现在各种选择结构和各种标准循环结构中。goto语句的具体用法示意如下:

```
    ⋮                          goto 语句标号 2;
语句标号 1:                          ⋮
    ⋮                          语句标号 2:
goto 语句标号 1;                     ⋮
    ⋮
```

其中的**语句标号**是放在某语句或语句系列之前的一个特别的标识符(其命名规则与变量标识符的命名方法相同),在标号后面必须加一个冒号。当goto语句执行时,会无条件地转移到那个语句标号标识的语句处继续执行,不管那个语句标号在函数内部什么位置,是在goto语句的前面还是后面,都可以转移到那里。当然,如果从循环外无条件地goto到循环内肯定会出现逻辑错误,但语法上没有错误。

【例4.23】 用goto语句取代break语句实现素数判断问题。完整实现见程序清单4.21。

源码4.21

程序清单4.21

```
#001 /*
#002 * prime4.c: 判断输入的整数 m 是否是素数
#003 *            用 2 到 sqrt(m)逐个去除 m,用 goto 取代 break
#004 */
#005 #include<stdio.h>
#006 #include<math.h>
#007 int main(void){
#008     int m,i,k;
#009     scanf("%d",&m);          //输入大于 2 的整数,2 是最小的素数
#010     k=sqrt(m);
#011     for(i=2;i<=k;i++)
#012         if(m%i==0)           //如果某个小于 m 的 i 能整除 m,说明 m 不是素数
#013             goto result;     //用 goto 语句取代了 break
#014 result:
#015     if(i>=k+1)
#016         printf("1\n");       //如果离开循环后 i 大于或等于 m,说明 m 是素数
#017     else
#018         printf("0\n");       //如果 i<m 离开循环,说明 m 不是素数
#019     return 0;
#020 }
```

其中定义了一个标号语句"result:",当有一个i能整除m时,无条件地执行"goto result;"从而提前结束循环。程序中还可以使用标号start和goto start形成一个循环,它可以判断多个自然数是否是素数。当输入-1时,使用end标号和goto end结束由goto start形成的循环,见程序清单4.22。

程序清单 4.22

源码 4.22

```
#001 /*
#002 * prime5.c: 判断输入的整数 m 是否是素数,用 2 到 sqrt(m)逐个去除 m,用 goto 取
              代 break
#003 */
#004 #include<stdio.h>
#005 #include<math.h>
#006 int main(void)
#007 {
#008     int m,i,k;
#009 start:                          //用 goto 实现循环输入 m,循环判断
#010     scanf("%d",&m);             //输入大于 2 的整数,2 是最小的素数
#011     if( m==-1)
#012         goto end;
#013     k=sqrt(m);
#014     for(i=2;i<=k;i++)
#015         if(m%i==0)              //如果某个小于 m 的 i 能整除 m,说明 m 不是素数
#016             goto result;
#017 result:
#018     if(i>=k+1)
#019         printf("Yes!It is a prime.\n");     //如果 i 大于或等于 m,说明 m 是素数
#020     else
#021         printf("No!It is not a prime.\n"); //如果 i<m 离开循环,说明 m 不是素数
#022     goto start;
#023 end:
#024     return 0;
#025 }
```

大家可以看到,goto 语句是非常灵活的,但是如果在一个程序中大量使用 goto 语句,势必导致程序的执行流程纵横交错,难以把握。如果程序出现了问题需要修改或对软件进行后期维护,都将给程序员带来很大的困难。历史上曾经有过 10 年之久的 goto 争论,有人指出 goto 语句是有害的,要求取消 goto 语句,有人论证“程序的质量与程序中所含的 goto 语句的数量成反比”。有的主张保留 goto 语句,但不鼓励使用 goto 语句,在必要的时候偶尔使用一下也未尝不可。后一种主张比较公平,因此至今在很多高级语言中还保留 goto 语句。实践证明,造成程序混乱的**主要原因是使用了过多的语句标号**,而不是 goto 语句。因此,结构化程序设计原则上认为 goto 语句不宜过多使用,但同时指出合理使用也可以收到较好的效果。**结构化程序设计规定**:尽量不使用多于一个的 goto 语句标号,同时只允许在单入口单出口的结构内使用 goto 语句**向下跳转**,不允许**回跳**。如上面程序中的 goto result 和 goto end 都是可以的,但如果两个标号都使用就显得多了一点。goto start 就是回跳了,那个 goto 形成的循环完全可以换成 while 结构。

4.7 随机游戏模拟

问题描述:

问题同1.4节典型程序演示中的猜数游戏。假设两个人进行猜数游戏。甲心里想好一个1000以内的整数,乙来猜,如果乙猜中了,乙赢,游戏结束。如果乙猜的数大于甲想的那个数,甲告诉乙太大了,如果乙猜的数小于甲想的那个数,甲就告诉乙太小了,这样总有一次乙会猜中甲想的那个数。写一个程序,用计算机模拟这个过程,计算机代表甲,随机产生一个1000以内的整数,玩家代表乙运行这个程序,猜那个数。

输入样例:

```
//假设计算机想的数是 425
500 250 375 437 406 422 430 426 424 425
```

输出样例:

```
Too high! Too low! Too low! Too high!
Too low! Too low! Too high! Too high!
Too low! Congradulation! You are
right!
```

问题分析:

这个问题当中的计算机"想"一个数是典型的随机问题,它想的数可能是1~1000中的任意一个,是一个随机整数,每个随机整数发生的可能性都是相等的。在现实世界中,随机发生的事情很多很多,如投掷硬币,可能是正面向上,也可能是正面向下。每次投掷到底是正面向上还是正面向下是随机发生的,只有投掷之后才知道。经过大量的随机试验才会发现正面向上的可能性是多大。如何用计算机模拟一个随机现象的发生,就归结为如何让计算机产生一个随机数的问题了。让计算机随机产生一个数(一般要给一个范围)并不是非常简单的事情,它涉及一些数学上的东西,让大家自己来实现它还是有相当的难度。幸亏C/C++编译器已经提供了专门的工具,rand和srand函数,调用它们即可。在4.7.1节讨论随机数产生的相关问题。一个问题的求解方案不可能一步就设计出来,一般需要一个自顶向下逐步求精的过程,在4.7.2节讨论相关的方法。对于猜数游戏模拟问题,采用自顶向下、逐步求精方法,首先给出一个比较粗糙的过程,再逐步加细就会得到如下的算法。

算法设计:

① 计算机"想"一个数。

使用rand() 产生一个1~1000的数magic。

② 模拟猜数过程。

(a) 读用户猜的数guess。

(b) 判断是否猜中:

i. 如果guess> magic。

ii. 提示 too high 返回到(a)。

iii. 如果 guess<magic。

iv. 提示 too low 返回到(a)。

v. 如果猜中,转到(c)。

（c）输出祝贺信息。

③ 问是否继续猜？是回到①，否则结束程序运行。

程序清单 4.23

源码 4.23

```
#001 /*
#002 *  guessNumber0.c:一个简单的猜数游戏
#003 */
#004 #include<stdio.h>
#005 #include<stdlib.h>// for srand(),rand()
#006 #include<time.h>   // for time()
#007 int main(void){
#008     char a;
#009     int magic;
#010     srand(time(NULL));               //seed random number generator
#011     printf("Welcome to GuessNumber Game\n");
#012     do{
#013         magic=rand()%1000 +1;        //产生一个 1000 以内的随机数
#014         printf("I have a magic number between 1 to 1000, please guess:");
#015         //do-while 猜数过程
#016         do{
#017             scanf("%d",&guess);
#018             if(guess>magic)
#019                   printf("Wrong, too high! try again!\n");
#020             else if(guess <magic)
#021                   printf("Wrong, too low! try again!\n");
#022         }while(guess<magic || guess >magic);  //退出循环时已猜中
#023         printf("congratulation! you are right!\n");
#024         printf("Continue or no? Y/N\n");
#025         a=getch();                       //input a character for continue or no
#026     }while( a=='Y' || a=='y');
#027     return 0;
#028 }
```

4.7.1 随机数的生成

现实生活中随机现象到处都是，可以用计算机模拟它们。一个随机发生的事件，在计算机里是用一个随机数来表示的。C/C++ 编译器为我们提供了专门的工具——int rand(void)函数，调用 rand()它一次就会产生一个[0,RAND_MAX]之间的一个随机整数，其中 RAND_MAX 的值为 32 767，它们包含在头文件 stdlib.h 中。下面通过几个例子讨论一下随机数生成的问题。

【例 4.24】 随机生成 100 个整数，并输出到屏幕上，要求每行输出 10 个数。

源码 4.24

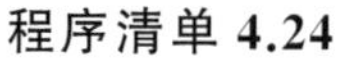
程序清单 4.24

```
#001 /*
#002 *   randtest.c: 生成 100 个随机整数
```

```
#003 */
#004 #include<stdio.h>
#005 #include<stdlib.h>                              //for RAND_MAX and rand()
#006 int main(void){
#007     int i;
#008     printf("RAND_MAX:%d\n",RAND_MAX); //查看一下 RAND_MAX 的值
#009     for(i=1;i<=100;i++){
#010         printf("%d ", rand());              // 直接输出 rand()生成的随机整数
#011         if(i%10==0)                         // 每隔 10 个数输出一个换行
#012             printf("\n");
#013     }
#014     return 0;
#015 }
```

运行结果:

```
RAND_MAX:32767
41 18467 6334 26500 19169 15724 11478 29358 26962 24464
5705 28145 23281 16827 9961 491 2995 11942 4827 5436
32391 14604 3902 153 292 12382 17421 18716 19718 19895
5447 21726 14771 11538 1869 19912 25667 26299 17035 9894
28703 23811 31322 30333 17673 4664 15141 7711 28253 6868
25547 27644 32662 32757 20037 12859 8723 9741 27529 778
12316 3035 22190 1842 288 30106 9040 8942 19264 22648
27446 23805 15890 6729 24370 15350 15006 31101 24393 3548
19629 12623 24084 19954 18756 11840 4966 7376 13931 26308
16944 32439 24626 11323 5537 21538 16118 2082 22929 16541
```

从运行结果看到 RAND_MAX 的值为 32767,该程序输出了 100 个随机数。但是如果再次运行,会发现结果与第一次运行的结果完全相同,这怎么是随机数呢?因此,通常称其为**伪随机数**,也就是 rand 函数不是真的能随机产生整数。那么计算机到底是怎么模拟随机数的呢?事实上,像这样的伪随机数还有很多很多已存在,它们构成了一个巨大的序列,大家能看到的仅仅是一个局部。如果每次运行时能出现不同的局部,那么随机的效果就出现了。为此,C/C++ 编译器提供了一种所谓的种子(seed)机制,不同的种子激活不同范围的随机数,只要种子不同,产生的随机数就不同,这样就模拟了真正的随机数。这个种子激活过程称为**随机化(randomizing)**。种子是一个无符号的整数,标准库函数 srand(unsigned int seed)获得种子之后就激活某个范围的伪随机数。如果不使用 srand(seed)函数,单一的使用 rand()函数,这时默认的种子为 1。程序清单 4.25 是程序清单 4.24 的修改版,每次运行只要能输入不同的种子,就会得到不同的随机数。

源码 4.25

程序清单 4.25

```
#001 /*
#002 *   srandtest.c: 通过种子生成随机整数
#003 */
#004 #include<stdio.h>
```

```
#005 #include<stdlib.h>                 //for srand(),rand()
#006 int main(void){
#007     int i;
#008     unsigned seed;
#009     printf("pls input a seed:\n");
#010     scanf("%u",&seed);
#011     srand(seed);
#012     for(i=1;i<=100;i++){
#013         printf("%d ", rand());     // 输出种子 seed 激活的 rand()生成的随机整数
#014         if(i%10==0)                // 每隔 10 个数输出一个换行
#015             printf("\n");
#016     }
#017     return 0;
#018 }
```

大家自己多次运行这个程序看看是不是只要种子不同,结果就不同。

【例 4.25】 模拟掷硬币 100 000 次,输出正面向上的统计结果。

很多随机现象往往只有很小的可能范围。因此,我们模拟它的时候只需要某个小范围内的随机数。掷硬币只有两种可能,因此模拟它只需 0 和 1 两个随机数即可,怎么产生这样的随机数呢?只需使用求余运算把 0~32 767 的数缩放到 0~1 即可。

```
int coin; coin=rand()%2;
```

这样得到的 coin 就是 0 和 1。通常把这个过程叫作缩放,2 称为比例因子。

在例 4.23 中,随机模拟程序需要的种子是键盘输入的,这种方式不是很自然。如果能够自动生成不断变化的种子,不用手工干涉,随机的效果会更好。怎么做到这一点呢?大家都知道系统时钟每时每刻都在变化,如果能用它做种子,就可以自动使种子保持变化,从而自动模拟随机数。获得系统时间的函数是 time(NULL),它返回的时间以秒为单位,可以用它作为随机数的种子。注意它的参数必须是大写的 NULL 或者 0,time()函数是在 time.h 中声明的。只要在需要随机数的程序开始加入

```
srand( time( NULL));
```

就可以自动获得不一样的种子。程序清单 4.26 是掷硬币模拟程序的实现。

程序清单 4.26

源码 4.26

```
#001 /*
#002 * coin.c: 模拟掷硬币 100000 次
#003 */
#004 #include<stdio.h>
#005 #include<stdlib.h>                //for rand(),srand()
#006 #include<time.h>                  //for time()
#007 int main(void){
#008     int coin, coin0=0, coin1=0;
#009     srand(time(NULL));
#010     for(int i=1;i<=100000;i++)   {
```

```
#011         coin=rand()%2;
#012         if(coin)      coin1++;
#013         else          coin0++;
#014     }
#015     printf("the tossing of a coin 100000 times:\n");
#016     printf("face up is %d\nface down is %d\n",coin1,coin0);
#017     return 0;
#018 }
```

运行结果:

```
the tossing of a coin 100000 times:
face up is 50062
face down is 49938
```

不难看出,程序模拟了100 000次投掷硬币,正面向上的可能性大约是1/2。

练习题: 模拟投掷骰子100 000次,统计各个点数发生的次数。

4.7.2 自顶向下、逐步求精

结构化程序设计过程中,有一种“自顶向下、逐步求精”的程序设计方法,其基本思想是将复杂的、大规模问题划分为若干规模相对较小的几个小问题,每个小问题再进一步分解成更小的问题,以此类推,直到足够小的问题清晰可解为止。这种方法使问题的描述逐层进行,是一个从抽象到具体的过程。下面以本节的猜数游戏为例,讨论一下对待一个问题如何用自顶向下、逐步求精的方法分析设计。

首先给出最抽象、最顶层的问题描述,它只有一句话:

```
1 模拟猜数游戏                                   -------顶层
```

怎么模拟呢?整个“猜数游戏”的模拟过程显然是由两部分组成,首先是计算机“想”一个数,然后是猜数,因此第一次分解求精的结果为

```
1.1 计算机"想"一个数                             -----第2层
1.2 模拟猜数过程
```

这样整个问题就变成了两个小问题,每个小问题进一步求精、具体化,经过进一步求精要回答怎么想,怎么猜,因此第二次求精的结果为

```
1.1.1 使用 rand()产生一个 1~1000 的数 magic      ----第3层
1.2.1 读用户猜的数 guess
1.2.2 判断是否猜中,如果猜中到 1.2.3 否则 1.2.1
1.2.3 输出祝贺信息
```

到现在为止,1.1.1、1.2.1、1.2.3几个小问题都显而易见了,只有1.2.2还是比较抽象,因此进行第三次分解求精

```
1.2.2.1 如果 guess>magic                         ----第4层
    提示 too high 返回到 1.2.1
1.2.2.2 如果 guess<magic
```

```
    提示 too low 返回到 1.2.1
  1.2.2.3 如果猜中,转到 1.2.3
```

现在每一步都很清晰了,再添加一步 1.3 是否继续玩下一次的判断,最后得到可以直接写出程序的算法描述:

```
1.1.1  使用 rand()产生一个 1~1000 的数 magic
1.2.1  读用户猜的数 guess
  1.2.2.1  如果 guess>magic
             提示 too high 返回到 1.2.1
  1.2.2.2  如果 guess<magic
             提示 too low 返回到 1.2.1
  1.2.2.3  如果猜中,转到 1.2.3
1.2.3  输出祝贺信息
1.3  是否继续,输入 y/Y 转到 1.1.1,输入 n/N 结束
```

从上述算法可以看出,猜数过程是一个循环过程,如果没有猜中就继续猜,猜中后猜数循环结束。整个游戏的外层又是一个循环,如果用户输入 y/Y,新的游戏开始,否则程序结束。

4.7.3 游戏程序的基本结构

一个游戏都应该允许玩家玩多次,因此在程序的最外层应该有一个循环,每玩完一次后问玩家是否继续再玩一次,如果他回答 y 或 Y,则开始新的游戏,否则退出游戏。一般的游戏程序都具有下面的基本结构。

```
do{
    游戏的具体过程/算法;
    printf("continue play this game or  no? Y/N\n"); a=getch();
}while( a=='Y' || a=='y');
```

4.8 结构化程序设计

思政案例

通过前面几章的学习,我们已经知道了结构化程序设计的基本控制结构包括**顺序**、**选择**和**循环**。

结构化程序设计告诉我们,使用**顺序**、**选择和循环三种基本控制结构**,按照下面的基本规则就能实现任何“**单入口,单出口**”的程序。

① 从最简单的流程图开始;

② 任何矩形框(动作处理框)都可以被两个按顺序放置的矩形框取代;

③ 任何矩形框都可以被任何控制结构取代,包括(顺序控制结构,if、if-else 选择结构、switch-case 多分支选择结构、while、do-while 或 for 循环结构);

④ 规则②和规则③可按任何顺序运用多次。

其中,规则②称为栈式控制规则,即**堆叠**。

从规则①开始,反复使用规则②的效果如图 4.13 所示。规则③称为**嵌套**式控制规则,

从规则①开始,反复使用规则③的效果如图4.14所示。按照这样的规则进行程序设计就像搭积木一样,使程序设计更加简单明了。

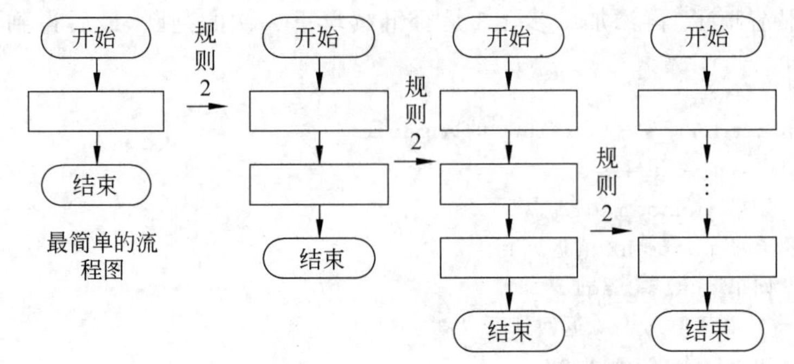

图4.13 从最简单的流程图开始反复使用规则2

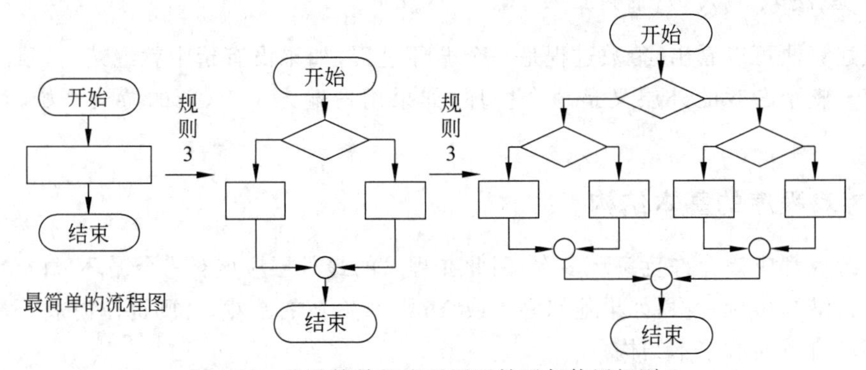

图4.14 从最简单的流程图开始反复使用规则3

到现在为止,前面讨论的每个程序代码不管它有多少,都是包含在main函数之内的。显然,当程序规模变大时就会难于操作,不易于管理。实际上,结构化程序设计除使用三种基本控制结构外,还包含一个重要的内容就是模块化。C/C++语言允许把一个规模比较大的问题分解成若干可以独立使用的模块,模块之间再有机地结合起来形成一个完整的应用程序。有了模块之后,结构化程序设计才算比较完整,第5章将详细讨论模块化程序设计的问题。

小　　结

本章解决了重复性问题计算机求解的具体方法。重复问题可以是机械的重复,每次做的事情完全一样,也可以是迭代的重复,每次虽然动作相同,但是操作数在不断地变化。重复问题程序设计的关键是如何控制重复,本章给出了三种控制循环的方法:一是计数控制,二是标记控制,三是误差控制。C/C++提供了三种表达重复问题的循环控制结构while、do-while和for,其中while是最基本的循环结构,后两种循环结构都可以用while来表达。循环结构也可以堆叠和嵌套,循环结构还可以与选择结构堆叠和嵌套,再加上顺序结构,这样几乎就可以表达任何要解决的问题了,这就是结构化程序设计的基本方法。当一个问题比较复杂时,一般不宜也不易一次性直接写出最终实现的代码。应该有一个过程,结构化程序设计提倡用自顶向下、逐步求精的方法逐渐得到最后的实现方案，本章通过实例详细介绍了这种方法。

概念理解

1. 简答题

(1) 试列举一些重复的问题。

(2) 什么是迭代？举例说明。

(3) 循环结构的三要素是什么？

(4) 如何通过计数的方法控制循环？

(5) 如何通过标记控制循环？

(6) 如何用误差精度控制循环？

(7) while、for、do-while 三种循环结构各有什么特点？

(8) 什么是自顶向下、逐步求精分析方法？

(9) 什么是程序测试？如何设计测试用例？

(10) 什么是程序调试？调试的基本手段是什么？

2. 填空题

(1) 在C语言中可以重复执行某个或某些动作，这对应一种程序控制结构，称为(　　)。

(2) 循环结构的计数器必须(　　)。

(3) 如果一个循环的判断条件永远为真，那么这个循环就是(　　)。

(4) for 循环结构特别适合于表示(　　)的问题。

(5) 循环控制变量的值可以朝着一个上限(　　)，也可以朝着一个下限(　　)。

(6) 循环控制变量的类型通常都用(　　)。

(7) 逗号运算是一种特殊的运算，逗号表达式的值是依次计算各个操作数之后，(　　)那个操作数的值。

(8) while 循环与 do-while 循环的区别是先(　　)还是先(　　)。

(9) 循环结构通常也用(　　)格式书写。

(10) 在循环结构中如果执行(　　)语句能立即执行下一次循环。

(11) 在循环结构中如果执行(　　)语句能立即退出该循环结构。

(12) 多个循环结构之间、甚至循环结构和选择结构之间也可以(　　)和(　　)，采用这种机制，三种程序结构可以表达任何复杂的问题。

常见错误

- 错误地拼写 while 为 While，造成语法错误，C/C++ 是区分大小写的，而且关键字均为小写。
- 如果循环结构中条件不能变为假，条件就会永远为真，循环就不会终止，这样就造成了无限循环或死循环。一般情况下是不希望有无限循环出现的。为了避免出现"死循环”,要确保while和for循环的头部之后没有加分号;在计数控制的循环中,要确保控制变量在循环体中是递增或递减的;在标记控制的循环中,要确保标记值是最终的输入;在误差精度控制的循环中,要确保误差计算的结果越来越小。

- 累加求和或累乘求积变量没有初始化或者没有正确的初始化,将导致错误的结果,这是逻辑错误。
- 当用标记控制循环时,标记值与实际数据混淆,标记起不到控制循环的作用。
- 自增运算和自减运算用于非简单变量,如++(1+x),这是语法错误。
- 误差精度控制的循环中误差精度判断条件错误,如(误差计算>精度)写成了(误差计算<精度),使循环不能被控制,或者误差计算本身有错。
- 循环结构的循环体常常是复合语句,复合语句的括号{}使用不当会造成逻辑错误。
- for循环中头部的3个分号隔开的表达式之间用了逗号。
- for结构头部的末尾使用了分号,造成循环体为空,为空循环,产生逻辑错误。
- 在从键盘输入逐个读字符的循环中没有注意到回车换行符的存在。
- 在for和while结构的判断条件中使用了不正确的关系表达式或循环计数器的终值不正确导致“差一错误”。

在线评测

1. 求10个整数的最大值和最小值

问题描述:

键盘输入10个整数,求它们的最大值和最小值,输出计算结果。

输入样例:

```
1 2 3 4 5 6 7 8 9 10
```

输出样例:

```
1 10
```

2. 求任意多个正整数的最大值和最小值

问题描述:

键盘输入若干个正整数,求它们的最大值和最小值, 输出计算结果。

输入样例:

```
1 2 3 4 5 6 7 8 9 10 -1
```

输出样例:

```
1 10
```

3. 求奇数自然数之和

问题描述:

键盘输入一个自然数,求不超过它的奇数自然数之和。

输入样例:

```
100
```

输出样例:

```
2500
```

4. 计算a+aa+aaa+…的值

问题描述:

计算a+aa+aaa+…+ aaa…aa(n个a)的值,其中a和n由键盘输入。提示:通项

term＝term＊10＋a，term 初值为 0。

样例输入：

```
2 3
```

样例输出：

```
246
```

5. 求任意多个正整数之和

问题描述：

键盘输入一组正整数求它们的和，并统计它们的个数。

输入样例：

```
1 6 3 -1
```

输出样例：

```
10 3
```

6. 近似计算

问题描述：

计算 1－1/2＋1/3－1/4＋…的值，计算的精度由用户确定。结果输出统一格式为%6.4f。提示：可以用 sign＝－sign 改变符号，但要注意 sign 的初始化。

输入样例：

```
0.0001
```

输出样例：

```
0.6931
```

7. 打印上三角的九九乘法表

问题描述：

打印一个倒置的九九乘法表，并配有行号(1～9)和列号(1～9)，在左上角第 0 行 0 列的位置显示一个＊，在第二行显示减号－，九九乘法表的内容只显示两个数相乘计算的结果，这样通过查找行号列号交叉的位置就知道行乘列的结果。

输入样例：

无

输出样例：

```
*   1   2   3   4   5   6   7   8   8
-   -   -   -   -   -   -   -   -   -
1   1   2   3   4   5   6   7   8   9
2       4   6   8  10  12  14  16  18
3           9  12  15  18  21  24  27
4              16  20  24  28  32  36
5                  25  30  35  40  45
6                      36  42  48  54
7                          49  56  63
8                              64  72
9                                  81
```

8. 打印菱形图案

问题描述：

用＊打印一个方菱形图案，要求两个＊之间有一个空格，行数(旋转之后的正方形边长)由用户确定，如果输入了 5，则菱形的上下部分是 5 行，总行数是 9，列数与行数相同。

输入样例：

```
5
```

输出样例：

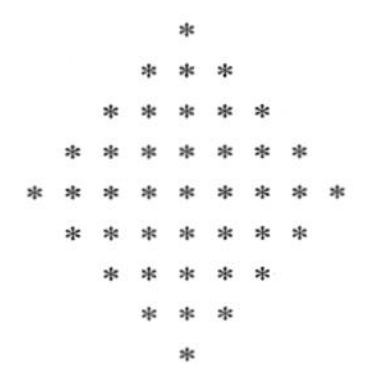

9. 求最大公约数

问题描述:

用辗转相除法求两个正整数的最大公约数。

输入样例:

```
4 6
```

输出样例:

```
2
```

10. 求水仙花数

问题描述:

如果一个3位整数刚好等于它各位数字的立方之和,则把它称为水仙花数。输出所有的3位水仙花数。

输入样例:

无

输出样例:

```
153 370 371 407
```

11. 求π的近似值

问题描述:

圆周率的值可以由下式确定,试求圆周率的近似值。

$$\frac{\pi}{2}=\frac{2}{1}\times\frac{2}{3}\times\frac{4}{3}\times\frac{4}{5}\times\frac{6}{5}\times\frac{6}{7}\times\cdots$$

输入样例:

```
1e-15
```

输出样例:

```
i=42441302 pi=3.1415926
```

12. 列出完数

问题描述:

一个数如果恰好等于它的因子之和,则称其为完数。编写程序求出某个整数以内的所有完数。

输入样例:

```
1000
```

输出样例:

```
6,its factors are 1 2 3
28,its factors are 1 2 4 7 14
496,its factors are 1 2 4 8 16 31 62 124 248
```

13. 猴子吃桃问题

问题描述:

猴子第一天摘下若干个桃子,当即吃了一半,还不过瘾,又多吃了一个。第2天又将剩下的桃子吃了一半多一个。以后每天都这样吃桃子,但到第10天想再吃就只剩下一个桃子了。写一个程序求第一天共摘了多少桃子。

输入样例:

无

输出样例:

```
1534
```

项目设计

1. 小学生加法练习软件

问题描述：

请为小学生开发一款100以内的整数加法练习程序。具体描述如下：首先，计算机想两个10以内的整数a，b，屏幕显示“a+b =”，等待小学生回答，如果小学生经过计算之后回答正确，屏幕显示ok，否则，显示“try again!”，直到正确为止。如果回答正确，显示ok之后计算机会继续出题，重复上述过程。如果10次计算都通过，则显示“very good!”，升级为两位整数的加法，重复一位整数加法练习的过程。如果10次练习都通过，则显示“very very good!”，然后问继续练习吗？输入Y/y继续，否则练习结束。

2. 碰运气游戏模拟

问题描述：

游戏者每次投掷两个骰子，把两个朝上的点数相加。第一次投掷时如果得到的和为7或11，游戏者就赢了；如果得到的和为2、3或12，游戏者就输了（即计算机这个“东家”赢了）；如果得到的和为4、5、6、8、9或10，那么这个和就作为游戏者的点数，要想赢必须再次投掷，一直到取得自己的点数为止，如果投掷出7点，游戏者就输了。

实验指导

第 5 章　分而治之——模块化程序设计

电子教案

学习目标：

- 理解模块化程序设计的基本思想。
- 理解函数的定义、函数原型的概念。
- 掌握函数调用的方法。
- 理解函数调用的过程和函数参数传递机制。
- 学会使用标准库中的函数。

迄今为止，我们已经学习了三种控制程序的结构：顺序结构、选择结构和循环结构。如果能灵活运用这三种控制结构，使用堆叠嵌套技术，毫不夸张地说，你已经可以解决绝大多数问题了。前几章解决的问题都相对比较简单，问题的求解算法都比较明显，写出的程序一般是十几行，最多不过几十行，大多还不到一页纸的长度。但是很多问题往往求解算法比较复杂，常常要采用自顶向下、逐步求精的方法确定出算法，而且有很多问题的实现代码可能多达几百行，几千行，甚至几万行。这种规模的代码还能像前几章那样都写在一个 main 函数里吗？回答应该是可以！但是，设想一下成千上万行代码都写在一个 main 里，该有多么难以控制啊！

一个规模比较大的问题，往往都要分解成若干个相对比较小的子问题，每个子问题还可以再分成若干个更小的子问题，这个过程是自顶向下、逐步求精的过程，而且是逐层进行的。自顶向下、逐步求精的过程为模块化实现提供了具体的方法。每个子问题都可以对应一个独立的功能模块（函数）。要求解的问题经过模块化之后，在主函数 main 里只包含顶层分解的模块函数调用，每个被调用的模块都独立于主函数之外，作为主函数的工具。

三种程序控制结构与模块化相结合才是真正的结构化程序设计。

本章详细讨论如何建立**函数模块**，如何使用函数模块，函数模块之间是如何联系在一起的，如何有效地管理众多的函数模块——**文件模块**，如何建立自己的**函数库**，定义用户使用的**接口**，比较系统地研究一下模块化程序设计的基本方法。

本章要解决的问题：

- 再次讨论猜数游戏模拟问题；
- 是非判断问题；
- 递归问题；
- 简单的计算机绘图问题；
- 学生成绩管理系统初步。

视频

5.1　再次讨论猜数游戏模拟问题

问题描述：

问题同 4.7 节的问题描述，这里略。输入输出样例也请参考 4.7 节。

问题分析：

在4.7节已经采用自顶向下、逐步求精的方法研究了这个问题。已经认识到要解决一个比较复杂的问题，不可能一开始就确定一个十分精细的解决方案，一般要经历一个从抽象到具体，逐步明晰的过程。开始先勾画出求解方案的一个比较粗糙的轮廓，确定一个比较抽象的概念，然后再逐步细化，把抽象的东西逐渐细化到可以实现的具体步骤。自顶向下、逐步求精的过程是一层层分解的过程。如果设猜数游戏模拟的顶层是问题的原始抽象描述，经过第一次分解问题变成了两个子问题。

主模块算法：

① 让计算机"想"一个数；

② "猜数"过程模拟；

③ 问是否继续玩，回答 y/Y，返回到①，否则程序结束。

其中的①和②的每一步还都比较抽象，但问题已经被模块化，即整个问题的求解分成两个子模块①和②，分别命名为 makeMagic 和 guessNumber。makeMagic 模块的功能是计算机"想"一个数，guessNumber 模块的功能就是模拟一次猜数游戏的全过程，直到猜中为止。至于 makeMagic 怎么想，guessNumber 怎么猜现在先不用考虑，可以假设它们都已经解决了。这样，main 函数就变得非常简单，就是顺序的调用 makeMagic 模块和 guessNumber 模块。这个比较粗糙/抽象的主模块算法，如果用流程图表示则称为**主流程**，如图5.1所示。如果把 main 函数认为是一层，两个子问题对应的子模块认为是第二层，这样模块之间形成了一个层次结构，如图5.2所示。这个层次结构表明了主函数和子模块之间的层次调用关系，图中单向的箭头线表示调用，意识是猜数游戏 main 函数调用 makeMagic 和 guessNumber 模块。

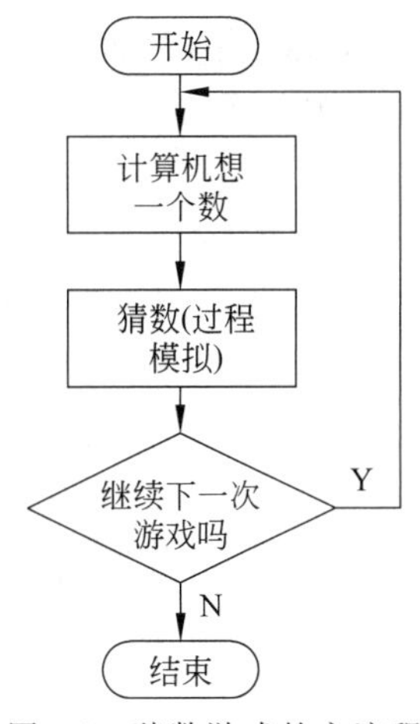

图5.1 猜数游戏的主流程

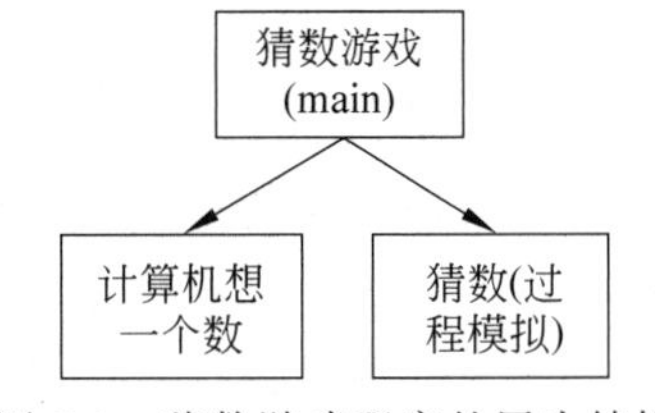

图5.2 猜数游戏程序的层次结构

主函数模块的实现见程序清单5.1。

程序清单5.1

源码5.1

```
#001 guessnumberNew.c
#002 int main(void){
#003     char a;
```

```
#004    int magic;
#005    srand(time(NULL));         //设置随机数的种子
#006    printf("Welcome to GuessNumber Game\n");
#007    do{
#008       magic=makeMagic();
#009       printf("I have a magic number between 1 to 1000, please guess:");
#010       guessNumber(magic);
#011       printf("Continue or no? Y/N\n");
#012       a=getch();               //输入一个字符赋给 a
#013    }while( a=='Y' || a=='y');
#014    return 0;
#015  }
```

其中,两个关键步骤#008行和#010行分别调用了函数 makeMagic()和 guessNumber(magic),在这里不管它们是如何实现的,只关心它们的功能,它们的实现代码是在 main 函数之外的其他某个地方。

主流程和层次结构清楚之后,接下来就可以进一步研究每个子问题(即每个模块)的解决方法了。如果子问题还很复杂、抽象,那就还要把每个子问题再次进行分解,每个分解出来的子子问题又对应一个更小的模块,它们合起来构成本模块的解决方案。如果经过第一次划分之后的子问题已经很容易求解了,就直接设计这个子问题的详细算法即可。对于猜数游戏模拟问题,第一次分解求精得到的模块"让计算机想一个数"已经比较简单了,可以直接给出它的算法如下。

makeMagic 模块算法

1.1 使用随机函数 rand()产生一个1～1000的数 number

对于猜数过程模拟模块,第二步判断是否猜中,又加细求精了一次,也可以做成一个第三层的模块,由于它过于简单,所以就把它细化在猜数模块中展开了,即

guessNumber 模块算法

1.2.1 接收用户猜的数 guess

1.2.2.1 如果 guess>number,提示 too high 返回到 1.2.1

1.2.2.2 如果 guess<number,提示 too low 返回到 1.2.1

1.2.2.3 如果猜中,转到 1.2.3

1.2.3 输出祝贺信息

在 C/C++ 中,每个功能模块的实现程序用自定义的"函数"表示,其形式与 main 类似,但是各自都有自己的名字。这两个函数的定义如下:

makeMagic 函数定义:

源码

```
#001 /*
#002 * 函数功能: 产生一个1~1000的随机数,并反馈已经产生的信息
#003 * 入口参数: 无
#004 * 返回值: 计算机"想"好的随机整数
#005 */
#006  int makeMagic(void){
#007     int magicNumber;
```

```
#008     magicNumber=rand()%1000 +1;   //产生随机数
#009     return magicNumber;
#010   }
```

guessNumber 函数定义：

```
#001 /*
#002 * 函数功能: 猜数过程模拟
#003 * 入口参数: 整型 magic,计算机想好的数
#004 * 返回值: 无
#005 */
#006 void guessNumber(int magic){
#007      int guess;
#008      do{
#009          scanf("%d",&guess);
#010          if(guess >magic)
#011                printf("Wrong, too high! try again!\n");
#012          else if(guess <magic)
#013                printf("Wrong, too low! try again!\n");
#014      }while(guess <magic || guess >magic);
#015      printf("Congratulation! You are right!\n");
#016 }
```

关于自定义函数的具体细节在本节进行详细讨论。

5.1.1 模块化思想

思政案例

现在我们总结一下刚才的讨论。在自顶向下、逐步求精的过程中，最初是比较粗糙的算法，把比较抽象的猜数游戏模拟归结为两个子问题，每个子问题对应一个模块。如果每个子问题能够很容易地得到解决，整个问题便得到了解决，如果子问题还比较抽象，就继续拆分成更小的子问题，又产生很多更小的模块，以此类推，直到很具体地能够解决为止。这个从抽象到具体的过程**蕴藏着一种层次结构、模块结构**，它所体现的就是模块化程序设计的基本思想，它是解决复杂问题或大规模问题的一种行之有效的策略——“分而治之”策略。

模块化程序设计使得一个比较大的问题转化为若干个相对独立的、规模较小的子问题，这给软件开发带来了很多方便和好处。

- 整个系统的开发可以由一个团队合作完成，每个成员只需完成其中的一部分；
- 开发一个模块不必知道其他模块的内部结构和编程细节，只需知道它所需要的那些模块的接口，每个模块可以独立开发；
- 模块之间通过特别的消息传递机制(函数调用，参数传递)有机地结合在一起；
- 模块化系统具有层次结构，降低了复杂性，因此具有易读性，容易阅读和理解；
- 模块化系统具有可修改性，对系统的修改只涉及少数部分模块；
- 模块化系统具有易验证性，每个功能模块可以独立测试验证，而且由于功能单一、规模较小，所以容易验证；
- 模块具有可重用性，每个功能模块可以反复使用，因此也称可复用性。

注意:模块化程序设计要求每个功能模块的规模不要过大,模块的功能应该单一,即遵循模块功能的**高内聚**基本原则。模块的接口(名字和参数)应该尽可能简明,不同模块之间应尽可能少关联,即遵循**低耦合**的基本原则。

5.1.2 函数定义

C/C++结构化程序设计把每个功能模块用**函数**表示,这个函数从功能上来看有点像数学函数,但表现形式和实现方法都与数学截然不同。从第一个 Hello 程序开始,我们就已经接触到 C/C++ 的函数了,一个是 main 函数,它是每个软件或程序必须有的;另一个是用来输出信息的 printf 函数,后来又陆续接触了 scanf、sqrt 等。不管是哪个函数,它们定义的结构都是一样的,都像我们已经看到的 main 函数的样子。**函数定义**(**简称函数**)的一般形式如下:

```
/*
*   函数注释
*/
返回值类型 函数名 ( 参数列表 )                  //函数头
{
    声明语句部分;                              //语句注释
    执行语句部分;                              //语句注释
    [return(表达式);]
}
```

从整体上来看,**函数定义**是一段**有注释**、**有名字的程序代码**,它由三部分组成:**函数注释**、**函数头**和**函数体**(大括号括起来的部分,声明语句+可执行语句+return)。下面分别详细讨论。

1.函数头

一个函数定义的头也由三部分构成:

(1) **返回值类型**,这个类型用来说明函数使用之后能够返回什么类型的值,因此也有人说它是函数类型。编译器的各种内置数据类型,如整型(int),浮点型(float、double),字符型(char),逻辑型(bool)等均可以作为函数类型,甚至第 8 章要学习的自定义的各种类型都可以作为函数类型。如果函数使用之后没有要返回的值,就要用 void 代替。

(2) **函数名**,它是函数的标识符,其命名规则同变量名的命名规则类似,在 C 语言中两个不同的函数不能同名(C++ 允许,称为函数重载)。

(3) **参数列表**,它是逗号隔开的一些列表项,每一项说明一个参数。它声明了一组参数,参数之间用逗号隔开。这组参数是将来函数被调用时函数能够接收的参数。声明格式为

```
参数类型 参数名称,参数类型 参数名称,…
```

注意,这个参数列表必须放在一对小括号之内。一对小括号是函数的重要特征,只有看到小括号,才能确定其前面的名字是函数名。例如:

```
int max2(int a, int b);
```

函数的参数列表是“int a,int b”,说明当使用函数 max2 时可以接受两个整型参数。

每个参数的声明格式"**参数类型 参数名称**"很像一般变量的声明格式。但它只是在形式上给出了参数的类型说明,因此它叫**形参**。在未使用那个函数的时候,形参并不是什么变量,只有这个函数被使用的时候形参才作为那种类型的变量自动产生,才有实际值。既然形参是形式上的参数,因此用什么名称应该无关紧要,但是**参数的顺序**必须明确,如函数 void printRectangle(int h, int w)的功能是打印一个 h 行 w 列的字符图案,第一个参数的意义是行数,而第二个参数的意义是列数,两个参数如果交换一下顺序,意义就不同了。

参数列表也可以为空,但一般要用 void 表示,如果没有用 void,而是空白,C 语言编译器认为任何参数都可以接受。如大家熟悉的 main,如果没有参数,标准的写法都应该写成 int main(void),尽管写成 int main()也没有出错,但还是存在潜在的危险。7.6.1 节将看到 main 函数也允许有参数。

总之,一个函数定义的参数列表必须明确它**有几个参数,每个参数的类型**是什么,各个**参数的顺序**如何。

2. 函数体

一对大括号括起来的所有语句是函数定义的主体,简称**函数体**。函数体是一些语句的集合,就像我们在 main 函数中看到的一样,各种语句都可以出现在函数体中,包括变量声明语句和各种可执行语句,如赋值语句、输入/输出语句、函数调用语句、判断选择语句、循环语句等。要实现一个由函数头确定的函数的功能必须有正确的函数体,也就是必须熟练掌握前面已经学过的变量如何声明,变量的输入输出语句,三种程序控制结构的语句(常常包含复合语句)。

当函数的返回值类型为**非 void** 时,一般至少要包含一个**返回语句**:

```
return(表达式);
```

它把表达式的值返回给将来使用它的语句——函数调用语句。其中,表达式的值的类型与函数的返回类型一致。return 中的表达式可以有各种各样的形式,只要它有适合于返回类型的值即可。例如,"return 1;"或"return a;"或"return (a+b);"均可。return 表达式两边的括号也可以省略。当返回值类型是 void 的时候,可以省略 return 语句,这时右大括号"}"起到返回的作用。

return 语句常常位于函数体的末尾,但有时也在函数体的内部,一般都是当某个条件为真时提前结束函数的执行。

函数头和函数体一起构成了编译器识别的函数定义。从函数的定义可以看出,一个函数实际上就是一组语句被封装在了一起,用一个名字来表示,这组语句在被执行之前会通过参数带进一些信息,在被执行之后将完成一个特定的任务,其结果通过 return 语句或其他形式返回。因此,可以说一个函数就是具有某种特别功能的一种工具。一般来说,使用函数的人比较关心的是要提供给函数什么样的参数它才能执行,函数执行后其结果会是什么,并不太关心函数内部到底是怎么工作的、如何实现的。因此,人们常常把函数看成是一个黑盒子,如图 5.3 所示。

图 5.3 函数是一个黑盒子

3. 函数的注释

大家都知道,注释部分是被编译器忽略的,它仅仅为了方便阅读而存在,但它是比较重要的一部分。作为一个程序员或者说函数的设计者，不仅要能够设计出符合上述C/C++语言格式的、好用的函数，还要考虑代码的可读性。因此，一方面，必须熟悉前面几章学过的基本程序结构，按照大家公认的程序结构风格写出正确的函数体代码（含各种语句的注释）；另一方面，一个好的函数定义，还应该包含一些必要的注释。常用的注释风格如

```
/*
* 函数功能:
* 入口参数:
* 返回值:
*/
```

又如

```
/*
* 函数名称:
* 使用方法：给出具体的调用形式
* --------------------------------
* 函数功能描述(参数说明,返回值说明)
*/
```

下面看几个函数定义的例子。

【例5.1】 定义一个函数，求两个整数的最大值。

定义一个函数要从函数头的三要素出发，即要确定函数名称，函数的参数列表及函数的返回类型。此函数的功能是对任意给定的两个整数，求它的最大值。这里两个整数是变化的，因此必须让函数具有两个整型参数。函数的结果是一个整数，所以返回类型应该是整型。函数的命名应该尽量有意义，应该看到名字就能基本知道函数的功能，因此给这个函数命名为max2int，意思是2个整数的最大值。完整的函数定义如下：

```
#001 /*
#002 * 函数功能：求两个整数的最大值
#003 * 函数参数：两个整数
#004 * 返回值类型：整数
#005 */
#006 int max2int(int a, int b){
#007     return (a>b? a:b);                //返回a和b中的较大者
#008 }
```

这个函数的函数体非常简洁，只有一个语句，但功能已经实现。它直接返回了条件运算表达式的值，结果是两个参数值的较大者。这个函数的具体使用方法见5.1.3节。

【例5.2】 定义一个函数，打印h行w列的矩形图案。

这个函数要打印一个h行w列的图案，显然函数的参数列表应该是两个整型参数，第一个参数表示行数或者是高度，第二个参数表示列数，也可认为是宽度。它的功能是打印图案，没有计算的结果要返回，因此返回值类型应该是void。函数取名为printRectangle，完整的函数定义如下：

```
#001 /*
```

```
#002 *  函数功能：打印矩形
#003 *  函数参数：两个整数
#004 *  返回值类型：无
#005 */
#006 void printRectangle(int h, int w){
#007    int i,j;
#008    for(i=0;i<h;i++){
#009       for(j=0;j<w;j++)
#010          printf("*");                    //循环打印*号
#011       printf("\n");
#012    }
#013 }
```

【例 5.3】 定义一个函数，显示一个菜单界面。

当一个问题比较复杂时，经过分解会有很多子问题或者具有很多功能模块，这时可以给用户一个菜单界面提示，供用户选择，用户选择不同的功能就去执行不同的功能模块。而且这个界面是始终要显示在用户面前的，需要多次调用才能达到这样的效果。因此，有必要定义一个显示菜单界面的函数，函数命名为 menu，函数定义的完整实现如下：

```
#001  /*
#002   *  函数功能：显示系统主界面
#003   *  入口参数：无
#004   *  返回值：无
#005   */
#006  void menu(void){
#007  printf("        |----------------------------------------|\n");
#008  printf("        |            请输入选择的数字字符          |\n");
#009  printf("        |----------------------------------------|\n");
#010  printf("        |        1--添加信息(append record)       |\n");
#011  printf("        |        2--显示信息(list record)         |\n");
#012  printf("        |        3--删除信息(delete record)       |\n");
#013  printf("        |        4--修改信息(modify record)       |\n");
#014  printf("        |        5--查询信息(search record)       |\n");
#015  printf("        |        0--退出 (exit)                   |\n");
#016  printf("        |----------------------------------------|\n");
#017  printf("                                                  \n");
#018  }
```

它是一个既无入口参数又无返回值的函数，调用它就会在屏幕上显示学生成绩管理系统的主界面菜单。

【例 5.4】 定义猜数游戏模拟的 makeMagic 函数。

它的功能是产生一个随机“想”出来的数，不需要参数，返回类型是一个整型，见本节开始的函数定义。

【例 5.5】 定义猜数游戏模拟的 guessNumber 函数。

它的功能是模拟猜数过程，需要知道计算机想的数是什么，因此要有一个整型参数，没有无返回值。见本节开始的函数定义。

从前面的讨论可以知道,任何函数都是自己独立的。即函数的定义是不能交叉,也不可以嵌套的。下面两个函数的定义 func1 和 func2 彼此嵌套在一起是不允许的。

```
#001 void func1(void){
#002     …
#003     void func2(void){
#004         …
#005     }
#006     …
#007 }
```

注意:一个函数的规模一般不要过大,一般控制在50行以内为宜。一个函数的功能也应尽可能单一,不要让一个函数的负担过重。

5.1.3 函数调用

函数是自顶向下、逐步求精的求解过程中分而治之的结果,每个子问题均可以定义为一个函数,函数模块之间呈现一种层次结构,最顶层的是主函数 main。一般来说,下一层的函数模块是为上一层的函数模块服务的,也就是说,上一层的函数模块要使用下一层的函数,当然如果需要的话,下一层的函数模块也可以使用上一层的函数模块,同层的函数模块也可以互相使用。除了 main 函数具有特殊的地位之外,其他所有函数都是彼此独立的,均可以彼此使用。在一个函数中使用另一个函数称为**函数调用**(**Call**),使用者称为**主调函数**(**或调用函数**),被使用者称为**被调用函数**。函数调用的一般形式是

```
函数名(实参列表)
```

其中,函数名后面的一对小括号是必需的,实参列表是逗号隔开的,它与函数定义中的形参列表一一对应,常量、变量或表达式均可以作为实参,只要类型匹配,可以提供形参需要的“值”即可。函数调用可以独立使用,形成一个函数调用语句,如调用 printRectangle 函数打印一个5行10列的矩形图案:

```
printRectangle(5,10);
```

也可以作为其他语句或表达式的一部分,如函数 makeMagic 调用的结果赋给变量 magic:

```
magic=makeMagic();
```

注意,当我们要使用某个函数时,必须从以下三个方面着手。

首先要知道那个**函数的名字**是什么,函数的功能是什么。

然后看看它**有无参数**;如果有参数,还要进一步确认:

① 有几个参数;

② 参数都是什么类型的;

③ 参数的先后顺序如何。

最后要知道函数**是否有返回值**,返回值是什么类型,返回值的意义如何。

【例5.6】 使用函数 max2int 和函数 printRectangle。

以 max2int 函数和 printRectangle 函数为例，看看它们是如何被调用的。这两个函数都是有参数的。函数 max2int 有一个整型返回值，而函数 printRectangle 无返回值。

C/C++ 语言规定，一个函数在被调用之前**必须定义或声明**，否则编译的时候就会出现警告和错误，例如程序中使用函数 func：

```
warning: implicit declaration of function 'func'
undefined reference to 'func'
```

这与一个变量在使用它之前必须先用声明定义一样。编译器要知道被调用的函数是什么样的才允许使用。怎么让编译器知道呢？**方法之一就是把函数定义的代码放在函数调用语句代码之前**，这个"之前"未必是相邻，只要在前面即可。如果要在 main 函数中使用 max2int 和 printRectangle 函数，把 max2int 和 printRectangle 两个函数的定义放在 main 函数之前即可，见程序清单 5.2。

程序清单 5.2

源码 5.2

```
#001 /*
#002 *   useFuncs.c: 函数使用举例,函数定义在函数调用之前
#003 */
#004 #include<stdio.h>
#005 #include<stdlib.h>
#006 /*
#007 * 函数功能: 求两个整数的最大值
#008 * 函数参数: 两个整数
#009 * 返回值类型: 整数
#010 */
#011 int max2int(int a, int b){
#012     return (a>b? a:b);      //返回 a 和 b 中的较大者
#013 }
#014 /*
#015 * 函数功能: 打印矩形
#016 * 函数参数: 两个整数
#017 * 返回值类型: 无
#018 */
#019 void printRectangle(int h, int w){
#020   int i,j;
#021   for(i=0;i<h;i++){
#022       for(j=0;j<w;j++)
#023          printf("*");       //循环打印*号
#024       printf("\n");
#025   }
#026 }
#027 /*
#028 * 主函数: 使用 max2 和 printRectangle 函数
#029 */
#030 int main(void){
```

```
#031     int max, x, y, m, n;
#032     //1--常量作为实参
#033     printf("%d\n", max2int(10,5));//调用 max2int 函数求 10 和 5 的最大值
#034     max=max2int(10,5);          //调用 max2int 函数求 10 和 5 的最大值,结果赋值给 max
#035     printf("%d\n", max);
#036     //无返回值的函数调用不能参与运算,只能独立使用
#037     printRectangle(5,20);    //调用 printRectangle 打印一个 5 行 20 列的矩形
#038     //变量作为实参
#039     printf("please input two integers such as 3 4:\n");
#040     scanf("%d%d", &x, &y);
#041     printf("%d\n", max2int(x,y));   //调用 max2int 函数求 x 和 y 的最大值
#042     printf("input another two integers such as 3 5:\n");
#043     scanf("%d%d", &m, &n);
#044     printRectangle(m,n);      //调用 printRectangle 打印一个 m 行 n 列的矩形
#045     printf("\n");
#046     //表达式作为实参
#047     printRectangle(m+5,n); //调用 printRectangle 打印一个 m+5 行 n 列的矩形
#048     return 0;
#049 }
```

这个程序同前几章的程序相比大不相同,除了有 main 函数之外,在它前面还有两个自己定义的函数。这样的程序是怎么运行的呢?从哪一行开始执行呢?任何应用程序的入口都是 main,虽然在 main 的前面有那么多行代码,但运行这个程序时,却从#030 行开始进入主函数,然后第一个可执行语句是#033 行的 printf,其中要打印输出的是函数调用 max2int(10,5)的结果,实参是 10 和 5,接下来会发生什么呢?接下来会暂时离开#033 行,跳到 max2int 函数的定义那里,即跳到#011 行,实参的值 10 和 5 会传给形参 a 和 b,这时形参 a、b 才成为变量并用实参初始化,即 a、b 不再是形式上的参数了,而是一个真正的整型变量,它们的值是 10 和 5。然后开始执行#013 行,经条件运算之后得到较大者 10,执行 return 10,这时又发生了什么呢?会从#013 行返回到刚才离开的#033 行,继续执行 printf 语句,输出最大值 10,这个过程如图 5.4 所示。

接下来执行#034 行,还是暂时离开#033 行跳到#011 行,把实参 10 和 5 传给形参之后求得结果返回,返回后赋值给 max 变量。接下来执行#037 行,调用 printRectangle,暂时离开,则跳到#019 行,实参传给形参之后,执行一个双重循环打印出矩形图案,虽然没有 return 语句,当遇到#026 行时的“}”会返回到#037 行的下面的#039 行继续执行。以此类推。

不过下面的执行过程还是有些不同。当#040 行的 x 和 y 从键盘读到两个整数之后,去执行#041 行的函数调用,还是暂时离开#041 行,跳到#011 行,这时实参是 x 和 y,形参是 a 和 b,实参的值怎么传给形参呢?C/C++ 语言规定实参传给形参是把实参 x 的值传给形参 a,注意 a 在没有收到值时是形式上的参数,没有变量可言,但 a 收到值时就是一个真正的变量了。这个传递是单向的,传递之后实参就和形参无关了,因此形参变量如果在被调用函数中发生了变化,并不会影响实参变量的值。实参传值给形参,也可以认为是把实参的一个复制品给了形参,形参就是实参的复制品,如图 5.5 所示。

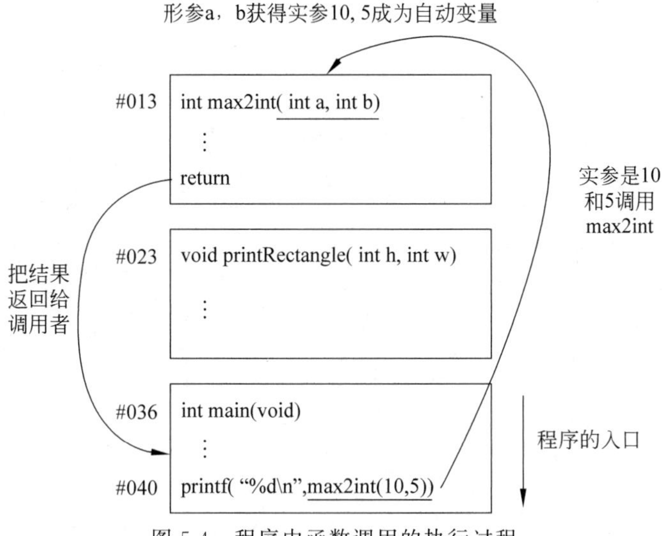

图 5.4 程序中函数调用的执行过程

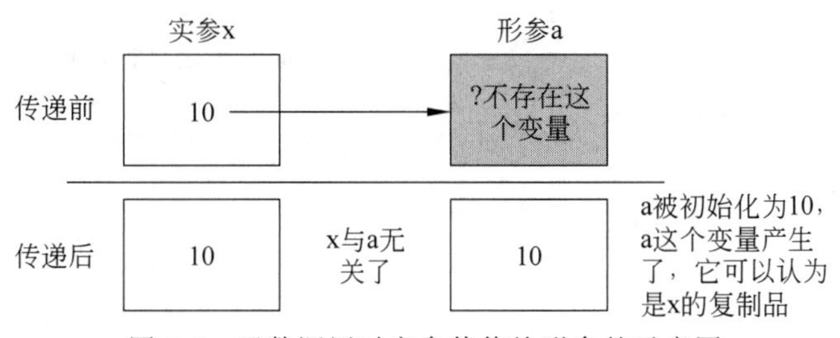

图 5.5 函数调用时实参传值给形参的示意图

两个形参都收到值之后，开始执行 #012 行，结果返回到 #041 行，继续执行，这就同前面讨论的一样了。

在这个例子中，有以下几种形式的函数调用。

(1) 整型常量作为实参的函数调用：max2int(10,5)和 printRectangle (5,20)。

(2) 变量作为实参的函数调用：max2int(x,y) 和 printRectangle (m,n)。

(3) 表达式作为实参的函数调用：max2int (x/2, y * 2) 和 printRectangle (m + 2, n * 2)。

要特别注意!! 对于无返回值的函数来说，函数调用只能独立成为一条语句，不能参与任何其他运算，如：

```
printRectangle(5,20);
```

函数定义与函数调用容易混淆，下面的调用是错误的：

```
max=max2int(int x,int y);        //实参 x,y 的声明应该在函数调用之前
```

【例 5.7】 函数调用时参数转换和顺序。

函数调用时实参的参数类型、参数个数、参数顺序要与被调用函数的形参的参数列表完全匹配。如果参数类型不匹配，会自动进行转换。如果有多个参数，匹配时**从右向左逐个处**

理,见程序清单5.3。

程序清单5.3

源码5.3

```
#001 /*
#002 *   paraMatch.c: 测试参数转换与匹配顺序
#003 */
#004 #include<stdio.h>
#005 /* 求两个实数的平均值 */
#006 double average(double a, double b){
#007     printf("para: %f %f\n", a, b);
#008     return((a+b)/2);
#009 }
#010 int main(void){
#011     int x,y;
#012     double result;
#013     x=5; y=2;
#014     result=average(y+x, ++y);  //参数从右向左依次进行计算
#015     printf("%f\n",result);
#016     result=average(y+x, y++);  //参数从右向左依次进行计算
#017     printf("%f\n",result);
#018     return 0;
#019 }
```

运行结果:

```
para: 8.000000 3.000000
5.500000
para: 9.000000 3.000000
6.000000
```

在这个例子中,**实参是表达式的形式**,++y和y+x,它们都是整型,与形参的double类型不匹配,系统不会报错,会自动把它们的计算结果的值从int型转换为double型;实参是表达式,需要先计算再传递。而计算时是有先后顺序的,要么从左向右,要么从右向左。gcc/g++编译器是从右向左计算的,所以第一个参数y+x中的y不是2而是3,与++y的计算结果有关。注意第#007行输出语句的输出结果。

注意: 虽然这种情况按照上述规则进行能够得到上面的结果,但编译时编译器会给一个警告错误,说似乎y没有定义,也就是说,这种容易发生错误的用法,编译器还是不提倡的。

【例5.8】 使用makeMagic函数和guessNumber函数。

现在大家就知道在猜数游戏模拟问题中,main函数该如何调用模块函数makeMagic和guessNumber了。只需把makeMagic和guessNumber的定义放在main函数的前面即可。完整的代码参考1.4节。

注意: 对于无参数的函数,函数调用的实参列表必须为空白,小括号不能省略,如

```
magic=makeMagic();                    //括号里不能有void
```

另一个值得注意的问题是,guessNumber函数是无返回值的,因此只能独立作为一个调用语句,即

```
guessNumber(magic);                //不能参与其他的运算
```

下面的用法都是错误的：

```
printf("%d\n", guessNumber(magic));
int a;  a=guessNumber(magic);
```

思考题：

① 实参变量传给形参，如果形参的值发生了改变，实参变量的值会怎样？
② 实参变量的名字与形参变量的名字可以相同吗？
③ 函数调用的结果可以返回一个值，也可以不返回值，能否返回多个值？

5.1.4 函数原型

使用函数之前必须先定义它，只有编译器知道有什么样的函数才可以使用它。5.1.3 节的做法是直接把要使用的函数定义都放在 main 函数之前，因为我们要在 main 函数中使用它们(实际上任何函数都可以作为主调函数调用其他函数，这时也要遵守同样的原则)。很显然，如果要用的函数比较多，主函数就要放在很靠后面的位置，这样是不是喧宾夺主了？主函数是应用程序的主体，它不应该放在其他函数的后面。很自然的组织方式应该是主函数 main 放在所有的函数前面，但这样编译器又不知道那些函数的存在，就无法在 main 中调用。如何解决这个矛盾呢？实际上编译器编译函数的时候不关心函数定义的函数体是什么样子的，它只关心能够标识函数的一些关键信息：返回类型、函数名和形参列表，这些刚好都包含在函数的头部。怎么把这些告诉编译器呢？兼顾先定义再使用的原则，自然应该把类似函数头部的东西放在函数调用之前，即把**函数原型放在函数调用之前**，函数 max2int 的原型是

```
int max2int( int, int );
```

或者

```
int max2int(int a, int b);
```

又如，函数 printRectangle 的原型就是

```
void printRectangle( int, int);
```

或者

```
void printRectangle(int h, int w);
```

注意：函数原型中的形参的名字是可有可无的，编译器关心的是参数的类型，加上它们只是为了便于阅读。还要注意函数原型末尾是有分号的，也就是说，它是一个语句，起到声明的作用，称为函数声明语句。函数原型仅仅是为编译器服务的，让编译器知道函数的参数是什么类型，有几个参数，它们的顺序如何。在程序执行的时候，调用函数还是要去找函数的定义，跳到函数定义的地方执行函数代码。

现在修改一下例 5.6 的程序，让 main 函数在前，其他函数在后面，但 main 函数的前面还要增加函数声明语句，见程序清单 5.4。

源码 5.4

程序清单 5.4

```
#001 /*
#002 *   useFuncs.c: 使用函数原型
#003 */
#004 #include<stdio.h>
#005 #include<stdlib.h>
#006 void printRectangle(int, int);  //函数原型
#007 int max2int(int, int);
#008 /*使用函数 max2int 和 printRectangle*/
#009 int main(void){
        //同例 5.6,这里略
#010    return 0;
#011 }
```

printRectangle 和 max2int 函数定义跟在 main 函数的后面,这里略。

思考题:编译器从函数原型可以知道哪些信息?

5.1.5 函数测试

一个函数设计好之后必须对其进行测试,通过测试考察它有没有实现预期的功能,这种测试称为**功能测试**。因为函数是相对独立的单元,所以这种测试也称**单元测试**。还由于这种功能测试不关心函数的内部实现细节,只看结果,因此也称这种函数测试为**黑盒测试**。

对一个函数进行功能测试,就是要模拟一个它可以运行的环境,为它准备好必要的实参,调用要测试的函数,观察调用结果。请注意自定义的函数模块作为一个程序是不能编译运行的,只能对其进行编译,生成目标文件,因为它没有 main 函数。所以,要使得函数能够运行,就要写一个 main 函数,驱动要测试的函数,因此常称这样的 main 函数为**驱动(driver)函数**,或者叫**测试函数**。程序清单 5.1、程序清单 5.3、程序清单 5.4 中的 main 函数都是驱动函数,是专门用于测试那些函数而准备的。每设计一个函数都要养成为其写一个驱动函数测试它的习惯。

注意:驱动函数仅用于函数的测试,一旦测试完毕后它就会被废弃或被删除,因此不必写很完美的驱动函数,只要能让被测试的函数正常运行起来、能输出函数的结果即可。

一个函数从定义,到声明(函数原型),再到函数测试(包含函数调用),是 C/C++(函数)程序设计的重要的内容,不仅要清楚每个概念,还要熟悉它们之间的关系和具体用法。

视频

5.2 是非判断问题求解

在 4.6 节已经讨论过如何判断一个数是否是素数的问题,判断程序包含在 main 函数里,如果想在其他的程序中使用它就不可能了(因为不能有两个 main)。怎么样把它做成一个可以在任何需要它的地方都能使用的工具呢?当然是自定义一个函数了,本节讨论判断素数的函数版本。

5.2.1 判断函数

判断一个数是否是素数的函数功能应该是:任意给定的自然数作为参数,判断那个数是素数或不是素数。因此函数有一个整型参数，它的返回值应该是什么呢？人们关心的只是“是”或“不是”这两种状态。怎么表达“是”和“不是”呢？表示两种状态的量非布尔型莫属（当然也可以用整型代替），因此函数的返回值类型是布尔型或整型，当一个数是素数时返回逻辑真或1表示“是”，否则返回逻辑假或0表示“不是”。这样的判断问题有很多，如果把它们定义成函数，只需返回一个逻辑真或假，这类函数统称为**判断函数**。判断函数的命名常常以is开始后跟一个名词，因此判断素数函数的名称可命名为isPrime，把4.6节的程序清单4.18的核心部分取出之后，适当地修改即可得到isPrime函数的定义，见程序清单5.5。

程序清单 5.5

源码 5.5

```
#001 /*
#002 * isPrime.c : 判断一个数是否是素数
#003 */
#004 #include<math.h>
#005 #include<stdio.h>
#006 #include<stdbool.h>
#007 /*
#008 * 函数功能:判断一个数是否是素数
#009 * 入口参数:一个大于零的整数
#010 * 返回值:逻辑真或假
#011 */
#012 bool isPrime(int n) {
#013     int i,k;
#014     if(n==1) return false;      // 1 不是素数
#015     if(n==2) return true;       // 2 是最小的素数
#016     k=sqrt(n);
#017     for(i=2;i <=k; i++)
#018         if( n %i==0 )
#019             return false;       //返回假,意味着 n 不是素数,注意这里不是 break
#020     return true;                //返回真,意味着 n 是素数
#021 }
#022 int main(void){
#023     int n;
#024     printf("please input a natural number:");
#025     scanf("%d",&n);
#026     if(isPrime(n))              //调用判断函数,由返回值的真假判断 n 是否是素数
#027         printf("%d is a prime number\n",n);
#028     else
#029         printf("%d is not a prime number\n",n);
#030     return 0;
#031 }
```

这个函数经测试无误之后，就可以作为一个工具在需要的时候使用了。

C语言标准库ctype.h头文件中包含了多个判断一个字符是什么类型的函数，它们都是以is开头命名的判断函数，如islower、isupper两个函数判断字符是小写还是大写，详细情

况大家可以查阅相关文档。除此之外,大家能列举出一些其他可以归结为判断函数的问题吗?

我们在5.1.3节已经讨论过,一个函数在被调用的时候,有一个实参与形参的参数传递过程,因为这个传递才使形参有实际意义。同时还知道,当被调用函数执行完毕之后程序还能准确无误地返回到调用函数处继续执行后面的操作(见5.1.3节的图5.4)。对于本节的isPrime函数定义(#012行)来说,#026行用实参n调用isPrime函数时,会暂时离开#026行跳到#012行,当执行完isPrime之后会再次返回到#026行继续执行。计算机内部是怎么保证这样的执行过程是正确无误的呢?为了回答这个问题,还要研究两个小问题:一是变量的两个非常重要的特征——**存储类别**(**storage class/storage duration**)和**作用域**(**scope**),另一个是**函数调用堆栈**。

5.2.2 变量的存储类别与作用域

1. 自动变量

变量在程序中无处不在,特别允许自定义函数之后,在不同的函数模块中都有自己的变量,甚至彼此的名字都是同名的。大家再次观察一下判断素数的程序。函数isPrime和main中都有变量n,它们为什么会互不影响呢?正如大家所知道的,变量代表的是内存中的某块区域。不同的函数中有相同的变量名就像在不同的班级可能有同名的同学一样。虽然它们名字相同,但是,因为从一个函数离开进入另一个函数时,前一个同名的变量已经失去作用,起作用的是当前函数的同名变量。它们都是在自己的局部范围内有效。到现在为止,我们所使用的变量都是这样的变量,它们叫**自动变量**,都是按照下面的形式

```
类型名  变量名;
```

声明的变量。在这种定义形式中,实际上是省略了一个自动(auto)存储类别(storage class)说明,完整地自动变量声明形式应该是

```
auto 类型名 变量名;
```

在一个函数或程序块内部声明一个变量时,省略了存储类别的变量默认是auto类别。

具有自动存储类别的变量简称为自动变量。它们具有一个共同的特点,就是都具有**自动存储期(也叫生命期)**。**所谓自动,就是当程序进入变量定义的程序块时为变量才自动申请内存,建立该变量,当程序退出该程序块时则自动撤销所申请的内存,该变量随即消失。**注意,这里程序块是指用一对大括号括起来的部分,因此函数体也是程序块。所以尽管两个函数中有同名变量,但由于它们是自动变量,所以在一个程序块中定义了某个变量,在它离开这个程序块时就撤销了,再进入第二个程序块时,将重新定义新的同名变量,与第一个程序块中那个变量没有任何关系。**自动变量只能在它所在的程序块内可见,称自动变量具有局部的作用域**,其作用范围是从声明它的地方开始,到它所在的程序块结束为止。**自动变量都是局部变量**。下面看一个例子。

【例5.9】 程序清单5.6中在多个地方声明了变量s,试分析一下它们的局部作用和存储期。

程序清单 5.6

源码 5.6

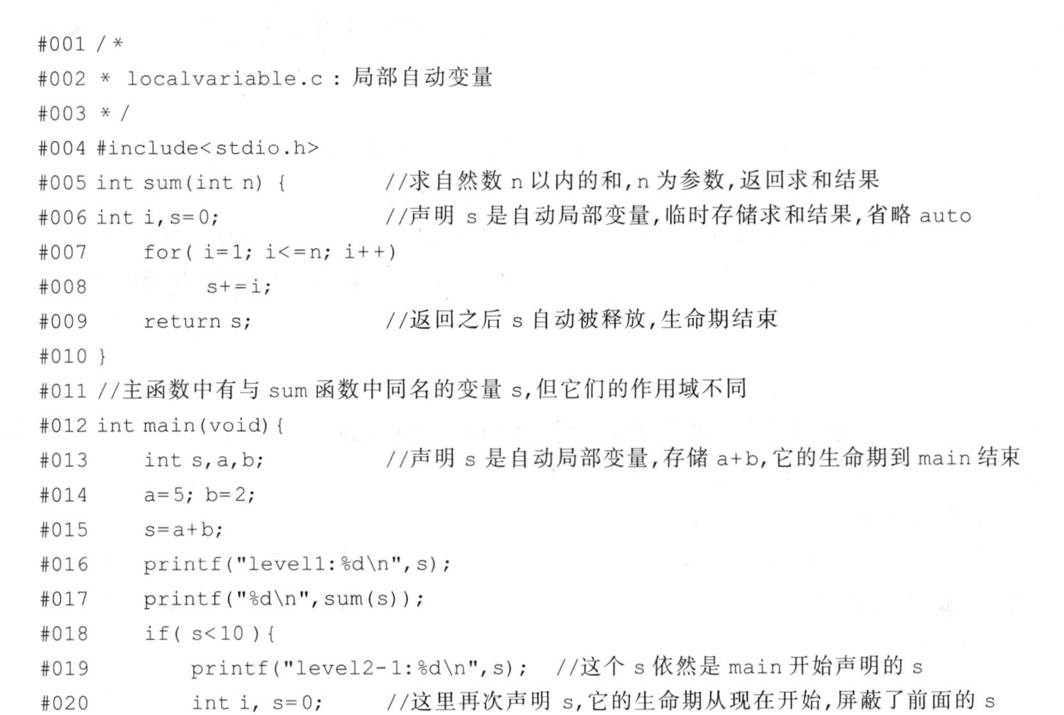

```
#001 /*
#002 * localvariable.c : 局部自动变量
#003 */
#004 #include<stdio.h>
#005 int sum(int n) {            //求自然数 n 以内的和,n 为参数,返回求和结果
#006 int i,s=0;                  //声明 s 是自动局部变量,临时存储求和结果,省略 auto
#007     for( i=1; i<=n; i++)
#008         s+=i;
#009     return s;               //返回之后 s 自动被释放,生命期结束
#010 }
#011 //主函数中有与 sum 函数中同名的变量 s,但它们的作用域不同
#012 int main(void){
#013     int s,a,b;              //声明 s 是自动局部变量,存储 a+b,它的生命期到 main 结束
#014     a=5; b=2;
#015     s=a+b;
#016     printf("level1:%d\n",s);
#017     printf("%d\n",sum(s));
#018     if( s<10 ){
#019         printf("level2-1:%d\n",s);  //这个 s 依然是 main 开始声明的 s
#020         int i, s=0;         //这里再次声明 s,它的生命期从现在开始,屏蔽了前面的 s
#021         for( i=1; i<=10; i++)
#022             s+=i;
#023         printf("level2-2:%d\n",s);
#024     }                       //这时这个程序块中的 s 已经失效,这个内部 s 生命期结束
#025     printf("level2:%d\n",s);  //main 开始的 s 可见了
#026     return 0;
#027 }
```

运行结果：

```
level1:7
28
level2-1:7
level2-2:55
level2:7
```

在这个程序中,有两个函数(块)：main 函数和 sum 函数,在 main 中还有一个语句块,因此总计有 3 个程序块。在这些块中都定义了自动的整型变量 s,它们各自有自己的生命周期和作用域,虽然它们的名字相同,但是它们的意义截然不同,主要是**因为它们处于不同的程序块中**。

变量名或者其他标识符(如函数名)的作用域主要分为**块作用域**和**文件作用域**(文件作用域在 5.5 节介绍)。**所谓块作用域是指,存在于某个程序块中的变量,它的作用域是从声明它的语句开始到它所处的程序块结束为止。**存在于某个作用域中的变量,在另一个块作用域中未必可见或有效。程序清单 5.6 中＃006 行定义的变量 s,它的作用域就是＃006 到＃010 行,＃013 行定义的变量 s 的作用域则为＃013 行到＃019 行和＃025 行到＃027 行。＃020 行定义的变量 s,其作用域为＃020 行到＃024 行。自动局部变量的生命期都很短,执行到块结束的位置生命期便结束。

大家很容易想到变量的存储类别除了自动存储类别还应该有非自动存储类别的变量。事实上，除了自动存储类别 auto 之外，还有**静态存储类别（static）**、**外部存储类别（extern）**和**寄存器存储类别（register）**。

2. 寄存器变量

一般情况下，变量都是在内存里，当程序用到那个变量的值时，会在控制器的操纵下把那个值送到运算器中，经过运算器运算之后再送回内存的某个变量。当数据的使用频率很高时，C/C++ 编译器允许直接把它放在 CPU 的寄存器中，这样在运算的时候就不必在 CPU 和内存之间送来送去了，就会直接拿来运算。在寄存器中申请变量要使用 register 存储类别，如：

```
register int a;
```

但由于寄存器的数量很少，所以寄存器存储类别的使用受到很大限制。随着 CPU 读写内存的速度不断提高，寄存器存储类别也就显得不那么重要了。

3. 外部变量

外部变量是用外部存储类别 extern 声明的变量，顾名思义，**真正的变量定义是在某个“外部”**，也就是说，extern 是告诉编译器现在要用的变量是在其他地方定义的，其他地方肯定是函数的外部。例如：

```
extern int a;
```

编译器看到这样的声明之后，就认为从这个位置开始使用变量 a 就是合法的了，但它的定义位置是在“其他什么地方”。这个其他的地方可能是在本程序（同一文件内）的后面，也可能是另外的某个文件，关于后者将在 5.4 节和 5.5 节介绍，下面的例子展示的是同一文件内的外部变量。

【例 5.10】 同一文件内的外部变量。

程序清单 5.7

源码 5.7

```
#001 /*
#002 * extern.c : 外部存储类别
#003 */
#004 #include<stdio.h>
#005 int a;                          //这是在函数外部的变量定义,默认初始化为 0
#006 extern int b;                   //外部变量声明,变量 b 的定义不在这里,在后面某个地方
#007 void func1(void);
#008 void func2(void);
#009 int main(void){
#010     extern int c;               //外部变量声明,变量 c 的定义不在这里
#011     printf("main:%d %d %d\n",a,b,c);
#012     func1();
#013     printf("main:%d %d %d\n",a,b,c);
#014     func2();
#015     printf("main:%d %d %d\n",a,b,c);
#016     return 0;
#017 }
```

```
#018 int b;                    //这是在函数外部的变量定义,默认初始化为 0
#019 void func1(void){
#020    extern c;              //如果不做这个外部声明,不可以访问后面定义的 c
#021    a=10;   b=20; c=c+30;
#022    printf("func1:%d %d\n",a,b);
#023 }
#024 int c;                    //这是在函数外部的变量定义,默认初始化为 0
#025 void func2(void){
#026    a=10;    b=20;   c=c+30;
#027    printf("func2:%d %d %d\n",a,b,c);
#028 }
```

程序中在函数的外部定义了 3 个变量：＃005 行的变量 a、＃018 行的变量 b 和＃024 行的变量 c,它们都是外部变量,**外部变量的定义**是不需要使用任何存储类别的,它默认与下面要介绍的 static 具有同样的生存期,即静态存储期。但如果要在定义它们之前的某个地方使用的话,就要先用 extern 声明,例如 main 函数和 func1 函数中要使用变量 c,main 中要使用变量 b 等。func2 中要使用变量 a、b、c,是不需要使用 extern 说明的,因为 3 个变量的定义都在 func2 函数之前。从外部变量的作用域可以看出,外部变量有"**全局**"的特征,这个全局是相对的,对于程序清单 5.7 中的 3 个外部变量来说,它们的全局范围有所不同。外部变量的全局性导致变量可以为不同的函数**数据共享**,在 main、func1、func2 中都可以访问外部变量 a。如果没有外部变量,函数之间要靠参数传递才能交流信息。

注意：外部变量是模型时,外部变量声明可以省略 int,见程序清单 5.7 中的＃020 行,但建议最好不要省略。

4. 静态变量

静态变量是用 **static 声明**的**局部和外部**的变量。这种静态存储类别的变量具有什么特征呢？它的"静"体现在**从程序开始执行时变量就开始存在,一直保持到程序退出时它的生命才被终止**。这种类型的变量是在程序开始执行时**一次性分配内存并初始化**。称静态存储类别的变量具有**静态存储期**。

静态变量既可以在某个函数内部声明,也可以在函数的外部声明。静态存储属性说明变量之外,甚至还可以修饰函数,这里先讨论函数内部的静态变量,其他留在 5.4 节和 5.5 节介绍。例如函数

```
void func() {
    static int number;
    //其他语句
}
```

内部定义了一个具有静态存储期的整型变量 number。假设函数 func 被 main 函数调用,那么这个变量从 main 程序开始执行时,其存储期就已经开始,到 main 的 return 语句时才结束存储期,不会像自动变量那样,进入 func 时才开始,离开 func 时就结束。注意：虽然 number 的生命期长,但作用域仍然是局部的。下面看一个完整的例子。

【例 5.11】 静态局部变量作为计数器。

源码 5.8

程序清单 5.8

```
#001 /*
#002 *   localStatic.c: 局部静态变量
#003 */
#004 #include<stdio.h>
#005 void func(void);
#006 int main(void){
#007     int i;
#008     for(i=1;i<=5;i++)
#009         func();
#010    //printf("called times.\n",++times);  //times 的作用域不包含这里
#011     return 0;
#012 }
#013 /* 统计被调用的次数并打印结果 */
#014 void func(void){
#015     static int times;        //静态局部变量,可以用于自身被调用的次数计数
#016     printf("func() was called %d times.\n",++times);
#017 }
```

运行结果：

```
func() was called 1 times.
func() was called 2 times.
func() was called 3 times.
func() was called 4 times.
func() was called 5 times.
```

程序中#015 行的变量 times 是一个静态存储变量,它在程序一开始执行时就分配了内存**并且自动初始化为 0**,每次调用 func 的时候,#015 行已经不起作用了,times 不会再重新定义,当一次调用结束的时候,times 不会被撤销,所以再次调用 func 函数时,碰到的 times 与上一次调用时的 times 是同一个,这样就会累加上次调用的结果。

如果在一个函数体内有两个并列的程序块,它们的自动变量可以同名吗? 如果在嵌套的程序块内又有同名的自动变量可以吗? 当然可以。前者肯定是互不影响的,互相不可见;后者从外层语句块进入内层块之后,由于它的存储期还存在,所以程序会暂时**屏蔽**掉外层的同名变量,也就是说,**外层同名变量对内层是不可见的**,当内层的变量遇到程序块的末尾时便结束存储期,这时外层的同名变量就又恢复可见了,继续履行它的职责。再看一个比较综合的例子。

【例 5.12】 分析下面程序中变量的存储期和作用域。

程序清单 5.9

源码 5.9

```
#001 /*
#002 * globalAndOthers.c: 函数外部定义的全局变量和其他类别变量比较
#003 */
#004 #include<stdio.h>
#005 void a(void); void b(void); void c(void);
```

```
#006 int x;                     //全局变量具有静态存储类别,其自动初始化为 0
#007 int main() {
#008     printf("%d ",x);       //输出全局变量的值
#009     int x=5;               //局部自动变量
#010     printf("%d ",x);
#011     {
#012         int x=7;           //局部自动变量
#013         printf("%d ",x);
#014     }
#015     a();  b(); c();        //两次调用 a、b、c 函数
#016     a();  b(); c();
#017     printf("%d\n",x);      //这个 x 是哪一个?
#018 }
#019 void a(void){
#020     int x=25;              //局部自动变量
#021     printf("%d ",x);
#022     x++;
#023     printf("%d ",x);
#024 }
#025 void b(void){
#026     static int x=50;       //局部静态变量
#027     printf("%d ",x);
#028     x++;
#029     printf("%d ",x);
#030 }
#031 void c(void){
#032     printf("%d ",x);       //这个 x 又是哪一个?
#033     x+=10;
#034     printf("%d ",x);
#035 }
```

运行结果:

```
0 5 7 25 26 50 51 0 10 25 26 51 52 10 20 5
```

程序#006 行定义了一个外部变量,它是全局变量,它的作用域是从#006 行开始到#035 行为止。虽然它的作用域范围是全局的,但当有局部同名变量时,全局变量会被暂时屏蔽。因此在函数 a 和 b 中,全局变量 x 被屏蔽,而在函数 c 中它是可见的。大家对照程序清单,查看一下运行结果。

简单小结一下。

自动变量的生存期从块内声明时开始,到块结束时终止,期作用域是局部的,但是如果有嵌套,外层的同名的变量会被屏蔽。

静态变量的生存期从程序开始执行就已经存在,但是在函数内部的静态变量,其作用域还是局部的。

外部变量的生存期从程序开始执行就已经存在,但是它的作用域是相对全局的。如果

仅是定义了外部变量,则它的作用域从定义位置开始向下有效。如果在定义的前外部,还存在某个外部变量声明,则其作用域扩大到声明处,如果在定义之前某个函数块内部有外部声明,则其作用域只能扩大到那个函数内部。对于外部变量和内部变量同名时同样也有屏蔽现象。

变量的生存期(存储期)和作用域是两个不同的概念,但又互相有联系,使用的时候非常容易混淆。

5. 函数名的作用域

变量的作用域规则对**函数标识符**来说也是一样的。我们知道要使用一个函数必须先定义或声明(原型)。函数原型所在的位置就是它的作用域的开始位置,其结束位置一般就是它所处的块或文件的末尾(除非使用 extern 扩展它的作用域),下面举例说明。

【例 5.13】 函数也有作用域。

程序清单 5.10

源码 5.10

```
#001 /*
#002 * funcnameScope.c: 函数名的作用域
#003 */
#004 #include<stdio.h>
#005 #include<stdlib.h>
#006 int main(void){
#007     int max2(int a, int b);   //注意: 函数原型在这里,它们的作用域是局部的
#008     void printRectangle(int h, int w);
#009     int max, x, y, m, n;
#010     printf("please input two integer such as 3 4:\n");
#011     scanf("%d%d",&x, &y);
#012     printf("the result for calling max2 is %d\n", max2(x,y));
#013     printf("please input another two integer such as 3 5:\n");
#014     scanf("%d%d",&m, &n);
#015     printRectangle(m,n);
#016 printf("\n");
#017     return 0;
#018 }
#019 int max2(int a, int b){
#020     return (a>b? a:b);
#021 }
#022 void print2Rectangle(void){
#023     printRectangle(10,5);      //printRectangle 函数超出了其作用范围,编译时会报错
#024     printRectangle(20,10);
#025 }
#026 void printRectangle(int h, int w){
#027   int i,j;
#028   if(w>0 && h>0){
#029       for(i=0;i<h;i++){
#030           for(j=0;j<w;j++)
#031              printf("*");
```

```
#032            printf("\n");
#033        }
#034    }
#035    else
#036      printf("height or width of the rect is less than or equal 0\n");
#037 }
```

程序中的 max2 和 printRectangle 两个函数的原型放在了 main 函数之内,所以 max2 和 printRectangle 就只能在 main 函数之内使用了。另一个函数 print2Rectangle 函数想调用它们就出错了,编译器会报告下面的错误信息:

```
"printRectangle" was not declared in this scope
```

意思是在这个范围内 printRectangle 没有声明。即 max2 和 printRectangle 的作用域是 #007 行到 #016 行,其他的地方都超出了作用域。

5.2.3 函数调用堆栈

函数定义不允许嵌套,但是**函数调用是可以嵌套**的,也就是说,一个函数在调用另一个函数期间,还没返回的时候,另一个函数可以再调用第三个函数,在第三个函数正在执行的过程中,还可以调用第四个函数,以此类推。

从表面来看,当一个函数调用另一个函数时,如果有参数,会把实参的值传递给形参,并暂时离开主调函数的函数调用位置,去执行被调函数,当被调函数执行完毕之后准确无误地返回到原来主调函数的位置继续执行。程序是如何保证这样的过程正确无误的呢?原来编译器在编译程序的时候,为每个应用程序定制了一个特别存储区域——栈,称为**函数调用堆栈**。一个栈是一个特别的数据结构,它就像一个一端封起来的乒乓球筒。装进新的乒乓球时只能放在它的顶端,取出乒乓球也只能从顶端弹出,它具有先进后出的特点。函数调用堆栈中存放的是**函数调用记录**,也叫一个**栈帧**(**stack frame**)。每调用一次函数,就把**函数调用的返回地址以及被调用函数的局部自动变量**(包括形参和函数内部定义的自动变量)打包成一个函数调用记录放入栈顶。当被调用函数执行完毕之后要返回时,从栈顶弹出一个函数调用记录(栈帧),从中找到函数调用返回的地址,同时**释放被调用函数所有的局部自动变量**。如果函数调用是嵌套的,即调用一个函数时,在这个函数被执行的过程中又调用了另一个函数,由于没有到返回时就调用了另一个函数,因此,栈顶的函数调用记录并不会被弹出,而且新的函数调用记录又压入了栈顶。显然嵌套调用的层次越多,函数调用堆栈越高。当最里层的调用执行完毕之后,开始弹出栈顶的记录,返回到上一层调用函数继续执行,依次执行完嵌套调用的函数,逐个弹出栈顶记录,这样当整个程序执行完毕时,函数调用堆栈必为空。注意! main 函数也是被调用的对象,它是由操作系统调用的,因此第一次压入函数调用堆栈中的记录是操作系统调用 main 函数时形成的,它包含 main 函数的返回地址和 main 函数中的自动局部变量。

【例 5.14】 写一个程序,由直角三角形的两条直角边,求它的斜边。

这个问题是著名的勾股定理解决的问题。为了清楚起见,定义一个简单的函数 hypot2(int, int) 求斜边的平方,还定义一个求一个数的平方函数 square(int),这样在 main 中调用 hypot2 再开方即可。具体实现见程序清单 5.11。

程序清单 5.11

源码 5.11

```
#001 /*
#002 * callstack.c: 函数调用嵌套,函数调用堆栈
#003 */
#004 #include<stdio.h>
#005 #include<math.h>
#006 double hypot2(double a, double b);      //函数原型
#007 double square(double a);
#008 /* 用直角边 3 和 4 测试求平方和函数 */
#009 int main(void){
#010     double x=3, y=4;
#011     double h2;
#012     h2=hypot2(x,y);                   //main 调用 hypot2 函数
#013 printf("right_angle:%.1f and %.1f, hypotenuse is %.1f",x,y,sqrt(h2));
#014     return 0;
#015 }
#016 /* 求两个直角边的平方和 */
#017 double hypot2(double a, double b){
#018     double s,t;
#019     s=square(a);                      //hypot2 函数又调用 square 函数
#020     t=square(b);
#021     return (s +t);
#022 }
#023 /* 求一个数的平方 */
#024 double square(double a){
#025     return (a * a);                   //square 函数没有调用其他函数
#026 }
```

在这个例子中,有多次嵌套调用,具体过程如图 5.6 所示。

① 操作系统调用 main,调用时形成一个**函数调用记录——栈帧 R1**:包括返回地址+main 函数的局部自动变量 x、y、h2,R1 入栈;

② main 调用 hypot2 函数形成栈帧 R2,包括返回地址+hypot2 函数的局部自动变量 s、t、a、b,R2 入栈;

③ hypot2 函数又调用 square 函数形成栈帧 R3,包括返回地址+局部自动变量 a,R3 入栈;

这时栈里有 3 个元素。

④ 当 square 执行完毕之后返回,这时需要从栈中弹出 R3,找到返回地址,释放变量 a,返回到#020 行,继续执行另一个调用 square 函数,这时再次形成栈帧 R3,包括返回地址+局部自动变量 a,R3 入栈;square 执行完毕之后,返回时从栈中弹出 R3,找到返回地址,释放变量 a;

⑤ 返回到#021 行继续执行,这时再次返回,因此需要从栈中弹出栈帧 R2,找到返回地址,释放变量 s、t、a、b;

⑥ 返回到#013 行,继续执行直到要返回时,再次弹出 R1,找到返回地址,释放变量 x、

y、h2。这时整个调用堆栈为空程序运行结束。

图 5.6 中实线是调用入栈的过程，虚线是返回出栈的过程。

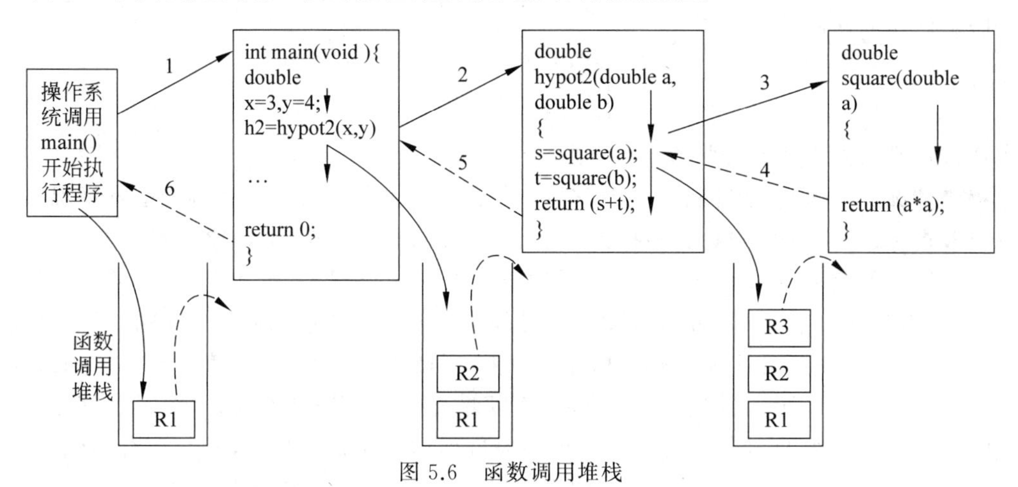

图 5.6 函数调用堆栈

经过上面的讨论可以知道，函数调用依靠函数调用堆栈保证了来去自如，正确无误。

5.3 递归问题求解

在 4.2 节已经讨论过通过**迭代计算**阶乘(factorial)的问题，即

$$n!=1\times 2\times 3\times\cdots\times(n-1)\times n$$

描述成

```
fac=fac * i;                         //i=1,2,3,…,n
```

如果把这个重复迭代计算的过程定义为一个函数，作为计算阶乘的工具使用，可以令其函数原型为

```
unsigned long long fact(int);
```

由于阶乘的计算很容易溢出，所以这里的返回类型最好使用 unsigned long long。函数具体定义如下：

```
#001 unsigned long long fact(int n){
#002     int i;
#003     unsigned long long fac=1;
#004     for(i=1;i<=n;i++)
#005         fac=fac*i;
#006     return fac;
#007 }
```

阶乘的计算过程除了用上述的重复迭代思想描述外，还有另一种非常重要的、比较另类的描述思想——递归(recursion)。递归描述使问题的表达更加容易，这正是本节要讨论的问题。

5.3.1 问题的递归描述

阶乘问题的递归定义如下：

$$n! = \begin{cases} 1, & n=0 \\ n \times (n-1)!, & n>0 \end{cases}$$

这个递归定义由以下两部分组成。

特殊情况：$n=0$ 时为结果 1，是非常简单的情况，有固定的结果，也称为**基本情况**。

一般情况：$n>0$ 时，$n!$计算转换为一个比原始问题规模较小但与原始问题类似的$(n-1)!$与 n 的乘积，也就是说要计算 $n!$ 只需暂时先把 n 保存起来，去计算$(n-1)!$，如果能把$(n-1)!$计算出来，$n!$自然就有了结果。$n!$与$(n-1)!$在形式上是完全一样的，只是规模由 n 变成了 $n-1$。同样，要计算$(n-1)!$，先暂时把 $n-1$ 保存起来，去计算$(n-2)!$，如果能计算出$(n-2)!$，自然就可以算出 $n-1$ 的阶乘，以此类推，直到 $n=0$ 时，这个过程停止了，因为这时 $0!=1$，不用特别计算。通常把这个一般过程称为**递归**；但是这时并没有得到最终的计算结果，只是递归过程停止了。这时如果倒退一步，由 $0!=1$ 就会得到 $1!=1*0!=1$，再倒退一步，得到 $2!=2*1!=2$，这样继续下去，一直到 $n!=n*(n\text{-}1)!=n*(n-1)$的阶乘的结果，这个过程称为**回代**。下面是计算 5! 的递归回代过程：

```
 5!
={5 * 4!}
={5 * {4 * 3!}}
={5 * {4 * {3 * 2!}}}
={5 * {4 * {3 * {2*1!}}}}
={5 * {4 * {3 * {2*{1*0!}}}}}
={5 * {4 * {3 * {2*{1*1}}}}}
={5 * {4 * {3 * {2*1}}}}
={5 * {4 * {3 * 2}}}
={5 * {4 * 6}}
={5 * 24}
=120
```

许多问题都可以用递归的形式描述，从而用递归的方法来求解。如设 $s(n)$表示 n 以内的自然数之和，则 $s(n)$的递归定义如下：

$$s(n) = \begin{cases} 1, & n=1 \\ n+s(n-1), & n>1 \end{cases}$$

再如，如果设第 n 项斐波那契(Fibonacci)数为 $f(n)$，则 $f(n)$的递归定义如下：

$$f(n) = \begin{cases} n, & n=0,1 \\ f(n-2)+f(n-1), & n>1 \end{cases}$$

5.3.2 递归函数

一个问题的求解如果能用递归定义描述，就可以把它定义为一个**递归函数**。下面以阶乘计算为例讨论一下递归函数定义的形式，见程序清单 5.12 中的 rFact。

程序清单 5.12

```
/*递归实现计算 n 的阶乘*/
#001 unsigned long long rFact(int n){
#002     if(n==0)
#003         return 1;
#004     else
#005         return (n*rFact(n-1));
#006 }
```

这个递归函数的定义看起来有点匪夷所思，递归函数的名称是 rFact，它的函数体非常简洁，其样子特别像上面阶乘计算的递归形式的数学描述。rFact 函数在＃005 行**调用了自己** rFact(n-1)，这正是 C/C++ 编译器支持的**递归调用**。下面以 n＝3 为例测试一下这个递归函数。递归函数的使用与普通函数相同。要计算 3!，只需用 3 作为实参调用递归函数即可。因为它有返回值，所以还可以直接打印出结果。

```
printf("%lld\n", rFact(3));
```

现在探讨一下这个递归函数的执行过程。当调用 rFact(3)时，如果它是非递归函数，马上就会得到结果。但 rFact 函数现在是递归定义的，计算机不会立刻得到 3!，而是在调用 rFact(3)的过程中，进一步去调用 rFact(2)，直到调用 rFact 0)遇到基本情况返回 1，返回给谁了呢？接受者是刚刚调用 rFact(0)的 rFact(1)，这样 rFact(1)从刚才停止的位置开始继续执行，以此类推，直到返回 rFact(2)，3＊rFact(2)计算出结果之后，rFact(3)执行完毕，得到最终计算结果用输出语句输出。这个过程如图 5.7 所示。

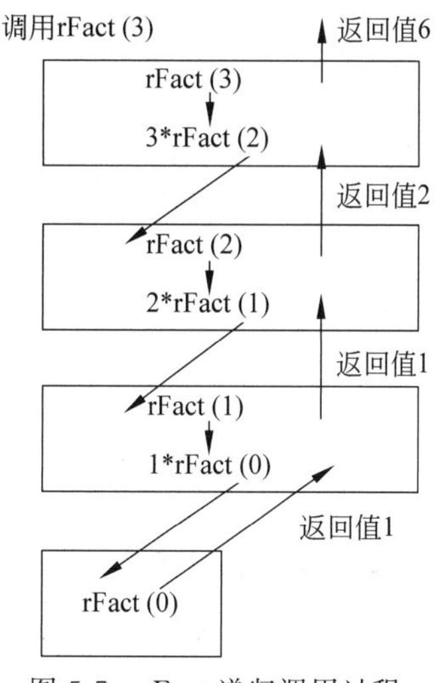

图 5.7　rFact 递归调用过程

在这个过程中要注意：

(1) rFact (3)的执行过程中转去调用了另一个函数，这另一个函数是谁呢？恰好是它自己！这就是**递归调用**。

(2) 一个问题的递归函数从代码形式上，比问题的迭代描述对应的函数定义要简单得多，没有使用任何循环结构(但实际上内部蕴含着另一种“重复”，即递归)。但是它的执行效率哪个会更高呢？递归定义的执行效率高于迭代循环的执行效率吗？答案应该是显然的，因为递归定义的函数，在执行过程中，系统开销比较大，递归调用的次数越多，函数调用堆栈就越大，进栈出栈所用的时间就越多，不仅要占用比较大的栈空间，还要耗费比较多的时间，因此递归调用的效率比较低。但是很多问题用递归定义会非常简洁、清晰，而现代计算机的运行速度已经大大提高，存储容量也很大，所以问题的递归定义和求解有很大的应用空间。下面再看两个例子。

【例 5.15】 定义斐波那契数的递归函数。

从 5.3.1 节斐波那契数的递归描述不难看出，第 n(n＞1，n 从 0 开始) 项斐波那契数 f(n) 是第 n－1 个斐波那契数 f(n－1)和第 n－2 个斐波那契数 f(n－2)之和，因此很容易写出求斐波那契数递归函数 rFib，请看程序清单 5.13。

程序清单 5.13

源码 5.13

```
/* 递归实现第 n 个 Fibonacci 数的计算 */
#001 int rFib(int n){
#002     if(n==0 || n==1)
#003         return n;
#004     else
#005         return rFib(n-1) +rFib(n-2);
#006 }
```

可以看到,斐波那契递归调用与递归求阶乘调用有所不同。每次斐波那契数的计算都要有两次递归调用,图 5.8 给出了 rFib(4)计算的递归调用过程,斐波那契数递归调用呈现一个倒置的树状,不难想象当要求的斐波那契数比较靠后时,即 n 比较大时,这棵树会非常庞大。这个斐波那契数递归调用的次数会以几何级数的速度增长。n 等于 4 时,计算出 rFib(4)就要 2^3 次递归调用,一般来说,计算 rFib(n),就要 2^{n-1} 递归调用,系统开销猛增。当 n 大到一定程度的时候系统有可能造成瘫痪。大家可以尝试一下 n 超过 40 的时候调用 rFib(n)的执行效果,可能会发现速度很慢了。

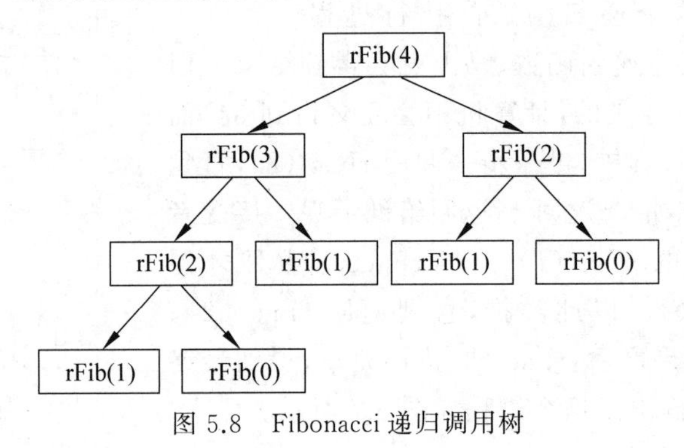

图 5.8 Fibonacci 递归调用树

思考题:从图 5.8 可以看出,rFib 递归过程中存在许多重复的递归调用,问如何改进 rFib 的定义,才能避免重复递归。

【例 5.16】 汉诺(Hanoi)塔问题。

汉诺塔问题是一个非常经典的数学问题。传说在远东的一个寺庙里,有 3 根木桩,其中一根木桩上套有 64 个盘子,它们从下到上一个比一个小,僧侣们要把它们移动到另一根木桩上去,要求每次只能移动一个盘子,而且保证小的要在上,大的在下,移动时可以借助第三根木桩。僧侣们最初遇到这个问题时陷入了困境,无法解决,互相推卸任务,最后推到了寺庙的住持身上。聪明的住持思考后对副住持说,你只要能把前 63 个盘子由一根桩移到另一根桩上,我就可以完成 64 个盘子的移动。副住持对另一个僧侣说,你只要能把前 62 个盘子由一根桩移到另一根桩上,我就可以完成 63 个盘子的移动…… 第 63 个僧侣对第 64 个僧侣说,你能把上面 1 个盘子由一根桩移到另一根桩上,我就能完成 2 个盘子的移动。第 64 个僧侣很容易地实现了将 1 个盘子由一根木桩移到另一根木桩的任务,第 63 个僧侣也很容易地实现了 2 个盘子移动……最后寺庙的住持就很容易地实现了将 64 个盘子由一根桩移到另一根桩的任务。这样一个复杂的问题用非常简单的思想方法解决了。这个过程就是用了递归回代的过程。

如果用字符 A 表示第一根树桩，字符 B 表示第二根树桩，字符 C 表示第三根树桩，8 个盘子的递归移动过程如图 5.9 所示。从 A 移动 8 个盘子到 B，只要能先从 A 移动 7 个盘子到 C(B 起辅助作用)，就可以完成 8 个盘子从 A 到 B 的移动。因这时只要把第 8 个盘子从 A 移到 B，再从 C 把 7 个盘子移动到 B(A 起辅助作用)即可。这样递归下去，直到只有一个盘子的时候直接移动即可，再逐个回代完成 2 个盘子、3 个盘子直到 8 个盘子的移动。

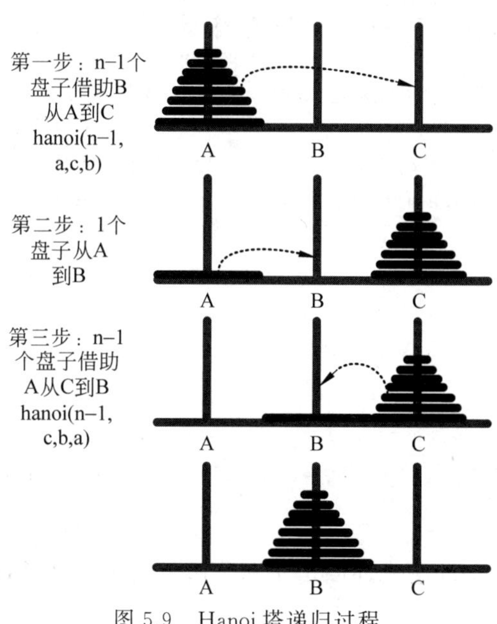

图 5.9　Hanoi 塔递归过程

如果定义递归函数

```
hanoi(int n,char a,char b, char c);
```

表示从 a 代表的柱子移动 n 个盘子到 b 代表的柱子，c 代表的柱子起辅助作用，那么从 a 代表的柱子移 n－1 个盘子到 c 代表的柱子，b 代表的柱子起辅助作用，就是要调用

```
hanoi(n-1,a,c,b);
```

而从 c 代表的柱子移动 n－1 个盘子到 b 代表的柱子，a 代表的柱子起辅助作用，就是要调用

```
hanoi(n-1,c,b,a);
```

剩下一个盘子的移动用输出语句

```
printf("move disk %d from %c to %c\n",n,a,b);
```

表示。注意，这个过程的顺序是先移 n－1 个，再移一个，再移 n－1 个，完整的实现见程序 5.14 中的函数 hanoi 定义。

程序清单 5.14

源码 5.14

```
#001 /*
#002 * Hanoi.c :  递归实现 Hanoi 塔
```

```
#003 */
#004 void hanoi(int n, char a, char b, char c);
#005 int main(void){
#006     Hanoi(3,'A','B','C');
#007     return 0;
#008 }
#009 /* 递归实现n个盘子从a代表的柱子移动到b代表的柱子,c代表的柱子辅助 */
#010 void hanoi(int n, char a, char b, char c){
#011     if(n==1)
#012         printf("move disk %d from %c to %c\n",n,a,b);
#013     else{
#014         hanoi(n-1,a,c,b);              //先n-1个盘子从a到c
#015         printf("move disk %d from %c to %c\n",n,a,b); //剩的一个盘子从a到b
#016         hanoi(n-1,c,b,a);              //再n-1个盘子从c到b
#017     }
#018 }
```

运行结果:

```
move disk 1 from A to B
move disk 2 from A to C
move disk 1 from B to C
move disk 3 from A to B
move disk 1 from C to A
move disk 2 from C to B
move disk 1 from A to B
```

思考题: 比较一下一个问题的递归定义和非递归描述(迭代循环)有什么不同。

视频

5.4 用计算机绘图

问题描述: 在一个矩形内随机地绘制若干个半径随机的圆,结果如图5.10所示。

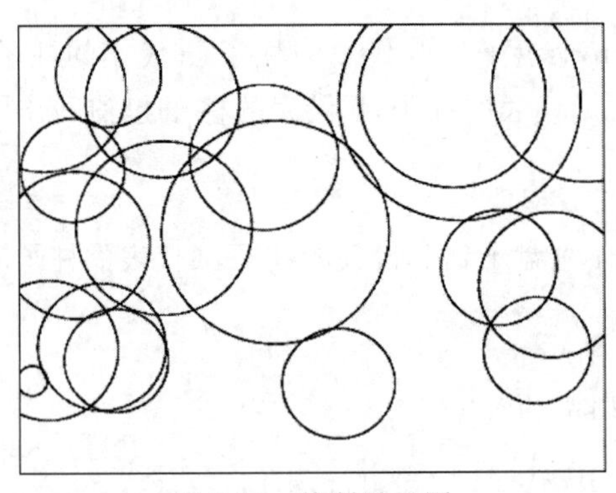

图5.10 绘制随机圆

问题分析:

前面曾经讨论过用计算机打印图案的问题,但那仅仅是用字符拼凑出来的,而且是只能在DOS窗口中显示的图案。现在要绘制的是真正的图形,这种绘制是比较困难的。它涉及计算机的一个重要的组成部分——显示器的工作原理,还涉及计算机是如何表示图形、如何生成图形、怎么处理图形等一系列问题，真正要搞懂这些还要学习一门重要的专业课“计算机图形学”才行。这么说来岂不是我们现在不能让计算机绘图啦？其实不然，我们知道，在屏幕上输出文字信息是通过调用 printf 函数来实现的，只需告诉 printf 函数要输出什么信息就可以了，至于它怎么把信息输出到屏幕上的具体细节可以一概不知，也没有必要知道那么多细节。这样的事实告诉我们，**函数作为一个模块不仅起到“分而治之”的作用，还具有非常重要的细节隐藏(信息隐藏)、代码重用的作用**。对于绘图来说，已经有各种各样的绘制图形的函数库存在，同样也不需要我们知道具体的绘图细节。本节以一个简单的图形函数库为背景，学习一些跟函数库相关的重要概念，介绍**接口、函数库的基本结构和建立方法，同时介绍具有更多含义的全局变量(包括 extern 和 static)**。

Windows 操作系统的图形库是 Win32 GDI(以及新版的 GDI+、Windows Vista/7 的 Direct2D)，Linux/UNIX 操作系统的图形库是 Xlib，它们都是底层的图形库。还有很多更加专业的图形库(位于底层图形库之上的)，非常著名的有两个：

① 跨平台的、高性能图形的工业标准库 OpenGL。

② 微软公司的多媒体编程接口 DirectX。

无论是哪个图形库，无外乎是两种主要形式：一种形式就是纯粹的**函数库**，另一种形式是**面向对象的类库(或模板类库)**。这里只讨论函数图形库，而且是一个比较高层的、非常简单的图形库，它只有下面几个函数组成：

```
① 图形初始化函数 void InitGraphics(void);
② 移动画笔函数 void MovePen(double x, double y); //绝对坐标作为参数
③ 画线函数 void DrawLine(double dx, double dy); //相对坐标作为参数
④ 画弧函数 void DrawArc(double r, double start, double sweep); //start,sweep 是角度
⑤ 获得绘图窗口的宽度函数 double GetWindowWidth(void);
⑥ 获得绘图窗口的高度函数 double GetWindowHeight(void);
⑦ 获得当前画笔所处位置的 x 坐标函数 double GetCurrentX(void);
⑧ 获得当前画笔所处位置的 y 坐标函数 double GetCurrentY(void);
```

它们的原型声明包含在头文件 graphics.h 中，函数定义包含在 graphics.c 中，限于篇幅，这里省略，请到本书配套的**课程平台下载**。

一般来说，图形要绘制到某一个矩形区域中(当然这个区域可以是整个屏幕，甚至是一个比屏幕还大的区域，但无论如何都是矩形的)，这个矩形称为**图形窗口**。可以想象它是一个绘图平面或者是一块画布，也可以把这个平面想象成一个抽象的网格。它有两个坐标轴 x、y，这与一般的平面直角坐标系一致，图形窗口中的每个点用坐标(x,y)表示。让计算机绘图，可以想象有一支抽象的笔在绘图平面上移动，绘图的过程就是笔的坐标移动的过程。笔移动的方式有两种形式：**相对坐标移动和绝对坐标移动**。所谓相对坐标是相对于笔的当前位置(x,y)，给它一个增量 dx、dy，用(dx,dy)就可以确定画笔的新的位置，这个新的位置是用相对坐标确定的；而绝对坐标是画笔相对于原点所处的位置确定笔的新位置。我们的图形库 graphics 的图形窗口比较特别，它不是真正的窗口的某一部分，是一张抽象的“纸”，它的默认大小是 8.5 英寸宽，11 英寸高，与 A4 纸的大小差不多(A4：8.28×11.7 英寸)。绘制图形就是绘制到那张抽象的纸上。具体绘制时，首先用绝对坐标确定一个笔的起始位置，从这个起始位置开始就可以做相对的移动，画出线来。如果再次改变笔到新的起始位置，就可以画出更多的线，从而得到想要的图形。

在绘制图形之前,我们可以进一步隐藏一些细节,用给定的8个函数再定义自己的两个绘图函数:一个是DrawBox,另一个是DrawCircle,它们的原型为

```
void DrawBox(double x, double y, double width, double height);
void DrawCircle(double x, double y, double r);
```

画一个方框只需提供方框的左下角的坐标,高度和宽度即可;画一个圆只需提供圆心坐标和半径即可。为了产生一个随机整数,这里还定义了一个可以返回一个某个范围内的随机实数的函数RandomReal,其原型为

```
double RandomReal(double low, double high);
```

它们的具体实现,以及使用它们绘制图形的程序见程序清单5.15。

这里要特别注意,使用graphics函数画一个图形的第一件事情就是#022行的函数调用InitGraphics(),图形初始化,它所做的事情就是为我们准备好一张空白的画纸;然后是调用GetWindowWidth和GetWindowHeight获得这张画纸的宽和高。接下来就开始画图了,程序中使用一个循环,反复调用RandomReal函数,随机产生圆的位置坐标和半径,并调用drawCircle画出了20个圆,最后调用DrawBox画出了图形的外方框。

需要说明的是,用这个简单的图形库绘制的结果是一个特定格式的文件graphics.ps,注意这个文件的扩展名是ps,它是PostScript的简称。PostScript是主要用于电子产业和桌面出版领域的一种页面描述语言和编程语言(参考http://en.wikipedia.org/wiki/PostScript和http://www-cdf.fnal.gov/offline/PostScript/BLUEBOOK.PDF)。这种ps语言格式的图形文件,并不是大家熟悉的图像格式,要看到这个图形文件中的图形必须用专门的工具。一种方法是用GSview软件查看,需要先安装Ghostscript(PostScript语言解释器),它们两个都可以在http://pages.cs.wisc.edu/~ghost/gsview/免费得到;另一种方法是用Acrobat distiller软件(它与Acrobat reader打包在一起发布的),这个软件可以把ps格式文件转换为pdf格式的文件,然后再用pdf阅读器查看,如Acrobat Reader。

算法设计:

① 初始化图形环境;

② 获得默认窗口的大小;

③ 随机绘制20个圆;

④ 绘制一个窗口大小的矩形。

程序清单5.15

源码5.15

源码graphics.c

```
/*
 * randCircles.c : 在一个矩形框中随机绘制若干个圆。这个程序不能单独编译链接,因为还需要
 * graphics.h 文件和 graphics.c 文件,因此最好建立一个工程,把这两个库文件放在工程里
 */
#001 #include <stdio.h>
#002 #include <stdlib.h>        //for srand(),rand()
#003 #include <time.h>          //for time()
#004 #include"graphics.h"                                   //for graphics interface
#005 #define PI 3.1415926
#006 /* Function prototypes */
```

```
#007 void DrawBox(double x, double y, double width, double hight);
#008 void DrawCircle(double x, double y, double r);
#009 double RandomReal(double low, double high);
#010 /* main program */
#011 int main(void){
#012     int i;
#013     double x,y,r;
#014     double cx, cy;
#015     InitGraphics();            //初始化图形库接口,默认绘图窗口的大小为 8.5×11.0
#016     cx=GetWindowWidth() / 2;   //求窗口的中心
#017     cy=GetWindowHeight() / 2;
#018     srand(time(0));            //设置随机数的种子
#019     for(i=1;i<20;i++) {
#020         x=RandomReal(0.2,8);   //随机的产生圆心坐标 x,y 和半径 r
#021         y=RandomReal(0.2,11);  //坐标原点在窗口的左下角
#022         r=RandomReal(0.2,2.5);
#023         DrawCircle(x,y,r);     //画圆
#024      }
#025      DrawBox(0,0,2*cx,2*cy);//以窗口大小画一个框
#026      return 0;
#027 }
#028 /*
#029 * Function: DrawCircle
#030 * Usage: DrawCircle(x, y, r);
#031 * -----------------------
#032 * This function draws a circle at (x, y) and radius r.
#033 */
#034 void DrawCircle(double x, double y, double r){
#035      MovePen(x,y);              //画图的过程：先移动笔到指定位置
#036      DrawArc(r,0,360);          //然后画一个 360°的弧
#037 }
#038 /*
#039 * Function: DrawBox
#040 * Usage: DrawBox(x, y, width, height)
#041 * ----------------------------------
#042 * This function draws a rectangle of the given width and
#043 * height with its lower left corner at (x, y).
#044 */
#045 void DrawBox(double x, double y, double width, double height)
#046 {
#047     MovePen(x, y);             //画图的过程：先移动笔到指定位置
#048     DrawLine(0, height);       //然后画线到指定位置
#049     DrawLine(width, 0);        //再画到另一个点
#050     DrawLine(0, -height);      //再画到另一个点
#051     DrawLine(-width, 0);       //再画到另一个点
#052 }
#053 /*
```

源码

graphics.h

```
#054 * Function: RandomReal
#055 * Usage: RandomReal(l,h)
#056 * ----------------------------------
#057 * generates a random real number betweens given low and high
#058 */
#059 double RandomReal(double low, double high){
#060     double d;
#061     d=(double) rand()/((double) RAND_MAX +1); //用随机整数产生小数(倒数)
#062     return (low +d * (high-low));              //再映射到某个范围 low,high之间
#063 }
```

5.4.1 接口设计

什么是接口(interface)? 通常接口是指两个独立的实体之间的公共边界。例如,池塘的表面就是水和空气的接口;汽车驾驶的控制装置(方向盘、变速器、离合器、油门等)就是驾驶员和汽车的接口。在程序设计中,**接口是函数库的实现与使用库的程序之间的边界**。当程序调用接口中的函数时,信息会穿越这个边界。一般来说,实现接口的程序员和使用接口的程序员是不同的,前者叫作**实现者**(implementor),后者称为**客户**(client)。客户是通过接口来使用库函数的,客户不必知道库函数的实现细节,只需知道如何调用它,就像驾驶员不一定知道汽车的内部构造和工作原理,只要知道怎么通过控制接口使用它就可以了。

接口是为客户服务的,在接口中必须有足够的信息供客户使用。在一个接口中应该包括:(1)为客户编写的注释;(2)函数的原型;(3)常量定义;(4)类型定义。接口文件就是大家熟悉的头文件,它的基本结构如下:

```
//注释部分:库接口的说明,包括作者信息、版本及整个库的一般性介绍
#ifndef _name_h                                    //预处理封套
#define _name_h
  接口项:包括函数的原型、常量定义、类型定义
  对每一个接口项都包括详细的注释。
#endif
```

程序员有了函数库的接口文件,就可以通过函数原型了解如何调用库函数了。函数库、接口和应用程序之间的关系如图5.11所示。

本节介绍的图形函数库的接口(函数的原型声明)对应的头文件是graphics.h,其中包含供大家使用的8个绘图函数的详细注释和原型声明。如果大家已经下载了它,就可以看到画线函数DrawLine的注释和原型。

```
#001 /*
#002  * Function: DrawLine                        //函数名称
#003  * Usage: DrawLine(dx, dy);                  //函数调用格式
#004  * -----------------------
#005  * This procedure draws a line extending from the current
#006  * point by moving the pen dx inches in the x direction
#007  * and dy inches in the y direction.  The final position
#008  * becomes the new current point.
```

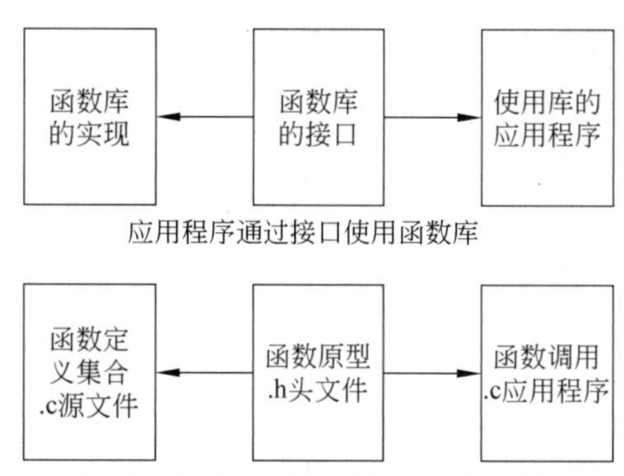

图 5.11　函数库的实现、接口和应用程序的关系

```
#009   */
#010 void DrawLine(double dx, double dy);            //函数原型
```

有的读者可能认为,一个接口的定义就是一些注释和函数原型,这好像没有什么技术含量。其实不然,接口也是要设计的,并且也是很讲究的。同一个库,可能会有不同的接口。库中可能有很多函数,但不是所有的函数都要作为接口对外开放。确定哪一组函数对用户开放,需要做一个多方面的权衡。一般来讲,接口应该满足下面的特性。

- 同一性:一个接口应该是某一明确主题的抽象,如果某一函数不适合这个主题就应该把它放到另外的接口中。绘图库不要掺杂与绘图无关的函数。
- 简单性:问题的求解算法可能非常复杂,但接口必须对客户隐藏那些复杂的细节,给客户呈现一个简单的界面。尽可能让用户使用方便,以减少客户程序设计过程的复杂度。
- 充分性/完备性:接口必须提供足够的功能以满足客户的需求。简单性可能使接口过于简单以至于接口变得毫无用处。客户需要完成一些具有某种内在复杂性的任务时,接口却隐藏了它,所以就不能满足客户的需要,就不具有充分性。简单与充分/完备是一对矛盾,在它们之间的权衡是接口设计最基本的挑战之一。
- 通用性:一个设计良好的接口应该足够灵活,以满足不同客户的需求。也就是说,它不应该只能解决某些特殊问题。应用范围越广,其通用性越强。
- 稳定性:不管接口函数的实现方法是否改变,其内部结构和原理是否有变化,接口函数的形式和功能必须保持不变。如果因为修改了函数的算法,功能和接口形式也发生了变化,那么使用这个接口的其他程序也要变化,这就是不稳定的接口。

5.4.2　接口实现

接口的实现不是直接为客户服务的,客户的程序只要链接接口的目标文件或库即可。下面从接口或库设计者角度讨论一下接口实现的问题。接口的实现也是从整个接口的注释开始,在每个接口函数定义之前也应该有相应的注释,必须注明接口实现的基本原理和方法,因为接口函数中的注释是为开发者自己或其他开发者服务的,只有这样,将来才有可能对其进行维护和修改。接口的实现对应的源程序文件(.c 或.cpp),其一般结构如下:

```
//函数库的一般性说明:包括作者,版本号,函数库的介绍
//函数库涉及的相关技术原理,如果这部分说的很细致,下面的函数实现就可以省略注释
  包含函数库需要的头文件
//函数库用到的符号常量注释
  和定义
//函数库用到的私有全局变量的注释
  私有全局变量的声明: static 全局变量
  函数库用到的私有函数的原型声明: static 函数
//接口函数的注释:
/* function: 函数名
 *    -------------------------
 *    函数实现的基本算法说明
 */
    接口函数的实现
    …
//私有函数的注释
    私有函数的实现
    …
```

接口实现的注释与给用户使用的接口注释大不一样,**接口注释强调的是函数的用法,实现注释强调的是函数是怎么实现的**。大家在写注释的时候要从读者对象的角度来考虑。

从上面接口实现文件的一般结构可以看出,接口实现的核心是各个接口函数的定义。由于每个接口与具体问题相关,涉及相关的专业理论和算法,所以不同的接口实现各有不同。但是它们有一些共同的基本技巧,如接口函数可能还需一些辅助的工具,使实现代码更清晰。这些辅助函数不是为客户提供的,它们是这个接口的**私有函数**;在接口实现中可能还需要一些符号常量;如果接口函数之间需要通信,除了用参数之外,有时使用一组共享的公共外部变量更为方便。因此可以在接口函数的外部、文件的较前面的部分定义一些称为**全局变量**的变量。这些全局变量也是专为这个接口文件服务的,因此也可以称其为**私有变量**。私有函数和私有变量的具体细节在5.4.3节详细讨论。

本节介绍的图形库接口实现对应的是graphics.c源文件(共192行,见程序清单5.15处)。绘图的基本原理现在稍微知道一点就可以了,通过这个图形库更重要的是学习它的实现方法,因此不讨论函数定义的具体代码。graphics.c文件的#013行和#036行是实现这个图形库的一般原理说明——它是基于PostScript语言的。#042行到#060行定义了几个符号常量:WindowHeight(11.0)、WindowWidth(8.5)和PSFileName(graphics.ps);#064行到#081行声明了几个私有的全局变量“bool initialized=0; FILE *psfile; double cx, cy; long nextWrite;”;#079行到#086行是一组**私有函数**(内部函数)的原型声明;#091行到#159行是所有接口函数的实现,也是这个文件的主要部分;#158行到#192行是所有私有函数的实现。详细内容请大家查阅源文件graphics.c,建议在集成环境中打开源代码文件。

5.4.3 全局变量

在5.2.2节已经讨论过在单文件内的外部变量,它是相对于那个文件的全局变量。如果一个应用程序包含多个源文件,在一个文件中定义的外部变量可否在另一文件中使用呢?

答案是可以，其实这才是真正的全局变量，这样的全局变量是相对于整个应用程序的，其定义方法与单个文件内的外部变量定义相同。在一个文件中函数外部定义的变量，在其他文件中只要用 extern 给以声明即可。对于多个文件的应用程序，函数外部定义的变量有时不需要所有的文件都有共享的权利，只希望在它所在的文件内使用，这样的全局变量称为**私有变量**，这个"私"是相对于该文件而言。例如，在图形库 graphics.c 的实现中，所有的图形操作函数需要知道画笔的当前位置状态，为了方便各个函数的使用，可以在文件的前部、函数的外面定义

```
double  cx,cy;
```

这样，变量 cx、cy 就是所有接口函数以及工具函数共享的全局变量了，MovePen、DrawLine、DrawArc 等函数会修改它们的值，GetCurrentX 和 GetCurrentY 可以读到它们的值，它们始终表示画笔的当前状态。但是这样的外部变量如果在其他源文件中增加一行声明：

```
extern double  cx,cy;
```

那么在那个文件中非接口函数也就可以修改或访问这个全局变量了，这显然是不正确的，极易造成错误的修改。为了阻止其他文件的函数访问这两个变量，就要在定义它们的时候声明成 static，即

```
static double  cx,cy;
```

这样定义的全局变量就限制在它所在的文件之内了，这两种形式的全局变量有什么异同呢？

首先，它们都具有静态存储期，也就是说，在整个程序开始执行时它们就已经存在。**全局变量具有静态存储期**。

其次，它们的作用域都不是块作用域了，私有的**全局变量具有文件作用域**。这里的文件作用域的含义有点复杂。因为一个应用程序可能被分解为多个文件模块，所以文件作用域是包含所有的文件模块，还是仅就某个文件模块而言是有很大区别的，因此也有人为了区分这两种情况，把对于所有文件模块都有效的情况称为**程序作用域**。C/C++ 规定对于没有 static 说明的全局定义变量默认具有程序作用域，也就是对所有的文件模块都可见，但是这时在非定义该变量的文件中，要使用该变量的函数之前，必须增加一个**引用性说明**：

```
extern 变量类型 变量名;
```

这个说明告诉编译器，要使用的变量在另外某个文件模块中，这个说明中的变量名同另一个文件模块中定义的变量同名。而 static 类别的全局变量则具有真正的文件作用域，仅在该变量所在的模块文件中可见。

非私有的全局变量声明之后，有 extern 外部说明的文件就可以使用该变量，它实际上是为**链接器**服务的。整个应用程序的各个模块编译之后，在链接的时候就要查看哪个文件中有 extern 说明，如果有就把该变量的定义信息与它链接，这样在执行的时候才可以找到对应的变量，因此通常把变量的这种特性称为**链接(linkage)**。在函数外部定义的变量，可以在其他文件模块中用 extern 说明的变量具有外部链接；在函数外部定义但是私有的变量，称为具有内部链接；而在函数内部定义的静态变量，则称为**空链接**。

变量的存储期、作用域、链接等概念比较容易混淆，不易理解，表 5.1 是它们的对照。

表 5.1　几种存储类别的变量特征对照表

存储类型	存储期	作用域	链接	定义和声明形式
自动	自动	块	空	块内,auto
寄存器	自动	块	空	块内,register
外部变量	静态	(多)文件	外部	函数外定义,extern 声明
静态私有	静态	(单)文件	内部	函数外,static
静态局部	静态	块	空	块内,static

全局变量提供了多个函数之间共享信息的一种手段,但是这样无限制地访问变量通常被认为是有害于程序的可读性和可维护性。严格地通过函数参数传递进行函数之间的信息交换是比较好的软件设计习惯。适度地使用全局变量,特别是私有的全局变量,在某种程度上是对这种矛盾的折中,它既可以共享信息,又控制了变量的使用范围。在 graphics.c 中就使用了私有的全局变量。大家可以再看一下完整的 graphics.c 源文件。下面再给大家一个简单的例子。

【例 5.17】 接口和全局变量举例。

假设有一个简单的接口 global.h、实现 global.c 和 main.c 如下,把它们都添加到一个工程 globleTest 中。

程序清单 5.16

源码 5.16

```
//global.h : 其中声明了 3 个函数,形成了一个接口
#001 #ifndef global_h
#002 #define global_h
#003     void func1(void);
#004     void func2(void);     //接口函数的原型声明
#005     void func3(void);
#006 #endif
```

```
// global.c: 接口的实现和全局变量
#001 #include<stdio.h>
#002 static int a;                //私有变量,在本文件中是全局变量,仅在这个文件中可见
#003 int b;                       //全局变量,可以在多文件中可见
#004 void func1(void){
#005    a=1;
#006    b=1;
#007    //c=1;                    //c 在这之前没有声明,因此不可见
#008    printf("funct1:a,b are %d %d\n", a, b);
#009 }
#010 int c;                       //c 从这里开始可见
#011 void func2(void){
#012    a=2;                      //全局变量在函数中都可见
#013    b=2;  c=2;
#014    printf("funct2:a,b,c are %d %d  %d\n", a, b, c);
```

```
#015 }
#016 void func3(void){
#017    a=3; b=3; c=3;
#018    printf("funct3:a,b,c are %d %d  %d\n", a, b, c);
#019 }
```

```
// main.c: 接口的应用及外部变量
#001 #include<stdio.h>
#002 #include"global.h"
#003 void func4(void);              //临时需要的函数
#004 //extern int a;                //声明外部变量,在其他文件中定义的变量
#005 extern int b;                  //这样才能在本文件中使用,但 a 在外部已经是私有的
#006 int main(void){
#007      func1();  func2(); func3();
#008      //a+=10;                   //编译会出错,a 没有定义
#009      b+=10;
#010      //c+=10;                   //c 没有定义
#011      printf("main:b is%d\n",b);
#012      func4();
#013      return 0;
#014 }
#015 extern int c;
#016 void func4(void){
#017      //a+=10;                   //编译会出错,a 没有定义
#018      b+=10; c+=10;
#019      printf("func4:b,c are %d %d\n",b,c);
#020 }
```

程序中定义了3个全局变量a、b和c,它们的作用范围有所不同。变量a具有文件作用域,它仅在global.c中对所有3个函数可见(注意对在定义之前存在的其他函数是不可见的,一般都把私有变量声明行放在所有函数的顶部),虽然在main.c中给出了外部变量说明extern int a,但是由于变量a是global.c的私有变量,所以在main.c中的#008行和#017行对变量a的使用都是错误的(undefined reference to a);变量b具有程序作用域,在main.c中有对它的引用性说明(extern);而变量c虽然也在main.c中给出外部变量声明extern int c,但是该说明是在main函数之后,所以它对main函数不可见。

5.4.4 私有函数

对于函数来说,在一个文件中定义的函数,在另一个文件中只要包含它的函数原型声明就可以被调用,函数的这种特性与外部变量类似。之前所定义的每一个函数都具有这种特性,具有这种特性的函数称为**外部函数**。外部函数的定义

返回值类型 函数名(参数列表){ 函数体 }

在其首部省略了函数的存储类型extern。也就是说,函数定义默认是外部函数。

如果一个函数不允许其他模块(文件)中的函数调用,就要把它定义成静态存储类型的

函数，即

```
static 返回值类型 函数名(参数列表){ 函数体 }
```

这样的函数称为**内部函数**或**私有函数**。本节介绍的图形函数库 graphics.c 文件中就定义了 6 个私有函数：

```
#081 static void InitCheck(void);
#082 static void WritePostScriptHeader(void);
#083 static void WritePostScriptTrailer(void);
#084 static void ResetFilePointer(void);
#085 static double Pts(double inches);
#086 static double Radians(double degrees);
```

它们仅为接口函数服务，不允许客户程序调用。这样使得这个模块（文件）中的函数公私分明。

5.4.5 建立自己的库

计算机中的库(library)是一些子程序(C/C++ 语言中的函数)或类(C++ 等面向对象程序设计语言中的类或模板类)的集合，它是软件开发的工具。库是不能单独运行的，它包含的代码和数据服务于其他具体的应用程序(包括可执行程序)。库的存在使得代码和数据的变化或修改更加模块化。库按照其建立和应用的机制不同可分为静态库(static library)和动态库(dynamic library)或共享库(shared library)。不管是哪种库，都是多个目标文件打包的结果，库是一种文件。

静态库也叫静态链接库(static-link library)，它也叫档案文件(archive)。静态库是在应用程序编译时(compile time)(包括编译、链接阶段)，由链接器(linker)把目标库和应用程序链接在一起，生成一个可执行应用程序。在 Windows 下静态库文件的扩展名是 lib，而在 Linux/UNIX 下则是 a。在静态库中可以服务于其他程序的函数必须具有供外界使用的接口。如果多个应用程序需要静态链接某个库，它们将各自有自己的库拷贝。

动态库也叫动态链接库(dynamic-link library)，在 Windows 下简称 DLL，它是在应用程序加载时(load time)或运行时(run-time)由一个加载器(loader，操作系统的一个组成部分)加载的库。如果应用程序需要动态库，在编译时，链接器只做很少的工作，仅仅记录所需库函数的基本信息，大多数工作是在运行时或加载时完成。如果有多个应用程序需要某个 dll 库，在内存中只需要一个那种库的映像拷贝。

如何创建一个静态库或共享库呢？又如何使用自己创建的库呢？不同的开发环境建立库的方法大同小异，限于篇幅，这里不再赘述，具体内容请参考本书配套的《问题求解与程序设计习题解答和实验指导》。

视频

5.5 学生成绩管理——大规模问题求解

问题描述：

建立一个学生成绩管理系统，使其运行时弹出菜单界面如下：

```
学生成绩管理系统欢迎您,请选择:
==================================
          1--输入成绩
          2--修改成绩
          3--查询成绩
          4--统计成绩
          5--输出报表
          0--退出
===============================
```

当用户输入不同的数字时,执行不同的功能。

问题分析:

前面几章曾多次提到学生成绩问题,但都比较简单。现在希望开发一个比较完整的学生成绩管理系统。系统要求具有输入学生成绩、修改学生成绩、统计学生成绩、查询学生成绩、输出学生成绩(报表)的功能。它包含几个子系统:输入成绩子系统、修改成绩子系统、查询成绩子系统、统计成绩子系统、输出报表子系统等。

系统的层次结构图如图 5.12 所示,每个子系统的内部细节现在可能还不能很好地实现,但主流程可以明确了,如图 5.13 所示。这个系统的实现可能要包含很多函数模块,如果这些函数都和 main 函数放在一个源文件中,就特别不易管理和维护。因此常常把它们划分到多个程序文件(文件模块)中。

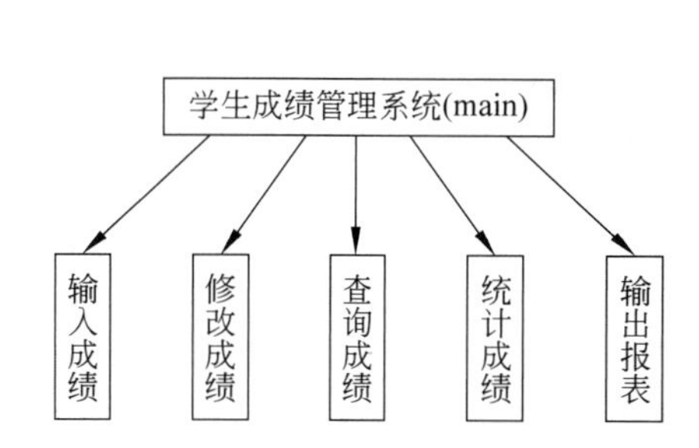

图 5.12 学生成绩管理系统功能层次结构图

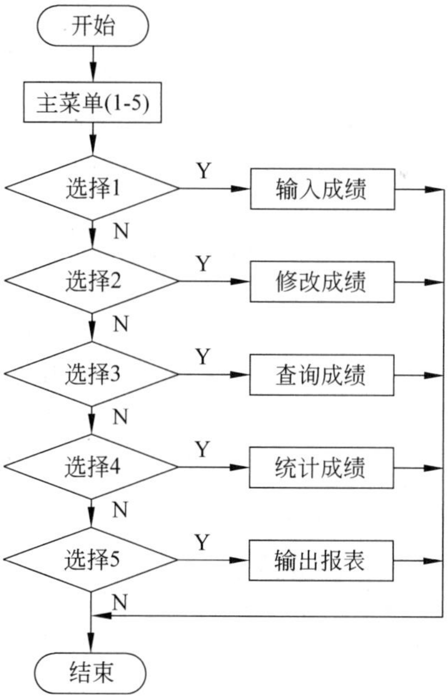

图 5.13 学生成绩管理系统主流程图

```
sgms.c 对应主流程的主程序模块
input.c,input.h 对应输入子系统的程序模块
modify.c,modify.h 对应修改子系统的程序模块
query.c,query.h 对应查询子系统的程序模块
```

statistic.c,statistic.h 对应统计子系统的模块
report.c,report.h 对应报表子系统的程序模块

本节主要讨论多文件模块构成的应用程序如何编译链接。

算法设计：

请按图 5.13 所示的流程图写出算法的具体步骤。

程序清单 5.17

源码 5.17

```
#001 /*
#002 * sgms.c : 学生管理系统主模块
#003 */
#004 #include<stdio.h>
#005 #include<stdlib.h>          //for system("cls")
#006 #include<conio.h>           //for getche()getch()
#007 #include"input.h"
#008 #include"modify.h"
#009 #include"query.h"
#010 #include"statistic.h"
#011 #include"report.h"
#012 #include"sgms.h"
#013 int main(void){
#014 char choose, yes_no='\0';
#015 do{
#016     system("cls");           //清除屏幕
#017     menu();
#018     choose=getch();
#019     switch(choose)         {
#020     case  '1': input();break;
#021     case  '2': modify(); break;
#022     case  '3': query(); break;
#023     case  '4': statistic(); break;
#024     case  '5': report();break;
#025     case  '0':       break;
#026     default:  printf("   %d为非法项!\n",choose);
#027       }
#028       if (choose=='0' )   break;
#029       printf("\n     要继续选择吗?(Y/N)? \n");
#030       do {
#031           yes_no=getch();
#032 }while(yes_no !='Y' && yes_no !='y' && yes_no !='N' && yes_no !='n');
#033    }while(yes_no=='Y' ||  yes_no=='y');
#034 }
#035 void menu(){
#036      printf("     |-----------------------------------------|\n");
#037      printf("     |              请输入选择的数字字符          |\n");
#038      printf("     |-----------------------------------------|\n");
```

```
#039      printf("     |         1--输入成绩(input grade)          |\n");
#040      printf("     |         2--修改成绩(modify grade)         |\n");
#041      printf("     |         3--查询成绩(query grade)          |\n");
#042      printf("     |         4--统计成绩(statistic grade)      |\n");
#043      printf("     |         5--输出报表(print report)         |\n");
#044      printf("     |         0--退出 (exit)                    |\n");
#045      printf("     |-------------------------------------------|\n");
#046      printf("                                                \n");
#047 }
#048 //其他主模块中的函数定义
```

每个子系统对应两个文件：一个是子系统包含的函数原型的头文件，另一个是子系统包含的函数定义的文件。每个子系统中的函数模块，可以先只写出一个供测试用的函数框架，通常称其为“桩”(stub)，完整的实现在第6章之后介绍。下面仅以input模块为例给出对应的文件。

源码 input.h

```
#001 /*
#002 * input.h: 输入模块相关的函数原型
#003 */
#004 #ifndef SG_INPUT_H
#005 #define SG_INPUT_H
#006 void input();            //有待于真正实现时修改
#007   //其他 input 子系统中的函数原型
#008 void func();             //有待于真正实现时修改
#009 #endif                   // SG_INPUT_H
```

源码 input.c

```
#001 /* input.c: 输入模块相关的函数定义 */
#002 #include<stdio.h>
#003 //#include"input.h" //有时需要
#004 void input(void) {   //有待于真正实现时修改
#005      printf("1 ok\n");
#006      func();
#007 }
#008 //其他输入相关的函数定义
#009 void func(){             //有待于真正实现时修改
#010      printf("func ok\n");
#011 }
```

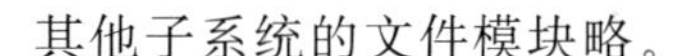

其他子系统的文件模块略。

5.5.1 程序文件模块

在5.1节通过自顶向下、逐步求精的策略，已经可以逐层地把问题从复杂到简单、从抽象到具体进行函数模块化。在这个过程中，可以抽象出很多函数模块。这些函数模块如果跟main函数都放在同一个文件中就显得非常笨拙，维护起来很不方便。比较好的做法是根据它们的功能把它们划分成若干个程序文件，每个程序文件中可能包含多个函数，像5.4

节的库接口那样,给每个程序源文件再配一个头文件(函数的原型、变量或类型的定义),这个头文件称为该程序模块的接口,这样那个程序源文件就是这个接口的实现。因此,一个比较大规模的问题的求解方案就是由若干个程序源文件+接口和一个主函数的程序文件组成,实际上这样的**源程序文件+接口**才是通常所说的**模块**,特别把主函数所在的程序文件称为**主模块**。模块之间通过各自的接口互相访问,互相服务,主模块是整个系统的控制中心。

学生成绩管理系统可以分解成五个程序模块,分别对应输入成绩子系统(input.c 和 input.h)、修改成绩子系统(modify.c 和 modify.h)、统计成绩子系统(statistics.c 和 statistics.h)、查询成绩子系统(query.c 和 query.h)、输出报表子系统(report.c 和 report.h)。

作为练习,请大家把算术练习系统(能够进行加减乘除练习)模块化,注意是程序文件模块。

5.5.2 构建多文件应用程序

对于多个程序文件模块组成的应用程序,每个程序文件模块要单独编译,生成相应的目标文件,再链接生成最终的可执行的应用程序,如图 5.14 所示。通常有两种方法构建多文件模块的应用程序:一是集成环境下建立一个工程,二是命令行下分别编译再链接,其实质都是一样的,都是分别编译再链接。

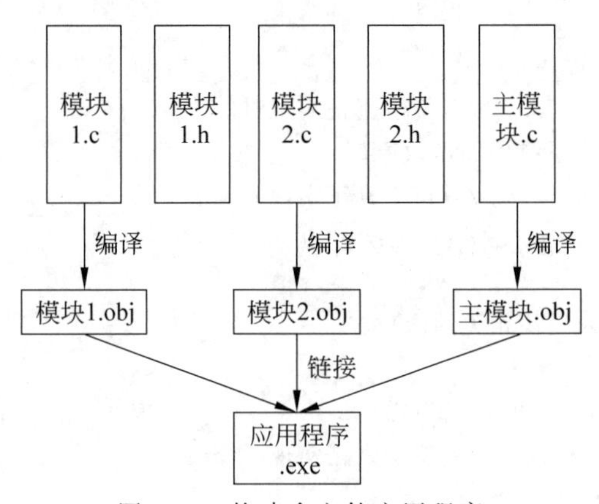

图 5.14 构建多文件应用程序

在集成环境下建立一个工程,逐个添加每个程序文件模块对应的文件(工程的具体操作请参考本书配套的《问题求解与程序设计习题解答和实验指导》)。建好工程之后,使用 build 命令就可以自动逐个地编译各个模块,生成每个程序模块的目标文件,最后链接生成可执行程序。使用工程的好处是,如果修改了某个模块,再次 build,系统会检测到哪些文件发生了变化,发生变化的会自动被重新编译,然后再自动重新链接,这些都是自动完成的。

使用集成环境建立工程构建多文件应用程序的方法固然很好。但命令行环境也是专业人士比较喜欢的方式,虽然它看上去不是那么直观,但用起来还比较方便,而且在没有窗口的时候必须采用这种命令环境方式。在命令行下开发多文件应用程序,最简单的方法就是直接使用 gcc 编译命令(注意只编译需要使用-c 选项)逐个编译各个源程序文件生成若干个目标文件,然后再使用带有-o 选项的 gcc 命令把它们链接成可执行程序。这样做有一个明显的不足,就是一个模块文件被修改之后,可能涉及多个其他的模块,就要逐个编译发生变化了的模块再链接,这个过程是比较烦琐的。

有没有人想到在命令行环境下也有像集成环境下建立工程那样方便的方法呢？有，真的有类似功效的工具，那就是 makefile 或 Makefile 文件和 make 命令。Makefile 或 makefile 文件是一个文本文件，它是按照一定规则书写的文件，它包含了如何编译各个模块，如何链接各个模块的必要信息，相当于把命令行使用 gcc 的过程写到了 makefile 文件中了。写好了 makefile 文件就可以使用 make 命令执行这个 makefile，在执行过程中就会自动检查各个模块的依赖关系，哪个模块最近做了修改，就会自动编译那个模块，最后自动链接成可执行文件。不同的环境下可能有不同的 make 命令，GNU Linux 系统下的与 UNIX 下的相同都是 make；MinGW 下与 gcc 一起的是 mingw32-make，Visual C++ 下的是 nmake。下面以学生成绩管理系统为例，看看简单的 makefile 文件是什么样子的。

```
/***********sgms makefile*****************/
#001 CC=gcc
#002 sgms: sgms.o input.o modify.o query.o statistic.o report.o
#003      CC -o sgms sgms.o input.o modify.o query.o statistic.o report.o
#004 sgms.o: sgms.c input.h modify.h query.h statistic.h report.h
#005      CC -c sgms.c
#006 input.o: input.c input.h
#007      CC -c input.c
#008 modify.o: modify.c modify.h
#009      CC -c modify.c
#010 query.o: qurey.c query.h
#011      CC -c query.c
#012 statistic.o: statistic.c statistic.h
#013      CC -c statistic.c
#014 report.o: report.c report.h
#015      CC -c report.c
```

这个文件的书写格式有严格的要求，**每个命令行必须用 Tab 键开始**，而不能用空格代替，如文件中的＃003 行对应的链接命令行，＃005 行对应的编译命令行。这个例子大家很容易看懂，每个.o 文件的生成对应两行。实际上 makefile 文件还有很多其他的规则和符号，有很多 makefile 文件初学者比较难看懂，这里就不进一步展开了，本书的配套实验指导稍稍展开了一点，详细介绍大家可参考官方文档 http://www.gnu.org/software/make /manual/make.html。

Makefile 或 makefile 文件是 make 命令使用的文件，所有的源程序模块文件准备好之后，放到某个文件夹内，就可以在命令行窗口用 make 命令进行编译链接了。对于 mingw 中的 gcc 而言，使用 mingw32-make 命令，具体格式如下：

```
mingw32-make -f makefile
```

或者省略-f 和 makefile：

```
mingw32-make
```

自动寻找需要的 makefile 文件。

小　结

本章介绍了“分而治之”的模块化程序设计思想和具体实现方法。模块的基本单位是函数,函数是结构化程序设计的主要部分之一,C语言也称为函数式程序设计语言。本章详细介绍了函数的定义、声明的具体方法,以及函数调用的具体机制。此外,还介绍了函数程序设计中非常重要的测试,只有通过测试才能知道函数是否实现了预期的功能。函数调用允许递归调用,因此可以定义递归函数,用递归思想解决一些用迭代方法比较难解决的问题。模块化不仅单指函数模块,更多的时候是指程序文件模块。每个程序文件模块对应一个接口和实现。不难发现模块化编程给我们带来的好处。当把一个比较大的问题合理地按照层次分解为若干函数模块之后,程序的结构就更加清晰了,每个模块的具体操作细节被隐藏起来了(有时我们不太关心函数的具体实现细节,只关心它具有的功能和用法)之后,会降低程序的修改难度和维护费用,更加易于管理和维护。很多模块还具有通用性,如果在一个问题的求解过程中实现了某个模块,在其他的问题求解时可以重用,这就是所谓的**代码重用**。

概念理解

1. 简答题

(1) 什么是函数定义?
(2) 什么是函数原型?
(3) 什么是函数调用?
(4) 什么是函数测试?
(5) 简述问题求解模块化的基本方法。
(6) 变量的数据类型与存储类别有什么不同?
(7) 问题的递归描述与迭代描述有什么不同?
(8) 全局变量与局部变量有什么不同?
(9) 自动变量与静态变量有什么不同?
(10) 函数调用堆栈是怎么工作的?

2. 填空题

(1) (　　)是C语言的基本模块。
(2) 函数是通过(　　)被执行的。
(3) 函数定义的头包括(　　)、(　　)和参数列表。
(4) 函数调用的实参可以是(　　)、(　　)和表达式。
(5) 函数原型声明了函数返回值类型、函数的(　　)个数、参数(　　)及参数(　　)。
(6) 编译器是用函数(　　)校验函数调用是否正确。
(7) C语言中所有的函数调用都是(　　)调用。
(8) 驱动程序用于(　　)函数的功能。
(9) 变量除了有类型之分,还有(　　)不同。
(10) 外部变量和静态变量的存储期都与(　　)的生命期相同。
(11) 外部变量和静态变量的作用域与它们的(　　)有关。

(12) 外部变量的作用域可以是跨(　　)的,静态变量的作用域限制在它所在的(　　)之内。

(13) 递归函数是由两部分组成的,一是(　　),保证递归可以结束,二是(　　),使问题的规模不断变小。

(14) 函数调用堆栈的栈帧内容包括(　　)和(　　)。

(15) 过度的递归调用会使系统(　　)。

常见错误

- 函数定义的参数列表右括号后使用了分号是一种语法错误。
- 函数原型忘记了末尾的分号是一种语法错误。
- 返回类型为 void 的函数,返回一个值会发出警告,而调用的结果参与其他的运算是语法错误。
- 函数内部再次定义函数的形参是语法错误。
- 递归函数在需要基本情况时返回值却没有返回会产生运行时错误。
- 在程序块嵌套的结构中有同名变量,试图在内层访问会产生逻辑错误。
- 函数定义放在函数调用之后,但没有在前面用函数原型声明会产生警告。
- 函数的原型与函数定义的头如果参数或返回类型不符,会产生编译错误。
- 函数调用时用参数是实参,实参是不需要在调用语句中声明类型的。
- 函数的功能过于复杂不是好的函数定义,应该尽量使其功能单一。
- 外部变量没有声明而使用是语法错误。

在线评测

1. 求和函数

问题描述:

定义一个求和函数 sum,它的功能是计算任意给定的正整数 n 以内(含该整数)的自然数之和,并测试它。

输入样例:

```
100
```

输出样例:

```
5050
```

2. 阶乘计算函数

问题描述:

定义一个函数 product,它的功能是计算任意给定的小于 20 的正整数 n 以内(含该整数)的自然数之积。写出 product 函数的原型,并测试它。

输入样例:

```
5
```

输出样例:

```
120
```

3. 温度转换函数

问题描述:

编写一个函数f2c,它把华氏温度转换为摄氏温度,转换公式是C=(5/9)(F-32),写出函数原型并测试之。

输入样例:

```
41
```

输出样例:

```
5
```

4. 数字字符判断的函数

问题描述:

编写一个函数isDigit,判断输入的一个字符是否是数字字符,并测试之。

输入样例:

```
1
```

输出样例:

```
1
```

5. 判断两个实数是否相等的函数

问题描述:

写一个函数approximatelyEqual,判断x, y是否近似相等,是返回1,否返回0。这里近似相等的判断条件是|x-y|/min(|x|,|y|)<eps, 其中min(|x|,|y|)是|x|与|y|的较小者,要求写一个求两个数的较小者的函数min,然后在approximatelyEqualeps中调用min函数求|x|和|y|的较小值。eps是控制x、y近似相等的精度,由用户运行时指定并通过参数传递给判断函数。

输入样例:

```
0.00002 0.00002001 0.001
```

输出样例:

```
1
```

6. 自定义的输出格式函数

问题描述:

定义一个函数myFormat,当它被调用一次时它就输出一个空格,但当它被调用10次时却输出一个回车换行,此函数无参数,无返回值。用打印1个5行10列的用*号组成的矩形图案测试之,即每打印一个*号调用一次myFormat函数,每行结尾的也调用但是输出的是回车换行。

输入样例:

```
无
```

输出样例:

```
* * * * * * * * * *
* * * * * * * * * *
* * * * * * * * * *
* * * * * * * * * *
* * * * * * * * * *
```

7. 牛顿法求一个数的平方根函数

问题描述:

17世纪,牛顿提出了下面求一个数x的平方根的方法:

(1) 给出一个猜测结果g,但猜测值必须小于或等于x,可以直接使用x本身作为猜测值 g。

(2) 如果猜测值足够接近正确结果,即 x 与 g×g 非常接近,则算法结束,g 就是最终的结果。

(3) 如果 g 不够精确,则用猜测值产生一个更佳的猜测值,具体方法是,用 g 和 x/g 的平均值作为新的猜测值。把新的猜测值作为 g,返回到(2),重复这个过程。

例如:求 x=16 的平方根,令 g=8,则新的 g

```
g=(g+x/g)/2
```

是 5,重复上面这个计算,依次得新的猜测值 4.1,4.001219512,4.00000018584。可以看出,猜测值越来越接近准确结果 4。设误差精度是 0.000001,结果为 4.000000。

输入样例:

```
16
```

输出样例:

```
4.000000
```

8. 计算两个整数的最大公约数

问题描述:

写一个函数,用欧几里得辗转相除法求两个整数的最大公约数,并测试。

输入样例:

```
4 6
```

输出样例:

```
2
```

9. 递归计算两个数的最大公约数函数

问题描述:

用递归函数实现求两个整数的最大公约数,并测试。

输入样例:

```
4 6
```

输出样例:

```
2
```

10. 递归计算正整数 n 的 k 次幂函数

问题描述:

用递归求一个正整数 n 的 k 次幂(k≥0),并测试。

输入样例:

```
3 4
```

输出样例:

```
81
```

11. 用递归把一个整数转换为字符串

问题描述:

键盘输入任意一个整数,用递归的方法输出与它对应的字符串,为了看得清楚,输出的字符之间用空格隔开。

输入样例:

```
123
```

输出样例:

```
1 2 3
```

项目设计

一个功能比较丰富的学生成绩管理系统

问题描述:

建立一个功能比较丰富的学生成绩管理系统。要求使用多函数,多文件,建立工程,进行真正的模块化程序设计。

提示:可以像5.5节建立的系统那样,先是用若干个“树桩”,把整体框架搭起来,编译链接通过后,再考虑尽量把那些功能模块函数实现,看看你现在能实现到什么程度,即什么样的输入模块、修改模块、查询模块、统计模块、输出模块、报表模块。可能有些模块还难以实现,主要是数据如何存放还没有解决。就现在的能力,数据该如何存储,各个功能函数有没有参数?如果有该是什么样?如果没有,各个模块如何共享数据等。

实验指导

第 6 章　批量数据处理——数组程序设计

学习目标：

- 理解数组存储数据的特点。
- 掌握数组声明、初始化、数组元素引用的基本方法。
- 理解数组作为函数参数的主要特征，掌握数组作为函数参数的基本方法。
- 理解并掌握交换排序法和选择排序法。
- 理解线性查找和折半查找的基本算法。
- 理解字符串的概念，掌握字符串的基本用法。
- 理解大整数的数组表示方法，实现大整数的计算方法。

至今为止，我们已经掌握了结构化程序设计的基本方法，已经能解决很多实际问题了，但是对有些问题的求解还是感到无能为力，如在学生成绩管理问题中，如果要求把全班学生成绩进行排序，用学过的方法就不好解决，你有解决的办法吗？再如在一个成绩单中查询某个同学的成绩，你现在能查吗？不好解决、甚至很难解决，其主要原因是什么呢？这类问题有什么特点呢？它跟学生成绩分组统计问题是大不一样的。分组统计问题在某一时刻要处理的数据只有一个，只需一个变量临时存储它就可以了，对它判断、求和、统计之后变量中的数据就可以不用了，下一时刻就被新的数据覆盖了。现在要对数据进行排序或查找，在进行之前，必须先把所有的数据（一般来说是比较多的数据）都存储起来，因为在对它们的排序/查找过程中，甚至是排序/查找之后，这些数据都需要在内存中存在，为其他操作服务。因此，问题的症结归结为**如何在内存中存储批量数据，只有解决了存储问题，排序查找才能进行**。本章就是要研究如何求解这类含有批量数据的应用问题。

- 排序问题；
- 查找问题；
- 字符串问题；
- 大整数计算问题。

6.1　一组数据排序问题

问题描述：

教师在期末考试之后常常会把考试成绩进行排序（升序或降序）。请编写一个程序，能够对于给定的一组数据进行升序或降序排序，排序的结果输出到屏幕上或重定向到一个文件中。当序号数据输入−1 时，成绩数据任意，表示输入结束。

输入样例：

```
please input number and grade:
1 23
3 54
5 56
7 78
-1 1
```

输出样例(降序):

```
original data:
1: 23
3: 54
5: 56
7: 78
descend sorting result:
7: 78
5: 56
3: 54
1: 23
```

问题分析:

首先要考虑数据如何存储,回顾一下我们在求和、求平均数时是怎么存储成绩数据的?那时只需一个 grade 变量读用户输入的成绩,累加到另一个总分变量中,每读一个成绩就覆盖前一个成绩,现在还只用一个变量去读成绩数据可以吗?显然不可以了。因为现在每个数据输入之后必须都要暂时存储起来,只有这样才能对它们从整体上进行排序。假设一个教学班级的人数是 60 名,如何存储这 60 个学生的成绩数据是解决这个问题的关键之一。有人可能很快有了办法,定义 60 个整型变量,每个变量存放一个成绩数据,不就解决了吗!好,那你怎么定义这 60 个变量呢?难道是如下定义的吗?

```
int grade1,grade2,grade3,…,grade60;
```

看上去这样定义很好,但这样定义是绝对不可以的。因为 C/C++ 中变量声明语句不支持…符号,即不允许省略。你必须老老实实写出 60 个变量的名字。这或许还可以做到,一行写 10 个,写 6 行就可以了,但如果问题的规模是 600 个、6000 个数据呢,你就很难写出所有的变量名字来了。即便是你能写出 600 个、6000 个变量,对它们进行排序也很难进行,因为名字中的 1,2,3,…,60,似乎很有规律,但是它们包含在名字中,不太容易提取,它们仅仅起到区别名字的作用,不能表达这些变量之间的内在联系。这样命名的变量彼此是独立的,互相没有什么联系,因此在程序中对其管理起来比较困难。为了便于这类问题求解,C/C++ 提供了一种机制,可以把一批同类型的数据用**数组**存储起来。

即我们可以一次性定义一个存放一组数据的集合或容器,这里叫数组:

```
int grade[60];
```

这样定义的 grade 数组就包含了可以存储 60 个整数的空间,并且可以用 0,1,2,…,59 来区分管理它们。等一下我们再仔细讨论这样的数组怎么定义,怎么使用。

接下来的问题就是如何把数组数据按照值的大小排好序,排序的方法是解决这个问题的另一个关键所在。排序方法是计算机科学的一个重要话题。同样的数据可以有很多方法排序,有的思想很简单,有的实现很复杂,结果都是一样的,但是它们的效率会有很大不同。我们在 6.1.6 节先介绍一个比较简单的交换排序方法。

一组数据如何存储、如何排序的方法确定了之后,就可以写出这个问题的求解算法了。

算法设计:

① 人数统计变量 stuNumber 初始化为 0;

② 输入学生序号 n 和成绩 g;

③ 如果 n 为 −1,g 为任意值,结束输入转到⑤,否则转到④;

④ 存入数组 num 和 grade,stuNumber 加 1,回到②;

⑤ 如果 stuNumber 为 0，则转到⑨，结束程序，否则继续；
⑥ 输出原始数据；
⑦ 用交换法排序；
⑧ 输出排序结果；
⑨ 结束。

程序清单 6.1

源码 6.1

```
#001 /*
#002 * exchangeSort.c: 一组数据交换排序
#003 */
#004 #include<stdio.h>
#005 #define SIZE 3                          //假设班级大小是 60 人规模
#006 int main(void){
#007     int i=0,j=0,temp;
#008     int n,g;                            //接收用户的输入变量
#009     int stuNum=0;                       //实际人数
#010     int grade[SIZE],num[SIZE];
#011     printf("please input number and grade:\n");
#012     scanf("%d %d",&n,&g);
#013     while(n!=-1&&i<SIZE){
#014         num[i]=n;
#015         grade[i]=g;
#016         i++;                            //计数
#017         scanf("%d %d",&n,&g);
#018     }
#019     stuNum=i;                           //离开上面的循环时,i 的值恰好是学生数
#020     if(stuNum==0) return 0;             //如果没有输入成绩,退出
#021     printf("original data:\n");         //输出原始数据
#022     for(i=0; i<stuNum; i++)
#023         printf("%d: %d\n",num[i],grade[i]);
#024     //交换排序(降序)
#025     for(i=0;i<stuNum-1;i++){            //stuNum-1 趟,
#026      for(j=i+1;j<stuNum; j++){ //每趟 i+1 到 stuNum-1 的元素与 i 位置的元素比较
#027         if(grade[j]>grade[i]){           //有更大的则交换
#028             temp=grade[j]; grade[j]=grade[i]; grade[i]=temp;   //交换 grade
#029             temp=num[j]; num[j]=num[i]; num[i]=temp;           //交换 number
#030         }
#031       }}
#032    printf("descend sorting result:\n");                         //输出降序结果
#033     for(i=0; i<stuNum; i++)
#034         printf("%d: %d\n",num[i],grade[i]);
#035     return 0;
#036 }
```

6.1.1 什么是一维数组

一维数组(array)是若干**类型相同的数据**项按照顺序**连续存储**在一起形成的一个**集合**,简单来说,数组就是一组同类型有序数据的集合。数组中的每个数据项称为**数组元素**(array element)。给数组起一个名字称为**数组名**,这样不同的数组元素就可以通过数组名加一个整数下标加以区别,但是下标要放在一个方括号中,这个在方括号中的整数必须大于或等于0,它称为**数组下标**(array subscript/index)。例如,学生成绩放在一起构成的数组,如果命名为grade,就有数组元素grade[0],grade[1],grade[2]等,每个数组元素实际上就是普通的变量,只不过这里多了一个下标,为了区别,这里称它们为**下标变量**。假如现在考虑的是整数成绩,则grade[0]等下标变量与普通的整型变量就一样使用了,它就可以存放整型数据了。一个数组中的所有数组元素是连续存储到内存中的,例如成绩数组grade的所有元素在内存中的映像可以用图6.1表示。这样连续存储数据有一个好处,如果能找到第一个元素存储的位置,其他元素就自然知道在哪里了(怎么知道的?),这与分别定义60个普通变量grade0,grade1等有着很大的区别,因为它们不一定连续存储。还有现在的数组下标是可以访问的,它们就是普通的整数,这给操作数组带来了很大方便。

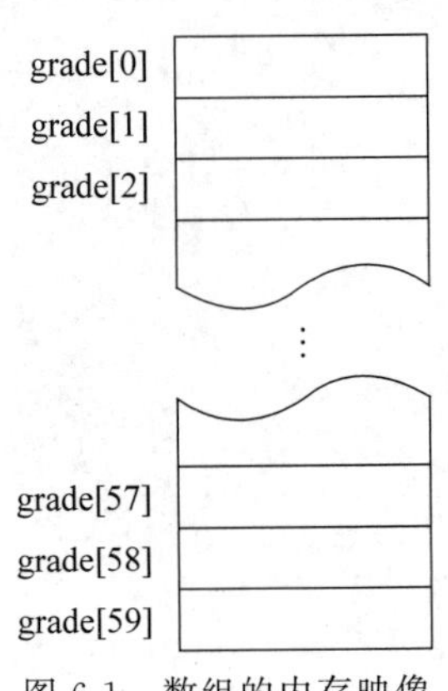

图6.1　数组的内存映像

6.1.2 一维数组的声明

一个数组在使用之前必须先声明(或者称为定义),声明的目的是要让编译器为数组分配一**块连续的内存空间**,其一般形式为

```
数据类型 数组名[数组的大小];
```

其中,数组名的命名方法同变量名的命名方法相同,数据类型可以是任何数据类型,如int、float、double、char等,标准C/C++规定,数组的大小必须是一个整型常量,因此60个元素的成绩数组可以声明为

```
int grade[60];
```

grade数组对应内存的连续60个整数需要的空间,如图6.1所示。当然,也可以在数据类型前面加上存储类别,如定义静态数组:

```
static int grade[60];
```

通常把具有一个下标的数组称为**一维数组**,在6.2节将讨论具有两个下标的二维数组。

注意:*静态数组的元素默认是不初始化的。*

数组的大小经常使用事先定义好的一个符号常量,如果先定义了符号常量SIZE,即

```
#define SIZE 60
```

就可以

```
int grade[SIZE];
```

注意：ANSI C 规定数组的大小必须是一个整型常量，但 C99 和 C++ 都支持使用变量动态定义数组的大小，如

```
int x;
scanf("%d",&x);
int a[x];
```

初学者不提倡这样使用。

还有一个值得注意的问题，数组只能定义一次，也就是说，数组的大小一旦定义就不能再改变。**试图重新定义数组将产生语法错误**。

6.1.3 一维数组的引用

一个数组被定义之后，就定义了一组同类型的下标变量，就可以应用这些下标变量存放数据。使用数组的下标变量称为**数组元素的引用**。注意，数组的下标是从 0 开始的，因此最后一个下标变量的下标比数组元素个数小一。使用下标变量同普通的变量相同，只要注意下标是整型的限制即可。下标可以是整型常量也可以是整型变量或表达式。

1. 下标为整型常量

例如修改成绩数组中下标为 5 的第 6 个元素为 100，然后把它打印出来

```
grade[5]=100;
printf("%d\n",grade[5]);
```

2. 下标是具有整型值的变量或表达式

例如下标是循环控制变量 i，当它从 0 变到 59 时，用一个循环把所有的元素遍历一遍，即

```
for(int i=0; i<60; i++)
    grade[i]=i;
```

再如，下标是整型表达式 i+1 计算的结果。用一个循环从下标为 58 开始，到下标为 0 为止，把对应的元素向后移动一个位置，后一个元素被前一个元素覆盖，即

```
for(int i=58; i>=0; i--)
    grade[i+1]=grade[i];
```

这样相当于每个元素向后移动一个位置，但要注意最后一个元素真的被覆盖了。

只要一个表达式能有整型值的结果，就可以作为数组元素的下标来访问数组的元素。但是如果一个整数的值超出了数组元素下标的范围，就会发生错误，因此在使用之前应该检测其有效性。

一个数组的元素都具有相同的名字，不同的只是下标。下标在数组中的作用和意义非常大，要访问某个元素，只需知道它的下标，马上就可以定位到那个元素，这样通过下标访问数组的元素具有某种**随机性**，无论要访问哪个元素，都可以一步到位。

大家有没有注意到，整个数组的引用与循环是分不开的。因为数组的下标刚好可以作为循环控制变量来使用。利用循环可以按顺序对数组进行存取，请看下面几个程序片段。

【例 6.1】 输入数组元素。

```
#define SIZE 60
int grade[SIZE],num[SIZE];
for(i=0; i<SIZE; i++){
    printf("please input grade:");
    scanf("%d %d",&num[i],&grade[i]);
}
```

注意：grade[i]、num[i]作为变量，同样要取它们的地址。这里使用了一个宏常量 SIZE 确定数组的大小，这是一个比较好的程序设计习惯。

【例 6.2】 输出数组元素。

数组 grade 和 num 的定义以及宏常量 SIZE 同例 6.1。

```
for(i=0; i<SIZE; i++)
    printf("%d: %d\n",num[i],grade[i]);
```

【例 6.3】 求数组元素的最大值和最小值。

数组 grade 和 num 的定义以及宏常量 SIZE 同例 6.1。

```
int max,maxNum,min,minNum;
max=grade[0];
min=grade[0];
for(i=1; i<SIZE; i++){
    if(grade[i]>max){
      max=grade[i]; maxNum=num[i];
    }
    if (grade[i]<min){
      min=grade[i]; minNum=num[i];
      }
}
```

此外，数组名具有特殊的含义，大家想想它应该具有什么特别的含义？数组名代表了一个数组，如果直接输出数组名会得到什么结果？

```
printf("%d\n",grade);
```

由于一个数组实质就是一块连续的存储空间，因此数组名就代表了一块连续的存储空间，所以这个名字的值理所应当是它所代表的存储空间的**首地址**，打印结果可以验证这一点。地址通常用十六进制数表示，因此输出数组名代表的地址最好用%x 或%p 格式。

使用数组比较容易犯下面的错误：

- [ ]写成了小括号。
- 下标越界。下标越界不会出现语法错误，但是可能产生不可预知的逻辑错误。
- 使用了非整型的下标。下标必须是具有整型值的常量或表达式，使用其他类型的常量或表达式是语法错误。
- 数组整体赋值是一个语法错误。常常犯这样的错误：

```
int a[10]={1,2,3,4,5,6,7,8,9,10},b[10];  b=a;
```

思考题：如果告诉你一个数组的首地址，你能知道它的每个元素在哪里吗？

6.1.4 一维数组初始化

如果仅仅是告诉编译器定义多大的数组和数组元素是什么类型，那么编译器只能为数组开辟它所用的内存空间，数组元素还没有赋值。只有每个数组元素都有值这个数组才有意义。数组元素可以在声明时为其提供值——**初始化**，也可以在声明之后用赋值语句为其赋值。下面列出几种给数组元素初始化和赋值的方法。

1. 数组在声明时初始化

```
int a[10]={0,1,2,3,4,5,6,7,8,9};
```

这是最普通的方法，用大括号把每个数组元素的值列出来。注意，列表中列表项的个数不能超过数组的大小，可以少，甚至只有一个，这时不足者默认为0，例如：

```
int a[10]={1,2,3};
```

其中，a[3]至a[9]默认都是0。如果是

```
int a[10]={0};
```

则会把所有元素初始化为0。

数组声明时初始化，可以省略数组的大小，例如：

```
int a[]={0,1,2,3,4,5,6,7,8,9};
```

这时数组的大小是根据初始化数值的个数来确定的，但这时至少要一个初始化值，如果写成"int a[];"就错了，因为编译器不知道该定义多大的数组。

2. 数组声明后用赋值语句赋值

也可以在定义时不初始化，但必须声明数组的大小，定义之后再逐个给数组元素赋值，例如：

```
int i,sum[10];
for(i=0; i<10; i++)  sum[i]=0;
```

或者用数组元素从输入缓冲区中读数据，即在程序运行时，通过键盘输入语句获得：

```
for(i=0; i<10; i++)
   scanf("%d",&sum[i]);
```

6.1.5 让下标从1开始

C/C++默认的数组下标是从0开始，在循环访问n个元素的数组时，必须从0开始到n−1为止，但有时这样会觉得不太方便，甚至出错，请看一个例子。

【例6.4】 统计打分的频率。

假设全班60个同学给学校食堂的饭菜打分，分数从1到10，计10个等级，假设所有同学的打分已经知道，写一个程序统计每个分数的频率（即有多少人打1分，多少人打

2分,……多少人打10分)。

问题中包括60个同学的打分数据,如何存储这些数据呢?60个同学的打分数据可以定义一个60个元素的整型数组 int responses[60]。统计每个分数的频率需要10个累加变量,可以定义具有10个元素的频率数组 int frequency[10]。然后用一个循环依次访问每个 responses 的元素,看它是几分,如果是1分就应该给 frequency[0]加1,如果是2就应该给 frequency[1]加1,可以看到分值与频率数组的下标总差1,这样在程序中处理起来就不够方便。如果下标从1开始的话,两者刚好一致:responses[i]是几分就直接对应了++frequency[responses[i]]即可。注意,这里对应 responses[i]的那个 frequency 元素是累加器,它加1使用了自增运算++。怎么才能做到从1开始呢?很简单,只需多申请一个元素即可,即把下标为0的元素空置不用就行了。具体实现见程序清单6.2。

程序清单6.2

源码6.2

```
#001 /*
#002 * indexfrom1.c: 下标从1开始
#003 */
#004 #include<stdio.h>
#005 #define SIZE 60
#006 int main(void){
#007     int i;
#008     int responses[SIZE]={1,6,5,6,7,2,4,6,1,4,          //元素值从1到10
#009               2,3,6,7,9,2,4,6,4,3,3,2,4,6,7,3,4,6,7,7,
#010               9,6,9,8,4,6,9,8,7,8,5,6,7,8,4,2,5,6,7,7,
#011               1,3,4,6,3,3,6,7,4,3};
#012     int frequency[11]={0};                              //下标从1开始,10个分数
#013     for(i=0;i<SIZE;i++)
#014        ++frequency[responses[i]];               //response[i]的值对应变量增加1
#015     printf("%s%15s\n","Score","Frequency");
#016     for(i=1;i<11;i++)                               //下标从1开始,10个分数的频率
#017        printf("%5d%15d\n",i,frequency[i]);
#018     return 0;
#019 }
```

思政案例

6.1.6 交换排序

很多实际问题需要按递增或递减的顺序排序。数据规模很大时就要考虑排序的快慢,所占空间的多少等问题,排序算法研究问题一直是计算机科学领域里的一个典型问题,至今已经积累了很多种比较成熟的方法,如交换法、选择法、插入法等。下面先介绍简单的交换法。

交换法降序(升序)的基本思想是:假设n个数据要排序。

第一趟:把第一个数(下标为0)依次和后面的数比较,如果后面的某数大于(小于)第一个数,则两个数交换,否则不交换,比较结束后,第一个数则是最大(最小)的数;

第二趟:把第二个数(下标为1)依次和后面的数比较,如果后面的某数大于(小于)第二个数,则两个数交换,否则不交换,比较结束后,第二个数则是次大(次小)的数;

……

第 n－1 趟：从剩下的两个数据(下标为 n－2 和 n－1)中找出较大(小)的数，并将它交换到下标 n－2 的位置。

交换法的基本思想就是依次进行**比较**、**交换**，在排序过程中，发现比较大(比较小)的数组元素就交换。怎么交换两个数呢？假设 a 和 b 为两个整数，要交换 a 和 b 可以借助一个临时变量，采用**轮换**的方法，即

```
int tmp,a,b;                              //直接 a=b 或 b=a,可以吗
tmp=a;  a=b;  b=tmp;                      //注意赋值语句变量的轮换赋值特点
```

【例 6.5】 交换排序举例。

以一维数组 a[5]＝{55,89,90,77,66}为例，详细地观察一下交换法的基本过程。请参考图 6.2，第一趟经过 4 次比较，把最大的数交换到第一个位置，第二趟，比较 3 次，把次大的数交换到第二个位置，以此类推，经过 4 趟排序结束。其特点是在比较过程中，发现了比较大的数就进行交换。其完整实现见程序清单 6.3。

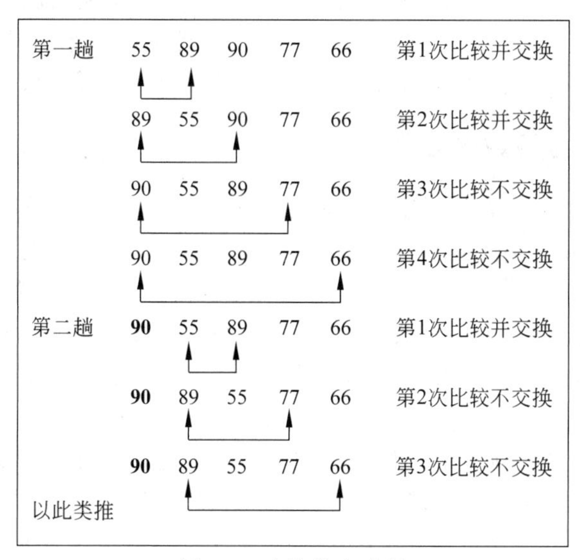

图 6.2 交换排序过程

程序清单 6.3

```
#001 /*
#002 * exchangeSort0.c: 交换排序
#003 */
#004 #include<stdio.h>
#005 #define N 5
#006 int main(void){
#007     int i,j,temp;
#008     int a[N]={55, 89, 90, 77, 66};        //可以从键盘输入
#009                                           //exchange sorting
#010     for(i=0;i<N-1;i++){                   //N-1 趟
```

```
#011        for(j=i+1;j<N; j++){          //每趟 i+1 到 N-1 的元素都与 i 位置的元素比较
#012          if(a[j]>a[i]){                 //有更大的则交换
#013            temp=a[j]; a[j]=a[i];   a[i]=temp;
#014          }}}
#015      printf("descend sorting result:\n");
#016      for(i=0; i<N; i++)
#017          printf("%d ", a[i]);
#018      return 0;
#019 }
```

还有一种与交换法类似的排序算法,**冒泡法**(bubble sorting)。假设要排序的数据已经存在一维数组 a[N]中,进行升序排序,与交换法类似,也要进行 N-1 趟(i=0 到 N-2),每趟的基本过程如下:j 从 i 到 N-2,相邻元素进行比较,即如果 a[j]>a[j+1],则交换这两个元素(即冒泡一下),从而使较大的元素像水泡一样"上升"一下。第一趟经过若干次比较和交换(冒泡)之后,最大的就是 a[N-1],第二趟次大的就升到 a[N-2],以此类推。请大家作为练习,对于给定的一组数据,用冒泡法进行排序,并与交换法进行比较。

思考题:如果没有数组,而是 60 个互相独立的整型变量,在程序中怎么实现数据存储?怎么实现输出数据?交换法排序又怎么实现?从中体会数组的作用。

6.1.7 一维数组作为函数的参数

程序清单 6.1 的实现是整个求解程序均在 main 函数里。如果采用自顶向下、逐步求精的方法把问题划分成几个小的函数模块,则会使程序更易读。例如把数据输入定义为 input 函数,交换排序定义为 exchangeSort 函数,数据输出定义为 print 函数,主函数就变得非常简洁了。现在的问题是在这 3 个函数中都要用到数组 grade 和 num,这两个数组在排序前后会发生变化,因为排序的结果仍然放在了原始的数组中。如果需要保留原始数据,还要想办法在排序之前把原始数据备份。怎么才能让这 3 个函数共享 grade 和 num 这两个数组呢?现在有什么办法可以用呢?用全局变量还是参数传递。前者应该尽量避免,比较好的方法是后者(为什么?)。grade 和 num 都是一维数组,数组作函数的参数与简单变量作函数参数一样吗?它有什么特点?下面以这 3 个函数为例,研究一维数组作为函数参数的问题。

首先分析这 3 个函数的参数和返回值类型应该是什么?input 函数的目的是让本来没有数据的 grade 数组和 num 数组有学号和成绩数据,希望返回这两个数组的所有元素的值,显然用 return 无法实现这样的需求,因为 return 只能返回一个值。因此现在的返回值类型就只好是 void 了。前面说过全局变量可以使多个函数共享,因此可以把 grade 和 num 数组声明为全局变量,这样在 main 函数中没有值的 grade 和 num,在调用 input 时,就可以在 input 函数中对 grade 和 num 数组提供数据了。但全局变量并不是好的办法,它有一定的安全隐患,因此放弃采用全局变量的方法,那么就只能把这个任务交给参数传递了。但是参数只能进行从实参到形参的单向值传递,**而现在却希望参数能带回需要的结果**。数组作为函数参数能达到要求吗?是的,完全可以,这完全归功于数组名的特别含义:**数组名代表数组元素所在空间的首地址**,这个地址与数组的第一个元素的首地址完全相同,是唯一确定的。数组名代表的是地址,数组名作为实参传给函数就是把一段连续空间的首地址传给了函数,因此那个函数就获得了实参的内存空间。在函数中访问的数组元素实际上就是实参数组空间的数组元素，因此函数执行完毕后结果自然就留在了实参的数组中了。也就是说，一维数组作为函数的参数同**简单变量**（指内置的 int、float、double 等声明的单个变量，以下同）作为函数的参数有很大的不同，虽然都是传值但它们传的值意义完全不同。数组参数与简单变量参数的比较如图 6.3 所示。数组名作为函数的实参，形参与实参是同一首地址的数组，因此用数组名作为参数就可以实现我们的要求。

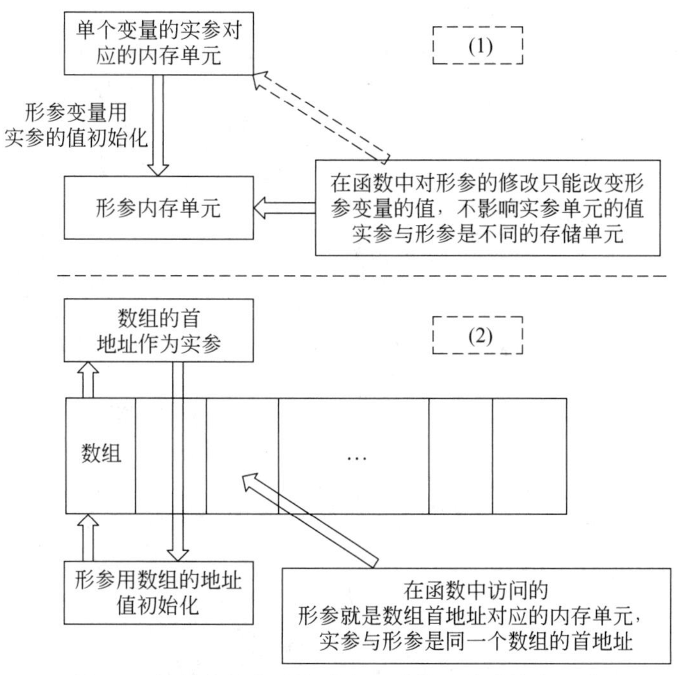

图 6.3　简单变量作为实参与一维数组作为实参比较

一维数组作为函数的参数该怎么表示呢？对于一组数据排序问题的数据输入函数其函数原型如下：

```
int input (int grade[ ],int num[ ]);
```

其中，两个参数均为一维数组，数组参数中必须有方括号[ ]，方括号中不必写数组的大小，因为现在关心的是数组否，当然，写上数组的大小也不会出错。这个原型甚至可以写成更简单的形式：

```
int  input (int[],int[]);
```

即在原型中形参的名字是无关紧要的。它有一个返回值，返回实际输入数据的学生数。有时为了明确数组的大小，还要再增加一个参数 size，因此 exchangeSort 和 print 函数的原型如下：

```
void exchangeSort(int grade[ ],int num[ ],int size);
void print(int grade[ ],int num[ ],int size);
```

对于 exchangeSort 函数的参数 grade 和 num 数组来说，当函数调用结束时会带回排序的结果。而 print 函数没有修改 grade 和 num 数组的需要，只是读出数组元素的值，显示到屏幕上。为了避免 grade 和 num 数组在 print 函数中被修改，可以**在参数前加上 const 限定**

符,这样如果在函数中有企图修改 grade 和 num 数组元素的值就会出现语法错误。具体实现代码见程序清单 6.4。

程序清单 6.4

源码 6.4

```
#001 /*exchangesortfunction.c: 程序清单 6.1 的函数版 */
#002 #include<stdio.h>
#003 #define SIZE 60
#004 int   input (int[ ],int[ ]);               //输入数据函数的原型
#005 void  exchangeSort(int[ ], int[ ], int);     //交换排序函数的原型
#006 void  print(const int[ ],const int[ ], int);                    //输出数据函数的原型
#007 int main(void) {
#008    int i,j,temp,stuNumber;
#009     int grade[SIZE],num[SIZE];
#010                                             //input original data
#011     printf("please input number and grade:\n");
#012    stuNumber=input(grade, num);       //调用输入函数,返回学生数,获得数组中的数据
#013     printf("original data:\n");
#014     print(grade, num, stuNumber);      //输出原始数据
#015                                             //exchange sorting
#016     exchangeSort(grade, num, stuNumber);    //交换排序
#017     printf("descend sorting result:\n");
#018     print(grade, num, stuNumber);      //输出排序后的数据
#019     return 0;
#020 }
#021 int input (int grade[ ], int num[ ]) {  //通过参数得到 grade 和 num 的数据
#022     int n,g,i=0;
#023     scanf("%d %d", &n,&g);                 //输入成绩和学号或者-1 结束
#024     while(n! =-1&&i<SIZE) {
#025         num[i]=n;
#026         grade[i]=g;
#027         i++;                                //累加人数
#028         scanf("%d %d", &n,&g);             //输入成绩和学号或者-1 结束
#029     }
#030     return i;
#031 }
#032 void  exchangeSort(int grade[ ], int num[ ], int size) {
#033   int i,j,temp;
#034   for(i=0; i<size-1; i++){                 //第 i 趟,i=0 到 i=size-2
#035         for(j=i+1; j<size; j++){         //每趟 i+1 到 size-1 的元素与 i 的元素比较
#036             if(grade[j]>grade[i]){
#037               temp=grade[j]; grade[j]=grade[i]; grade[i]=temp;    //交换成绩
#038               temp=num[j];  num[j]=num[i]; num[i]=temp;           //交换学号
#039             }
#040     }}
#041 }
```

```
#042 void print(const int grade[ ], const int num[ ], int size) {
#043     int i;
#044     for(i=0; i<size; i++)
#045         printf("%d: %d\n", num[i], grade[i]);
#046 }
```

思考题：函数的返回值可以是一个数组吗？一维数组作为函数的参数有没有违背参数的单向传值规则？

视频

6.2 三门课程成绩按总分排序问题

问题描述：

假设某班某学期有三门考试课程，数学、英语和计算机，到期末的时候要按照三门课程成绩的总分进行排序。试写一个程序输入原始数据，求得每个人的三门课总分之后，按总分降序排序。

输入样例：

```
please input number and math,english,
computer grade:
 1  78  67  56
 2  65  76  78
 5  78  89  87
 3  87  67  56
-1   1   1   1
```

输出样例：

```
original grades:
num  math  english  computer  total
1     78     67      56       201
2     65     76      78       219
5     78     89      87       254
3     87     67      56       210
descending sort by total grades:
num  math  english  computer  total
 5    78     89        87      254
 2    65     76        78      219
 3    87     67        56      210
 1    78     67        56      201
```

问题分析：

这个问题与6.1节的问题有什么不同？用一维数组可以求解吗？如果用一维数组需要几个？大家不难回答这些问题。如果定义一个一维序号数组、三个一维成绩数组和一个一维总分数组，修改一下程序清单6.4中各个函数的参数个数即可。如对于input函数来说可以定义成：

```
int input (int num[ ],int math[ ],int English[ ],int computer[ ],int total[ ]);
```

其中，total是输入数据计算的结果。同样，对于exchangeSort函数来说可以定义成：

```
void exchangeSort(int num[ ],int math[ ],int English[ ],int computer[ ],
    int total[ ],int size);
```

需要特别注意的是，当按总分排序时，如果两个人的总分交换了顺序，其他的信息也要伴随着进行顺序交换。这样做完全可以解决本节的问题，但是觉得参数过多，如果能把其中三门课的成绩数组合并到一起会更好。C/C++允许定义**二维数组**，一个二维数组就可以把三门课的成绩合并在一起。6.2.1节详细介绍二维数组的定义和使用方法。有了二维数组，

input 函数或其他函数的参数就变成一个一维序号数组、一个二维数组存储三门课的成绩、一个一维数组存储总分。

三门课程的成绩按总分排序仍然可以用交换法实现,但是不难发现交换法在每一趟的比较当中可能有多次交换,交换的次数越多,算法的效率越低。实际上,每趟找出剩余元素的最大值后交换一次就够了,这种改进的算法就是本节要介绍的**选择排序**。

数据的存储方法和排序方法确定之后,整个问题的求解算法就清楚了。

算法设计:

① 人数统计变量 stuNumber 初始化为 0;

② 输入原始数据:序号 n 和三门课成绩 g[ ],求得总分和 stuNumber//调用输入函数;

③ 如果 stuNumber 为 0,结束程序,否则继续;

④ 输出原始数据//调用输出函数;

⑤ 用选择法排序//调用选择排序函数;

⑥ 输出排序结果//调用输出函数;

⑦ 结束。

程序清单 6.5

源码 6.5

```
/*
* gradesTotalselectionSort.c: 二维数组作为函数的参数,按总分选择排序
*/
#001 #include<stdio.h>
#002 #define M  60
#003 #define N  3
#004 int input (int num[],int grade[][3],int total[]);
#005 void selectionSort(int num[],int grade[][3],int total[],int size);
#006 void print(const int [],const int [][3],const int [],int size);
#007 int main(void) {
#008     int stuNumber=0;
#009     int num[M], grade[M][N], total[M]={0};
#010     //input and total
#011     printf("please input number(-1 for ends)");
#012     printf("and math,english,computer grade:\n");
#013     stuNumber=input(num,grade,total);           //输入数据
#014     if (stuNumber==0) return 0;                 //如果没有输入成绩,退出
#015     printf("original grades:\n");
#016     printf("num  math    english   computer  total\n");
#017     print(num,grade,total,stuNumber);           //输出原始数据
#018     //selection sorting
#019     selectionSort(num,grade,total,stuNumber);  //排序
#020     //output sorting result
#021     printf("descending sort by total grades:\n");
#022     printf("num  math    english   computer  total\n");
#023     print(num,grade,total,stuNumber);           //输出排序后的数据
```

```
#024    return 0;
#025 }
#026 int input(int num[],int grade[][N],int total[]){    //输入原始数据
#027     int i=0,j=0;
#028     int n,g[N];
#029     scanf("%d",&n);                                  //第一次输入,-1结束
#030     for(j=0;j<N;j++)                                 //三门课的成绩
#031         scanf("%d",&g[j]);
#032     while(n!=-1&&i<M) {
#033         num[i]=n;
#034         for(j=0;j<N;j++){
#035            grade[i][j]=g[j];                         //成绩存入二维数组
#036            total[i]+=g[j];                           //累加每个人的总分
#037         }
#038         i++;
#039         scanf("%d",&n);                              //下一次输入,-1结束
#040         for(j=0;j<N;j++)                             //三门课的成绩
#041             scanf("%d",&g[j]);
#042     }
#043     return i;
#044 }
//选择排序
#045 void selectionSort (int num[],int grade[ ][3],int total[],int size){
#046     int i,j,k,m,temp;
#047     for(i=0; i<size-1; i++){        //第 i 趟最大总分所在的位置下标,i=0,1,…,M-2
#048         k=i;
#049         for(j=i+1; j<size; j++)
#050         if(total[k]<total[j])
#051               k=j;                                 //k 总是记录着总分最高的元素下标
#052         if(k !=i){                          //如果总分不是第一个比较的总分,就交换
#053            temp=total[i]; total[i]=total[k]; total[k]=temp;       //交换总分
#054            temp=num[i]; num[i]=num[k]; num[k]=temp;      //交换学号
#055            for(m=0;m<N;m++){                             //交换各科成绩
#056             temp=grade[i][m];grade[i][m]=grade[k][m];grade[k][m]=temp;
#057             }}
#058   }}
#059 void print(const int num[],const int grade[][3],const int total[],int size) {
#060     int i,j;
#061     for(i=0;i<size;i++){
#062         printf("%-5d ",num[i]);                      //每列左对齐输出
#063         for(j=0;j<N;j++)
#064             printf("%-10d ",grade[i][j]);
#065         printf("%-10d ",total[i]);
#066         printf("\n");
#067     }
#068 }
```

6.2.1 二维数组

1. 二维数组的概念

一维数组存储的是一列同类型的数据,用一个下标来访问数组元素。而3门课程的“成绩单”是一个具有3列若干行的二维表格状的数据,每项表格数据需要用两个下标来确定,即**行下标**和**列下标**。这种数据在C/C++中用**二维数组**表示。二维数组声明的一般形式为

```
数据类型 数组名[行数][列数];
```

与一维数组不同的就是多了一维下标,其中**行数**是二维数组行的多少,**列数**是每一行的大小,注意这个定义中有两个方括号。3门课程的成绩数组声明为

```
int grade[60][3];
```

二维数组元素的行下标和列下标同样都是从0开始,因此数组grade包含的数组元素是

```
grade[0][0],grade[0][1],grade[0][2]
grade[1][0],grade[1][1],grade[1][2]
        ⋮
grade[59][0],grade[59][1],grade[59][2]
```

这些元素是如何在内存中连续存储的呢?内存是一个线性编址的空间,不管数据在逻辑上是几行几列,存储到内存中都是一列。gcc编译器按行存储二维数组的元素,先存储第一行,再存储第二行,以此类推。对于grade数组来说,如果把第一行看成一个一维数组,即行下标固定为0,列下标取0、1、2的三个数组元素构成了一个一维数组,这个数组的名字是什么?它就是grade[0]。同样,如果把第二行看成一个一维数组,它的名字就应该是grade[1],以此类推,最后一行那个一维数组就是grade[59]。所有的行构成的**一维数组的名字**放在一起就构成了一维数组grade。因此可以把一个二维数组看成是嵌套的一维数组,外层一维数组的元素,是内层一维数组的名字,也就是外层数组的每个元素中存储的是每一行作为一个一维数组时的首地址,如图6.4所示。

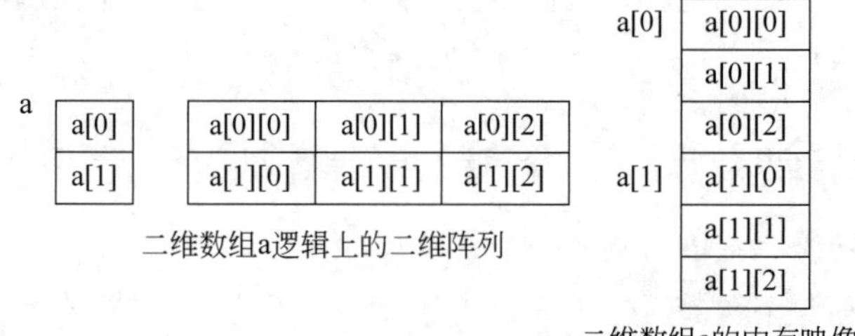

图6.4 二维数组的逻辑形式和内存映像

图6.4的二维数组a从物理上来看是由6个元素构成的一个序列,在内存中是一维的,但它在逻辑上被认为是两个一维数组名{a[0],a[1]}构成的一维数组,数组名为a,即a是一

维数组的一维数组。无论怎么看，二维数组的名字与一维数组的名字一样，都是它所代表的内存空间的首地址。但现在首地址的含义发生了很大的变化，二维数组的名字作为首地址，是外层一维数组{a[0],a[1]}的首地址。同时内层还有一维数组 a[0]是第一行的三列元素构成的一维数组的首地址，a[1]是第二行三列元素构成的一维数组的首地址。大家知道内层 a[0]的地址值与第一行第一列的元素 a[0][0]的首地址一致，同理，外层数组 a 的地址值也应该与它的元素 a[0]的地址值相同。因此对于二维数组来说，**二维数组名 a 和一维数组名 a[0]以及第一行第一列的 a[0][0]的地址值相同**，但是它们的意义各有不同。三个地址值可用下面的输出语句进行验证：

```
printf("%x %x %x\n",a,a[0],&a[0][0]);
```

二维数组的使用方法同一维数组很类似，但有一些应该特别注意的地方，下面分别介绍。

2. 二维数组初始化

二维数组常常也要初始化，初始化的方法比一维的要稍微复杂一点。

（1）在声明二维数组时用{}列出数组的元素，例如：

```
int a[5][3]={1,2,3,4,5,6,7,8,9,10,11,12,13,14,15};
```

或者

```
int a[5][3]={{1,2,3},{4,5,6},{7,8,9},{10,11,12},{13,14,15}};
```

前者系统会按每行 3 列顺序地把列表的值给对应的数组元素赋值，后者每 3 个数据分成一个逻辑行，这样更加清晰，同样依次给每个元素赋值。

（2）二维数组初始化 0。

与一维数组初始化为 0 的方法相同，下面的声明语句

```
int a[5][3]={0};
```

给二维数组 a 的所有元素都赋值 0。

（3）初始化时数组的大小由元素个数确定。

对于二维数组来说，如果省略数组的大小，**只能省略行数，不可以省略每行的列数，因为如果省略了列数，编译器按行存储数据的时候就不知道每行有多少个元素**，所以就没办法为其分配内存。因此

```
int a[][3]={1,2,3};
```

是正确的，意思是二维数组 a 的行含有 3 列，行数由数据的多少来确定，这里只有 3 个数据，就是一行。如果要写成 int a[5][ ]和 int a[ ][ ]都是错误的。

3. 二维数组元素的引用

因为二维数组的元素是由两个下标确定的，因此，可以用双重循环遍历它的所有元素。例如，下面的双重循环给数组 a 的每个元素都赋值了 1。

```
for(i=0;i<5;i++)
for(j=0;j<10;j++)
    a[i][j]=1;
```

又如下面的双重循环输出了5行10列的二维数组a。

```
for(i=0;i<5;i++){
   for(j=0;j<10;j++)
     printf("%d ",a[i][j]);
   printf("\n");
}
```

注意,内循环输出每行之后都有个换行。

6.2.2 选择排序

选择排序(selection sorting)的基本思想如下。

假设有n个数据要进行降序(或升序)排序。

第一趟:通过n－1次的比较,从n个数中找出最大(或小)数的下标。然后通过下标找到相应的元素即最大(或小)数,并将它交换到第1个位置。这样最大(或小)数的数被安置在第1个元素位置上。

第二趟:再通过n－2次的比较,从剩余的n－1个数中找出次大(或小)数的下标,并将次大(或小)数交换到第2个位置上。

重复上述过程,经过n－1趟之后,排序结束。

选择法的特点是每次在剩余的元素中选出最大(或小)的数,然后把那个数与相应位置的元素交换。

【例6.6】 选择排序举例。

以一维数组a[5]＝{55,89,90,77,66},请读者细致观察交换法的基本过程。请参考图6.5,第一趟,在5个元素中找一个最大值,最终放到下标i＝0的位置。先假设第一个元

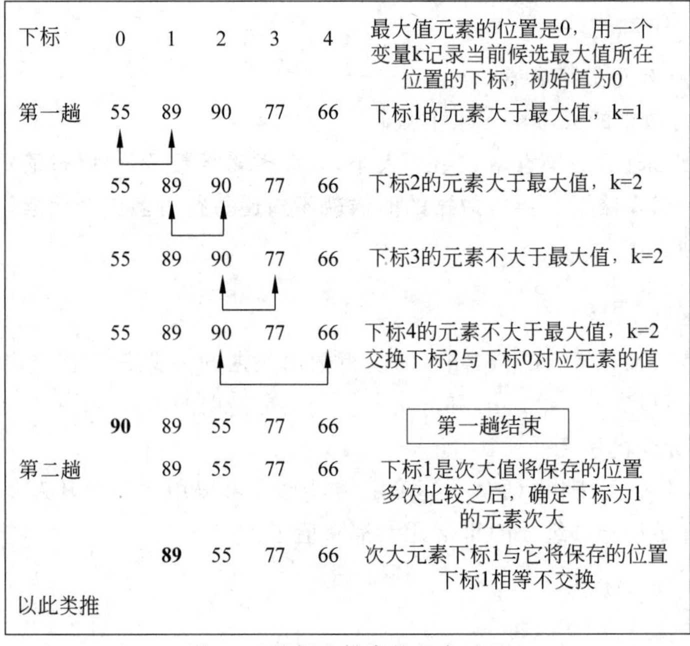

图6.5 选择法排序的基本过程

素最大，用 k 记住最大元素的下标，即 k=0。在比较的过程中，会修改 k，发现 k=2 的元素更大。k 总是记录着当前趟最大元素的下标。第一趟比较结束时，k 不等于 i，因此要交换下标为 2 的元素与下标为 0 的元素。第二趟，从 i=1，k=1 开始，在第二趟比较结束时，k 的值没有变，因此本趟不需要交换。类似的做第三趟、第四趟。详细实现代码见程序清单 6.6。

程序清单 6.6

源码 6.6

```
#001 /*
#002 * selectionsort.c: 选择排序
#003 */
#004 #include <stdio.h>
#005 #define  N  5
#006 int main(void){
#007  int a[N]={55, 89, 90, 77, 66};
#008   int i,j,k,temp;
#009   printf("original data:\n");
#010   for(i=0; i<N; i++)
#011          printf("%d ",a[i]);
#012   printf("\n");
#013    //选择排序
#014     for(i=0; i<N-1; i++) {          //下标 i 处的元素是当前趟的最大元素的最终位置
#015         k=i;                        //k 为当前趟最大元素下标,先假设为 i
#016         for(j=i+1; j<N; j++)
#017          if(a[k]<a[j])
#018                 k=j;                //修改 k 为 j
#019         if(k!=i){          //经过一趟比较之后,如果当前趟的最大不是下标 i 处,则交换
#020       temp=a[i];a[i]=a[k];a[k]=temp;       //如果 k==i,不交换
#021         }
#022     }
#023     printf("descending sort:\n");
#024     for(i=0; i<N; i++)
#025          printf("%d ",a[i]);
#026     printf("\n");
#027     return 0;
#028 }
```

6.2.3 二维数组作为函数的参数

一维数组作为函数的参数，编译器只关心形参类型是否是一维数组（不关心一维数组的大小和数组的名字）。回顾一下：

```
int input (int num[ ],int total[ ]);
```

或

```
int input (int [ ],int [ ]);
```

二维数组作为函数的参数，形参是不是也可以省略数组的大小呢？在二维数组初始化的时候已经知道，二维数组如果要省略数组的大小只能省略行数，因为省略了列数编译器就

不知道那个二维数组该是什么样子的了。同样，二维数组作为函数的参数，编译器也只能识别省略了行数但有确定的列数的二维数组。

例如三门课成绩数组 grade，它是 M 行 N 列，M 是 60，N 是 3。用二维数组 grade 作为函数的参数，函数原型如下：

```
int input (int num[ ],int grade[][3],int total[ ]);
```

这里的二维数组参数 grade 必须用双方括号[ ][ ]，且明确地给出列数，当然第一个括号内加上行数也是正确的，这个原型还可以写成更简单的形式：

```
int input (int [ ],int [ ][3],int [ ]);
```

同理，可以给出 selectionSort 和 print 函数的原型如下：

```
void selectionSort(int num[ ],int grade[ ][3],int total[ ],int size);
void print(const int num[ ],const int grade[ ][3],const int total[ ],int size);
```

注意其中 const 的作用。

调用含有二维数组作为参数的函数同一维数组一样，实参要用一个与形参匹配的二维数组名，特别是它们的列数必须一致。详细实现见程序清单 6.5。二维数组作为函数的参数，同样像一维数组那样，可以通过参数带回在函数中产生的数据。

视频

6.3 在成绩单中查找某人的成绩

问题描述：

设有成绩单“学号、平时成绩、期中成绩、期末成绩、总评成绩”其中学号不再是简单的整型编号，而是真正的学号，它一般是由 10 位数字组成的字符串，其中可能包括入学年份信息、学院代号、专业班级代号及你在班级的序号等信息。试写一个程序先建立一个成绩单，然后在这样的成绩单中按照学号查询某人的成绩信息。假设输入学号为“0000”时结束输入。要求原始数据输入之后，先全部显示一下，然后再输入一个学号进行线性查找，再把数据按学号降序排序之后，输出排序后的结果，最后输入一个学号进行折半查找。

输入样例：

```
pls input your ID,dayli,mid,end score:
3021220101 78 67 86
pls input your ID,dayli,mid,end score:
3021220106 89 87 77
pls input your ID,dayli,mid,end score:
3021220108 77 88 99
pls input your ID,dayli,mid,end score:
3021220132 99 88 66
pls input your ID,dayli,mid,end score:
3021220122 66 77 88
pls input your ID,dayli,mid,end score:
0000
input your searching ID by linear search:
3021220106
input your searching ID by bianry search:
3021220132
```

输出样例：

```
original data:
3021220101   78   67   86   78
3021220106   89   87   77   82
3021220108   77   88   99   91
3021220132   99   88   66   79
3021220122   66   77   88   80
```

```
linear searching result: 3021220106 89
87 77 82
descending data:
3021220132   99   88   66   79
3021220122   66   77   88   80
3021220108   77   88   99   91
3021220106   89   87   77   82
3021220101   78   67   86   78
binary searching result: 3021220132 99
88 66 79
```

问题分析：

查找(search)同排序一样，它是计算机科学里另一个比较经典的问题。它的任务是在已知的数据中查找感兴趣的数据。已知的数据一般包括很多数据，甚至是海量数据，因此查找到感兴趣的信息需要考虑效率问题。要解决这样的问题，同样也要先解决数据如何存储的问题。到现在为止，我们只有一种存储批量数据的方法，就是用数组。将来在学完第8章和第9章的时候就会有其他的存储形式。

本问题中的数据该如何用数组存储呢？学号和成绩是类型不同的数据，它们要分别存储，原始成绩数据和计算得到的总评数据(总评一般按照平时的20%、期中的30%和期末的50%求和)也可以分开存储。因此这个问题可以使用两个数组：一个是一维的学号数组(每个元素是学号，实际上是二维的字符数组，因为每个学号又是一维的字符数组)，另一个是二维的成绩数组(含总评成绩，也可以把总评分出来)。每个人的数据虽然分散在两个不同的数组中，但是它们可以用下标统一起来。同一个下标对应的信息放在一起就构成了一个学生的完整信息。在数组中查找数据只要确定数据的下标即可，因为根据下标很容易找到数组中对应的数据。查找问题另一个比较重要的事情是查找的数据是无序还是已经有序。查找的过程就是一个比较的过程，因此如果数据无序，那只好从头到尾逐个比较了，这种查找称为**线性查找(顺序查找)**。如果数据已经在某种意义下有序了，就可以比较快速地查找，如**折半查找**，即可以先取中点位置的元素看看是不是，如果不是可以立即使问题规模减半，在剩下的一半中继续查找。无论是线性查找还是折半查找，都离不开数据比较大小，判断是否相等，对于数值型的数据来说并不是问题，现在的问题是按照学号来查找，由于**学号**是一串字符(实际上是字符型数组构成的数据)，所以它不能像数值型数据那样直接比较。虽然在3.4节已经讨论过字符型数据比较的问题，但单个字符数据比较与多个字符放在一起构成的字符串进行比较还有所不同。本节重点介绍字符型数组构成的字符串数据的相关问题：比较大小、判断是否相等、输入输出等。只有解决了这些问题，才能解决本节提出的按照字符串进行数据查找的问题。

算法设计1：线性查找函数(任意原始数据 stuID[]，不要求有序，假设学生数是stuNum)：

① 输入要查找的 keyID；

② for(i=0; i<stuNum; i++)

　　逐个 stuID[i]与 keyID 比较，如果相等 break；

③ if(i<stuNum) return i

　　否则 return(-1)。

算法设计2：折半查找函数(原始数据 stuID[]已经有序，降序，假设学生数是 stuNum)

① 输入要查找的 keyID；

② 确定要查找的范围 low=0，high=stuNum-1；

③ 计算中点 mid=(low+high)/ 2;

④ 如果 stuID[mid]与 keyID 相等则 return mid;

⑤ 否则如果 keyID>stuID[mid],修改 high=mid−1;

⑥ 否则修改 low=mid+1;

⑦ 重复③～⑥ 直到 low>high 为止;

⑧ 如果没有要找的 keyID 则 return(−1)。

程序清单 6.7(测试线性查找/折半查找函数)

源码 6.7

```
#001 /*
#002 * stringBinSearch.c: 字符串的比较排序查找
#003 */
#004 #include<stdio.h>
#005 #include<string.h>
#006 #define M  60
#007 void selectionSort(char stuID[][11],int grade[][4],int stuNums);
#008 int input(char stuID[][11],int grade[][4]);
#009 void print(char stuID[][11],const int grade[][4],int stuNums);
#010 int binarySearch(char stuID[][11], int stuNums, char keyID[]);
#011 int linearsearch(char stuID[][11], int stuNums, char keyID[]);
#012 void printRow(char stuID[][11],int low, int mid,int high,int stuNums);
#013 int main(void){
#014    char stuID[M][11];
#015    char keyID[11];
#016    int grade[M][4];                    //平时,期中,期末和总评
#017    int pos,stuNum;
#018    stuNum=input(stuID,grade);
#019    printf("original data:\n");
#020    print(stuID,grade,stuNum);
#021    printf("input your searching ID:\n");
#022    scanf("%s",keyID);
#023    pos=linearsearch(stuID,stuNum,keyID);
#024    if(pos !=-1)
#025       printf("linear searching result: %s %d %d %d %d\n", stuID[pos],
#026              grade[pos][0],grade[pos][1],grade[pos][2],grade[pos][3]);
#027    else
#028       printf("not found!\n");
#029    printf("descending data:\n");
#030    selectionSort(stuID,grade,stuNum);     //降序
#031    print(stuID,grade,stuNum);
#032    printf("input your searching ID:\n");
#033    scanf("%s",keyID);
#034    pos=binarySearch(stuID,stuNum,keyID);
#035    if(pos !=-1)
#036       printf("binary searching result: %s %d %d %d %d\n", stuID[pos],
#037              grade[pos][0],grade[pos][1],grade[pos][2],grade[pos][3]);
```

```
#038   else
#039      printf("not found!\n");
#040   return 0;
#041 }
#042 /* sorted by stuID[] according selection sort */
#043 void selectionSort(char stuID[][11],int grade[][4],int stuNums){
#044     int i,j,k,m,temp;
#045     char tempID[25];
#046   for(i=0; i<stuNums-1; i++){     //第 i 趟最大 ID 所在的位置下标,i=0,1,…,M-2
#047        k=i;
#048        for(j=i+1; j<stuNums; j++)
#049        if (strcmp(stuID[k],stuID[j])<0)     //(total[k]<total[j])
#050               k=j;                 //k 总是记录着学号最大的元素下标
#051        if (k !=i){                 //如果最大学号的下标 k 不是 i 就交换学号
#052           strcpy(tempID,stuID[i]);     //交换 ID
#053           strcpy(stuID[i],stuID[k]);
#054           strcpy(stuID[k],tempID);
#055           //同时要交换该学号对应的成绩
#056          for(m=0;m<4;m++){
#057            temp=grade[i][m]; grade[i][m]=grade[k][m];
#058             grade[k][m]=temp;    //交换成绩
#059          }
#060   }}}
#061 /*输入原始数据使实参数组有数据,返回学生数*/
#062 int input(char stuID[][11],int grade[][4]){
#063     int i=0,j;
#064     char tempID[11];
#065     printf("pls input your ID,dayli,mid,end score:\n");
#066     scanf("%s",tempID);             //input string "0000" for finishing system
#067     while(strcmp(tempID,"0000")!=0 && i<M) {
#068        strcpy(stuID[i],tempID);
#069        for(j=0;j<3;j++)
#070           scanf("%d",&grade[i][j]);
#071        //计算总评
#072        grade[i][3]=grade[i][0]*0.2+grade[i][1]*0.3+grade[i][2]*0.5;
#073        printf("pls input your ID,dayli,mid,end score:\n");
#074        scanf("%s",tempID);
#075        i++;
#076     }
#077     return i;
#078 }
#079 /* 输出学生信息 */
#080 void print(char stuID[][11],const int grade[][4],int stuNums) {
#081     int i,j;
#082     for(i=0;i<stuNums;i++){
#083       printf("%s ",stuID[i]);
#084       for(j=0;j<4;j++)
```

```
#085            printf(" %d ",grade[i][j]);
#086          printf("\n");
#087      }
#088 }
#089 /* 二分查找,返回 ID 的位置或-1,参数 n 是学生数,它小于 M,keyID 是要找的 ID */
#090 int binarySearch(char stuID[][11], int n, char keyID[]){
#091      int low, high, mid;
#092      low=0;
#093      high=n-1;
#094      while(low <=high){
#095          mid=(high+low)/2;
#096          //printRow(stuID,low,mid,high,n);     //打印查找过程
#097          if(strcmp(keyID, stuID[mid])<0)
#098              low=mid +1;
#099          else if(strcmp(keyID, stuID[mid])==1)
#100              high=mid-1;
#101          else
#102              return (mid);
#103      }
#104      return(-1);
#105 }
#106 /* 线性查找,返回 ID 的位置或-1,参数 n 是学生数,它小于 M,keyID 是要找的 ID */
#107 int linearsearch(char stuID[][11], int n, char keyID[]){
#108    int i,j,flag=1;
#109    for(i=0;i<n;i++)
#110          if(strcmp(stuID[i],keyID)==0) break;
#111    if(i<n)
#112        return i;
#113    else
#114        return-1;
#115 }
#116 /* 显示查找过程/
#117 void printRow(char stuID[][11],int low,int mid,int high,int stuNums){
#118      int i;
#119      for(i=0;i<stuNums;i++){
#120          if(i<low || i>high)
#121              printf("    ");
#122          else if(i==mid)
#123              printf("%5s * ",stuID[i]);
#124          else
#125              printf(" %5s",stuID[i]);
#126      }
#127     printf("\n");
#128 }
```

6.3.1 字符数组与字符串

字符串顾名思义，就是一串字符。在C/C++语言中，简单来说，**用双引号引起来的一串字符就是字符串**，这在printf语句中已经用过多次了。如姓名字符串"zhangqiang"，学号ID字符串"0308606709"等，任何可见字符都可以连起来形成一个字符串，但是有些特殊字符如问号、反斜杠、单引号和双引号等必须用转义序列，如"\"Hello\\Hi\""，实际上它表示""Hello\Hi""字符串，注意包含双引号和反斜杠在内。这种确定的字符串称为字符串常量。它们怎么存储到内存中呢？因为一个字符占一个字节，是不是10个字符的ID就占用10字节呢？如果有两个字符串连续存储怎么办呢？两个ID串存储在一起岂不是连接在一起了吗？这显然是不正确的。实际上，系统在每个字符串的末尾添加了一个特别的字符'\0'，编译器遇到这个字符时就知道了那个字符串结束了。字符'\0'称为**空字符或结束标记**，它是一个转义序列，它是ASCII码为0的那个字符，注意不要与字符'0'混淆。因此，严格来说，**末尾有空字符的一串字符才称为字符串**，有时也称它为**C字符串(C-string)**，将来学习C++时，还有一个C++的字符串类string。

字符串要存储到内存中，表现在程序中就是要保存到一个变量中，同普通变量一样，**存放字符串的变量也可以称为字符串变量**，但注意C语言并没有字符串变量这种类型，在C++中才有命名为string的类型。由于字符串是由字符组成的，所以C字符串变量是用字符型数组来表示的，例如：

```
char name[20],stuID[10];
```

定义了两个字符型数组，它们就可以存放字符串。因为字符串以空字符作为结束符，所以这里**字符串变量**专指**用空字符作为结束标记的字符型数组**。怎么把字符串存储到相应的数组中呢？可以像整型数组那样在定义的时候初始化，例如：

```
char name[ ]={'z','h','a','n','g','q','i','a','n','g','\0'};
```

注意：最后一定要加一个空字符，只有这样，这个字符数组才表示了"zhangqiang"这个字符串。这时字符型数组name才起到字符串变量的作用，如果没有那个空字符，name就是一个普通的字符型数组。name数组的大小根据初始化字符的个数自动确定。C/C++还允许使用更加简便的方法把字符串存储到字符型数组中，例如：

```
char name[ ]="zhangqiang ";
char stuID[11]="0308606709";
```

这种给字符型数组或字符串变量提供数据的方法只能用于定义/声明语句中。如果定义之后再用一个赋值语句是错误的，例如：

```
char name[20];
name="zhangqiang ";          //这是错误的,为什么?想想 name 作为数组名的含义
```

思考题：字符型数组与字符串完全等价吗？

6.3.2 字符串的输入与输出

除了在定义一个字符串变量时为它初始化之外，也可以通过键盘输入给字符串变量提

供数据,当然也可以把指定的字符串变量的值输出到屏幕上去。字符串的输入输出有三种方法。

1. 使用 scanf 和 printf

虽然 C/C++ 没有 C 字符串变量类型,但可以使用%s 占位符对 C 字符串进行输入输出。

【例 6.7】 键盘输入姓名然后再输出它。

源码例 6.7

```
#001 /* stringio1.c: 字符串的 I/O,使用%s */
#002 #include<stdio.h>
#003 int main(void) {
#004     char name[20];
#005     printf("please input your name:\n");
#006     scanf("%s",name);
#007     printf("your name is %s\n",name);
#008     return 0;
#009 }
```

注意:scanf 读键盘缓冲区中的字符串时会略掉前导空白符,再次遇到空白符时则结束字符串。什么是空白符呢？空格、Tab、回车都是空白符。几种测试结果如下:

测试 1:

```
please input your name:
zhangqiang
your name is zhangqiang
```

测试 2:

```
please input your name:
zhang qiang
your name is zhang
```

测试 3:

```
please input your name:
          zhangqiang lihong
your name is zhangqiang
```

第一种情况遇到回车结束了字符串,第二种情况当遇到空格时结束,只输出了一部分,第三种情况忽略了前导空格,再次遇到空格时结束。scanf 函数会自动在字符串的末尾存储一个空字符。

2. 使用 gets 和 puts 函数

gets 和 puts 是 stdio 中的两个函数。gets 函数需要一个字符串型变量(现在是字符数组)作为参数,它读键盘缓冲区中的字符串时不会忽略前导空白符,只有遇到回车符时才认为整个字符串结束,中间有的空格、Tab 等都认为是字符串的一部分,因此 gets 函数会把键盘输入的整行读到一个字符数组中,**结尾自动添加一个空字符**。注意,结尾的回车符不在字符串中。

puts 函数也需要一个字符串型变量作为参数,它把字符串输出到屏幕上,自动换行。

【例 6.8】 键盘输入姓名,允许含前导空格和中间空格,在屏幕上输出姓名。

源码例 6.8

```
#001 /* stringio2.c: 字符串的 I/O,使用 gets,puts */
#002 #include<stdio.h>
#003 int main(void) {
#004     char name[20];
#005     printf("please input your name:\n");
```

```
#006    gets(name);                              //读一行
#007    printf("your name is ");
#008    puts(name);                              //输出 name 后会自动换行
#009    return 0;
#010 }
```

测试结果：

```
please input your name:
  zhang qiang
your name is  zhang qiang
```

注意：由于 gets()无法知道字符串的大小，必须遇到换行字符或文件尾才会结束输入，因此容易造成**缓存溢出**的安全性问题。建议使用第 9 章将介绍的 fgets 函数取代它。在 C11 标准中已经删除了 gets 函数。

3. 逐个字符输入输出字符串

使用%c 占位符通过一个循环逐个字符进行操作，这是字符串操作的基本功，是比较重要的。在这种方式下，程序员控制所有的一切，如字符数组中添加一个空字符作为字符串的结束标记，输出时判断字符串是否到了结束标记等。

【例 6.9】 使用逐个字符操作的方法输入输出字符串。

源码例 6.9

```
#001 /* stringio3.c: 字符串的 I/O,使用%c */
#002 #include<stdio.h>
#003 int main(void){
#004    int i=0;
#005    char t,name[20];
#006    printf("please input your name(charNums<20):\n");
#007    scanf("%c",&t);
#008    while(t!=10&&i<19) {                     //回车符的 ASCII 码是 10,
#009        name[i]=t;
#010        scanf("%c",&t);
#011        i++;
#012     }
#013    name[i]='\0';                            //手动添加结束符
#014     //puts(name);                            //可以用 puts 输出
#015    for(i=0;name[i]!='\0';i++)               //遇到结束符时输出完毕
#016        printf("%c",name[i]);
#017     printf("\n");
#018     return 0;
#019 }
```

注意：#008 行判断输入的字符是否是回车符(回车符的 ASCII 码是 10)，同时还要控制不能超过 19 个字符，因为要留一个位置在#013 行给字符串添加结束标记。#015 行的循环逐个字符输出的循环条件是“当前字符不是结束标记”。

6.3.3 字符串的基本操作

字符串在文字处理中占有非常重要的地位。在很多场合常常要对一个字符串进行这样

或那样的操作,典型的操作包括:

(1) 求字符串的长度(string length)。

字符串的长度不包含空字符(结束标记)。

(2) 判断两个字符串是否相等(string compare)。

如何比较两个字符串的大小呢?一般采用字典序比较字符串的大小。两个字符串比较大小时,**左对齐,逐个比较**,如果两个对应的字符相等,则比较下一个字符,如果不等,比较大的那个字符所在的字符串就大。两个字符的大小取决于它们的ASCII码。在字符串排序问题求解时就要用到这个操作。

(3) 复制一个字符串(string copy)。

已知一个字符串,把它的内容复制给另一个字符串。通常使用这个操作给一个新定义的字符数组赋值。

(4) 连接两个字符串(string concatenate)。

已知两个字符串,连接成一个新的字符串。一般是把一个字符串连接到另一个字符串末尾。

(5) 判断某个字符串是否是另一个字符串的子串(substring)。

在一个字符串中去定位另一个字符串。在一个字符串中查找某个子串的位置。每个操作都可以定义成一个函数,作为字处理问题求解时的工具。

以上这些基本操作都可以自己定义相应的函数实现它,而且是比较重要的。下面看几个例子。

【例6.10】 实现求字符串长度函数,函数命名为myStrLen。

```
#001 int myStrLen(char str[]){
#002     int i,res=0;
#003     for(i=0;str[i]!='\0';i++)
#004         res++;
#005      return res;
#006 }
```

【例6.11】 实现字符串复制函数,函数命名myStrCpy。

```
#001 void myStrCpy(char str1[],char str2[]){        //把str2复制到str1
#002     int i;
#003     for(i=0;str2[i]!='\0';i++)      //这里是简单的复制
#004         str1[i]=str2[i];
#005     str1[i]='\0';                               //注意这一步,添加一个空字符作为结束标记
#006 }
```

字符串的各种基本操作在C语言的标准库中都已经有了很好的实现,要使用这些操作只需嵌入相应的头文件即可,见6.3.4节。一般不用自己编写,通过这两个示例,只是向大家展示一下这些函数实现的基本原理:**如果需要逐个字符操纵一个字符串,就可以参考上述两个函数的实现方法**。

6.3.4 标准库中的字符及字符串函数

C语言的标准函数库中提供了多个用来处理字符和字符串的函数,除了前面用到的字

符串输入输出函数 gets 和 puts 之外，还有一些有代表性的函数，它们的原型分布在 string.h、stdlib.h、stdio.h 和 ctype.h 文件中。掌握这些函数的使用方法，可以大大提高字符和字符串的处理能力，降低字符串处理问题的复杂度。

1. string.h 中的几个字符串操作函数

1）字符串复制函数 strcpy

调用格式：

```
strcpy (字符数组 1,字符串 2);
```

功能：把字符串 2 复制到字符数组 1 代表的字符串变量中，包括'\0'。它同时返回字符数组 1 的首地址。

说明：

① 字符数组 1 必须定义的足够大，以便容纳被复制的字符串。字符数组 1 存储的字符串的长度不应小于字符串 2 的长度，此函数不会自动检测字符数组 1 的空间是否够大。

② 第一个参数必须是数组名的形式（如 str1），“字符串 2”既可以是字符数组名，也可以是一个字符串常量。

例如，假设有 char str1[20]，要把字符串"C Language"赋值给 str1，需要使用

```
strcpy (str1,"C Language");
```

不能写成

```
str1="C Language";
```

因为 str1 是一个数组名，它代表的是 20 个连续字符的首地址，是一个常量，不可以放在赋值语句的左边，也就是**数组名不是一个左值**。

又如把字符串 str1 赋值给字符串 str2：

```
strcpy(str2,str1);
```

不能写成

```
str2=str1;
```

2）字符串比较函数 strcmp

调用格式：

```
strcmp(字符串 1,字符串 2)
```

功能：按照 ASCII 码顺序左对齐比较两个字符串，函数的返回值有三种可能：

函数值返回值为 0，表示字符串 1 与字符串 2 相等；

函数返回值大于 0，意味着字符串 1＞字符串 2；

函数返回值小于 0，意味着字符串 1＜字符串 2。

说明：字符串 1 和字符串 2 均可是字符串常量或字符串变量。

例如：

```
char str1[]="China",  str2[]="Canada",  int result;
result=strcmp(str1,str2);
```

或者

```
result=strcmp(str1,"Canada");
```

因按字典顺序，str1 在 str2 的后边，所以 result 的值大于 0。又如：

```
result=strcmp("Canada","Korea");
```

因按字典顺序，字符串"Canada"在"Korea"的前面，所以 result 的值小于 0。

注意：判断两个字符串是否相等，不能用以下形式：

```
if(strl==str2)  printf("yes");
```

只能用

```
if(strcmp(str1,str2)==0)  prinif("yes");
```

3）字符串连接函数 strcat

调用格式：

```
strcat(字符串 1,字符串 2)
```

功能：把字符串 2 中的字符串连接到字符串 1 中字符串的后面，并删去字符串 1 后的空字符'\0'，函数返回值是字符串 1 的首地址，同样这个返回值也不常用。

说明：字符串 1 必须足够大，以便容纳连接后的新字符串。

例如：

```
char str1[30]="My name is ";  char str2[10]="Li Ping.";
printf("%s",strcat(strl,str2));
```

则把两个字符串首尾相连，结果是"My name is Li Ping."

如果 strl 的长度为 15，即

```
char str1[15]="My name is ";
```

就会因其长度不够，使 strcat(strl,str2)连接出问题。

4）求字符串的长度函数 strlen

调用格式：

```
strlen(字符串)
```

功能：返回字符串的长度，不包括空字符。

例如：

```
char str[]="hello!";
printf("%d\n",strlen(str));
```

2. stdlib.h 中的几个字符串转换函数

在编写程序时，经常需要**将字符串形式表示的数据转换成相应的数值类型**，在 C 语言标准库中提供了几个与之相关的标准函数，调用格式如下：

(1) 将字符串 str 转换成一个双精度的数值

```
atof(str);
```

(2) 将字符串 str 转换成整型的数值

```
atoi(str);
```

(3) 将字符串 str 转换成长整型数值

```
atol(str);
```

有时需要**将数值类型转换成字符串形式**,在 C 语言标准库中提供了两个用来实现这项操作的函数。

(1) 将指定进位制的整数转换为字符串

```
itoa(num,str,radix);
```

(2) 将指定进位制的长整型整数转换为字符串

```
ltoa(num,str,radix);
```

其中 str 是一个用于存放结果的字符串,radix 是用户指定的进位制,它的取值必须介于 2～16。在 itoa 函数中的 num 是一个 int 类型的数值;在 ltoa 函数中的 num 是一个 long 类型的数值。

例如,把"1234"转换为 1234:

```
int a=atoi("1234");
```

又如,把 15 转换为十进制的字符串"15"或二进制的字符串"1111":

```
char str [20];
itoa(15,str,10);
printf("%s\n",str);
itoa(15,str,2);
printf("%s\n",str);
```

注意:把数值转换为某种进位制的字符串,当数值是正整数时是正确的,负整数时不能带有负号,转换后结果再填上符号。

3. stdio.h 中的两个特别的字符串函数

(1) 字符串格式输出函数 sprintf,调用格式为

```
sprintf(str,"格式说明",输出变量列表);
```

例如

```
int y=2015,m=1,d=1;
sprintf(str,"%d年%d月%d日",y,m,d);
```

形成一个日期字符串。

(2) 字符串格式输入函数 sscanf,调用格式为

```
sscanf(str,"格式说明",输入变量列表);
```

例如,从一个日期字符串中读出年月日

```
char str[]="2010年10月25日"
sscanf(str,"%d年%d月%d日",&y, &m, &d);
```

4. ctype.h 中的字符分析和转换函数

字符分析函数的功能是判断给定的字符是哪一类字符,是典型的判断函数,它们都是以 is 开头命名的函数,其函数原型为

```
int isalnum(int c);          //判断字符是否是字母或十进制数字字符
int isalpha(int c);          //判断字符是否是字母字符
int isblank(int c);          //判断字符是否是空格字符
int iscntrl(int c);          //判断字符是否是控制字符
int isdigit(int c);          //判断字符是否是十进制数字字符
int isgraph(int c);          //判断字符是否是可打印的非空格字符
int islower(int c);          //判断字符是否是小写字母字符
int isprint(int c);          //判断字符是否是可打印字符
int ispunct(int c);          //判断字符是否是标点符号字符
int isspace(int c);          //判断字符是否是空白字符
int isupper(int c);          //判断字符是否是大写字母字符
int isxdigit(int c);         //判断字符是否是小写字母字符
```

因为字符的 ASCII 码是整数,所以上述函数的参数都是 int c,实际使用的时候直接用字符作为实参即可,当然用 ASCII 码也可以。它们的返回值也是整型,但只有逻辑真和逻辑假两种可能。当结果为"是"时,返回真,否则返回假。下面看一个例子:

```
int count=0;
char str[]="Welcom to China!";
for(i=0; str[i]!='\0'; i++)
    if(!isspace(str[i]) )
      count++;
```

这个程序片段的功能是什么?结果是什么?作为练习请把"Welcome to China!"中的空格去掉。

在 ctype 库中还有两个字符转换函数:

```
int tolower(int c);
int toupper(int c);
```

这两个函数都返回该字符转换的结果,如果字符是非字母字符则不转换。作为练习请把"Welcome to China!"的每个字符的大小写改变一下。

注意:在头文件 string.h 和 strlib.h 中,很多字符串处理的函数的原型其参数类型都是现在还没有学的字符型指针(参见 7.5 节),该指针指向一个字符串常量或字符型数组,这与现在用的字符串常量或字符数组是完全一致的。例如,几个字符串处理函数的原型如下:

```
size_t strlen (const char * str );
```

```
char * strcpy (char * destination, const char * source );
int strcmp (const char * str1, const char * str2 );
char * strcat (char * destination, const char * source );
```

6.3.5 字符串数组

一个字符串需要用一个一维的字符型数组存储，批量字符串怎么存储呢？例如，每个学生的 ID 号都是 10 个字符，用一个 11 个字符元素的数组即可，多个学生的 ID 就构成了字符串数组——二维字符数组。下面是 5 个人的 ID 声明：

```
char stuID[5][11]={"0308606701","0308606703",
                   "0308606704","0308606706","0308606702"};
```

于是，stuID[0]、stuID[1]、stuID[2]、stuID[3]、stuID[4]就分别代表了 5 个 ID 对应的字符数组。本节成绩单问题当中的所有 ID 就存储在二维字符数组 stuID[M][11]中。

如果字符串是姓名，因为每个人的名字长短不一，所以多个姓名的存储必须取最长的作为二维字符数组的列数。假设最长的姓名是 20 个字符，5 个人的姓名声明如下：

```
char stuName[5][21]={"zhangqiang","lihong",
                     "wangdawei","zhaosanqiang","xiayi"};
```

这个字符数组中的名字不足 20 个字符的字符串，会自动用空字符填补，因此 stuName[0]、stuName[1]、stuName[2]、stuName[3]、stuName[4]就是 5 个人的姓名字符串。由于姓名字符串长短参差不齐，所以采用二维字符数组的方法存储字符串数组时会有些浪费。在第 7 章学习指针之后，每个字符串用一个指针指向它，就不会浪费空间了。

6.3.6 线性查找

本节的成绩单数据包括学生 ID 和成绩数据，学生 ID 存储在字符数组 stuID[M][11]中，平时成绩、期中成绩、期末成绩和总评成绩存储在整型数组 grade[M][4]中，其中 M 是学生数，实际的学生数会根据输入数据的多少来确定，由 stuNum 表示。每个学生的信息包含多个字段，在这样的数据中查找，首先要确定**按照哪个字段查找**。那个查找字段通常称为**关键字段(key field)**，关键字段最好是没有重复值的字段，学号字段是最佳选择。原始成绩单数据是按照点名册的先后顺序存入的，它们的学号是否有序未知，可能有序也可能无序。

对于无序的数据进行查找，**线性查找**是简单有效的查找方法，具体方法参考本节的算法设计 1。设要查找的学号存入 keyID，线性查找是从第一个学号 stuID[0]开始，逐个与要查找的学号 keyID 进行比较，如果与某个学号 stuID[i](i=0 到 stuNum−1)相等，就意味着找到了，这样下标为 i 的学号以及下标为 i 的成绩信息 grade[i]就是要找的信息。在这个查找过程中关心的**下标值**，找到了要找的信息下标 i 是 i=0 到 stuNum−1 之间的某个值。如果没有找到，就没有这个范围的下标对应。为了方便应用，一般把这个查找过程定义为一个函数，函数原型为

```
int linearsearch(char stuID[][11],int n,char keyID[]);
```

函数调用的结果返回找到的下标或没有找到的−1，第 2 个参数 n 是查找的实际学生数，函

数定义如下:

```
#107 int linearsearch(char stuID[][11], int n, char keyID[]){
#108     int i,j,flag=1;
#109     for(i=0;i<n;i++)
#110         if(strcmp(stuID[i],keyID)==0)
#111             break;
#112     if(i<n) return i;
#113    else     return-1;
#114 }
```

其中,#110行判断要找的学号keyID是否在成绩单中存在,注意strcmp的用法,参考程序清单6.7。在程序清单6.7中,main函数调用linearsearch函数在学号ID数组查找键盘输入的keyID,如果找到了,根据返回的下标值pos即可确定对应的成绩信息,即

```
#023    pos=linearsearch(stuID,stuNum,keyID);
#024    if(pos !=-1)
#025       printf("linear searching result: %s %d %d %d %d\n", stuID[pos],
#026            grade[pos][0],grade[pos][1],grade[pos][2],grade[pos][3]);
#027    else
#028       printf("not found!\n");
```

6.3.7 折半查找

不难发现,如果在M个数据中线性查找,平均比较次数应该是(M+1)/2,因为最少的比较次数是1,即第一个数据就是要找的数据,最多比较次数是M,即最后那个数据才是要找的数据。设想一下如果数组中的元素已经有序(升序或降序)了,在有序的数据中进行查找还一定要按顺序逐个比较吗?假设全班60个学生的成绩单已经按照学生ID从小到大排好,现在要查找学号尾号是30的学生的成绩,最容易想到的是直接查看第30个学号是不是尾号为30。如果不是,看看是大于30还是小于30,若是小于30,尾号30的学生肯定在后30个里,否则肯定在前30个里,以此类推,这样每次去掉一半,范围逐渐缩小,很快就会找到要找的学生,如果最后剩下一个元素的时候还不是,就肯定知道要查找的元素不存在了。这种查找方法叫**折半查找**,也叫**二分查找**。图6.6是折半查找法的示意图。

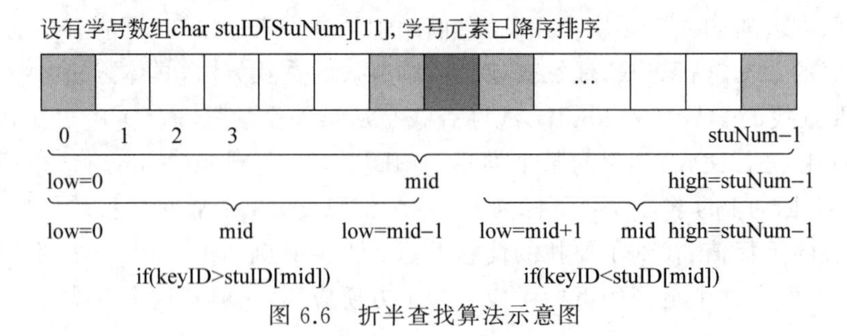

图6.6 折半查找算法示意图

设学生ID存储在char stuID[M][11]中,stuID[i](i从0到stuNum−1)的元素已经按降序排序。参考本节的算法设计2,对于给定的学号keyID,在stuID[i](i从0到

stuNum－1)中二分查找的具体步骤如下：

① 根据数组 stuID[ ]的下标范围[low＝0,high＝stuNum－1],求中点 mid;

② 如果 keyID＝＝stuID[mid]已经找到,返回 mid,否则;

③ 如果 keyed＞stuID[mid],则修改 high＝mid－1,转向①;否则;

④ 修改 low＝mid＋1,转向①。

如果把折半查找的过程定义为一个函数,函数原型为

```
int binarySearch(char stuID[][11],int n,char keyID[]);
```

函数 binarySearch 的完整的实现代码参见程序清单 6.7 的＃090 行至＃105 行。在使用它之前,先调用 selectionSort 把 stuID 数组元素排序。当 binarySearch 执行完毕之后得到一个整型值 pos,如果 pos !＝－1 则输出查询结果,即下标为 pos 的 ID 和成绩 grade[pos][0] ～ grade[pos][3],否则输出“not found!”。

6.4 大整数加法

视频

问题描述：

写一个程序计算两个大整数的加法,设加法的位数不超过 200 位,加数非负。

输入样例：

```
please input two bigger numbers:
first bigger numbers:
555666777
second bigger numbers:
888999666555444
```

输出样例：

```
555666777+888999666555444=889000222222221
```

问题分析：

大家知道,整数不管是哪种类型(长的还是短的),它们的范围都是有限的。那么,是不是比较大的整数就不能用计算机处理了呢？回答当然是 No！实际上,有了数组这个工具之后,大整数问题便迎刃而解了。只需把大整数的数字作为字符看待,把它们存在一个字符型数组中即可。本节以大整数的加法为例,介绍用数组求解大整数问题的基本方法。大整数逐位存储在字符数组中之后,就可以模拟小学生常用的**列竖式**进行计算了。基本思想就是两个数字字符数组右对齐,从个位开始逐位向左相加进位。算法设计 1 给出了这种方法的具体步骤;由于数组的下标是从左边开始的,因此右对齐是从大下标开始,这样有点不方便,因此先把数字字符串**逆置**,让个位对应下标 0,左对齐计算,逐位向右相加进位,这样,代码写起来会比较容易,但计算之后还要逆置回来才能得到最后的结果。算法设计 2 给出了这种方法的具体步骤。

算法设计 1(右对齐方法)：

① 输入数字字符串 str1、str2;

② 计算它们的长度 len1、len2,如果 len1＞len2,则交换 str1 和 str2;

③ 有可能高位有进位,所以令 str1、str2 右移一位,且 str1[0]＝str2[0]＝'0';

④ 计算 dlen＝len2－len1;

⑤ 右对齐相加,结果放在 str2 中,即 str2[i＋dlen] ＋＝str1[i]－'0' (i＝1 到 len1);

⑥ 处理进位,i=len2 到 1,从右向左处理,检查每位是否有 str2[i]>=58(注意 9 的 ASCII 码是 57),有进位则 str2[i]-=10, str2[i-1]++;

⑦ 输出 str2(注意到高位的'0',无进位时从 1 开始,有进位时从 0 开始)。

算法设计 2(左对齐方法):

① 输入数字字符串 str1、str2;

② 计算它们的长度 len1、len2,如果 len1>len2,则交换 str1 和 str2;

③ 逆置 str1 和 str2,求得 len1、len2;

④ 左对齐相加,即 str2[i] +=str1[i]-'0',i 从 0 开始到 len1-1,同时处理进位,即如果 str2[i]>'9',则 str2[i]-=10,str2[i+1]++;

⑤ 特殊情况进位处理,即当 len1==len2 时在最高位的进位和字符串结束标记,当 len2>len1 时 len2-len1 部分出现进位;

⑥ 计算 str2 的 len、str2 逆置得到结果;

⑦ 输出结果。

程序清单 6.8(右对齐方法)

源码 6.8

```
#001 /*
#002 * bigIntegerAddRight.c: 右对齐,从右开始向左逐位加
#003 */
#004 #include<stdio.h>
#005 #include<string.h>
#006 #include<stdlib.h>
#007 #define SIZE 200
#008 int main(void){
#009     char str1[SIZE+2],str2[SIZE+2];
#010     int len1,len2,i,temp;
#011     printf("please input two bigger numbers:\n");
#012     printf("first bigger numbers:\n");
#013     gets(str1);                              //输入一行数
#014     printf("second bigger numbers:\n");
#015     gets(str2);                              //输入另一行数
#016     len1=strlen(str1);
#017     len2=strlen(str2);
#018     if(len1>SIZE||len2>SIZE){
#019         printf("Sorry, My storage is not enough!\n");
#020         exit(1);
#021     }
#022     if(len2<len1){
#023         strcpy(str2,str1); strcpy(str1,str2); strcpy(str2,str2);     //交换
#024         len1=strlen(str1);len2=strlen(str2);
#025     }
#026     printf("%s +%s=",str1,str2);
#027     for(i=len1-1; i>=0; i--)                 //向右移一个位置
#028         str1[i+1]=str1[i];
#029     str1[len1+1]='\0';                       //增加结束标记
#030     str1[0]='0';                             //用 0 初始化
#031     for(i=len2-1; i>=0; i--)                 //向右移一个位置
```

```
#032        str2[i+1]=str2[i];
#033    str2[0]='0';                          //用'0'初始化
#034    str2[len2+1]='\0';                    //增加结束标记
#035    for(i=1; i<=len1; i++)                //右对齐相加,'0'的 ASCII 码是 48
#036        str2[i+len2-len1]=str2[i+len2-len1]+str1[i]-'0';   //ASCII 码相加
#037    for(i=len2; i>=1; i--){               //处理进位
#038        if(str2[i]>=58)                   //'9'的 ASCII 是 57
#039            str2[i]-=10, str2[i-1]++;
#040    }
#041    if(str2[0]!='0')                      //有进位
#042      for(i=0; str2[i]!='\0'; i++)        //or i<=len1
#043        printf("%c",str2[i]);
#044    else                                  //无进位
#045      for(i=1; str2[i]!='\0'; i++)
#046        printf("%c",str2[i]);
#047    printf("\n");
#048    return 0;
#049 }
```

程序清单 6.9(左对齐方法)

源码 6.9

```
#001 /*
#002 * bigIntegerAddLeft.c: 数字字符串逆置,左对齐逐位向右相加
#003 */
#004 #include<stdio.h>
#005 #include<string.h>
#006 #include <stdlib.h>
#007 #define SIZE 200
#008 void inv(char str[], int n);
#009 int main(void){
#010        int i, j=0, n, len1, len2;
#011        char str1[SIZE+2], str2[SIZE+2],tmp[SIZE+2];
#012        printf("please input two bigger integers\n");
#013        printf("first bigger integer:\n");
#014        scanf("%s",str1);
#015         printf("second bigger integer:\n");
#016         scanf("%s",str2);
#017         len1=strlen(str1); len2=strlen(str2);
#018         if(len1>SIZE||len2>SIZE){
#019             printf("Sorry,My storage is not enough!\n");
#020             exit(1);
#021         }
#022         printf("%s +%s=",str1,str2);
#023         //invert str1 and str2
#024       inv(str1, len1);                                //逆置
#025       inv(str2, len2);
#026       if(len1>len2){
#027           strcpy(tmp,str1); strcpy(str1,str2); strcpy(str2,tmp);
#028       }
#029       len1=strlen(str1); len2=strlen(str2);
```

```
#030        if(len1<=len2){
#031            for(i=0; i<len1; i++){
#032                  str2[i] +=str1[i]-'0';                    //左对齐相加
#033                  if(str2[i]>'9' && i<len2-1)               //i到i+1位的进位
#034                      str2[i]-=10, str2[i+1]++;
#035            }
#036         if(len1==len2 && str2[len1-1]>'9')                 //最后一位进位
#037           str2[len1-1]-=10, str2[len1]='1',str2[len1+1]='\0';  //逗号表达式
#038          for(i=len1;i<=len2-1;i++)                         //进位,len2>len1的部分
#039               if(str2[i]>'9') {                            //两字符比较
#040                   str2[i]-=10;
#041                   str2[i+1]++;
#042                   if(i==len2-1)                            //进位
#043                       str2[i+1]='1',str2[i+2]='\0';
#044            }
#045          inv(str2, strlen(str2));                          //结果逆置
#046          printf("%s\n",str2);                              //输出结果
#047         }                                                  //end if(len1<=len2)
#048      return 0;
#049 }
#050 //逆置
#051 void inv(char str[], int n){
#052      int i, j;  char temp;
#053      for(i=0, j=n-i-1; i<j; i++, j--)
#054          temp=str[i], str[i]=str[j], str[j]=temp;
#055 }
```

6.4.1 逻辑右对齐相加法

逻辑右对齐相加法就是模拟列竖式计算的过程,不过现在是在逻辑上(通过下标运算实现)右对齐相加,向左进位,具体过程参考算法设计1和图6.7。

程序清单6.8实现了逻辑右对齐的加法,其中有几点应该注意:

```
#009      char str1[SIZE+2],str2[SIZE+2];
```

#009行声明了两个数组,大小为SIZE+2,其中一个字符用于最高位进位,另一个字符用于结束标记,当然也可多加一些。

```
#013      gets(str1);                                   //input a line
#015      gets(str2);
```

#013行和#015行使用了gets读入两行数字字符串。然后判断它们的长度len1和len2是否超出了预定义数组的大小,如果超出程序退出。#022行再判断len2是否小于len1,如果小于,str1和str2交换,保证str2是比较长的字符串,#023行使用简洁的逗号表达式,依次执行轮换的三个复制函数的调用。

数字字符串存到一个数组中,下标为0的那个数是高位。两个数相加后可能有向左进位,下标0的左边没有可用的空间了,因此为了腾出一个进位位,需要把输入字符串向右移动一位。#027行至#030行实现字符串str1右移一位,同时使新的str1[0]初始化为'0',便

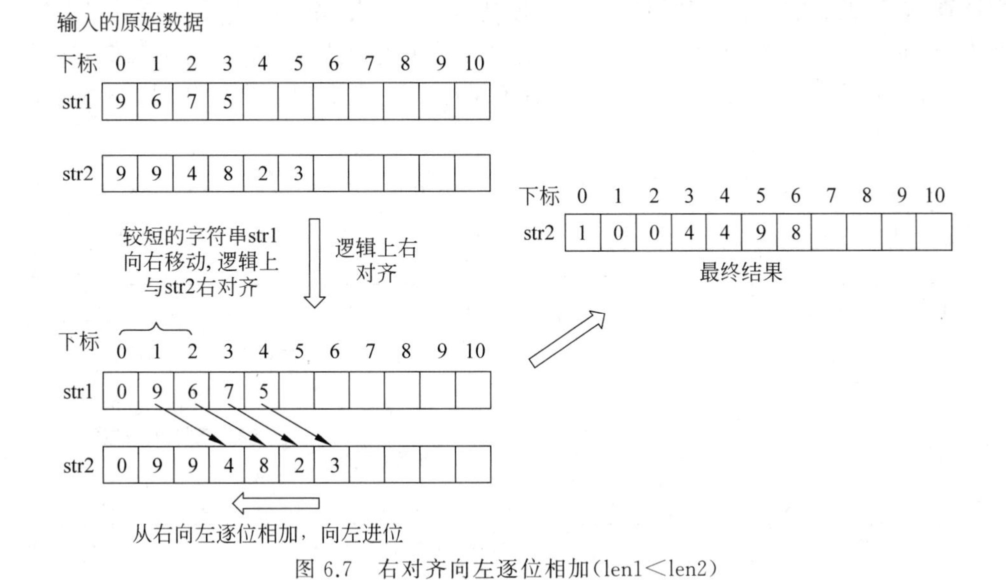

图 6.7 右对齐向左逐位相加(len1<len2)

于后面的进位。由于右移使字符串的结束标记丢失,因此要补上。同样,#031 行至#034 行使 str2 右移了一位。

```
#035      for(i=1; i<=len1; i++)                    //the ascii code of digit 0 is 48
#036          str2[i+len2-len1]=str2[i+len2-len1]+str1[i]-'0';
```

#035 行至#036 行循环实现了 str1 和 str2 在逻辑上按个位右对齐相加,结果存在 str2 中。

其中,str1[i]-'0'是对应的 ASCII 码相减,相当于把 str1[i]中的字符转换成对应的数字,例如假设 str1[i]='7', str1[i]-'0'='7'-'0'=55-48=7,这个 7 不再是 ASCII 码,而是真正的7 这个数字,这样与 str2[i]字符相加时就得到了结果数字对应字符的 ASCII 码,例如,假设 str2[i]='8',因为'8'的 ASCII 码是 56,所以 str2[i]+7=63。如果 63>57(字符'9'的 ASCII 码是 57)意味着这位的和大于或等于 10,需要向高位进位,于是把 63- 10=53,这就是进位 1 之后本位剩余字符的 ASCII 码,它是字符'5'的 ASCII 码,于是这位的结果就是 5,这正是我们要的结果。

注意:这里使字符右对齐没有真移动,而是根据下标之间应该对应的关系,寻找对齐的元素。i 从 1 开始,i+len2-len1 与 i 在逻辑上就实现了各位对齐的效果。程序清单 6.8#037 行至#040 行处理进位,从个位开始向高位逐位进行检查,如果 str2[i]>=58 则本位超过了 9,注意 9 的 ASCII 码是 57,这时本位就要减 10,高位加 1。#041 行至#047 行逐个字符打印出计算结果数字串,之所以没有采用整个数字字符串结果整体输出,是因为有进位和无进位的开始下标不同,一个是从 0 开始,一个是从 1 开始。

6.4.2 逆置左对齐相加法

从 6.4.1 中右对齐方法的实现可以看到,由于数字数组的个位与下标 0 不一致,操作起来略有不便。本节采用左对齐的方法,从左向右加起,刚好使个位与下标 0 一致。为了允许这样计算,必须把数字字符串颠倒过来。程序清单6.9中定义了函数inv,专门用于把一个长度为len的字符串逆置,也称逆序。数组逆序之后相当于把竖式做了一个镜像,这样就可以左对齐,从下标0开始操作,不过求和之后还要再逆序回去,具体方法如图6.8所示。

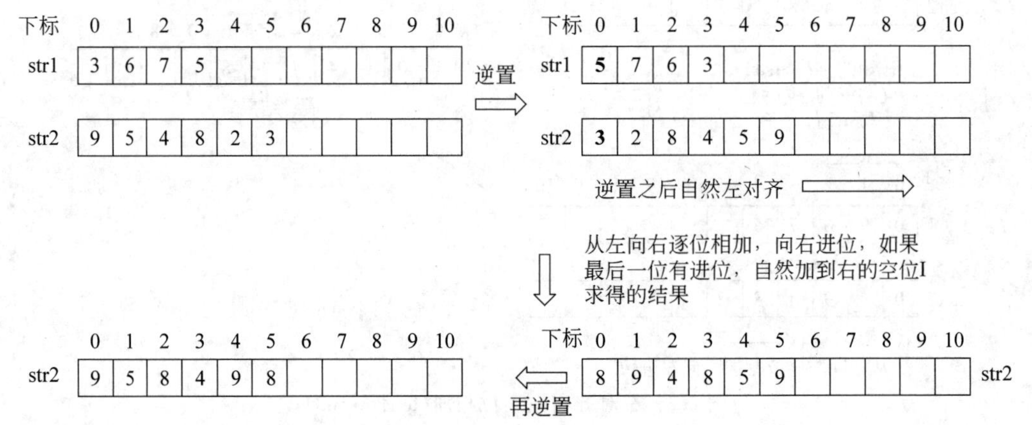

图6.8 左对齐逆置向右逐位相加

注意:逆序的过程是两端各取一个字符互相交换,然后同时向中间靠拢一个字符,再交换,直到两端相遇为止,即

```
#051 void inv(char str[], int n){
#052     int i, j;  char temp;
#053     for(i=0, j=n-i-1; i<j; i++, j--)
#054         temp=str[i], str[i]=str[j], str[j]=temp;
#055 }
```

数字字符串逆置之后左对齐相加就很容易了,即

```
#032     str2[i]+=str1[i]-'0';                          //左对齐,相加
```

这里str1[i]与str2[i]从下标i=0开始刚好是个位对齐,i=1时是十位对齐等。str1[i]-'0'的含义与6.4.1节相同,即使str2[i]的加数str1[i]刚好是str1[i]中对齐的数字。

接下来#036行到#042行判断某位相加是否有进位,使用的方法是str2[i]>'9'而不是str2[i]>57,这两者实质是一样的,但前者似乎更直观。这里进位是分三种情况来处理的:第一种情况是在两个字符对齐相加的过程中出现的进位;第二种情况是两个字符串长度相等时最后一位相加出现的进位;第三种情况是当len2>len1时,多出的几位出现进位时,如多出的位是9,有进位加1时,9这位将产生进位。

小 结

本章学习了批量数据存储的解决方案——数组,数组是同类型数据的连续存储。数组的下标作用非常大,有了它操纵数组的元素变得轻松自如。数组有一维的,二维的甚至是多维的。特别的还有一种称为字符串的字符数组,是很多文字处理问题都离不开的。字符串有一些典型的操作。大整数问题求解的基础就是字符串和字符型数组。数组还可以作为函数的参数,使函数能产生一批结果,但是这带来了一些不安全的隐患,为此可以用 const 保护数组不被修改。

批量数据排序和查找是非常典型的计算机科学中的两个问题。它们有很多经典的算法,本章给出了比较简单的交换法和选择法排序算法,通过线性或折半方式的查找算法。

概念理解

1. 简答题

(1) 什么是数组?

(2) 数组有什么特点? 数组与若干个简单变量相比有什么不同?

(3) 数组的下标是从 0 开始的,在实际使用时如何从 1 开始?

(4) 数组作为函数的参数有什么特点?

(5) 数组名有什么特殊的意义?

(6) 二维数组与一维数组有什么关系?

(7) 什么是排序?

(8) 交换法排序、选择排序、冒泡法排序有什么不同?

(9) 什么是查找?

(10) 顺序查找与折半查找有什么不同?

(11) 什么是字符串? 它与字符数组有什么不同?

(12) 字符串的基本操作有哪些?

(13) string.h 中的字符串处理函数有哪些? 怎么使用?

(14) 可以自己实现字符串处理函数吗?

(15) 字符串是怎么输入输出的?

2. 填空题

(1) 数组是一组(　　)数据项的集合。

(2) 一个数组中的所有元素在内存中(　　)存储。

(3) 数组元素是通过(　　)区别的。

(4) 数组元素的下标必须是(　　)常数,且从(　　)开始。

(5) 在数组的定义中,数组大小与数组的最大下标(　　)。

(6) 数组元素的顺序访问可以通过(　　)实现。

(7) 数组名是存储该数组的内存的(　　)。

(8) 冒泡排序的每一趟都是(　　)数组元素做比较。

(9) 两个元素互相交换需要使用一个(　　)变量,进行(　　)。

(10) 在一个数组中查找某个元素一般用(　　)法实现。

(11) 如果在一个已经排好序的数组中查找某个元素,可以使用(　　)。

(12) 保护函数的数组实参,形参需要使用(　　)说明。

(13) 数组作为函数的参数传递的也是值,但这个值是(　　)。

(14) 字符串是以(　　)结尾的一串字符。

(15) 字符串可以用(　　)存储。

常见错误

- 数组下标与第几个元素是差1的,常常犯差1的错误。
- 引用超出数组范围的元素不会产生编译错误,但会产生运行错误。
- 数组初始化列表中初始化值的个数多于数组元素的个数是语法错误。
- 误以为静态数组元素会初始化会产生逻辑错误。
- 二维数组a的元素引用使用a[x,y]是语法错误。
- 没有为scanf函数读字符串提供足够的字符数组会产生逻辑错误或运行错误。
- 字符串用字符数组定义忘记添加结束标记。
- 数组作为函数的实参要用数组名而误用了其他形式。
- 数组名作为函数的实参会给函数提供修改或破坏原始数据的可能,没有注意使用const进行保护。
- 使用字符串处理函数没有添加头文件string.h会出现编译链接错误。
- 一个数组不能整体赋值给另一个数组。
- 数组一旦定义大小就已经确定,不能再重新定义。
- 二维数组的定义或二维数组作为函数的参数省略了列数。
- 用字符数组定义的字符串用字符数组名表示,却使用了含[ ]的字符数组形式。
- 字符串数组中的字符串是用行对应的一维字符数组表示,却使用其他形式。
- 字符串赋值应该用strcpy函数,却使用了赋值语句。
- 字符串比较应该用strcmp函数,却使用了大于、小于、等于等关系运算。

在线评测

1. 一组数据逆序

问题描述:

写一个程序,使它能把一组整数逆序输出,设整数不超过100个。

输入样例:	输出样例:
4 5 2 6 3 8 9 0 1 7	7 1 0 9 8 3 6 2 5 4

2. 求一组数据的最大值

问题描述:

写一个程序,使它能求出一组整数的最大值,并给出是第几个整数最大。设这组整数不超过100个。要求使用数组实现。

输入样例：

```
4 5 2 6 3 8 9 0 1 7 Ctrl-Z
```

输出样例：

```
9
```

3. 一组数据的逆序函数

问题描述：

写一个函数 reverseArray，它能把一组整数逆序，要求用数组作为函数的参数。

输入样例：

```
4 5 2 6 3 8 9 0 1 7
^Z
```

输出样例：

```
7 1 0 9 8 3 6 2 5 4
```

4. 一组数据的最大值函数

问题描述：

写一个函数 maxArray，它能求出一组整数的最大整值。

输入样例：

```
4 5 2 6 3 8 9 0 1 7
^Z
```

输出样例：

```
9
```

5. 向一组数据首插入一个数据

问题描述：

设有10个整数已经存储在一个数组中，即{2,5, 7, 8, 9,11, 22, 24, 3,1}，编写一个程序，使得当从键盘输入一个整数时，能把它插入到数组的第一个位置，原有的数据向后移动。

输入样例：

```
6
```

输出样例：

```
6 2 5 7 8 9 11 22 24 3 1
```

6. 插入排序

问题描述：

有10个整数已经有序地放在一个数组中，假设它们是{2, 5, 7,8,9, 11, 22,24, 30, 80}，编写一个程序，要求把一个新的数据插入到适当的位置使其仍然有序。

输入样例：

```
10
```

输出样例：

```
2 5 7 8 9 10 11 22 24 30 80
```

7. 比赛评分

问题描述：

一次歌咏比赛有10个评委，每个评委给每个歌手打分，分值是1到10分，写一个程序按照去掉一个最高分和最低分，剩余8个再求平均的方法，计算歌手的比赛成绩。

输入样例：

```
4 3 6 8 9 5 8 7 8 7
```

输出样例：

```
6.625
```

8. 递归倒置一个字符串

问题描述：

写一个递归函数实现一个字符串倒置，即把字符串的字符顺序颠倒过来。

输入样例：

Hello

输出样例：

olleH

9. 统计单词数

问题描述：

输入一行英文句子字符,单词之间可能的分隔符是空格、标点符号(逗号、句号、叹号、问号),写一个程序统计其中有多少个单词。提示：空格字符的ASCII码是32,一行是以回车结束的。

输入样例：

hello welcome to fuzhou

输出样例：

4

10. 单词排序

问题描述：

写一个函数,能把一个单词表按字典序排序,单词表从键盘输入,通过参数传递给该函数,排序的结果再通过参数带回。假设单词的长度不超过10个字符。

输入样例：

monday tuesday wednesday thurday friday saturday sunday

输出样例：

friday monday saturday sunday thurday tuesday Wednesday

11. 杨辉三角(二维数组)

问题描述：

写一个函数,void yhTriangle(int a[][10],int size),实现建立杨辉三角形数组的功能,设数组不超过10行10列。注意输出格式为：第一列的宽度是1,其他各列的宽度为%3d,结尾行要换行。

输入样例：

3

输出样例：

```
1
1  1
1  2  1
```

12. 矩阵加法

问题描述：

设有两个n×n阶整数矩阵,设最大阶数为10。写一个函数addMatrix(int a[][N],int b[][N],int c[][N],int size)实现两个矩阵的加法,再写一个函数inputMatrix(int a[][N],int size)用于输入一个矩阵,一个函数printMatrix(int a[][N],int size)用于输出一个矩阵,利用inputMatrix输入原始矩阵,用printMatrix输出求和结果。另外,键盘输入矩阵的阶数。

输入样例：

```
3
1 2 3
4 5 6
2 3 5
1 1 1
2 2 2
3 3 3
```

输出样例：

```
2 3 4
6 7 8
5 6 8
```

13. 把一个字符串的字符之间插入空格

问题描述：

写一个函数，把一个长度不超过100个字符的字符串的字符之间插入一个空格。

输入样例：

```
hello
```

输出样例：（插入空格时包括字符串的结束标记）

```
10
h e l l o
```

输入样例：

```
hello
```

输出样例：（插入空格时不包括字符串的结束标记）

```
9
h e l l o
```

14. 字符串连接函数

问题描述：

写一个函数，把两个字符串str1和str2连接起来，形成一个新的字符串str，要求str1在str的首，str2在str的尾，不破坏原始字符串。

输入样例：

```
Hello
World!
```

输出样例：

```
HelloWorld!
```

项目设计

1. 学生成绩管理

问题描述：

建立一个能够管理学生一门课程成绩的学生成绩管理系统。学生成绩信息包括学号和姓名字符串，还有平时成绩、期中成绩和期末成绩，最后是总评成绩（平时占20%，期中占30%，期末占50%）。

提示：与第5章的项目设计相比，现在是否可以实现各个功能函数的代码了？现在可以把数据存储到数组里，而且可以用数组(一维和二维)作为函数的参数建立各个功能模块(也可以不用参数而用全局数组变量)。

2. 海龟作图

问题描述：

设想有一只机械海龟，它手里拿着一支笔，这支笔或者朝上，或者朝下。当笔朝下时，海龟用笔画下自己移动的轨迹，否则什么也不画。写一个程序，在建立的计算机画板(用数组表示，如50×50的二维数组)上模拟海龟作图。下面一组命令(用数字表示)表示海龟的状态和动作：

```
1  笔朝上   2 笔朝下   3 右转   4 左转
5,10  向前移动 10 格,如果笔朝下,画出轨迹,否则不画,其中 10 是你确定的
6  打印整个画板
7  结束
```

总计有7个命令，每个命令对应一个数字，命令数字后的值是参数。

下面是用这一组命令画图的“程序”，起点假设是画的中部。

```
2       //笔朝下
5,12    //向前移动 12 个格
3       //右转
5,12    //向前移动 12 个格
3       //右转
5,12    //向前移动 12 个格
3       //右转
5,12    //向前移动 12 个格
1       //笔朝上
6       //打印绘制结果
9       //结束
```

提示：把二维数组初始化为0，上述画图“程序”存储到一个命令数组中，顺序读出执行，根据不同的命令执行不同的操作，如果是笔朝下，画轨迹，即把二维数组经过的格置1。显示的时候把1用*号，0用空格表示，得到绘制轨迹。

可以自己设计想绘制的图案，即写出类似的“命令程序”，然后在C语言程序中模拟出来。

3. 骑士漫游

问题描述：

数学家欧拉(Euler)提出了一个很有趣的骑士漫游问题。国际象棋的骑士棋子能否在空棋盘上周游一遍，接触且只接触所有64个格子的每一个方格。骑士是走L形的，即一个方向上经过2格，另一个方向上经过1格。例如骑士从棋盘中的某个格子出发，它就有8种可能的走法，如图6.9(a)所示。棋盘用8×8的二维数组表示，并初始化为0。用下列方法分别模拟骑士漫游的过程，确定出发点之后，给出每走一步的具体位置的行列下标，最多64步(含起点)。

方法 1：把图 6.9(a)的 8 种移动用数字表达，水平向右为正，向左为负，垂直向下为正，向上为负。如移动到 0 位置，水平方向 2 个方块，垂直方向−1 个方块，移动到 2 位置，水平方向−1 个方块，垂直方向−2 个方块。把这样的 8 种移动用两个一维数组存储，即

```
Int horizontal[]={2,1,-1,-2,-2,-2,1,2};
Int vertical[]={-1,-2,-2,-1,1,2,2,1};
```

用变量 currentRow 和 currentColumn 表示当前位置的行和列，则实现 i=0 到 7 的每种移动后

```
currentRow +=vertical[i];
currentColumn +=horizontal[i];
```

骑士每走一个方块，计数器(初始值为 0)加 1。注意，每次移动之前都要判断该方块是否走过，是否在棋盘的外部。

	0	1	2	3	4	5	6	7
0								
1				2		1		
2			3				0	
3					K			
4			4				7	
5				5		6		
6								
7								

(a) 骑士k的8种移动

	0	1	2	3	4	5	6	7
0	2	3	4	4	4	4	3	2
1	3	4	6	6	6	6	4	3
2	4	6	8	8	8	8	6	4
3	4	6	8	8	8	8	6	4
4	4	6	8	8	8	8	6	4
5	4	6	8	8	8	8	6	4
6	3	4	6	6	6	6	4	3
7	2	3	4	4	4	4	3	2

(b) 每个格子的可访问能力值

图 6.9　骑士漫游

方法 2：不难看出每个方块的访问能力有很大不同，4 个角的方块只有两种走法，而位于内部的方块高达 8 种走法，图 6.9(b)是每个方块的访问能力。直觉告诉我们应该先访问最难访问的方块，即选择下一步走到哪里的时候，选择访问能力最小的那个方块。漫游的起点可以选择 4 个角之一。在访问过程中，随着被访问的方块的增加，每个方块的访问能力也要跟着变化。把这样编写的程序运行 64 次，看看能够得到多少次完整的漫游。

方法 3：死算(穷举法)。

每次移动到哪里随机产生，当然，须遵循 L 形移动的规则。这样的漫游可能很短，但是多次漫游就可能出现比较长的漫游甚至是完整的漫游，如在 100 次漫游中可能有很好的漫游结果。也可以一直反复地漫游，直到有完整的漫游为止。

实验指导

第7章　内存单元的地址——指针程序设计

电子教案

学习目标：

- 理解指针的概念。
- 掌握指针变量的定义和使用方法。
- 掌握指针作为函数参数的意义和具体方法。
- 掌握指针和数组、指针与字符串的关系。
- 理解指针数组与指向二维数组的指针的不同。
- 了解指针与函数的关系。
- 了解命令行参数的实现方法。

内存单元是**按照字节为单位**线性编址的，因此内存单元的地址就是那个内存单元的编号。一个变量a不管它是什么类型，只要使用占位符%p，都可以输出它的首地址&a。对于32位的GCC编译器来说，地址是一个8位的十六进制数，相当于32个二进制位，形如0x0022ff3c、0x0022ff41等，而使用TC编译器，地址是一个4位的十六进制数，相当于16个二进制位，如0xff12、0xff14等。在前几章的学习中，已经多次提到地址的问题，最早出现内存单元的地址是在scanf函数中：

```
scanf("%d",&a);
```

scanf函数需要**变量的地址 &a** 作为实参，scanf函数把给定的地址参数传给scanf函数的形参，形参接到这个地址之后，就能使那个实参变量按格式正确地读到输入缓冲区中的数据。为什么scanf函数输入列表参数一定是变量的地址呢？当时我们并没有去仔细追究它，想必大家现在一定想知道是为什么。

连续存储某种类型的一组数据的**首地址**。当定义了一个数组之后，就已经知道了它的首地址。**这个首地址就是数组名**。通过这个首地址，就可以依次访问每个数组元素或者直接定位(偏移)到某个数组元素。不仅如此，通过**数组名作为函数的实参**，还可以轻松地获得在函数中所产生的批量数据，这一点已经在第6章问题求解的过程中有了比较深刻的体会。

你应当已经感受到**内存单元的地址**有多么重要了，特别是当它用作函数参数的时候所起的特别作用更使我们对它要刮目相看了：要想让scanf函数读到键盘输入的数据需要用**地址参数**，要想获得批量数据结果也要用**地址参数**。本章通过下面几个问题系统地讨论这个特别的“地址”如何定义和使用。

- 用函数交换两个变量的值；
- 用指针处理批量数据问题；
- 用指针访问字符串问题；
- 通用函数问题；
- 内存的动态申请问题；

• 命令行参数问题。

7.1 用函数交换两个变量的值

问题描述：

对于任意给定两个整数，试定义一个函数，使它可以作为交换这两个整数的工具。测试之。

输入样例：

```
5 9
```

输出样例：

```
swap after: 9 5
```

问题分析：

设有两个整型变量 a 和 b，它们的值为

```
int a=5,b=9;
```

分析如何用一个函数交换它们的值(直接在 main 中交换它们，你会吗?)。我们期望定义一个函数 swap，调用 swap 之后，a 的值就是 9，b 的值就是 5。swap 函数该怎么定义呢? 也就是它的原型应该是什么样子的? 返回值类型是什么? 有没有参数? 你想到的函数的样子可能是：

```
① int swap(void);
② void swap(void);
③ void swap(int x,int y);
```

第①种没有参数，有返回值，即要使用函数的 return 语句返回结果，但我们知道利用函数的 return 语句只能返回一个值，不能同时返回两个变量的值(可不可以有多个返回语句?)，即利用返回语句是不可能实现的。因此方案①无效。

第②种无参数也没有返回值，a 和 b 这两个变量该具有什么特征才可以在主调函数和被调函数中都可以访问呢? 它们要在两个函数中都可见，只能把 a 和 b 定义为全局变量。这种方案是可行的。但是全局变量的方案不是好方案(为什么?)。

第③种无返回值有两个参数，a 和 b 非全局变量。这种情况可能想通过两个参数获得最终交换的结果。图 7.1 展示了这种方案的过程，看看有什么结果。

经过测试发现 a 和 b 的结果根本没有发生任何变化，也就是这个函数不能交换变量 a 和 b 的值。其原因在于实参 a 与形参 x 并不是同一个变量，同样，实参 b 与形参 y 也不是同一个变量，虽然在 swap 函数中交换了 x 和 y 的值，但对于变量 a 和 b 什么也没做。变量 a 和 b 仅仅把值送给了 x 和 y，变量 a 和 b 把它们的值传给 x 和 y 之后就完成了它们的使命，之后的交换就与 a 和 b 没有任何关系了。本来它们就没有什么关系，只是函数调用 swap(a,b) 语句把 a 和 b 的值读出来，为形参变量 x 和 y 初始化服务了一下而已。因此第③种方案也无效。

怎么样才能使形参和实参之间建立起更加紧密的联系呢? 我们希望**函数对形参操作时就如同操作实参一样**，如果能这样，那么在 swap 函数中如果交换了 x 和 y 的值，自然也就交换了 a 和 b 的值。

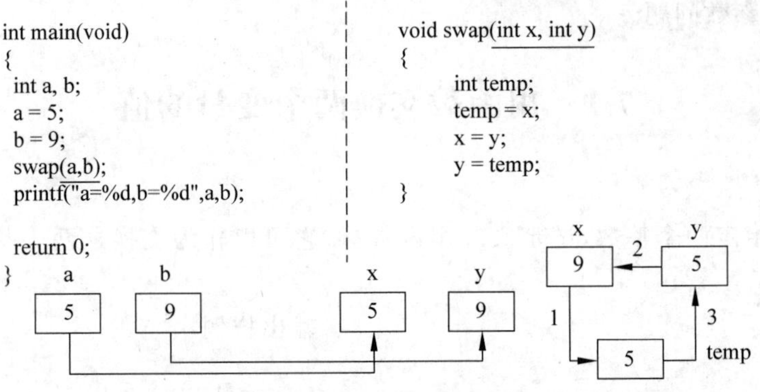

图 7.1 普通变量作函数的参数，形参的值不能带给实参

大家应该还记得，第 6 章在做批量数据处理时，把**数组作为函数的参数**传给函数，如果在函数中对形参数组元素进行了更改，就相当于对实参数组元素做了修改。为什么那时就可以，现在却不可以呢？其原因在于数组作为函数的参数，实参传给形参传的是“**地址**”，虽然也是值传送，但这个值非常特殊，它是某块内存空间的首地址。对于两个单个的普通变量，不是数组，能不能也把它们的地址传给函数呢？如果可能，函数 swap 的参数该怎样表达呢？看上去应该是

```
void swap(可以接受整型变量 a 的地址的形参 1,可以接收整型变量 b 的地址的形参 2);
```

如果能描述出这样的函数，当调用 swap 函数时，把变量 a 和 b 的地址传给 swap 函数的形参，形参获得的是地址，那么在 swap 函数中交换了形参 1 和形参 2 地址对应的内存变量的值，就交换了 a 和 b 的值，如图 7.2 所示。

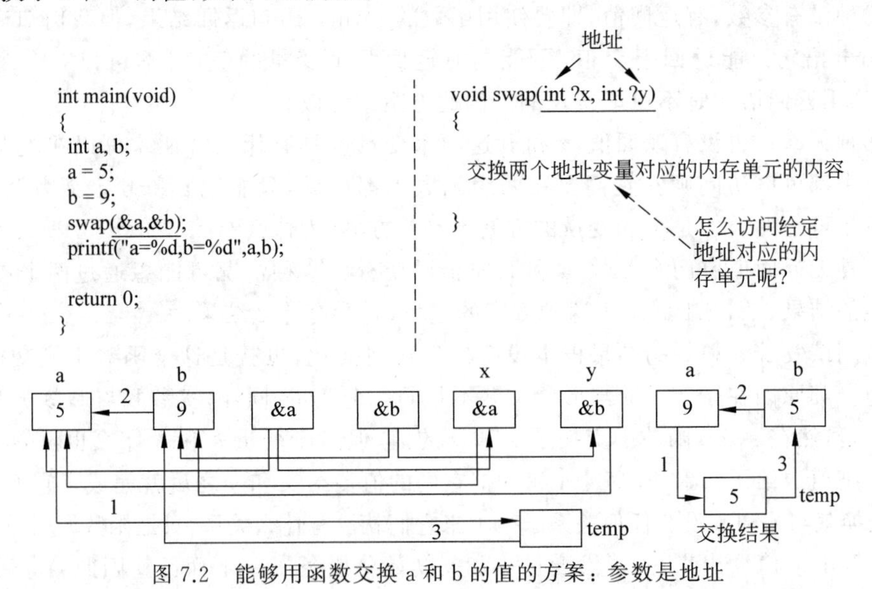

图 7.2 能够用函数交换 a 和 b 的值的方案：参数是地址

因此现在的任务就是：

(1) 如何定义或声明可以接收某种类型变量的**地址**的形参。

```
swap(int ?x,int ?y) {…}
```

其中在“?”处应该用什么说明一下 x 和 y 就可以接收某个变量的地址？实际上这是一种特别的变量，它是专门存放内存空间的地址的变量，这就是本章研究的主题：**指针（指针变量）**。如果 x 能接收 &a，就说明指针 x 指向了 a。

（2）如何通过这个存放变量地址的**特殊变量——指针（变量）**，**间接访问**它所指向的那个变量。

交换 x 和 y 所指向的 a 和 b，要借助一个中间变量 temp：

```
temp=?x;?x=?y;?y=temp;
```

在“?”处应该用什么样的运算才能达到访问 x 地址或 y 地址所指向的变量的目的呢？这与通常的

```
temp=x;  x=y;  y=temp;
```

通过变量名**直接访问**变量的值是截然不同的，如图 7.3 所示。

给定的数据存储到内存中，如果给它起个名字，名字就代表了那块内存单元，通过名字就可以访问数据，而且根本不必关心它到底存储在哪里。而存储单元的地址与存储单元的名字是截然不同的，它给出了数据实际存储在什么地方。通过地址访问数据，首先要根据地址找到对应的内存单元，然后再在那个单元中读写数据。哪种方式更好呢？如果说通过存储单元的名字访问数据是比较高级的操作（傻瓜型的，它不管变量存储在哪里，而是在逻辑上通过名字**直接对数据进行读写**，这是高级程序设计语言的特点），那么通过存储单元的地址访问数据就是比较低级的操作，它是从比较底层上面操纵数据的，先找到变量的物理存储地址再去**访问数据**。**高级的访问方式比较方便，低级的地址操作更加清晰**。任何存储在内存中的数据都可以通过存储它们的变量名直接访问，或通过它们的存储地址间接访问。

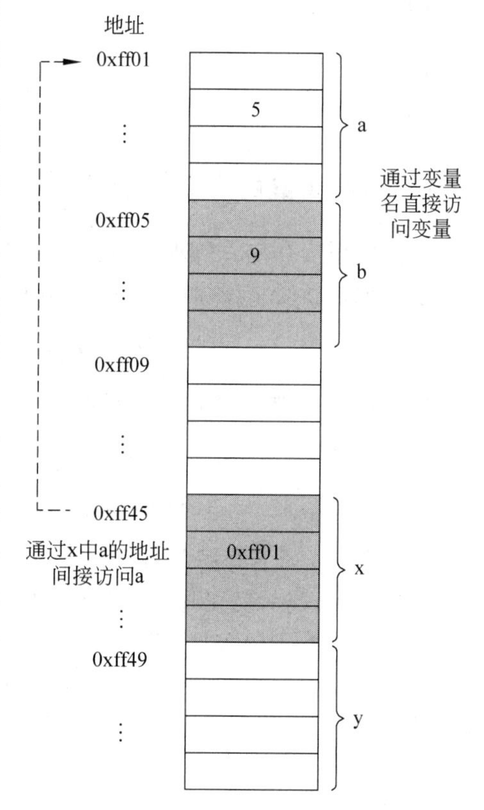

图 7.3　变量的直接访问和间接访问比较

经过上面的分析，能够交换两个变量值的函数应该定义成如下的形式。

swap 函数的算法设计（无返回值，形参 x 和形参 y 都是可以接收整型变量的地址）：

① x 指向的变量值暂存到 tmp 变量中；

② y 指向的变量值赋值给 x 指向的变量；

③ tmp 的值赋值给 x 指向的变量。

程序清单 7.1

源码 7.1

```
#001 #include <stdio.h>
```

```
#002 void swap(int * a, int * b);
#003 int main(void)
#004 {
#005     int a, b;
#006 //a=5;b=9;
#007 scanf("%d%d",&a, &b);          //输入两个整数
#008 //printf("before:%d %d\n", a, b);
#009 swap(&a,&b);                   //传地址给形参
#010 printf("swap after:%d %d\n", a, b);
#011 return 0;
#012 }
#013 void swap(int * x, int * y) //int * 指针作为函数的形参
#014 {
#015      int tmp;
#016     tmp= * x;                   //* 指针的间接引用运算,访问指针指向的变量值
#017      * x= * y;
#018      * y=tmp;
#019 }
```

7.1.1 指针变量的声明和初始化

由于使用内存单元的地址间接访问变量的过程蕴含着一个**指向的动作**,因此我们称一个变量的地址就是该变量的指针(Pointer)。例如:

```
int a;             //a 的地址 &a 就是变量 a 的指针,或者称指针 &a 指向了 a
```

注意:&a 实际上是存放了变量 a 的 4 个连续字节内存的首地址。又如一个双精度的变量 d,

```
double d;          //d 的地址 &d 就是变量 d 的指针,或者称指针 &d 指向了 d
```

&d 存放的是 d 的 8 个字节内存单元的首地址。

简单来说,指针就是地址,但一定要相对于某种类型的变量或某块连续内存单元而言。指针作为一种特别的数据,当然也可以存储到相应的变量——**指针变量**中。如果事先声明了一个变量 x 是可以存放同类型变量 a 的地址的指针变量,现在就可以把地址或指针 &a 赋值给 x,即

```
x=&a;
```

这时可以称 x 指向了 a;同理,如果事先声明了一个变量 p 是可以存放该类型变量的地址的指针变量,现在就可以把地址或指针 &d 赋值给 p,即

```
p=&d;
```

这时就可以称 p 指向了 d。那么指针变量 x 和 p 到底该怎么声明呢?指针变量的声明形式如下:

```
类型说明符  * 指针变量名;
```

这个声明与普通变量的声明不同的是在名字前增加了一个星号 * ,在这里,把星号称为**指针类型说明符**,用它说明后边的那个名字是**要存放**相应类型变量地址的指针变量。例如

```
int * x; double * p;
```

这时就声明了一个整型指针变量 x 和一个 double 型指针变量 p。变量 x 和 p 就可以存放同类型的地址或指针了。**有时指针变量和指针是不加区别的**,这时也可以说声明了一个整型指针 x 和 double 型指针 p。要注意,这样声明的指针 x 和 p 现在并没有指向任何变量,要想让它们指向某个变量必须对其初始化,即

```
x= &a; p= &d;
```

也可以在定义时初始化

```
int * x= &a;double * p= &d;
```

只有这样,指针 x 和指针 p 才有意义。注意,一个指针变量是与类型密切相关的,指针变量在声明时必须明确指出它是哪种类型。根据需要,可以声明任何已知类型的指针变量,包括将来要学习的各种结构类型等。

思考题:指针可以指向一个数组吗?指针可以指向一个字符串吗?

7.1.2 指针变量的引用

有了指向某个变量的指针变量之后,就可以通过指针变量**间接引用**那个变量了。例如,设有

```
int temp, a= 5, b= 10;
int * x= &a;
int * y= &b;
```

通过指针变量 x 可以间接引用 a 的值 5,通过指针变量 y 可以间接引用 b。例如现在要求 x 间接访问到 a 后赋值给临时变量 temp,该怎么表示呢?不能直接写

```
temp=x;          //为什么不能这样?想想 x 里装的是什么?temp 能接收什么类型的数据
```

C/C++ 把间接引用认为是对指针变量的一种运算,并提供一种特别的运算符号告诉指针变量去对间接引用。那么,用什么符号呢?

```
temp= ?x;
```

即在 x 前面用什么运算符号。奇怪的是,C/C++ 还是用 * 号,但这时的 * 称作**间接引用运算符**,它要放在一个指针变量的前面,即

```
temp= * x;
```

这个间接引用运算的意义是让指针变量 x 间接访问它所指向的变量。这个运算中,它位于等号的右端时,就是读出 x 所指向的变量 a 的值,即通过 x 间接访问 a。类似地:

```
* x= * y;
```

* y 和 * x 都是间接引用,一个在赋值语句的右端,它是把 y 指向的变量 b 读出来;另一个在赋值的左端,它是把右端读到的值写到 x 所指向的变量 a。下面这个赋值语句的含义是什么?

```
* y=temp;
```

几点说明：

(1) 在指针变量的声明中，* 称为指针类型说明符，它不是乘法，也不是间接引用运算符，* 号在不同场合有不同的含义。

(2) 通过指针变量间接引用某个变量，在使用之前该指针变量必须真正指向某个变量；**间接引用一个没有被初始化或没有赋值的指针将导致致命性错误**。

(3) 指针变量可以初始化为一个空指针 NULL 或 0。**注意**，间接引用一个空指针是致命的错误，可能会使程序崩溃。

(4) 指针变量是有类型的，它必须指向同类型的变量。

(5) 指针变量可以指向一个同类型的变量，也可以指向其他同类型的变量，因为指针变量本身是变量。例如，指针变量 x 可以指向变量 a，也可以指向变量 b。

(6) 声明多个同类型的指针变量，不能省略指针类型说明符 * 。例如：

```
int * p1,p2;
```

其中，p1 是指向整型变量的指针，p2 仅是一个整型变量，如果想声明 p2 也是指针变量，必须在其前面添加指针类型说明符 * 。

(7) 指针变量的命名通常从字面能看出它是指针变量，如：

```
int * aPtr=&a; int * pMax, * pMin;
```

(8) 指针变量间接引用运算与变量的取地址运算是互逆的，即 * &aPtr 和 & * aPtr 的结果都是 aPtr。这样的事实并不是显而易见的，大家根据两种运算的意义画画图就清楚了。

(9) 如果定义了 void * 类型的指针，它可以指向任意类型的变量。有人称 void 类型的指针是万能指针，但它仅起到存放的作用，在 7.7.1 节将专门介绍。

思政案例

7.1.3 指针作为函数的参数

在本节的问题分析中已经知道，如果声明一个可以存放地址的指针变量并且能够用指针变量间接访问它所指向的变量，就可以实现一个能够交换两个变量的函数 swap 了，即

```
void swap(int * x,int * y);
```

当实参 &a 传给形参 x 时，函数 swap 的形参 x 便获得 a 的地址，即 x 指向了 a，同样 y 指向了 b。这样在 swap 函数的交换操作就是直接对主调函数中的 a 和 b 进行了，如图 7.4 所示。

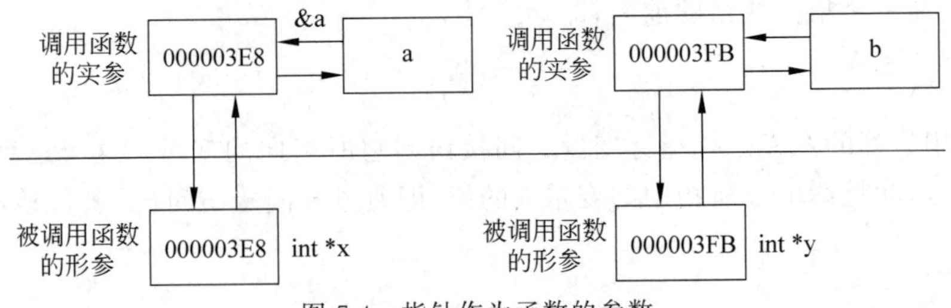

图 7.4 指针作为函数的参数

注意：现在函数的形参是指针型的变量 x 和 y，要让它们指向实参变量 a 和 b，实参必须使用 a 的地址和 b 的地址，即

```
swap(&a, &b);
```

实参也可以是与形参同类型的指针变量，即先有“int * aPtr=&a, * bPtr=&b;”，然后

```
swap(aPtr,bPtr);
```

这时的实参是指向变量的指针，**这种形式的参数不如直接用取地址作为实参可读性好**。

思考题：下列两个版本的 swap 是否符合本节问题的描述。

(1)

```
#001 void swap(int * p1, int * p2)
#002 {
#003     int * p;          //p1, p2 是局部变量
#004     p=p1;             //注意这里交换的是指针
#005     p1=p2;   p2=p;
#006 }
```

在 swap 中交换了指针 p1 和 p2。

(2)

```
#001 void swap(int * p1, int * p2)
#002 {
#003     int * p;          //这里声明的指针 p 未初始化
#004     * p = * p1;       //这里 * p 要去写 * p1 指向的变量,注意 p 和 * p 的不同,
#005     * p1 = * p2;  * p2 = * p;
#006 }
```

在 swap 中指针未初始化。

再看一个指针作为函数的参数的例子。

【例 7.1】 写一个函数，在一个成绩单中查找最高分和相应的序号。

这个函数在调用之后需要返回两个结果，因此可以考虑使用两个指针参数：一个是指向最高分的变量，另一个是指向相应的序号，此外还需要传入成绩单(含序号)和学生数，如果函数命名为 findMax，其原型声明为

```
void  findMax(float score[],long num[],
    int n,float * pMaxScore,long * pMaxNum)
```

完整的实现和测试见程序清单 7.2。

程序清单 7.2

源码 7.2

```
#001 /*
#002 *  findmax.c: 在成绩单中最大成绩和序号
#003 */
#004 #include<stdio.h>
#005 void  findMax(float score[], long num[],
          int n, float * pMaxScore, long * pMaxNum);
#006 int main(void){
```

```
#007    float score[]={35.6,56.7,89.8,76.6,66.6};
#008    long  num[]={100,101,103,104,105};
#009    float max=0;
#010    long  maxNum=0;
#011    findMax(score,num,5,&max,&maxNum);      //取变量的地址作为函数的参数
#012    printf("%d %.2f\n",maxNum,max);
#013    return 0;
#014 }
#015 void  findMax (float score[], long num[],
                  int n, float * pMaxScore, long * pMaxNum){
#016 int i;
#017 * pMaxScore =score[0];                          //注意间接引用运算
#018 * pMaxNum =num[0];      //实际函数调用时,score[0]赋值给了 pMaxScore 指向的变量
#019 for(i=1; i<n; i++){
#020      if(score[i] > * pMaxScore){
#021        * pMaxScore =score[i];
#022        * pMaxNum =num[i];   //实际函数调用时,num[i]赋值给了 pMaxNum 指向的变量
#023      }
#024 }
#025 }
```

思考题：就此题而言，不用指针参数而用 return 语句可否达到目的？

有人把指针作为参数的函数的调用称为**传引用调用**(call by reference)，实参传给形参的是变量的地址，说得准确一点，它是模拟了 C++ 语言中的传引用，详见 7.7.7 节；而把普通变量作为参数的函数调用则称为**传值调用**(call by value)，实参传给形参的是变量中存放的非地址数据。但在 C 语言中，**请注意，不管传的是地址还是普通变量的值，实际上都是传“值”，都是实参向形参的单向传值，只不过传地址时传的是“地址值”而已。**

在 6.1 节曾有一个思考题：函数的返回值可以是一个数组吗？回答是不可以。因为返回一个数组一定是返回一个数组名，因数组名是一块连续内存空间的首地址，如果某个数组是局部变量，当函数调用结束时就会释放那个数组，返回它的首地址显然是错误的。因此 C/C++ 规定返回一个数组是语法错误，也没有那样的返回值类型可以用。在 C/C++ 中允许函数返回一个指针，但是有时也会存在严重的安全隐患，如：

```
#001 int * max(int * a, int * b) {
#002        return (* a> * b ?a: b);        //返回的是指针 a 或 b,它们是指向实参对应的变量
#003 }
#004 int main(void){
#005   int x=10, y=5;
#006   int * p =max(&x, &y);
#007   printf("%d\n", * p);
#008   return 0;
#009 }
```

这里指针 p 会正确地得到 max 函数返回的指针 &x，为什么？但是函数

```
int * foo(void){  int a=100; return &a; }
```

返回的地址对应的内存单元已经在函数 foo 退出时被释放，所以在其他的地方再使用就可能会出现严重的运行时错误，但 C/C++ 编译器不会认为这存在语法错误，所以要靠程序员掌控。

思考题：指针作为函数的参数如何保证传入的地址参数不为 0，即不是空指针？

7.2 再次讨论批量数据处理问题

问题描述：

与 6.1 节的问题相同，从键盘输入一组数据（包括学生序号和成绩）对其按成绩进行排序。假定班级人数不超过 60。

输入样例：

```
please input number and grade:
1 88
3 77
5 99
7 66
-1 1
```

输出样例：

```
original data:
1: 88
3: 77
5: 99
7: 66
descend sorting result:
5: 99
1: 88
3: 77
7: 66
```

问题分析：

6.1 节已经把批量的成绩数据存储到了一维数组中，我们知道数组中的元素是连续存储的，而且数组名就是连续空间的首地址。那么，知道了首地址就应该可以访问数组的每个元素了，具体怎么访问呢？例如

```
int a[]={1,3,3,5,6,7,7,9,8,2};
```

如何使用数组名这个首地址访问各个元素呢？显然，数组一旦申请完毕，a 作为一个指针是不能变化的，它是一个**指针常量**，也称**常指针**。即常指针 a 指向了一维数组，同时它也指向了第 1 个元素，它能不能直接指向第 2 个元素呢？由于它是常指针，是固定不变的，所以无法让 a 直接指向第 2 个元素。但是可以间接地指向第 2 个元素。如果能够定义一个指针变量，让它指向数组的连续空间，就可以修改指针让它指向不同的元素了。本节将讨论如何定义一个指针变量，让它指向某个一维数组，然后用指针的移动（修改指针）或指针（含常指针）的相对定位去访问数组的每个元素。

算法设计：

① 输入原始数据同时获得实际人数 stuNumber//调用输入函数；

② 如果 stuNumber 为 0，转到⑥结束程序，否则继续；

③ 输出原始数据　//调用输出函数；

④ 用交换法排序　//调用排序函数；

⑤ 输出排序结果　//调用输出函数；

⑥ 结束。

程序清单 7.3

源码 7.3

```
#001 /*
#002 * exchangeSortPointer.c: 指针作为函数的参数
#003 */
#004 #include<stdio.h>
#005 #define SIZE 60
#006 int input (int*, int*);
#007 void  exchangeSort(int*, int*, int);
#008 void  print(const int*,const int*, int);
#009 int swap(int *p, int *q);
#010 int main(void){
#011     int i,j,temp,stuNumber;
#012      int grade[SIZE],num[SIZE];                       //原始数据数组开始是空
#013     //input original data
#014     printf("please input number and grade:\n");
#015      stuNumber=input(grade, num);                     //实参是数组名
#016     printf("original data:\n");
#017      print(grade, num, stuNumber);                    //实参是数组名
#018     //exchange sorting
#019      exchangeSort(grade, num, stuNumber);             //实参是数组名,把 grade 降序
#020     printf("descend sorting result:\n");
#021      print(grade, num, stuNumber);                    //实参是数组名
#022     return 0;
#023 }
#024 //输入原始数据,通过参数得到 grade 和 num, 形参是指针
#025 int input (int *grade, int *num) {
#026     int n,g,i=0;
#027     scanf("%d %d", &n,&g);
#028     while(n!=-1&&i<SIZE){
#029         num[i]=n;                                    //指针下标法
#030         grade[i]=g;
#031         i++;
#032         scanf("%d %d", &n,&g);
#033      }
#034      return i;
#035 }
#036                                                       //交换排序,形参是指针
#037 void  exchangeSort(int *grade, int *num, int size){
#038   int i,j,temp;
#039   for(i=0; i<size-1; i++){
#040          for(j=i+1; j<size; j++){
#041              if(grade[j]>grade[i]){                   //指针下标法
#042                  swap(&grade[i],&grade[j]);           //调用 swap 交换两个成绩
```

```
#043                swap(&num[i],&num[j]);          //同时调用 swap 交换对应的序号
#044    }    }   }
#045 }
#046                                                 //输出数组数据,形参是指针
#047 void print(const int * grade, const int * num, int size){
#048    int i;
#049    for(i=0; i<size; i++)
#050         printf("%d: %d\n", num[i], grade[i]);   //指针下标法
#051 }
#052 //交换 p 和 q 指向的变量值
#053 int swap(int * p, int * q){
#054     int tmp;
#055     tmp= * p; * p = * q; * q =tmp;
#056 }
```

7.2.1 指向一维数组的指针和指针运算

1. 指向一维数组的指针

指针就是一个地址,是某种类型的内存单元的首地址。指针是与数据类型密切相关的。某一类型的内存单元一旦申请或定义,其首地址是不会变化的,因此可以称之为**常指针**或**指针常量**。每一个变量都可以用取地址运算符 & 得到它们的首地址,它们都是常指针。**常指针也可以像普通的常量数据那样存储到变量中**,对应的变量就是**指针变量**。数组名作为一个常指针当然也可赋值给某个指针变量,例如:

```
int a[]={1,3,3,5,6,7,7,9,8,2};
int * pa=a;
```

指针 pa 就指向了数组 a,注意,a 本身就是地址,不必再用 & 取地址。又如一个字符串 str,如果定义了

```
char str[]="Hello!";
char * pstr=str;
```

指针 pstr 就指向了字符串"Hello"。

2. 指针算术运算

指针指向一个同类型数据连续的存储空间之后,就可以用这个指针访问这个空间的每一个元素。

1) 指针偏移法

如果指针指向首地址保持不变,通过它确定一个相对的位置访问某个元素,称为指针偏移法。**偏移的单位**是什么呢?这完全由数据的类型来决定,因为每种类型的数据元素占用的内存单元是不同的,如整数占 4 字节,应该把 4 个连续的字节看成一个整体,所以对于数组 a,假设它的首地址为 1000,则指针 pa=a 做一个单位的偏移运算 pa + 1,1 的单位应该是与 pa 同类型的量,即 pa+1 的地址应该是 1000+4,指向第二个元素 a[1],同理 pa+2 的地址应该是 1008,指向第三个元素,等等。于是用指针偏移就可以间接引用它所指向的元

素,则有 *(pa+1)、*(pa+2)等,如图 7.5 所示。注意,在指针偏移的过程中,pa 始终指向数组的首地址。这个偏移量可大可小,但是如果偏移量超出了数组的范围,将导致致命错误。

2) 指针移动法

让指针 pa 开始指向第一个元素即 pa=a=&a[0],那么 pa++之后,pa=&a[1],再一次 pa++,pa=&a[2],等等,这时指针 pa 的值真的发生了变化,这种方法称为指针移动法。在指针移动的过程中,指针指向不同的元素,指针 pa 间接引用所指向的元素始终是 * pa,如图 7.5 所示。指针移动法指针的移动也是有范围的,当指针移动到数组的最后一个元素时,如果再继续移动将导致越界的致命错误。

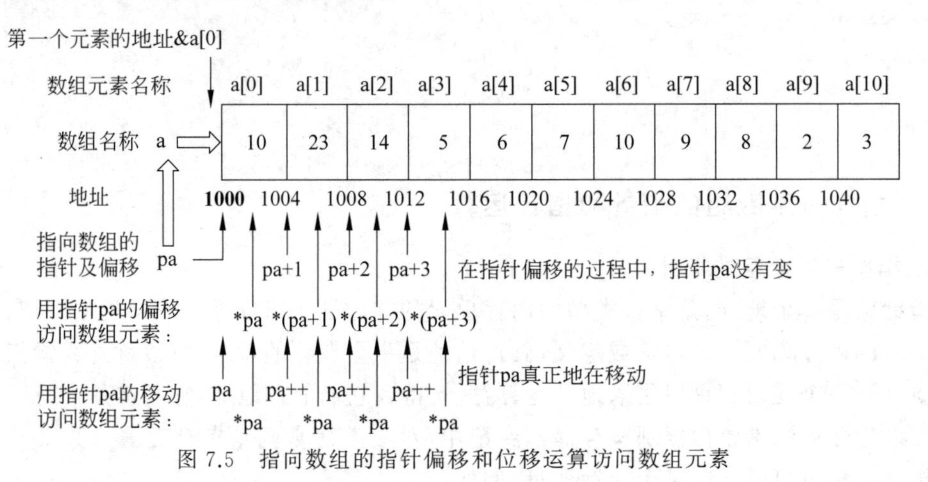

图 7.5 指向数组的指针偏移和位移运算访问数组元素

指针可以做正向的偏移或移动,也可以做负向的偏移和移动。只要保证在定义的连续空间之内即可。

显然,如果一个指针指向的是单个的变量,不是数组,对它做偏移和移动是没有任何意义的,即使没有编译错误,也必将导致侵犯其他变量的存储单元的错误。

两个有关联的指针也可以进行减法运算,如 pa=a,指针 qa=&a[5],则 qa-pa=1020-1000=20/4=5(这里为什么要除以 4 呢?),其结果是 qa 指向的元素 a[5]前面元素的个数。**注意**:两个没有关系的指针进行算术运算是无意义的!

3. 指针关系运算

指针除了可以进行简单的算术运算之外,还可以进行关系运算,前提同样是针对同一连续内存单元的指针,例如,假设 pa 和 qa 与上相同,则可以对其进行比较:

```
if(qa>pa)  printf ("qa after pa\n");
```

指针的关系运算还经常用来判断指针是否为空,如:

```
if(pa !=NULL)  或 if(pa==NULL)
```

根据指针不空或为空决定要做什么事情。在具有指针参数的函数中,可以使用断言保证指针参数不为空,如:

```
assert(pa);          //pa 为假时程序在调试运行时会报错,pa 为真时断言正确
```

assert 是一个带参数宏，其功能正如它的名字一样，就是要对什么事情下一个断言，这个断言可能正确，也可能错误。如果断言正确，则就像什么也没发生似的，它风平浪静；如果断言错误，它就会强迫程序中断，并反馈一些出错信息，告诉程序错在哪里。注意，使用它时要包含头文件 assert.h。

4. 指针间接引用与自增自减运算相结合

C/C++ 经常把间接引用运算同指针的自增和自减结合起来使用，如“ * p++;”“ * p--;”等。

这是什么含义呢？是先进行 * 运算还是先进行++、--运算呢？这取决于**运算符的优先级和结合性**。自增运算、自减运算与间接引用运算 * 具有同样的优先级（见附录 C），因此就要由它们的结合性来确定了。它们的结合性都是**自右向左**，所以该式的含义应该是先p++，但由于是后缀，所以应该先取指针 p 当前的值参与它所在的表达式进行计算（现在是间接引用运算），然后指针再加一个数据单位。即 * p++与 * (p++)等价但是要先做 p 的间接引用，再自增运算。如果是 * ++p 或 * ++p，则指针先右移一个单位，然后再间接引用。间接引用运算与自增自减运算可以有很多的结合形式，最常用的当属 * p++这种形式，它是比较自然的使用形式。

【例 7.2】 自增运算与间接引用使用举例。

```
#001 void print(const int * grade, const int * num, int size)
#002 {
#003      const int * p=NULL; const int * q=NULL;
#004      for(p=grade,q=num; p<(grade +size); p++,q++)
#005        printf("%d: %d\n", * q, * p);
#006 }
```

p++与 * p 合并到一起，q++与 * q 合并到一起，上面的程序就变成

```
#001 void print(const int * grade, const int * num, int size)
#002 {
#003      const int * p=grade; const int * q =num;
#004      while(p <(grade+size))
#005             printf("%d: %d\n", * q++, * p++);
#006 }
```

这样程序更加简洁明了，但失去了一些可读性，这时必须清楚每次循环是先间接引用再指针后移一个单位。

7.2.2 用指针访问一维数组的元素

从图 7.5 可以看到，一个指针指向一个一维数组之后，通过偏移或位移运算就可以访问每一个数组元素，因此现在已经有 3 种（包括直接数组下标法）引用数组元素的方法，C/C++ 还允许把指向连续空间的指针像数组那样使用下标，数组名也可以像指针那样偏移（但不可以位移，为什么？）。这样访问连续存储的批量的数据就有 5 种等价的形式。而数组可以作为函数的参数，指向数组的指针同样也可以作为函数的参数，因此指向数组的指针作为函数的参数会有更丰富的形式。

1. 访问一维数组元素的几种等价方法

访问一维数组元素的方法可以归纳为5种。

1）数组下标法

设有 int a[SIZE]，直接用下标 i 访问数组元素 a[i]是最基本的一种访问形式，这也是我们最熟悉的一种方法，见第6章。

2）数组名指针偏移法

数组名是一个常指针，因为在偏移的过程中不改变指针，所以数组名也可以偏移。例如，

```
for(i=0;i<SIZE;i++)   *(a+i)=i;
```

注意：数组名 a 看成是一个指针，a+i 是第 i 个元素的地址，所以 *(a+i)就是下标为 i 的元素。

3）指针下标法

C/C++ 允许指针变量像数组名一样来使用，这样指针变量也可以用下标。例如，

```
int a[]={1,2,3,4,5}, *pa=a;
for(i=0;i<5;i++)  pa[i]=i;
```

4）指针偏移法

指针变量做**偏移**(**offset**)算术运算，相对地确定某个元素的位置，但指针变量本身的值没有变，这是指针的基本算术运算之一，见图7.5中“用指针 pa 的偏移访问数组元素”。

5）指针移动法

指针变量的值可以增加一个或几个同数据类型的单位使得指针真正发生**位移**(**change position**)，从而改变指向的元素，这是指针的基本算术运算之二，见图7.5中“用指针 pa 的移动访问数组元素”。

在这几种方法中最直观的当属**下标法**，不管使用指向数组的指针还是数组名，均可用下标法访问数组中的每个元素。

【例7.3】 指针与一维数组的各种关系举例，见程序清单7.4。

程序清单7.4

源码7.4

```
#001 /*
#002 * pointAnd1Array.c: 指针与一维数组的关系
#003 */
#004 #include<stdio.h>
#005 int main(void){
#006   int i,offset, a[]={10,20,30,40};
#007    int *pa=a;                                   //pa指向了数组a
#008    //第一种方法: 数组下标法
#009     printf("Array a printed with:\n"
#010          "Array subscript notation\n");
#011     for(i=0;i<4;i++)
#012        printf("a[%d]=%d\n",i,a[i]);              //a[i];
#013     //第二种方法: 数组名作为指针,偏移法
```

```
#014    printf("\nPointer/offset notation where \n"
#015          "the pointer is the array name\n");
#016    for(offset=0;offset<4;offset++)
#017     printf("*(a+%d)=%d\n",offset,*(a+offset));     //*(a+offset)
#018     //第三种方法：指针下标法
#019    printf("\nPointer subscript notation\n");
#020     for(i=0;i<4;i++)
#021     printf("pa[%d]=%d\n",i,pa[i]);              //pa[i]
#022    printf("\nPointer/offset notation\n");
#023    //第四种方法：指针偏移法
#024     for(offset=0;offset<4;offset++)
#025       printf("*(pa+%d)=%d\n",offset,*(pa+offset));    //*(pa+offset)
#026    printf("\nPointer move rightward\n");
#027    //第五种方法：指针移动法
#028    for(pa=a;pa<a+4;pa++)
#029      printf("pa++: *pa=%d\n",*pa);             //pa++, *pa
#030    return 0;
#031 }
```

可以看到，指针与数组在引用数组元素时几乎可以互换，互相等价，使用起来非常灵活。

现在让我们仔细看看程序清单7.3中各个函数的实现方法。

2. 指向数组的指针作为函数参数

指针变量与一维数组的等价性使得函数的参数也同样变得更加丰富，归纳起来有下面几种等价形式：

① 实参用数组名，形参用数组。

② 实参用数组名，形参用指针变量。

③ 实参用指针变量，形参用数组。

④ 实参用指针变量，形参用指针变量。

本节用指针重新讨论6.1节的问题求解方法，就是用指针指向一维数组，然后用指针作为函数的参数。程序清单7.3中的几个函数(输入、排序、输出)的实参与形参采用了第②种形式，即形参是指针，函数调用时的实参是数组名。注意，程序清单7.3中的函数虽然形参是指针，但是在函数代码实现中数组元素的访问方法仍然没有变，即采用的还是**下标法**访问，这种方法的可读性要好于指针偏移或指针位移的方法。

注意1：指向一维数组的指针实际上也是指向第一个数组元素的指针。因此它与指向简单单个变量的指针从形式看没有什么区别。请比较一下下面的pa指向数组a和bPtr指向单个变量b：

```
int a[]={10,20,30,40},b=100;
int *pa=a;                  //或者 int *pa= &a[0]; 这两种是等价的,都是 pa 指向数组 a
int *bPtr= &b;              //指针 bPtr 指向了单个变量 b
```

因此，指针作为函数的参数可能是单个变量的地址，也可能是连续存储的数组的首地址，它们在形式上是一样的。真正体现这个指针是指向数组的在于实参是数组和函数实现中通过指针访问数组元素。

注意2：现在已经有能力通过函数调用交换两个变量的值了，所以在程序清单7.3中增加了一个交换函数swap(int *p,int *q)，这样在交换法排序exchangeSort函数中的交换成绩和序号就使用了swap(&grade[i],&grade[j])和swap(&num[i],&num[j])，注意swap的实参必须为对应元素的地址。

【例7.4】 指针移动法实现本节的问题。

程序清单7.3中的输入函数input、交换排序函数exchangeSort、输出函数print均使用指针移动法实现，具体实现如下：

源码例7.4

```
#001 //输入原始数据,通过参数得到 grade 和 num, 形参是指针
#002 int input (int * grade, int * num)
#003 {
#004     int n,g,i=0;
#005     scanf("%d %d", &n,&g);
#006     while(n!=-1&&i<SIZE)
#007     {
#008         *num++=n;      //num 指针移动
#009         *grade++=g;    //grade 指针移动
#010         i++;
#011         scanf("%d %d", &n,&g);
#012     }
#013     return i;
#014 }
```

```
#001                       //交换排序
#002 void  exchangeSort(int *grade, int *num, int size)
#003 {
#004   int *p, *q;          //p 用于 grade, q 用于 num,在外循环
#005   int *s, *t;          //s 用于 grade, t 用于 num,在内循环
                                //在指针移动的过程中,序号指针和成绩指针同步
#006   for(p=grade,q=num; p<grade+size-1; p++,q++){
#007        for(s=p+1,t=q+1; s<grade+size; s++,t++){
#008            if(*s>*p){
#009               swap(p,s); swap(q,t); //调用 swap 交换两个成绩,同时交换对应的序号
#010   }}}                   //分别匹配 if 和内外循环
#011 }
```

```
#001 //输出数组数据
#002 void print(const int *grade, const int *num, int size)
#003 {
#004    int i;
#005    for(i=0; i<size; i++)
#006        printf("%d: %d\n", *num++, *grade++);        //num、grade 指针移动
#007 }
```

注意：在交换排序函数中，由于要同时用到相邻两个元素做比较，所以单个的形参指针就不够用了，因此，对于每个指向数组的指针都定义了2个临时局部指针p、s和q、t，形参指

针 grade 和 num 指向数组的起始位置不能变，要通过它判断元素的相对位置，如在循环条件中 grade 指针的作用。

大家可以尝试把程序清单 7.3 的函数的实参和形参改写成其他的形式，这里就不一一给出了。

7.2.3 用 const 修饰指针

指针或数组作为函数的参数传递的是地址，与传值相比，**传地址一个很明显的好处是节省空间**。因为当传递批量数据的时候，传值需要有与实参同样的存储空间接收实参的副本，而**传地址传递的仅仅是一个地址值**，不管批量数据有多大都是如此，因此会节省很多内存空间。**另一个好处就是可以通过参数带回多个结果**。前面已经看到，当需要返回两个以上的数据结果时，特别是批量数据处理之后需要返回时，使用指针或数组参数变得非常容易。**传地址也有一个明显的缺点，就是存在不安全的隐患**。由于函数体可以修改指针指向的主调函数中的变量或数组，如果数据不希望被修改，就有可能在函数调用时被错误地修改了。怎么样才能**兼顾指针参数的好处又能保证数据的安全**呢？C/C++ 提供了 const 修饰指针的机制，在不需要修改指针参数指向的数据时用 const 给以限定即可。程序清单 7.3 中的 print 函数的两个指针就是 const 修饰的指针变量，它们限定了该指针所指向的**数据是常数据**，这样就不允许被调函数做任何修改，但指针本身并不是常指针。如果把程序清单 7.3 中的 print 函数的实现用指针位移法修改是完全可以的，即

如果想限定指针参数为**常指针**，应写成 **int * const grade**，这时数据是非常量数据，在函数中是可以更改的，但是这时如果使用 p++、q++就会导致**编译错误**。

如果限定为 **const int * const grade**，则 grade 不仅为常指针，并且它所指向的数据也是常数据，这是最安全的一种形式。如果没有加任何 const 限定，指针参数的安全性则最低，指针和指针指向的数据均允许被修改。

7.3 二维批量数据处理问题的指针版

视频

问题描述：

与 6.2 节的问题描述相同，即三门课程成绩按总分排序问题。假定班级人数不超过 60。

输入样例：

```
please input number(-1 for ends) and
math,english,computer grade:
1001 77 88 99
1005 66 75 89
1006 67 86 77
-1 1 1 1
```

输出样例：

```
original grades:
num   math   english   computer   total
1001  77       88        99        264
1005  66       75        89        230
1006  67       86        77        230
descending sort by total grades:
```

输出样例：

```
num    math   english  computer  total
1001   77      88        99        264
1005   66      75        89        230
1006   67      86        77        230
```

问题分析：

在6.2节已经把序号存入一个一维数组，三门课程的成绩数据存到了一个二维数组中，把总分存入到了一个一维数组中，并且用一维和二维数组作为函数的参数，使问题分解为三个小模块：

```
int input (int num[],int grade[][3],int total[]);
void selectionSort(int num[],int grade[][3],int total[],int size);
void print(const int [],const int [][3],const int [],int size);
```

现在使用指针再次讨论它，给出一个指针与数组联合的求解方案。

从6.2.1节二维数组的定义可知(参考图6.4)，二维数组在定义时必须明确每行的列数，因为二维数组是逐行存储的，只有知道了行的长度(列数)，才可以逐行地存储下去。二维数组可以看成是**列数固定的行**为元素的**一维数组**，每行自身又是一维数组，二维数组是一维数组的一维数组，它可看成是“嵌套”的一维数组，处理起来要比一维数组复杂得多。因此二维数组作为函数的参数，好像不能像一维数组作为函数的参数那样用一个简单的指针形参来代替。这里我们要考虑的问题是二维数组的数组名作为首地址它的含义到底是什么？如果也能用一个指针指向一个二维数组，那么指针该是什么样的指针？如何用二维数组名这个地址间接访问二维数组的元素？或者当一个可以指向二维数组的指针确定之后，如何用那个指针访问二维数组的元素？这些问题回答了之后，替换二维数组参数的指针形式就可以确定，函数体中用指针访问二维数组的元素代码就可以实现。本节围绕这两个问题展开讨论。

算法设计：

① 输入原始数据并统计学生数 stuNumber//调用输入函数(指向二维数组的指针作为函数的参数)；

② 如果 stuNumber 为 0，则结束程序，否则继续；

③ 输出原始数据　//调用输出函数(指向二维数组的指针作为函数的参数)；

④ 用选择法排序　//调用选择排序函数(指向二维数组的指针作为函数的参数)；

⑤ 输出排序结果　//调用输出函数；

⑥ 结束。

程序清单 7.5

源码 7.5

```
#001 /*
#002 * selectionSortPointer.c: 指向二维数组的指针作为函数的参数，按总分选择排序
#003 *                          用行指针指向二维数组，指针偏移法访问数组元素
#004 */
#005 #include<stdio.h>
#006 #define M  60
#007 #define N  3
```

```
#008 int input(int * nu, int( * p) [N], int * tot);
#009 void selectionSort (int * nu, int( * p) [N], int * tot, int size);
#010 void print(const int * nu, const int( * p) [N], const int * tot, int size);
#011 void swap(int * p, int * q);
#012 int main(void)
#013 {
#014     int stuNumber=0;
#015     int num[M], grade[M][N], total[M]={0};
#016     //input and total
#017     printf("please input number(-1 for ends)");
#018     printf("and math,english,computer grade:\n");
#019     stuNumber=input(num,grade,total);
#020     if(stuNumber==0) return 0;          //如果没有输入成绩,退出
#021     printf("original grades:\n");
#022     printf("num   math   english  computer  total\n");
#023     print(num,grade,total,stuNumber);
#024     //selection sorting
#025     selectionSort (num,grade,total,stuNumber);
#026     //output sorting result
#027     printf("descending sort by total grades:\n");
#028     printf("num   math   english  computer  total\n");
#029     print(num,grade,total,stuNumber);
#030    return 0;
#031 }
#032 //输入原始数据,计算总评,得到学生数
#033 int input(int * nu, int( * p) [N], int * tot)
#034 {
#035     int i=0,j=0;
#036     int n,g[N];
#037     scanf("%d",&n);                     //输入序号或-1,第一次输入,-1结束
#038     for(j=0;j<N;j++)                    //3门课的成绩
#039         scanf("%d",&g[j]);
#040     while(n!=-1 && i<M )
#041     {
#042         * (nu+i)=n;                     //序号存入nu指向的数组
#043         for(j=0;j<N;j++){
#044             * ( * (p+i)+j)=g[j];        //成绩存入行指针p指向的二维数组
#045           * (tot+i)+=g[j];              //累加每个人的总分
#046         }
#047         i++;
#048         scanf("%d",&n);                 //输入序号或-1,下一次输入,-1结束
#049         for(j=0;j<N;j++)                //3门课的成绩
#050             scanf("%d",&g[j]);
#051     }
#052     return i;
```

```
#053 }
#054 //以总分为关键字对学生成绩进行排序
#055 void selectionSort (int * nu, int( * p) [3], int * tot, int size)
#056 {
#057     int i,j,k,m,temp;
#058     for(i=0; i<size-1; i++){        //第 i 趟最大总分所在的位置下标,i=0,1,…,M-2
#059         k=i;
#060         for(j=i+1; j<size; j++)
#061         if(* (tot+k)< * (tot+j))
#062             k=j;                         //k 总是记录着总分最高的元素下标
#063         if(k !=i ){                      //如果总分不是第一个比较的总分,就交换
#064             swap(tot+i,tot+k);           //交换总分
#065             swap(nu+i,nu+k);             //交换学号
#066             for(m=0;m<N;m++)             //交换各科成绩
#067                 swap(* (p+i)+m, * (p+k)+m);
#068         }
#069     }
#070 }
#071 //输出成绩单
#072 void print(const int * nu,const int( * p) [3],const int * tot,int size)
#073 {
#074     int i,j;
#075     for(i=0;i<size;i++){
#076         printf("%-5d ", * (nu+i));          //每列左对齐输出
#077         for(j=0;j<N;j++)
#078             printf("%-10d ", * ( * (p+i)+j));
#079         printf("%-10d ", * (tot+i));
#080         printf("\n");
#081     }
#082 }
#083 //交换 p 和 q 指向的变量值
#084 void swap(int * p, int * q)
#085 {
#086     int tmp; tmp= * p; * p= * q; * q=tmp;
#087 }
```

7.3.1 二维数组名与行列地址

二维数组在逻辑上是一个行列阵列,它们会按行线性连续地存储到内存中。在 6.1.7 节讨论二维数组的时候就知道,二维数组名也是地址,并且它与内含的第一行一维数组的首地址(数组名)和第一行第一列的元素的首地址相同。从 7.2.2 节又知道,一维数组名作为指针是常指针,是不可以改变的指针,但是使用指针相对偏移法,数组名增加一个单位就是第 2 个元素的首地址,每增加一个单位,指针会移动一个元素。同理,由于二维数组名是内含的各个一维数组的名字构成的数组的首地址,所以二维数组名增加一个单位应该指向它

的一维数组名数组的第 2 个元素，每增加一个单位，相对于这个数组名构成的一维数组来说是移动一个元素，但相对于整个二维数组来说，移动的却是一行。即**二维数组名做指针偏移，它是以行为单位的**。

图 7.6 的两行三列的二维数组 a[2][3]，它的第 1 行的首地址是 a[0]，可以认为第一行作为一个一维数组的名字就是 a[0]，它的元素就是 a[0][0]、a[0][1]、a[0][2]。同理，第二行的首地址是 a[1]，第二行作为一个一维数组的数组名就是 a[1]，它的元素是 a[1][0]、a[1][1]，a[1][2]。a 是以 a[0]，a[1]为元素的一维数组的首地址，是**地址的地址**。为了方便起见，称 a[0]和 a[1]为二维数组的**行地址**，**二维数组名作为行地址的地址**，因此可以称 **a 为行指针**（**注意是常量**），它指向行地址，a+0 是 a[0]的地址，a+1 是 a[1]的地址。所以，一般来说，*(a+i)就是 a[i]。而 a[0]作为第一行的首地址，同时 a[0]+0 也是第一行的第一个列元素 a[0][0]的首地址，称为**列地址**，所以，*(a[0]+0)就是 a[0][0]，而 a[0]是 *(a+0)，因此 a[0][0]实际上就是 *(*(a+0)+0)。同理有 a[0][1]就是 *(*(a+0)+1)，a[0][2]就是 *(*(a+0)+2)。一般来说，元素 a[i][j]就是 *(*(a+i)+j)，也就是先通过数组名做行的偏移，再做列的偏移得到元素的地址——列地址，最后再使用间接引用运算 * 得到 i 行，j 列位置的元素。从图 7.6 可以看出，**二维数组名**做指针偏移，其方向是“行”方向的，每一行的行指针做指针偏移，其方向是“列”方向的，它们的起点相同，但意义不同。

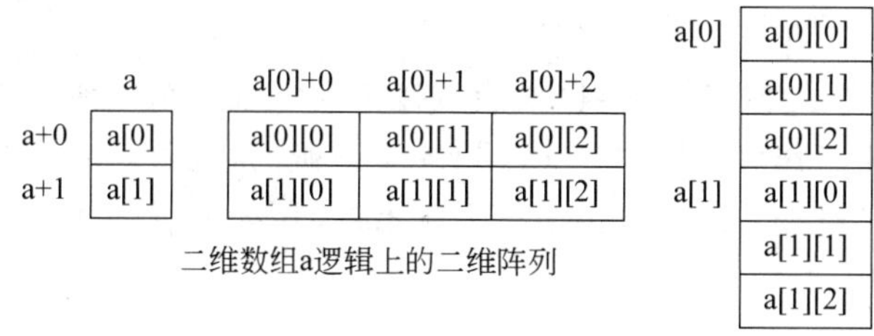

二维数组a的内存映像

(a+i)是第i行元素a[i]的地址
*(a+i)就是a[i], 它是第i行的含有3列的行的首地址a[i]
*(a+i)+j是第i行第j列的地址
((a+i)+j)是第i行第j列的元素

图 7.6　二维数组的逻辑形式和内存映像

7.3.2　用指针访问二维数组的元素

思政案例

1. 二维数组名行列偏移法

从图 7.6 可以看到，直接对二维数组名作为**行地址的地址**进行“行列”偏移，可以定位到第 i 行第 j 列的元素：

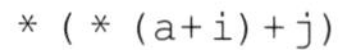

```
* ( * (a+i)+j)
```

这个过程是二次间接引用的过程。先进行偏移找到行首 a[i]即 *(a+i)，再对 a[i]进行列偏移找到所在的列地址，再次间接引用找到该元素。如果一个函数的参数是二维数组，在这个函数中就可以使用数组名这个特殊的指针进行行列偏移，二次间接引用，访问二维数组的元素了。

【例 7.5】 二维数组作为下面 input1 函数的参数，使用数组名进行行列偏移访问二维数组的元素。

```
#001 void input1(int num[],int grade[][3],int total[]){
#002     int i,j;
#003      for(i=0;i<M;i++){
#004         printf("input your number:\n");
#005         scanf("%d",&num[i]);
#006         printf("input math,eng,computer grades:\n");
#007         for(j=0;j<N;j++){
#008             scanf("%d", * (grade+i)+j);          //元素的地址
#009             total[i]+= * ( * (grade+i)+j);       //元素的间接引用访问
#010 }   }}
```

2. 行指针法

注意,上面这个 input1 函数的形参还是二维数组的形式,如果定义成**指针参数**该是什么样的呢?由于二维数组名与一维数组名作为地址的含义不同,因此如果像定义指向一维数组的指针那样定义指向二维数组的指针就是错误的了,那是一个语法错误。如果函数原型为

```
void input(int *num,int *grade,int *total);
```

那么指针 grade 不能直接指向二维数组,只能直接指向一维数组。能够直接指向二维数组的指针应该与二维数组名作为指针的含义一致才是正确的,也就是要定义**一个指针是指向行地址的指针**,这种指针在 C/C++ 语言中称为**行指针**,其定义形式为

```
int (*p)[3]=grade;
```

它表示 p 是指向有 **3 列元素的行**的指针,并且用每行有 3 个元素的二维数组名 grade 初始化,即行指针 p 和二维数组名 grade 的指针含义完全相同。这样,p+1、p+2 就与 grade+1、grade+2 一致了。因此函数的指针是行指针就可以指向二维数组,这样在函数中就可以用行指针访问二维数组的元素了。

【例 7.6】 行指针作为下面 input2 函数的参数,用行指针访问二维数组的元素。

```
#001 void input2(int num[],int(*p)[3],int total[]){
#002     int i,j;
#003     for(i=0;i<M;i++){
#004        printf("input your number:\n");
#005        scanf("%d",&num[i]);
#006        printf("input math,eng,computer grades:\n");
#007        for(j=0;j<N;j++){
#008            scanf("%d", * (p+i)+j);
#009            total[i]+= * ( * (p+i)+j);
#010 }      }}
```

行指针访问二维数组元素的过程同数组名作为指针访问一样,都是二次间接引用。这样调用函数就可以用二维数组名 grade 作为实参,即

```
int num[M],grade[M][N],total[M]={0};        //设 M 为 2,N 为 3
input2(num,grade,total);
```

3. 列指针法

二维数组也可以按照它的物理存放顺序被看成一个一维数组，用指向一维数组的**列指针**访问它的元素。从图 7.6 可以看出，二维数组的每个元素可以认为是**列元素**，它的地址就是一个列地址。如果把二维数组看成是若干列连起来的一维数组(每列一个元素，注意这里的列不是通常意义上的列)，让指针指向第一个元素，就是取第一列的地址，这样的指针就跟指向单个变量元素的指针一样了。于是就把二级间接引用问题转换为一级间接引用。例如，对于二维数组 grade[M][N]，定义

```
int *p=*grade;
```

则 p 就是第一列的地址(*grade 是第一个元素的地址，还有其他的初始化形式吗?)，那么第 i 行第 j 列的地址是什么呢? 设每行有 3 列，用 N 表示

```
p+0 即 p+0*N+0   指向第 1 列     (第 0 行 1 列的地址)
p+1 即 p+0*N+1   指向第 2 列     (第 0 行 2 列的地址)
p+2 即 p+0*N+2   指向第 3 列     (第 0 行 3 列的地址)
p+3 即 p+1*N+0   指向第 4 列     (第 1 行 1 列的地址)
⋮
p+i*N+j  指向第 i*N+j+1 列    (第 i 行 j 列的地址)
```

因此，第 i 行第 j 列的元素为

```
*(p+i*N+j)                         //或者写成下标的形式 p[i*N+j]
```

这样，如果函数的参数就是指向简单变量的一级指针，让它指向二维数组的第 1 列(首行首列)的元素，就可以逐列访问二维数组的元素了。

【例 7.7】 列指针作为下面 input3 函数的参数，用列指针访问二维数组的元素。

```
#001 void input3(int num[],int *p,int total[]){
#002     int i,j;
#003      for(i=0;i<M;i++){
#004          printf("input your number:\n");
#005          scanf("%d",&num[i]);
#006          printf("input math,eng,computer grades:\n");
#007          for(j=0;j<N;j++){
#008              scanf("%d",p+i*N+j);        //列地址
#009              total[i]+=*(p+i*N+j);     //列元素
#010 }}}
```

主函数中调用 input3 时实参应该是二维数组 grade 的首列地址，即 *grade，即

```
int num[M],grade[M][N],total[M]={0};
input(num,*grade,total);
```

7.3.3 指针的指针

二维数组名和行指针是一类特殊的指针,它指向的元素是行地址。一般来说,对于任何变量,都可以定义指向它的指针,而对于指针又可以定义指向指针的指针,这种指针称为**多重指针**或称**多级指针**。例如

```
int a=10, * aPtr=&a,* * aPPtr=&aPtr;
```

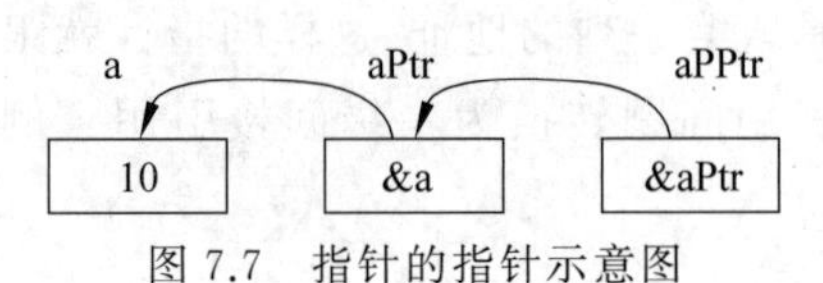

图7.7 指针的指针示意图

其中,* * aPPtr 就定义了一个**二重指针**,它指向了另一个指针 aPtr,如图7.7所示。

这样,访问变量 a 的数据 10,可以使用一级指针 aPtr 一次间接引用,也可以使用二级指针 aPPtr 二次间接引用。

【例 7.8】 二重指针实例。

程序清单 7.6

源码 7.6

```
/* pointerPointer.c: 二重指针 */
#001 #include<stdio.h>
#002 int main(void)
#003 {
#004     int a, * aPtr, * * aPPtr;
#005     a=10;
#006     aPtr=&a;
#007     * aPtr=5;                          //一次间接引用 a,把它改为 5
#008     printf("%p %d\n",aPtr,a);
#009     aPPtr=&aPtr;
#010     * * aPPtr=3;                       //二次间接引用 a,把它又改为 3
#011     printf("%p %d\n",aPPtr,a);
#012     return 0;
#013 }
```

思考题:可以用二重指针指向一个二维数组吗?

答案是否定的。例如

```
int * * p,a[2][3]={1,2,3,4,5,6};   p=a;
```

这里虽然 a 和 p 都是指向指针的指针,但是它们指向的指针类型是不同的。指针 p 应该指向一个单个变量的指针,如程序清单 7.6 中的 aPPtr,而二维数组名 a 指向的是具有 3 个整型数据的一维数组的指针,所以不能用这种方法。如果一定要使用,将出现下面的编译错误:

```
error: cannot convert 'int [2][3]' to 'int * * ' in assignment|
```

思考题:二级指针可否指向若干个指针构成的指针数组呢?

答案是肯定的。指针数组同普通的数组定义形式类似,例如:

```
int * aPtr[2];
```

定义了一个一维指针数组，它有两个整型指针变量，分别是 aPtr[0]和 aPtr[1]。如果让每个指针指向一行的行首，这个指针数组便可以表达一个二维数组了。如果再定义一个二级指针 int * * p，让 p 指向指针数组 aPtr 就可以了(为什么?)，这时二级指针 p 和指针数组名 aPtr 就是同类的了。

【例 7.9】 用二级指针和指针数组相结合访问二维数组的元素。

程序清单 7.7

源码 7.7

```
#001 /*
#002 * pointersArray.c: 二级指针与指针数组
#003 */
#004 #include<stdio.h>
#005 int main(void) {
#006   int i,j,a[2][3]={1,2,3,4,5,6};
#007    int * * p, * aPtr[2];
#008    aPtr[0]=a[0];                //每个指针指向数组的一行
#009    aPtr[1]=a[1];                //aPtr 的两个元素 a[0],a[1]都一维数组的首地址
#010    p=aPtr;          //都可看成简单整型的首地址,因此 aPtr 作为指针,就是指针的指针
#011    for(i=0;i<2;i++){
#012      for(j=0;j<3;j++)
#013        printf("%d ", * ( * (p+i)+j)); //p+i 得到不同的行地址,这里是指针数组元素
#014     printf("\n");
#015    }
#016    return 0;
#017 }
```

思考题：指针数组与行指针有什么不同？

7.4 通用函数问题

视频

问题描述：

假设有数据已经存储到一个数组 int a[10]中，使用交换排序算法写一个函数，使它既能升序又能降序，即实现一种通用排序函数。测试之。

输入样例：	**输出样例：**
数组 a 的数据(2,6,4,8,10,12,89,68,45,37)在程序中指定 1 //输入 1 表示升序，2 表示降序	2 4 6 8 10 12 37 45 68 89

问题分析：

排序算法中，升序和降序的区别仅在于排序的比较过程中关系表达式是大于还是小于，除此之外其他都是一样的。因此，完全有可能实现一个既能升序又能降序的函数。这取决于如何把大于或者小于的比较信息告诉那个函数。大于或者小于这种信息不是数值数据，而是一种动作信息，能否**通过参数把**这种**"动作"信息传递给函数**呢？回答是可以的。显然，传递某种动作的参数形式肯定与通常传递的数据参数的形式不同。

动作、操作的表示应该对应一段代码,以实现某种基本的功能,这样的代码封装为一个函数是比较合适的。因此实际要传给排序函数的应该还是一个函数,即函数也可以作为函数的参数。一个变量、一个数组有首地址,一个函数有没有首地址呢?可否定义一个指针指向一个函数?如果一个指针能指向某个函数,如何使用指向函数的指针来间接访问(调用)那个函数呢?本节围绕这些问题进行讨论,从而实现用一种特别的参数——指向函数的指针作为某种通用函数的参数得到需要的**通用排序函数**。即要把判断两个数大于还是小于由定义成比较函数,再取它们的首地址,然后传递给指向函数的指针,最后在函数中进行排序比较的地方使用该指针间接调用比较函数。

交换排序通用函数算法设计(无返回值):

```
//参数 work 指向某个一维数组,size 数组的大小,compare 指向函数的指针
① i=0 to size-2
② j=i+1 to size-1
③     result=compare(work[i],work[j]) (大于还是小于 compare 指向的函数确定)
④     if(result) swap(&work [i],&work [j])
```

程序清单 7.8(交换排序通用函数的定义与测试)

源码 7.8

```
#001 /*
#002 * exchangeSortFuncPointer.c: 交换排序(升/降)通用算法
#003 */
#004 #include<stdio.h>
#005 #define N 10
#006 void exchangeSort(int * work, const int size, int (* compare)(int,int));
#007 int ascending(const int a, const int b);
#008 int descending(const int a, const int b);
#009 void swap(int *, int *);
#010 int main(void){
#011     int a[N]={2,6,4,8,10,12,89,68,45,37};
#012     int counter, order;
#013     printf("Enter 1 ascending order, 2 descending order:\n");
#014     scanf("%d",&order);
#015     printf("\nData items in original order\n");
#016     for(counter=0; counter<=N-1; counter++)
#017        printf("%4d",a[counter]);
#018     if(order==1){
#019        exchangeSort(a,N,ascending);
#020        printf("\nData items in ascending order\n");
#021     }else{
#022        exchangeSort(a,N,descending);
#023        printf("\nData items in ascending order\n");
#024     }
#025     for(counter=0; counter<=N-1; counter++)
#026       printf("%4d",a[counter]);
#027     printf("\n");
```

```
#028     return 0;
#029 }
#030 //交换排序通用函数
#031 void exchangeSort(int * work,const int size,int(* compare)(int,int)){
#032   int pass,count;
#033   for(pass=0; pass<=N-2;pass++)
#034     for(count=pass;count<=N-1; count++)
#035       //if((* compare)(work[pass],work[count+1]))     //间接引用函数
#036       if(compare(work[pass],work[count+1]))         //函数指针作为函数名
#037           swap(&work[pass],&work[count+1]);         //调用交换函数
#038 }
#039 int ascending(const int a, const int b){            //升序比较
#040   return b<a;
#041 }
#042 int descending(const int a, const int b){           //降序比较
#043   return b>a;
#044 }
#045 void swap(int * x, int * y){                        //交换
#046     int temp;
#047     temp= * x;   * x= * y;   * y=temp;
#048 }
```

7.4.1 指向函数的指针

函数与数据一样，也要存储在内存中，因此也有首地址。这个首地址就是函数的第一条语句(或指令)在内存中的地址，通常称这个地址为**函数的入口地址**。多个同类型的数据连续存储的首地址用数组名表示，若干条语句(或指令)有机地组合在一起形成的函数在内存中的首地址用什么表示呢？大家容易想到，**编译器一定用函数名表示函数的入口地址**。如何定义(或声明)一个指向函数的指针变量呢？它的格式与普通的指针变量略有不同，形式如下：

```
数据类型 (* 指针变量名)(参数列表)
```

如果套用普通指针变量的格式理解它，开始的数据类型和结尾的含有参数列表的括号合起来代表了某类函数，这类函数的返回类型是该数据类型，函数的参数由参数列表确定。中间的括号是必须写的，它表示其中的指针变量名与*先结合，显式地说明它是一个指针变量，而且是一个指向函数的指针。它是什么类型的指针变量呢？其类型由**首尾两部分表达的函数原型来确定**，即指向函数的指针的类型是“函数”。例如，有这样一类函数，其返回类型为整型，有两个整型参数，如

```
int max(int a,int b);
int max(int a,int b);
```

等，假设它们对应的代码已经放在内存的某个位置，定义一个可以指向这类函数的指针变量ifuncPtr：

```
int(* ifuncPtr) (int,int);
```

则 ifuncPtr 就可以指向这类函数的某一个了：

```
ifuncPtr=max;
```

或

```
ifuncPtr=min;
```

大家知道，定义指针的目的是通过指针间接引用指针所指向的对象。如何通过指向函数的指针间接引用它所指向的函数呢？当然也要使用间接引用运算了，所不同的是引用函数必须给它实参，因此有

```
int a,b; scanf("%d %d %d",&a,&b);
printf("%d\n",(*ifuncPtr)(a,b));
```

注意：间接引用函数的指针与普通的间接引用不同，必须用括号括起来，即(*ifuncPtr)，其后面再写一个括号进行函数调用。完整的程序见下面的例子。

【例 7.10】 定义一个指向具有两个整型参数，返回值也是整型值的函数指针。

程序清单 7.9

源码 7.9

```
#001 /*
#002 * funcPtr.c: 指向函数的指针的声明及使用
#003 */
#004 #include<stdio.h>
#005 int max(int,int);
#006 int min(int,int);
#007 int main(void){
#008     //声明一个指向具有两个整型参数,返回值也为整型的函数指针 ifuncPtr
#009     int (*ifuncPtr)(int,int);
#010     int a=10,b=20;
#011     ifuncPtr=max;   //ifuncPtr 指向 max
#012     printf("%d\n",(*ifuncPtr)(a,b));          //用指针间接调用它所指向的函数 max
#013     ifuncPtr=min;   //ifuncPtr 指向 min
#014     printf("%d\n",(*ifuncPtr)(a,b));          //用指针间接调用它所指向的函数 min
#015     return 0;
#016 }
#017 int max(int a,int b){
#018     return((a>b)? a:b);
#019 }
#020 int min(int a,int b){
#021     return((a<b)? a:b);
#022 }
```

7.4.2 指向函数的指针作为函数的参数

指向函数的指针常用来作为函数的参数，也就是说函数的参数可以是函数。具有函数指针参数的函数具有某种通用性。要实现本节问题描述中的通用排序函数，只需把升序或降序比较定义成函数，然后再定义一个同类型的函数指针。程序清单 7.8 中的比较函数

ascending 和 decending,如果用它作为排序算法的参数,即可以实现升序降序统一的函数代码。如果要升序排序,就用升序函数作为实参;如果想降序,就用降序函数作为实参。

```
#031 void exchangeSort(int * work, const int size, int(* compare)(int,int)){
#032     int pass,count;
#033     for(pass=0; pass<=N-2;pass++)
#034         for(count=pass;count<=N-1; count++)
#035             //if((* compare)(work[pass],work[count+1]))    //间接引用函数
#036             if(compare(work[pass],work[count+1]))          //函数指针作为函数名
#037                 swap(&work[pass],&work[count+1]);          //调用交换函数
#038 }
```

其中,

```
#035             if((* compare)(work[count],work[count+ 1]))   //函数指针间接引用
```

和

```
#036             if(compare(work[pass],work[count+ 1]))   //函数指针作为函数名使用
```

是两种不同的使用形式,效果相同。见本节开始的问题分析和程序清单。当需要排序时,传递给它数据 a、N 以及要升序比较的函数 ascending 即可。

```
#019         exchangeSort(a,N,ascending);
```

7.5 再次讨论字符串

视频

问题描述:

与 6.3 节的问题描述类似。假设学生成绩单的字段包括“姓名、平时、期中、期末、总评”,为了简单起见,现在假设只有 10 个学生,而且它们的姓名已经知道:{"ZhangQiang","LiHong","WangLi","ZhaoMing","QianJin","SunYang","XuLei","BaoFang","GuoLiang","XiaoXiong"}。写一个程序,首先按照姓名的顺序从键盘输入它们的成绩数据,然后把成绩单按姓名排序(降序),再按姓名用二分法查找某人的成绩。

输入输出样例:

```
input scores:
ZhangQiang:90 97 78
LiHong:78 78 98
WangLi:78 89 77
ZhaoMing:78 67 56
QianJin:87 89 87
SunYang:86 67 56
XuLei:67 77 88
BaoFang:99 88 99
GuoLiang:90 77 78
XiaoXiong:90 89 89
original data:
ZhangQiang    90    97
78 86
LiHong    78    78    98 88
WangLi    78    89    77 80
ZhaoMing    78    67    56 63
QianJin    87    89    87 87
SunYang    86    67    56 65
XuLei    67    77    88 80
BaoFang    99    88    99 95
GuoLiang    90    77    78 80
XiaoXiong    90    89    89 89
descending data:
ZhaoMing    78    67    56 63
ZhangQiang    90    97
78 86
XuLei    67    77    88 80
XiaoXiong    90    89    89 89
WangLi    78    89    77 80
SunYang    86    67    56 65
QianJin    87    89    87 87
LiHong    78    78    98 88
GuoLiang    90    77    78 80
BaoFang    99    88    99 95
input your searching ID:
WangLi
binary searching result:
WangLi 78 89 77 80
```

问题分析:

字符串是非常常用的数据,6.3节已经定义了字符串就是空字符结尾的字符型数组。字符串中的字符是通过数组的下标进行访问的。

本问题中姓名字符串的长短不一。因此如果也用字符型数组存储姓名,必须按照最长的姓名开辟字符数组来存储各种可能长度的姓名。如果很多姓名都比较短,固定列数的二维字符数组就会造成不必要的浪费。C/C++语言允许直接用字符型指针指向一个字符串,因此可以把姓名定义为一个字符型指针数组,每个指针指向一个姓名字符串,它们各自就可以有自己的长度,不必统一。实际上C/C++中处理字符串很多场合都使用字符指针表示字符串,通过指针的间接引用访问字符串中的字符。本问题的姓名字符串假设都是字符串常量,在程序中指定,如果在程序运行时从键盘输入,那需要动态申请所需要的空间,留在下一小节讨论。本节先讨论字符指针指向常量字符串,通过字符指针作为函数的参数,按姓名对成绩单排序,再按姓名查找这种方法的使用以及字符指针与字符数组表示字符串有什么区别。

算法设计:

① 字符指针数组用姓名字符串常量初始化;

② 调用 input 函数根据姓名提示输入成绩,并计算总评;

③ 显示原始成绩单;

④ 使用选择排序算法对成绩单按姓名排序(降序);

⑤ 显示排序结果;

⑥ 输入要查找的姓名字符串;

⑦ 使用二分查找在姓名数组中查找,得到一个索引位置 pos;

⑧ 如果 pos 在有效下标范围内,显示相应的成绩单;

⑨ 否则显示“not found!”。

程序清单 7.10

源码 7.10

```
#001 /*
#002 * charPtrArraySortBinSearch.c: 字符指针数组,选择排序(字符指针交换),二分查找
#003 */
#004 #include<stdio.h>
#005 #include<string.h>
#006 #define M  10
#007 #define N   3
#008 void selectionSort(const char * stuName[],
                   int grade[][N], int * tot, int stuNums);
#009 void input(const char * name[],int(* p)[N], int * tot);
#010 void print(const char * stuName[], const int grade[][N],
                 const int * tot, int stuNums);
#011 int binarySearch(const char * stuName[], int n, char * keyName);
#012 int swap(int * p, int * q);
#013 int main(void){
#014     const char * stuName[M]={"ZhangQiang","LiHong","WangLi","ZhaoMing",
#015         "QianJin", "SunYang","XuLei","BaoFang","GuoLiang", "XiaoXiong"};
```

```
#016     char temp[20], * keyName=temp;
#017     int grade[M][N],total[M]={0};            //平时,期中,期末和总评
#018     int pos;
#019     input(stuName,grade,total);              //指针数组作为函数的参数
#020     printf("original data:\n");
#021     print(stuName,grade,total,M);
#022     printf("descending data:\n");
#023     selectionSort(stuName,grade,total,M);
#024     print(stuName,grade,total,M);
#025     printf("input your searching ID:\n");
#026     scanf("%s",keyName);
#027     pos=binarySearch(stuName,M,keyName);
#028     if(pos !=-1)
#029       printf("binary searching result:\n%s %d %d %d %d\n", stuName[pos],
#030         grade[pos][0],grade[pos][1],grade[pos][2],total[pos]);
#031     else
#032       printf("not found!\n");
#033     return 0;
#034 }
#035 /* sorted by stuName[] according selection sort algorithms */
#036 void selectionSort(const char * stuName[], int grade[][N],
            int * tot, int stuNums){
#037      int i,j,k,m,temp;
#038      const char * tempName;
#039      for(i=0; i<stuNums-1; i++){   //第 i 趟最大 ID 所在的位置下标,i=0,1,…,M-2
#040         k=i;
#041       for(j=i+1; j<stuNums; j++)
#042         if(strcmp(stuName[k],stuName[j])<0)
#043                 k=j;                        //k 总是记录着姓名最大的元素下标
#044          if(k !=i ){                        //如果姓名不是第一个比较的姓名,就交换
#045              tempName=stuName[i];           //交换指向姓名字符串的指针
#046              stuName[i]=stuName[k];
#047              stuName[k]=tempName;
#048              for(m=0;m<N;m++){
#049                  swap(&grade[i][m],&grade[k][m]);     //交换成绩
#050              }
#051              swap(&tot[i],&tot[k]);         //交换总评
#052 }   }}
#053 //输入成绩数据,计算总评
#054 void input(const char * name[],int(* p)[N], int * tot){
#055      int i=0,j=0;
#056      int n,g[N];
#057      printf("input scores:\n");
#058      for(i=0;i<M;i++){
#059         printf("%s:",name[i]);              //显示姓名
#060         for(j=0;j<N;j++)
#061            scanf("%d", * (p+i)+j);          //输入平时、期中、期末成绩
```

```
#062        * (tot+i)= * ( * (p+i)+0) * .20+ * ( * (p+i)+1) * .30+ * ( * (p+i)+2) * ;
                                                              //计算总评
#063   }}
#064 //输出学生的姓名、成绩和总评
#065 void print(const char * stuName[], const int grade[][N],
            const int * tot, int stuNums){
#066     int i,j;
#067     for(i=0;i<stuNums;i++){
#068        printf("%s ",stuName[i]);
#069        for(j=0;j<N;j++)
#070         printf(" %d ",grade[i][j]);
#071        printf("%d",tot[i]);
#072        printf("\n");
#073     }
#074 }
#075 /*
#076 *   stuNum is student numbers,it is less than M; keyName is searched Name
#077 *   using binary search method for searching your keyName
#078 *   if found return postion in stuName array else return-1
#079 */
#080 int binarySearch(const char * stuName[], int stuNum, char * keyName){
#081     int low, high, mid;
#082     low=0;
#083     high=stuNum-1;
#084     while(low<=high)   {
#085         mid=(high+low)/2;
#086         if(strcmp(keyName, stuName[mid])<0)
#087             low=mid+1;
#088         else if(strcmp(keyName, stuName[mid])>0)
#089             high=mid-1;
#090         else
#091             return (mid);
#092     }
#093     return (-1);
#094 }
#095 //交换 p 和 q 指向的变量值
#096 int swap(int * p, int * q){
#097     int tmp;
#098     tmp= * p;  * p= * q;  * q=tmp;
#099 }
```

7.5.1 字符指针与字符数组

正如整型指针可以指向整型数组一样,字符指针也可以指向字符数组,例如:

```
char nameZhang[]="zhangqiang";
char * namePtr1=nameZhang;                          //字符指针指向字符数组
```

这样字符指针 namePtr1 就指向了字符数组,该字符数组的元素由"zhangqiang"中的字符初

始化,并在最后增加一个'\0',但没有产生字符串常量"zhangqiang"。实际上,指针 namePtr1 中存放的是字符数组 nameZhang 的第一个元素的地址。

C/C++ 允许字符指针在定义时直接用字符串初始化,如下面这样定义:

```
char * namePtr2="zhangqiang";
```

这样指针 namePtr2 便指向了字符串常量"zhangqiang",注意这里是先有一个字符串常量"zhangqiang",然后指针 namePtr2 获得该常量的首地址。由于字符串常量是不可以修改的,所以用字符指针 namePtr2 访问字符时也是不能修改的。而前者 namePtr1 指向的是字符数组的第一个元素,它不是字符串常量的第一个字符,它是可以修改的。例如:

```
namePtr1[0]='Z';                              //正确
namePtr2[0]='Z';                              //错误
```

后者在编译时会出现警告(如果是.c 程序不会警告),但在运行时程序却会崩溃,这一点在C++ 中还是很严格的。**指向常量字符串的字符指针** namePtr2 常常要声明为

```
const char * namePtr2="zhangqiang";
```

因此应该**切记**,在使用字符串时,如果想让它能被修改,就要用字符数组表示,这时再用字符指针指向它,仍然是访问字符数组;如果希望一个字符串不被修改,是常量,就可以把它直接声明为一个 **const 字符指针**。

此外,**字符指针和字符数组还有一些不同**,下面从几个方面对比一下。

(1) namePtr1 和 namePtr2 都是指针变量,它们都可以指向不同的字符串,其指向的空间由字符串的长度自动确定。但要注意指针变量 namePtr1 如果再次指向的是常量字符串,它也变得不能修改了。如:

```
namePtr1="liping";(正确)
```

这时通过赋值语句重新获得了常量字符串的首地址。

而字符串数组名 nameZhang 是不能用在赋值语句中的:

```
nameZhang="liping";(错误)
```

想想为什么?要从数组名的含义来考虑。

(2) 对于字符数组,可以通过键盘输入获得字符串:

```
char str[20];  scanf("%s",str);
```

是正确的,但是对于没有指向任何字符数组的字符型指针变量,是不能读键盘输入的字符串的,即

```
char * str;  scanf("%s",str);
```

或

```
gets(str)
```

都是错误的,因为编译器不知道 str 指向哪里。因此,必须在 scanf 函数调用之前,让 str 指向一个确定的存储单元。如:

```
char str[20], * ptr;
ptr=str;
scanf("%s",ptr);
```

(3) 如果指针 ptr 没有初始化,就不知道它指向哪里,所以直接作为字符串使用显然也是错误的,如:

```
char * ptr;
ptr[0]='a';  ptr[1]='b';  ptr[2]='c';      ptr[3]='\0';
```

在 6.3.4 节中曾经指出,标准库中字符串相关的函数都是用**字符指针作形参**的,现在就可以看懂它们的意思了。甚至我们也可以自己实现它们,见下面的两个例子。

【例 7.11】 字符指针作为函数的参数,自定义一个字符串长度计算函数 myStrlen。

```
#001 int myStrlen(const char * pStr) {        //注意它的参数是字符型指针
#002     int len=0;
#003     for(; * pStr!=‘\0’; pStr++)     //注意 pStr++刚好使字符指针向后移动一个字符
#004          len++;
#005    return(len);
#006 }
```

【例 7.12】 字符指针作为函数的参数,自定义一个字符串拷贝函数 myStrcpy。

```
#001 void myStrcpy(char * dstStr, const char * srcStr){
#002   //第一个参数的实参必须是有固定空间的字符型数组
#003     while( * srcStr!='\0'){
#004              * dstStr++= * srcStr++;     //间接引用与自增运算结合使用
#005           //* dstStr= * srcStr;           //间接引用和自增运算分别使用
#006          //srcStr++; dstStr++;
#007       }
#008      * dstStr='\0';
#009 }
```

7.5.2 字符型指针数组

大家应该记得在成绩单中的姓名字符串组是怎么定义的,因为每个人的名字长短不一,所以不得不取最长的名字作为二维字符数组的列数。现在有了字符指针之后,每个人的姓名字符串都可以用一个字符型指针指向它,所有的姓名字符串指针放在一起就构成了一个**字符指针数组**。具体定义如下:

```
const char * name[10]={"ZhangQiang","LiHong","WangLi","ZhaoMing","QianJin",
"SunYang","XuLei","BaoFang","GuoLiang","XiaoXiong"};
```

数组名是 name,其中有 10 个字符型指针 name[i](i=0～9),它们分别初始化为给定的常量字符串,每个指针指向的字符串参差不齐,其在内存中存储的样子如图 7.8 所示。由于每个字符指针 name[i]都是指向对应首字符的指针,因此可以用字符指针的指针即二级字符指针访问字符串。

【例 7.13】 二级指针访问字符串。

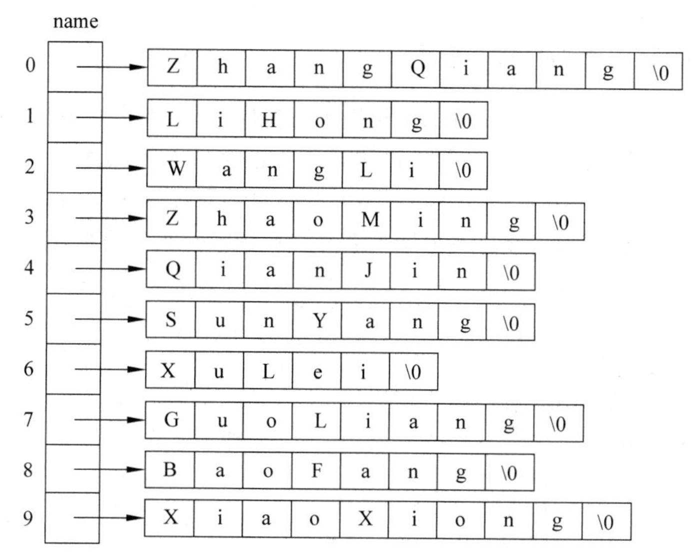

图 7.8　字符指针数组

程序清单 7.11

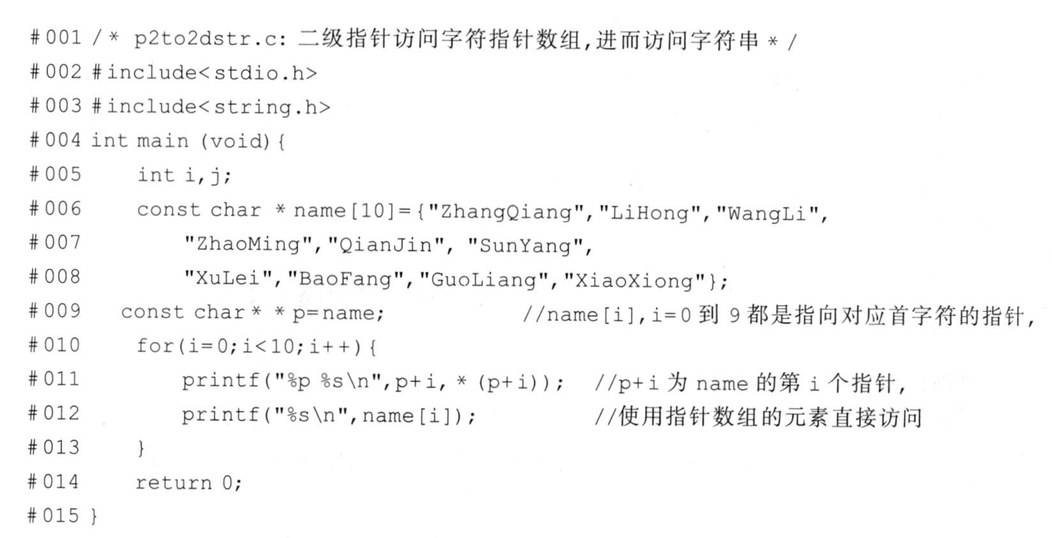

```
#001 /* p2to2dstr.c: 二级指针访问字符指针数组,进而访问字符串 */
#002 #include<stdio.h>
#003 #include<string.h>
#004 int main (void){
#005     int i,j;
#006     const char * name[10]={"ZhangQiang","LiHong","WangLi",
#007         "ZhaoMing","QianJin", "SunYang",
#008         "XuLei","BaoFang","GuoLiang","XiaoXiong"};
#009    const char * * p=name;            //name[i],i=0 到 9 都是指向对应首字符的指针,
#010     for(i=0;i<10;i++){
#011         printf("%p %s\n",p+i, * (p+i));   //p+i 为 name 的第 i 个指针,
#012         printf("%s\n",name[i]);           //使用指针数组的元素直接访问
#013     }
#014     return 0;
#015 }
```

运行结果:

```
0028FEF0 ZhangQiang
ZhangQiang
0028FEF4 LiHong
LiHong
0028FEF8 WangLi
WangLi
0028FEFC ZhaoMing
ZhaoMing
0028FF00 QianJin
QianJin
0028FF04 SunYang
SunYang
0028FF08 XuLei
XuLei
0028FF0C BaoFang
BaoFang
0028FF10 GuoLiang
GuoLiang
0028FF14 XiaoXiong
XiaoXiong
```

7.5.3 用字符指针进行字符串排序

大家思考一下,如果要对基于指针的字符串进行排序,可否不交换字符串的内容而只交换指向它们的指针？回答是完全可以。而且这种排序方法称为**索引排序**,而那种交换内容的排序称为**物理排序**。修改一下6.3节的程序清单6.7中的学号排序函数selectionSort,把二维字符数组参数改为字符指针数组,在排序过程中需要交换的时候只交换指针：

源码
charptr.c

```
#001 void selectionSort(const char * stuName[], int grade[][N],
         int * tot, int stuNums){
#002     int i,j,k,m,temp;
#003     const char * tempName;
#004     for(i=0; i<stuNums-1; i++){  //第 i 趟最大 ID 所在的位置下标,i=0,1,…,M-2
#005         k=i;
#006         for(j=i+1; j<stuNums; j++)
#007         if(strcmp(stuName[k],stuName[j])<0)
#008                 k=j;                //k 总是记录姓名最大的元素下标
#009         if(k !=i ){                 //如果姓名不是第一个比较的姓名,就交换
#010             tempName=stuName[i];  //交换指向姓名字符串的指针
#011             stuName[i]=stuName[k];
#012             stuName[k]=tempName;
#013             for(m=0;m<N;m++){
#014                 swap(&grade[i][m],&grade[k][m]);        //交换成绩
#015             }
#016             swap(&tot[i],&tot[k]);                      //交换总评
#017 }}}
```

视频

7.6 程序运行时提供必要的参数

问题描述：

写一个程序,要求运行时提供用户ID和密码,如果提供的正确,程序继续执行,否则程序直接退出。假设程序的合法用户ID只有bcb和ada,密码均为123456,设commandPara是应用程序名。

命令行运行样例1：

```
commandPara bcb 123456
```

输出样例1：

```
ok,your ID is right!
ok,your passwd is right!
welcome, you have come into the main
body!
```

命令行运行样例2：

```
commandPara abc 123456
```

输出样例2：

```
sorry,your ID is not right!
```

问题分析：

每个应用程序都是一个可执行程序,都可以看成在操作系统平台上运行的命令,而且在命令行都可以指定必要的参数。

例如 gcc 编译命令的那些选项就是命令行的参数。如

```
gcc -o test test.c
```

它有几个参数呢？每个参数的含义是什么？gcc 编译器根据参数的不同做不同编译处理。又如 DOS 命令

```
dir /p /w
```

后面的选项用/表示，/p 就是分页显示文件目录，/w 是按多列像窗口一样显示文件目录，dir 命令对应的程序读到参数之后根据参数的意义做出不同的显示。再如：

```
copy test.c testbak.c
```

是把 test.c 做一个备份，备份的结果是 testbak.c。

本节的问题就是实现具有接受命令行参数能力的应用程序。在命令行除了输入应用程序名字 commandPara 之外，后面还要跟两个参数：一个是 ID 号，一个是密码，输入正确才能开始执行程序的主要部分，否则强迫退出。这两个参数传给 main 函数，在应用程序中获得命令行参数，从而根据参数内容的不同执行不同的操作。命令行参数就是调用 main 函数的实参，实际上 main 函数的原型为 int main(int argc, char * argv[])，本节详细讨论 main 函数的两个参数。

算法设计：

① 获取 main 的参数，如果 argc 为 3，继续②，否则显示"输入错误，请核对"，退出；

② 如果 argv[1]为 bcb 或 ada 则显示"ok，用户名正确"，继续③，否则显示"ID 不正确"，退出；

③ 如果 argv[2] 为 123456 则显示"ok，密码正确"，继续④，否则显示"密码错误"，退出；

④ 执行程序的主体。

程序清单 7.12

源码 7.12

```
#001 /*
#002 * commandPara.c: 命令行参数
#003 */
#004 #include<stdio.h>
#005 #include<stdlib.h>
#006 #include<string.h>
#007 int main(int argc, char * argv[]){
#008     if(argc!=3){
#009        printf("sorry, input error! \n
             please input according to \'appname para1 para2\'\n");
#010        exit(0);
#011     }
#012     if(strcmp(argv[1],"bcb")==0 || strcmp(argv[1],"ada")==0)
#013        printf("ok,your ID is right!\n");
#014     else{
```

```
#015          printf("sorry,your ID is not right!\n");
#016          exit(0);
#017      }
#018      if(strcmp(argv[2],"123456")==0)
#019          printf("ok,your passwd is right!\n");
#020      else{
#021          printf("sorry,your passwd is not right!\n");
#022          exit(0);
#023      }
#024      printf("welcome, you have come into the main body!\n");
#025      //这里可以有更多的内容,进入程序的主体
#026      return 0;
#027 }
```

7.6.1 命令行参数

到现在为止程序的main函数都是没有参数的,实际上main函数也允许有参数,允许在命令行提供需要的参数,main函数的参数个数和类型是有固定格式的。它的参数只能有两个:第一个形参是整型的简单变量,其名字规定为argc(arg是参数argument的缩写,c是count的意思);第二个形参就是刚刚学过的字符型指针数组,其名字规定为argv(v是向量vector的意思,argv就是所有的参数构成一列,含应用程序名字)。main函数的一般形式如下:

```
int main(int argc,char * argv[])
```

这两个参数的具体含义是什么呢?先来看看怎么样调用main函数,即怎么给实参的。在命令窗口中输入应用程序的名字然后回车就是让操作系统执行它,也就是调用它。操作系统调用main函数的实参也要在它执行的时候在命令窗口中提供,而且要在回车键输入之前,具体输入格式如下:

应用程序名 参数1 参数2 参数3 ……

注意:应用程序名与参数间,参数与参数间必须输入空格。整个命令行被空格分成了若干个字符串,即应用程序名,参数1,参数2,参数3,……,这些字符串便构成了argv字符指针数组指向的字符串,即应用程序名及后面的每个参数都被认为是一个字符串常量,并用它来初始化形参中的字符型指针数组中的字符指针变量。main函数的第一个整型实参是不用输入的,操作系统会根据命令行输入的信息,计算出总计有多少个字符串(包含应用程序名字符串)传给argc。通常把命令行中输入的参数1,参数2等称为**命令行参数**。argc的值和argv[ ]中的每个参数字符串在main函数中都可以获得,从而根据参数的不同,在main中做出不同的响应。

【例7.14】 写一个程序读命令行的两个参数。

命令行有两个参数,argc的值应该是3,如果agrc不等于3,则反馈必要的信息退出程序,否则输出两个参数的内容,见程序清单7.13。

程序清单 7.13

```
#001 /* commandTest.c:命令行参数 */
#002 #include<stdio.h>
#003 int main(int argc, char * argv[]){
#004     int i;
#005     char * paraStr1, * paraStr2;
#006     printf("argc:%d\n",argc);
#007     if(argc!=3){
#008         printf("help:appname para1 para2\n");
#009         exit(0);
#010     }
#011     paraStr1=argv[1];
#012     paraStr2=argv[2];
#013     printf("%s %s\n",paraStr1,paraStr2);
#014     return 0;
#015 }
```

运行结果：

```
commandTest aaaa bbbb
aaaa bbbb
```

本节的问题要求在命令行提供两个参数：一个是账号；另一个是密码，合法的一组账号和密码（如用户名为 bcb、ada 等，密码均为 123456）可以写在程序中（也可以放在某个文件中，这里略，留给读者完成）。运行时必须输入两个参数，正确的输入是

```
test bcb 123456 或者 test ada 123456 回车
```

程序中判断其他参数与内置的账号和密码不符，因此都不能进入程序的主体而退出程序，见程序清单 7.12。

注意命令行参数与 scanf 函数键盘输入的不同。

7.6.2 集成环境下设置应用程序参数

在集成环境下要让应用程序有命令行参数，需要先建立工程。不同的集成环境设置命令行参数的方法不尽相同。对于 CodeBlocks 来说，在工程菜单里有一个 Set programs' arguments 命令，单击之后弹出对话框，在对话框中选择应用程序版本（Debug 还是 Release），在对应的编辑框中输入命令行参数即可。这时运行程序就会自动把这些参数传递给 main 函数。

7.7 数据规模未知的问题求解

视频

问题描述：

写一个程序处理学生成绩的输入和输出，要求输入输出用函数实现。**注意，学生数的规模未知**，由用户在运行程序时确定，学生成绩包括“姓名、平时、期中、期末、总评”字段，其中姓名字符串的大小也由用户输入时的动态确定。

输入输出样例：

```
please input student numbers:3
1:name--aaaaaaaaaa
2:name--bbbbbbbb
3:name--ccccccccccc
input scores by the listed name:
aaaaaaaaaa 78 67 89
bbbbbbbb 98 88 99
ccccccccccc 87 66 77
aaaaaaaaaa   78   67   89 80
bbbbbbbb   98   88   99 95
ccccccccccc   87   66   77 75
```

问题分析：

前面曾多次处理学生成绩问题，但都在程序中限定了问题的规模，即规定了具体人数不超过60。当然，人数的规模还是可以改的，但只能在程序中修改，由程序员完成，这样的应用程序显然很不完善。如果在设计程序的时候不知道解决的问题规模有多大，好的做法应该是用户在运行程序时由用户自己确定。例如学生成绩管理的问题，可能是一个班级的学生，也可能是两个班，而班级人数可能又有多有少，具体有多少学生应该由用户在使用软件的时候确定。另外对于7.5节的问题，学生姓名字符串常量也是在程序中指定的，这显然对于实际应用程序来说是不能容忍的。用户的姓名信息在程序运行时由用户逐个输入才行。但由于每个人的姓名字符串常量的长短不一，所需的字符存储空间的大小不一，所以需要的存储空间也是由程序在运行时，根据用户输入的字符串常量的大小来确定的。这样学生人数相关的数组(包括成绩数组，姓名指针数组)的大小以及姓名指针指向的字符串长度都要在用户运行程序时确定。C/C++具有这方面的支持，允许程序在运行时**动态分配内存**。如果在写程序的时候就知道需要多少内存，在程序中声明为函数内部的局部变量，函数在被调用时为其**自动分配**内存，函数调用结束后自动撤销该内存。如果在程序中声明为全局外部变量或静态局部/外部变量，会在编译时**静态分配**内存。因此，一个应用程序需要的内存就有动态、静态、自动之分。实际上，操作系统加载每个应用程序之后，会形成一个专门服务于该应用程序的内存空间(也叫进程空间)，其基本布局如图7.9所示。自动分配的内存分配在**栈区**，静态分配的内存位于**全局数据区**，动态分配的内存位于**堆区**，程序代码占用的内存在**代码区**。

	进程空间
代码区 Code area	程序代码
全局数据区 Data area	全局变量，静态变量
堆区 Heap area	动态分配的空间
栈区 Stack area	局部自动变量

图7.9　应用程序运行时的内存布局

C语言编译器提供了几个动态分配内存的函数，它们是stdlib.h库接口的一部分，包括malloc、calloc、realloc和free，本节详细讨论这些函数的使用方法。

算法设计：

① 姓名指针数组和成绩指针数组以及总评指针均初始化为NULL；

② 调用initName函数确定人数，在函数中首先动态申请姓名字符指针数组所需的空间，循环输入每个人的姓名，并根据姓名的长度动态申请姓名字符串所需要的空间；

③ 调用initGrade，先动态申请成绩数据需要的空间，然后显示姓名，提示输入成绩，输入后求平均值；

④ 输出姓名、成绩及总评。

程序清单 7.14

源码 7.14

```
#001 /*
#002 * funcMallocStud.cpp: 在函数中动态申请存储学生信息所需的空间
#003 */
#004 #include<stdio.h>
#005 #include<stdlib.h>
#006 #include<string.h>
#007 #define N 3
#008 void initName2(char ***,int *);     //三级指针作为函数的参数,通过第3级指针带回
#009 void initName(char **& name,int *); //二级指针的引用作为函参数,通过引用带回
#010 void initGrade(char *name[],int **&grade, int *&tot,int stuNums);
#011 void printName(char **stuName,int stuNum);          //输出姓名信息
#012 void printGrades(char **stuName,int **grade, int *total, int stuNum);
#013 int main(void){
#014     char **stuName=NULL;              //不知道指针数组有多少个元素,所以用二级指针,
#015     int stuNums;
#016     int **grade=NULL, *total=NULL;                //平时,期中,期末和总评
#017     initName(stuName,&stuNums);
#018     //动态申请 stuNums 行 N 列的二维成绩数组和一个有 stuNums 个元素总评数组 total
#019     initGrade(stuName,grade,total,stuNums);
#020     printGrades(stuName,grade,total,stuNums);
#021     return 0;
#022 }
#023 void initName(char **& nameArray,int *stuNum){
#024     int len,i,m;
#025     char temp[20];
#026     printf("please input student numbers:");
#027     scanf("%d",&m);
#028     nameArray=(char **)malloc(m*sizeof(char*));  //存储字符指针的数组空间
#029     if(nameArray==NULL){
#030         printf("mem alloc errer!\n");
#031         exit(0);
#032     }
#033     for(i=0;i<m;i++){
#034         printf("%d:name--",i+1);
#035         scanf("%s",temp);                     //输入的字符串暂存到 temp 字符数组中
#036         len=strlen(temp);                     //计算长度
#037         nameArray[i]=(char*)malloc((len+1)*sizeof(char));
#038         if(nameArray[i]==NULL){
#039             printf("mem alloc errer!\n");
#040             exit(0);
#041         }
#042         strcpy(nameArray[i],temp);            //输入的字符串复制到申请的空间中
#043     }
#044     *stuNum=m;
```

```
#045 }
#046 void initName2(char * * * nameArray,int * stuNum){
#047     int len,i,m;
#048     char temp[20];
#049     printf("please input student numbers:");
#050     scanf("%d",&m);
#051     * nameArray=(char * * )malloc(m * sizeof(char * ));    //存储字符指针的数组空间
#052     if( * nameArray==NULL ){
#053         printf("mem alloc errer!\n");
#054         exit(0);
#055     }
#056     for(i=0;i<m;i++){
#057         scanf("%s",temp);                        //输入的字符串暂存到 temp 字符数组中
#058         len=strlen(temp);                        //计算长度
#059         ( * nameArray)[i]=(char * )malloc((len+1) * sizeof(char));
#060         if(( * nameArray)[i]==NULL ){
#061             printf("mem alloc errer!\n");
#062             exit(0);
#063         }
#064         strcpy(( * nameArray)[i],temp);    //输入的字符串复制到申请的空间中
#065     }
#066     * stuNum=m;
#067 }
#068 //输入成绩数据,计算总评
#069 void initGrade(char * stuName[],int * * &grade, int * &tot,int stuNums){
#070     int i=0,j=0;
#071     tot=(int * ) malloc(stuNums * sizeof(int * ));     //申请总评需要的空间
#072     if(tot==NULL){
#073         printf("mem alloc errer!\n");
#074         exit(0);
#075     }
#076     grade=(int * * )malloc(stuNums * sizeof(int * )); //申请成绩需要的空间
#077     if(grade==NULL){
#078         printf("mem alloc errer!\n");
#079         exit(0);
#080     }
#081     printf("input scores by the listed name:\n");
#082     for(i=0;i<stuNums;i++){
#083       grade[i]=(int * )malloc(N * sizeof(int));
#084       if(grade[i]==NULL){
#085           printf("mem alloc errer!\n");
#086             exit(0);
#087       }
#088       printf("%s ",stuName[i]);                              //显示姓名
#089       for(j=0;j<N;j++)
```

```
#090            scanf("%d",grade[i]+j);                    //输入成绩
#091         tot[i]= * (grade[i]+0) * .20+ * (grade[i]+1) * .30+ * (grade[i]+2) * .50;
#092      }
#093 }
#094 /* print student infomation name,grade and totalav */
#095 void printName(char * * stuName,int stuNums){
#096      int i,j;
#097      for(i=0;i<stuNums;i++){
#098         printf("%s ",stuName[i]);
#099         printf("\n");
#100      }
#101 }
#102 void printGrades(char * * stuName,int * * grade, int * total,int stuNums) {
#103      int i,j;
#104      for(i=0;i<stuNums;i++){
#105         printf("%s ",stuName[i]);
#106         for(j=0;j<N;j++)
#107            printf(" %d ",grade[i][j]);
#108         printf("%d",total[i]);
#109         printf("\n");
#110      }
#111 }
```

其中,initName 的两个版本是等效的,initName1 是二级指针的引用作为参数(见 7.7.7 节),initName2 是 3 级指针,因为姓名数组本身就是二级指针,要在 initName 函数中动态申请空间还需一级指针(见 7.7.6 节),因此需要三级指针作为函数的参数。显然用**引用作为函数的参数**比较直观,指针会降一级。

7.7.1 void * 类型的指针

在没介绍动态分配内存函数之前,先讨论一个特别的指针——void * 类型的指针。void * 类型的指针是无类型或空类型的指针,它可以指向任何类型的变量,但不可以用它间接引用,例如:

```
#001      int a=10;
#002      float x=5.3;
#003      int * aPtr=&a;
#004      float * xPtr=&x;
#005      void * gp=aPtr;
#006      gp=xPtr;
```

是正确的,但是对 gp 指针的引用是错误的,即

```
* gp=5; * gp=3.6;                                          //错误的间接引用
```

因为 gp 是无类型的,所以编译器根本不知道它指向的到底是什么类型的空间,用 void * 类型的指针指向内存空间为通用型的。特别注意,只有非 void * 类型的指针才可以使用间接引用运算 * 。**void * 类型的指针只能起到保存指针的作用**。

7.7.2 动态分配内存

经过上面的讨论,似乎觉得 void * 类型的指针没有什么用途,实际不然,在动态分配内存时它才表现出其应有的魅力。动态分配内存函数生成内存空间的首地址是一种“通用”类型的指针,表达这种性能的指针恰好就是 void * 类型的指针。下面分别讨论与动态分配内存有关的几个函数。

1. malloc 函数

功能:分配长度为 size 的一块连续内存空间。

原型:

```
void *malloc(unsigned int size);
```

只需告诉它要多少字节的内存,它就会分配相应的字节空间,而不管类型,如果分配成功就有一个 void * 指针指向它,不成功则返回一个 NULL 指针。申请到的 void * 指向的空间可以用于任何类型,比较老的编译器会自动转换成需要的类型,但现在的编译器都要求显式说明要转换到什么类型的指针,即把 **void * 强制转换为需要的指针类型**。例如:

```
int *aPtr;
char *cPtr;
void *gp=malloc(12);
cPtr=(char *)gp;           //把 void*指针转换为字符型指针
aPtr=(int *)gp;            //把 void*指针转换为整型指针
*aPtr=233;
cPtr="hello";
printf("%d\n",*aPtr);
printf("%s\n",cPtr);
```

2. calloc 函数

功能:动态分配 num 个大小为 size 的连续内存空间,可以认为动态分配一个大小为 num 的数组。

原型:

```
void *calloc(unsigned int num,unsigned int size);
```

其中,num 是数组元素的个数,size 是每个数组元素的字节数。如果分配成功就有一个 void * 指针指向它,并且会把数组元素自动初始化为 0,不成功则返回一个 NULL 指针。

使用 calloc 函数动态申请内存与 malloc 函数一样,申请到的空间也是 void * 类型的,因此也要显式地转换为需要的指针类型。

3. free 函数

功能:释放动态申请的空间。

原型:

```
free(void *p);
```

动态申请的空间用完之后必须调用 free 函数把它释放,供系统重新分配。局部指针变量在函数退出之后会自动撤销，但是动态申请的内存块是在堆中申请的，不会自动撤销，必须用 free 函数把它释放。不然将会发生所谓的**内存泄漏**(**memory leak**)。被释放的内存不能再用指针指向它，否则可能就会产生所谓的**悬挂指针**(**dangling pointer**)**现象**，因此常常把释放掉的指针修改成 NULL。

4. realloc 函数

功能：改变已分配的空间的大小。

原型：

```
void * realloc(void *p,unsigned int size);
```

其中，p 是指针，它指向 malloc 或 calloc 申请的空间，size 表示 p 所指向的空间的新尺寸。如果不能成功扩展 p 指向的内存块，会返回一个空指针，并且原有内存块中的数据不会发生改变。如果不能在原内存块位置扩展，就要把原始数据整体移动到新位置。

7.7.3 动态申请字符串

如果字符串数据是由用户在运行程序时输入的，事先不知道准确的长度，只知道一个大概的范围，如姓名字符串一般不会超过 20 个字符。动态申请字符串，就是当用户键盘输入字符串之后，根据字符串的长度动态申请需要的空间。

【例 7.15】 指针指向字符串常量、字符数组和动态申请空间。

程序清单 7.15

源码 7.15

```
#001 #include<stdlib.h>
#002 #include<string.h>
#003 int main(void){
#004     char temp1[20],temp2[20];
#005     char *str1;                  //如果在前面加上 const,下面的警告就排除了
#006     char *str2, *str3;
#007     str1="hhhhhh";               //有警告错误,字符串常量转换为非常量的警告
#008     str2=temp1;                  //指针 str2 指向字符数组 temp1
#009     strcpy(str2,"gggggg");   //把字符串复制给 str2,实际是把 gggggg 复制给 temp1
#010     //这时 str2 仍指向字符数组,从而指向 gggggg, str2 指向的字符可以修改
#011     scanf("%s",temp2);           //输入一个字符串
#012    str3=(char *) malloc(strlen(temp2)+1);      //申请所需空间,考虑到'\0',+1
#013     strcpy(str3,temp2);          //把输入的字符串复制给 str3
#014     printf("%s %s %s\n",str1,str2,str3);    //输出
#015     free(str3);
#016     return 0;
#017 }
```

其中，指针 str3 指向了根据输入字符串 temp2 的长度动态申请的空间，其中存储的刚好是输入的字符串。同时，在这个例子中的前一段列出了前面曾经学过的指针 str1 直接指向一个常量字符串，这时 str1 指向的字符串"hhhhhh"不可以被修改，还有指针 str2 指向的经过复制产生的字符数组 temp1 包含的字符串"gggggg"，非常量可以被修改。

7.7.4 动态申请一维数组

从 malloc 或 calloc 函数的定义可以发现,它们都可以动态申请一维数组。

【例 7.16】 键盘输入学生人数,动态申请一维数组。

程序清单 7.16

源码 7.16

```
#001 /*
#002 * malloc1array.c:  动态申请一维数组
#003 */
#004 #include<stdio.h>
#005 #include<stdlib.h>
#006 int main(void){
#007     int *grade, i,n;
#008     int sum=0;
#009     printf("please input stu numbers:");
#010     scanf("%d",&n);
#011     grade=(int *) malloc(n*sizeof(int));
#012     //grade=(int *) calloc(n,sizeof(int));
#013     if(grade==NULL){
#014       printf("mem alloc errer!\n");
#015       exit(0);
#016     }
#017     printf("please input grades:");
#018     for(i=0;i<n;i++){
#019        scanf("%d",grade+i);
#020        sum+=*(grade+i);
#021     };
#022     printf("total is %d\n ave is %.2f\n", sum, (float)sum/n);
#023     free(grade);
#024     grade=NULL;
#025     return 0;
#026 }
```

第#011 行可以替换为第#012 行:

```
grade=(int *) calloc(n,sizeof(int));
```

结果相同。

思考题:一个函数可以返回动态申请的内存空间的指针吗?

7.7.5 动态申请二维数组

由于二维数组在内存中也是线性存储的,即逻辑上若干行若干列的二维数组可以把它映射到一维空间中,因此二维数组的动态申请实质也可以是一维数组的申请。

【例 7.17】 程序清单 7.16 运行时用户输入学生数,动态申请 3 门课的成绩数组。

程序清单 7.17

源码 7.17

```
/*
* mallocArray2to1.c: 二维数组映射为一维,动态申请
*/
#001 #include<stdio.h>
#002 #include<stdlib.h>
#003 #define M 3
#004 int main(void){
#005     int *grade, i,j,n;
#006     int sum=0;
#007     printf("please input stu numbers:\n");
#008     scanf("%d",&n);
#009     grade=(int *) calloc(n*M,sizeof(int));          //n行M列个元素
#010     if(grade==NULL ){
#011        printf("mem alloc errer!\n");
#012        exit(0);
#013     }
#014     printf("please input grades of the 3 courses:\n");
#015     for(i=0;i<M;i++){
#016         for(j=0;j<n;j++){
#017             scanf("%d", &grade[i*n+j]);               //二维数据一维化
#018             sum+=grade[i*n+j];
#019         }
#020     }
#021     printf("total is %d\n ave is %.2f\n", sum, (float)sum/(M*n));
#022     free(grade);
#023     grade=NULL;
#024     return 0;
#025 }
```

其中,第#009行使用calloc函数申请了n*M个整型大小的连续空间并强制转换为整型指针。这个指针指向二维数组降到一维后的第一个元素。

【例 7.18】 动态申请指向二维数组的行指针。

从7.3.1节的图7.6知道,二维数组是一维数组的一维数组,可以用行指针指向它。因此这样的二维数组动态申请同样也要分两个层次:首先动态申请指向二维数组的行指针数组,然后再为每个行指针申请行空间。

程序清单 7.18

源码 7.18

```
#001 /*
#002 *   mallocLinePtrArray.c:动态申请行指针数组及每行n列的内存空间
#003 */
#004 #include<stdio.h>
#005 #include<stdlib.h>
#006 int main(void){
#007     int **a;
```

```
#008     int m,n,i,j;
#009     printf("please input m row and n col:");
#010     scanf("%d",&m);
#011     scanf("%d",&n);
#012     //申请指向m个指针的指针数组的指针(首地址)
#013     a=(int **)malloc(m* sizeof(int *));
#014     if(a==NULL){
#015        printf("memory error\n");
#016        exit(0);
#017     }
#018     //上面仅为存储m个指针申请了空间
#019     //下面再申请指针数组中每个指针指向的包含n列的内存空间
#020     for(i=0;i<m;i++){
#021       a[i]=(int *)malloc(n*sizeof(int));
#022       if(a[i]==NULL){
#023           printf("memory error\n");
#024           exit(0);
#025       }
#026     }
#027     printf("please input data of %d row and %d col:\n",m,n);
#028     for(i=0;i<m;i++)
#029     for(j=0;j<n;j++)
#030        scanf("%d",*(a+i)+j);
#031     printf("\ninput data:\n");
#032     for(i=0;i<m;i++){
#033        for(j=0;j<n;j++)
#034            printf("%d ",*(*(a+i)+j));
#035        printf("\n");
#036     }
#037     for(i=0;i<m;i++){                                  //释放每一行的内存空间
#038        free(a[i]);
#039        a[i]=NULL;
#040     }
#041     free(a);                                           //释放指针数组的指针空间
#042     a=NULL;
#043    return 0;
#044 }
```

也可以动态申请一个指向二维数组的行指针，非指针数组，程序清单7.19中#010行声明了列宽为n=3的行指针，然后在#014行申请了m行n列的空间。

程序清单 7.19

源码 7.19

```
#001 /*
#002 *  mallocLinePtr.c:动态申请用若干列固定的行指针指向的内存空间
#003 */
#004 #include<stdio.h>
#005 #include<stdlib.h>
```

```
#006 #define n 3
#007 int main(void){
#008     int m;                       //,n;
#009     //scanf("%d",&n);            //在 ANSI C 中不能这样使用,只能使用宏定义
#010     int (*a)[n];                 //行指针,n是固定的
#011     int i,j;
#012     printf("please input m row:");
#013     scanf("%d",&m);
#014     a=(int(*)[n])malloc(m*n* sizeof(int));
#015     if(a==NULL){
#016        printf("mem alloc errer!\n");
#017        exit(0);
#018     }
#019     printf("please input data of m row and n col:\n");
#020     for(i=0;i<m;i++)
#021     for(j=0;j<n;j++)
#022         scanf("%d",*(a+i)+j);
#023     for(i=0;i<m;i++){
#024         for(j=0;j<n;j++)
#025             printf("%d ",*(*(a+i)+j));
#026         printf("\n");
#027     }
#028     free(a);
#029     a=NULL;
#030     return 0;
#031 }
```

本节问题描述中的姓名字符串在运行时动态申请,即动态申请字符指针数组,每个指针指向一个字符串需要的空间。字符指针数组的动态申请与程序清单7.18类似,详见程序清单7.20。

程序清单7.20

源码7.20

```
#001 /*
#002 * mallocStrPtrArray.c: 动态申请每个字符串需要的内存空间
#003 */
#004 #include<stdio.h>
#005 #include<stdlib.h>
#006 #include<string.h>
#007 int main(void){
#008     int i,n,len;
#009     char temp[20];
#010     char** nameArray;
#011     printf("please input student numbers:");
#012     scanf("%d",&n);
#013    nameArray=(char**)malloc(n*sizeof(char*));      //申请存储字符指针的数组空间
#014     if(nameArray==NULL){
```

```
#015         printf("mem alloc errer!\n");
#016         exit(0);
#017     }
#018     for(i=0;i<n;i++){
#019         scanf("%s",temp);                    //输入的字符串暂存到 temp 字符数组中
#020         len=strlen(temp);                    //计算长度
#021         nameArray[i]=(char *)malloc((len+1) * sizeof(char));
#022         if(nameArray[i]==NULL ){
#023             printf("mem alloc errer!\n");
#024             exit(0);
#025         }
#026         strcpy(nameArray[i],temp);           //输入的字符串复制到申请的空间中
#027     }
#028     for(i=0;i<n;i++)
#029         puts(nameArray[i]);                  //输出到屏幕
#030     for(i=0;i<n;i++){
#031         free(nameArray[i]);                  //释放每个字符串的空间
#032         nameArray[i]=NULL;
#033     }
#034     free(nameArray);                         //释放指针数组的空间
#035     nameArray=NULL;
#036     return 0;
#037 }
```

7.7.6 让指针指向被调用函数中动态申请的内存

在后续“数据结构与算法”的课程中和实际问题求解时常常需要在主调函数中仅声明一个某种类型的指针变量,不知道它该指向哪里,还不知道它指向的内存空间该多大,先初始化为 NULL。然后通过调用某个专门的函数来获得该指针指向的空间,即由一个专门的函数动态申请所需的空间,这样的函数该如何实现呢？下面的这个函数是否可以达到要求:

```
void func(int *ptr){
    ptr=(int *)malloc(sizeof(int));
}
```

设在主函数中有

```
int * aptr= NULL;                                //注意 aPtr 没有指向任何地方
```

函数调用 func(aptr) 能否使 aptr 指向在函数 func 中申请的内存空间呢？可以检查一下函数调用之后 aptr 是否还是等于空指针,如果是空指针则意味着没有实现。

```
if(aptr==NULL)
    printf("pointer is null\n");
```

经检验发现,这样定义的函数不能改变 aptr 的空指针,这是为什么呢？请看图 7.10。

函数的参数传递是单向的值传递,虽然在函数 func 中申请到了需要的内存空间,指针

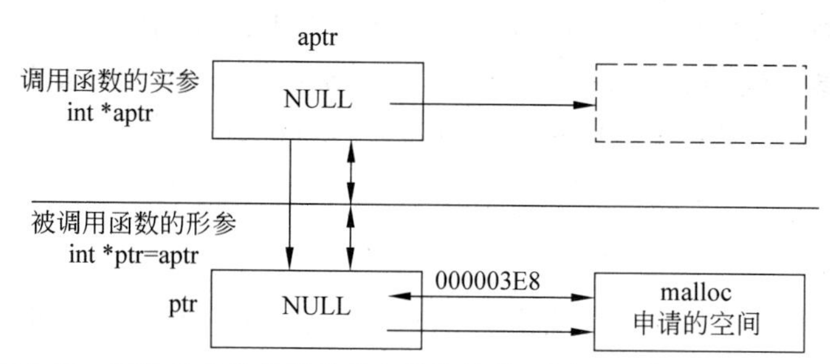

图 7.10 函数的参数传递是单向的值传送,形参 ptr 值不能传给实参

000003E8 放在了形参变量 ptr 中,但是它不能反向传给实参。怎么解决这个问题呢?下面给出两种实现方法。

1. 返回动态申请的指针

下面的函数返回一个指针,而其指针指向的空间是在函数中动态申请的。

```
#001 int* funcReturnPtr(void){
#002     int *tmp;
#003     tmp=(int*)malloc(sizeof(int));
#004     return tmp;
#005     //该指针指向的空间,在函数调用结束时没有自动释放
#006     //在主函数或其他地方中使用它不会出现非法访问
#007 }
```

在主函数中定义

```
int *aptr=NULL;                                    //注意 aptr 没有指向任何地方
```

调用函数 funcReturnPtr 时,动态分配的内存是在堆中,当函数返回时不会自动释放,因此 aptr 获得 funcReturnPtr 返回的指针指向的内存,但要记得在 main 中使用之后要释放。

2. 使用二级指针参数返回动态申请的指针

虽然一级指针作为函数的参数不能逆向带回形参在函数中获得的动态内存地址,但是可以使用二级指针间接实现,其基本原理如图 7.11 所示。

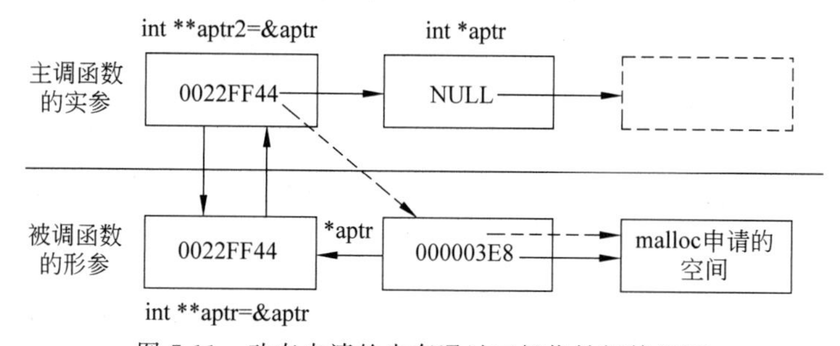

图 7.11 动态申请的内存通过二级指针间接返回

指针变量 aptr 本身虽然为空,没有指向任何内存空间,但是它的地址 &aptr 确是实实在在的,如 0022FF44,把它作为参数传给形参,形参接收到的就是这个地址值,因此在被调用的函数中对这个地址空间的操作就与实参是同一块内存空间。注意,这时必须使用二级

指针才可以做到传指针变量aptr的地址。在被调函数中，在堆中动态申请的内存空间的首地址 * aptr被形参二级指针aptr指向，而形参二级指针与主调函数中的实参二级指针aptr2相同，因此主调函数中的二级指针便指向被调函数中的 * aptr，从而指向被调函数动态申请的空间。

```
* aptr=(int *)malloc(sizeof(int));
```

注意：这里是把申请到的指针赋值给二级指针aptr所指向的一级指针，完整的实现见程序清单7.21。

【例7.19】 在函数中动态申请两个空间为主调函数服务。

程序清单7.21

源码7.21

```
#001 /*
#002 * funcMalloc.c: 在某函数中动态申请内存空间，在其他函数中使用
#003 */
#004 #include<stdio.h>
#005 #include<stdlib.h>
#006 #include<math.h>
#007 //二级指针返回在函数中动态申请的指针
#008 void getPtrToArraysAndNum(int * * aptr, float * * bptr, int * m);
#009 int main(void){
#010     int * aptr=NULL;                    //aptr指向的为空，但指针变量本身存在的单元不空
#011     float * bptr=NULL;
#012     int i,m;
#013     getPtrToArraysAndNum(&aptr, &bptr,&m);//指针的指针传给函数
#014     printf("%p\n",aptr);                     //现在 aptr不再是空了
#015     printf("%p\n",bptr);
#016     for(i=0;i<m;i++){
#017         aptr[i]=i+1;                         //申请到的空间赋值
#018         bptr[i]=sqrt(i+1);
#019     }
#020     for(i=0;i<m;i+=2){
#021         printf("%5d %8.5f  |  %5d %8.5f \n",
#022                aptr[i], bptr[i], aptr[i+1], bptr[i+1]);
#023     }
#024     return 0;
#025 }
#026 void getPtrToArraysAndNum(int * * aptr, float * * bptr,int * m){
#027     printf("please input a number:");
#028     scanf("%d",m);
#029 * aptr=(int*)malloc((* m) * sizeof(int)); //aptr是二级指针，* aptr是一级指针
#030     * bptr=(float*)malloc((* m) * sizeof(float));
#031 }
```

7.7.7 C++中的引用

用二级指针的方法实现7.7.6节的需求比较容易出错，不易理解。C++编译器提供了一种

引用传递方式,C语言不支持。什么是引用(reference)呢?其实一个变量的引用就是它的一种别名。一个简单变量可以建立它的引用,一个指针变量也可以建立它的引用。例如:

```
int a=10; int & aRef=a;
```

就声明了 aRef 是整型变量 a 的引用,注意这里的 & 符号不是取地址运算,而是**引用类型说明符**,同样,

```
int * aPtr=&a; int * & aPtrRef=aPtr;
```

就声明了 aPtrRef 是整型指针变量 aPtr 的引用,注意现在是**整型指针的引用**。**特别注意,必须在声明引用的同时对其初始化**,单独写成

```
int & aRef; int * &aPtrRef;
```

是没有意义的,**引用不能"事后赋值"**。由于引用的是别名,所以对引用的修改就是对它所引用对象的修改,例如

```
aRef=20;
```

之后,变量 a 也被更改成了 20。同样,对引用 aPtrRef 的使用也会影响它所引用的对象的 aPtr。引用主要用作函数的参数,这时它的作用与指针很类似,例如 swap 函数用引用实现更加简单好用:

```
void swapRef(int &a,int &b){
    int tmp;
    tmp=a;  a=b;  b=tmp;
}
```

在主函数中调用 swap 时,实参就是简单的整型变量,如

```
int x=10,y=20;  swapRef(x,y);
```

整型变量实参 x、y 分别传给它们的引用形参 a、b,这种函数调用称为**传引用调用**。在调用时实参 x 初始化它的引用形参 a;实参 y 初始化它的引用形参 b。因此在函数中对引用 a 的访问就是对实参 x 的访问,同样,对引用 b 的访问就是对实参 y 的访问,这样交换了 a 和 b,就交换了实参 x 和 y。

注意,具有引用参数的函数原型其参数是引用类型说明符说明的参数,例如:

```
void swap(int &,int &);
```

有了引用之后,二级指针作为函数的参数返回动态指针问题,就可以降低为一级指针的引用形式,而且很容易理解,具体实现见程序清单 7.22。

程序清单 7.22

源码 7.22

```
#001 /*
#002 * funcMallocRef.cpp: 使用传引用作为函数的参数使指针降一级
#003 */
#004 #include<stdio.h>
#005 #include<stdlib.h>
```

```
#006 #include<math.h>
#007 //指针的引用作为函数的参数返回动态指针
#008 void getRefandNum(int * &aptr, float * &bptr,int &m);
#009 int main(void){
#010     int * aptr=NULL;
#011     float * bptr=NULL;
#012     int i,m;
#013     getRefandNum(aptr, bptr,m);
#014     printf("%p\n",aptr);                    //输出指针查看一下,是不是还为空
#015     printf("%p\n",bptr);
#016     for(i=0;i<m;i++){
#017         aptr[i]=i+1;                        //简单的赋值
#018         bptr[i]=sqrt(i+1);                  //平方根
#019     }
#020     for(i=0;i<m;i+=2){
#021         printf("%5d %8.5f   |   %5d %8.5f \n",
#022                 aptr[i], bptr[i], aptr[i+1], bptr[i+1]);
#023     }
#024     return 0;
#025 }
#026 void getRefandNum(int * &aPtr, float * &bPtr,int &n)
#027 {
#028     printf("please input a number:");
#029     scanf("%d",&n);
#030     aPtr=(int*)malloc(n*sizeof(int));
#031     bPtr=(float*)malloc(n*sizeof(float));
#032 }
```

形参 aPtr 是实参 aptr 的引用,形参 bPtr 是实参 bptr 的引用,形参 n 是实参 m 的引用,虽然在主函数中 aptr 是空指针,但是在函数 getRefandNum 中它的引用 aptr 已经获得了动态申请的空间,所以函数调用之后,指针的引用参数自然带回了动态申请的空间。注意指针引用的写法 int * &aPtr,意思是指针 int * 的引用 & 为 aPtr。**这种函数参数的传引用方式是数据结构和算法中常用的方法。**

小　结

本章系统讨论了间接访问数据或代码的利器——指针。指针可以指向简单变量,也可以指向数组,包括一维数组、二维数组、字符数组,还可以指向函数。指针甚至还可以指向指针,指向的可能是简单变量的地址、列指针,还可能是行指针。指针不仅具有间接访问的能力,当用指针作为函数的参数的时候,可以使函数直接操作实参地址对应空间的数据,这样虽然传递的参数也是值,但它是地址值,起到了 C++ 中才有的传引用的作用。用指针间接访问数组数据,可以采用指针偏移法、指针移动法,甚至是指针下标法。指针间接访问函数,就是可以用指针间接调用指针所指向的函数,这样的特性使我们能够定义指向函数的指针作为参数的函数,使函数具有一定的通用性。

指针只有真正指向某个空间才有意义，它指向的空间可以是事先声明定义的变量、数组、函数，也可以是在需要的时候使用动态内存申请函数动态申请的。

一般的应用程序通常都有命令行参数，这样的参数实际上是通过指针数组参数传给main函数的。

本章的最后介绍了C++中的引用定义及C++函数的传引用参数。在这里介绍传引用完全是为了算法和数据结构课程中算法的描述。由于传引用参数使参数变得更加简单明了，所以很多算法与数据结构的教材都采用传引用作为算法的参数。

概念理解

1. 简答题

(1) 什么是指针？什么是指针变量？

(2) 指针变量在声明时是用什么说明的？

(3) 如何使用指针变量间接访问某个数据？

(4) 为什么要引入指针变量？

(5) 指针作为函数的参数与简单变量作为函数的参数有什么不同？

(6) 指针可以运算吗？什么样的运算才有意义？

(7) *p++的含义是什么？

(8) 指针与一维数组有什么关系？指向一个数组的指针与数组名有什么不同？

(9) 指针偏移和位移有什么不同？

(10) const修饰指针变量有几种形式？各有什么意义？

(11) 二维数组名作为一个常指针与一维数组名作为常指针的意义相同吗？

(12) 如何理解二维数组的行指针和列指针？

(13) 如何定义一个行指针？如何定义一个指针指向二维数组的某个列元素？

(14) 指针数组是怎么定义的？它与行指针一样吗？

(15) 二级指针可以存放一个同类型的二维数组名吗？

(16) 指针型字符串是怎么定义的？指向一个字符串的指针与存放该字符串的字符数组的使用方法一样吗？数组字符串怎么输入输出？指针字符串怎么输入输出？

(17) 什么是命令行参数？main函数的两个参数各有什么意义？

(18) 如何在程序运行时申请内存？它有什么意义？

(19) void型的指针可以像其他类型的指针一样使用吗？

(20) 如何通过函数返回指针？

(21) 如何通过函数参数带回在函数中申请的内存空间？

(22) 指向函数的指针怎么定义？

(23) 可以用指向函数的指针直接或间接引用调用它所指向的函数吗？

(24) 指向函数的指针作为函数的参数有什么作用？

(25) C++的引用是什么？它作为函数的参数与指针作为函数的参数有什么不同？

2. 填空题

(1) 指针变量或简称指针与普通变量相比,除了在声明的名字前有 * 说明之外,在声明时也是要说明(　　)的。

(2) 一个指针必须(　　)才能使用。

(3) 使用指针的间接引用运算 * 只能间接访问(　　)的变量。

(4) 指针作为函数的参数仍然是传(　　)。

(5) 指针指向某个一维数组就是指针指向了(　　)元素。

(6) 常指针或普通单个变量的指针不能进行(　　)。

(7) 指向二维数组的指针与指向一维数组的指针由于它们指向的元素单位不同,因此可以认为它们的(　　)不同。指向二维数组的指针是(　　)。

(8) 二维数组的内存映射是(　　)的。

(9) 指向二维数组的列指针是指向二维数组(　　)的指针。

(10) 直接用字符串初始化的字符指针指向的是(　　),不可以被修改。

(11) 动态申请的空间的指针类型默认为(　　)。

(12) 动态申请的空间必须用后(　　)。

常见错误

- 当声明多个指针变量时,指针声明说明符在不该省略的地方省略是语法错误。
- 使用未初始化的指针会产生运行时错误。
- 指针的类型与它所指向的空间类型不符会产生警告,有潜在的错误。
- 指针指向的数据需要使用间接引用运算,如果没使用,一般是逻辑错误。
- 对于非指向数组的指针进行算术运算,间接访问超出范围的空间,会产生运行时错误。
- 对于指向两个不同数组的指针进行算术运算,间接访问超出范围的空间,会产生运行时错误。
- 不是同类型的指针赋值是语法错误。
- 间接引用 void 类型的指针产生警告,是潜在的错误。
- 数组名是常指针,试图用自增运算修改是语法错误。
- 数组名是地址,在 scanf 语句中仍然使用 & 运算取地址,是逻辑错误。
- 二维数组名作为指针指向的是行指针,它与列元素的指针类型不同,使用时混淆会产生语法错误或逻辑错误。
- 二级指针与指向行指针的指针混淆会产生语法错误。
- 指针型字符串是指针指向一个常量字符串,这样的常字符串中的字符是不可以修改的,如果修改会产生运行时错误。

在线评测

1. 用指针间接访问变量

问题描述：

键盘输入两个整数，求两个变量的平均值。要求采用指针间接访问所有变量，例如“float a; float * fPtr=&a; * fPtr=0; scanf("%f",fPtr); printf("%f", * fPtr);”等。

输入样例：

```
2 3
```

输出样例：

```
2.5
```

2. 用指针访问一维数组

问题描述：

键盘输入10个整数，存放到数组中，然后求它们的和。要求用指向数组的指针访问数组元素。本题不需要另外定义函数。

输入样例：

```
1 2 3 4 5 6 7 8 9 10
```

输出样例：

```
55
```

3. 用指针访问字符串

问题描述：

键盘输入一个不多于100个字符的字符串，把它存放到一个字符型数组中，然后求它的长度。要求用指向该字符串的指针访问字符串，计算字符的个数。本题不需要另外定义函数。

输入样例：

```
Hello World!
```

输出样例：

```
12
```

4. 用列指针访问二维数组

问题描述：

键盘输入一个2行3列的整型数据，存放到一个二维数组中，然后求该数组元素的最大值。要求用指向该数组的列指针访问数组元素。本题不需要另外定义函数。

输入样例：

```
2 3 5
3 9 6
```

输出样例：

```
9
```

5. 用行指针访问二维数组

问题描述：

键盘输入一个2行3列的整型数据，存放到一个二维数组中，然后求该数组元素的平均值。要求用指向该数组的行指针访问数组元素。本题不需要另外定义函数。

输入样例：

```
1 2 3
3 4 5
```

输出样例：

```
18 3.0
```

6. 用指针调用函数

问题描述：

定义一个数组求和函数，然后定义一个指向这个函数的指针访问这个函数，测试它的功能。同样再定义一个数组的求最大值函数，用指针访问它，测试它的功能。

输入样例：

```
1 1 2 3 5 6 7 6 5 4
```

输出样例：

```
40
7
```

7. 用指针作为函数的参数

问题描述：

写一个函数，求一组成绩数据的最大值和最小值。设最多不超过100个成绩数据，成绩数据为整数。

输入样例：

```
1 2 3 4 5 6 7 8 9 10
```

输出样例：

```
10 1
```

8. 用指向二维数组的列指针作为函数的参数

问题描述：

写一个函数，用指向二维数组的列指针作为函数的参数，求每行成绩的平均值。在main函数中，键盘输入3行2列的成绩数据，测试之。

输入样例：

```
60 80
70 90
70 80
```

输出样例：

```
70.0
80.0
75.0
```

9. 用指向二维数组的行指针作为函数的参数

问题描述：

写一个函数，用指向二维数组的行指针作为函数的参数，求每行成绩的平均值。键盘输入3行2列的成绩数据，测试之。

输入样例：

```
60 80
70 90
70 80
```

输出样例：

```
70.0
80.0
75.0
```

10. 字符串逆置函数的指针版(非递归)

问题描述：

写一个函数，用指向字符串的指针作为函数的参数，把一个字符串逆置。

输入样例：

```
Hello
```

输出样例：

```
olleH
```

11. 动态创建一维数组——求最大值的索引

问题描述：

写一个函数 maxIndex，用指针作为函数的参数，求最大值的索引（或下标）。键盘输入数组的大小 n，动态申请一个一维数组 arr，再输入 n 个整数存到 arr 中，测试你的函数，输出最大值的索引和最大值。

输入样例：

```
4
1 2 3 4
```

输出样例：

```
3 4
```

12. 动态创建二维数组——矩阵转置函数

问题描述：

写一个函数 reverseArr，用指针作为函数的参数，把一个 n 阶整数方阵进行转置，即把 i 行 j 列的元素与 j 行 i 列的元素**交换**。键盘输入一个二维方阵的大小，动态申请一个二维数组存储 n 阶方阵，然后输入数据，测试你的函数。

输入样例：

```
4
1 2 3 4
3 2 1 5
5 7 8 0
4 3 2 1
```

输出样例：

```
1 3 5 4
2 2 7 3
3 1 8 2
4 5 0 1
```

13. 字符串比较

问题描述：

自己写一个函数，对给定的两个指针型字符串进行比较，原型为“int mystrcmp(const char * str1,const char * str2);”。函数的返回值有三种情况：当 str1 字符串大于 str2 字符串时返回 1，当 str1 字符串等于 str2 字符串时返回 0，当 str1 字符串小于 str2 字符串时返回－1。

输入样例：

```
hello hold
```

输出样例：

```
-1
```

14. 学生姓名排序

问题描述：

写一个程序，把键盘输入的一组学生的姓名字符串存入一个字符型**指针数组**中，然后选择一种**排序**方法对其进行升序排序。要求字符型**指针数组**中的每个指针指向的空间都要动态申请。

提示：可以先用一个字符型数组过渡，接收键盘输入的字符串，再根据字符串的长度动态申请空间，并让字符指针数组的指针指向它，最后再把字符数组中的字符串复制到指针所指向的空间。

输入样例：

```
5
zhangli zhaoyi songjiang wanghai lidan
```

输出样例：

```
lidan songjiang wanghai zhangli zhaoyi
```

项目设计

1. 指针版的学生成绩管理系统

问题描述：

建立一个指针版的学生成绩管理系统，要求各个模块的参数用指针型参数，模块的实现用指针间接访问实参数据。学生成绩信息包括学号、姓名、平时成绩、期中成绩和期末成绩，最后是总评成绩(平时占 20%，期中占 30%，期末占 50%)，要求能用指针处理字符串。

2. 简单的行编辑器

问题描述：

字符串是文字处理的基础，大家所熟悉的各种编辑器、浏览器都要处理大量的文字串。试设计一个简单的行编辑器，从中体会字符串的定义和字符串相关的各个函数的使用。所谓行编辑器，是假设要编辑的字符串长度不超过 80，在一行之内。编辑器的主要功能是插入、删除和查找，其层次结构如图 7.12 所示。

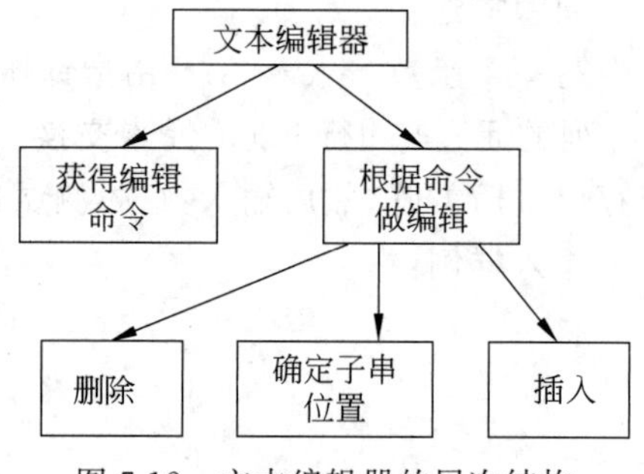

图 7.12　文本编辑器的层次结构

提示：按照自顶向下、逐步求精的方法，可以分解出 5 个函数：

```
char *del(char *source, int index, int n);                    //删除操作
char *do_edit(char *source, char command);                    //做编辑,调用插入或删除或查找
char  get_command(void);                                       //获得键盘输入的编辑命令
char *insert(char *source, const char *to_insert, int index);      //插入
int pos(const char *source, const char *to_find);    //查找
```

(1) 顶层主函数 main 的基本算法：

① 输入待编辑的字符串；

② 获得一个编辑命令//定义一个函数 get_command()返回一个命令；

③ 根据命令做编辑//定义一个函数 do_edit(source,command)；

④ 重复②到③直到遇到了 Q 为止；

⑤ 输出编辑后的字符串。

(2) 获得一个编辑命令函数 get_command()的算法：

① 显示命令菜单；

② 输入 I/i 或 D/d 或 F/f 或 Q /q；

③ 回车后返回命令的大写字符。

(3) 根据命令做编辑函数 do_edit 的算法：

① 如果命令是 I，输入子串和要插入的位置，做插入编辑；

② 如果命令是 D，输入子串确定子串是否存在，得到要删除的位置；

③ 如果命令是 F，输入子串确定子串是否存在，得到子串位置；

④ 其他命令认为是无效的编辑。

(4) 插入编辑函数 insert 的算法(删除与插入的算法类似):

① 获得当前要编辑的字符串 source;

② 获得要插入的位置 index;

③ 输入要插入的字符串 to_insert;

④ 如果 strlen(source)＜＝index,则直接把 to_insert 连接在 source 之后;

⑤ 否则把插入位置之后的字符串暂存到 rest 串中,把要插入的 to_insert 复制到 source 串的 index 位置处,再把 rest 字符串连接到 source 之后;

⑥ 返回插入后的 source。

(5) pos 查找函数:查找字符串,成功返回位置,否则返回－1。

实验指导

第 8 章　客观对象的描述——结构程序设计

学习目标：

- 理解对象的概念及其描述方法。
- 领会结构类型的定义形式及重要意义。
- 掌握结构类型的变量声明、初始化、赋值、成员访问等方法。
- 掌握通过结构的指针间接访问结构变量成员的方法。
- 掌握结构数组、结构作为函数参数的方法。
- 了解自引用结构类型的定义及应用方法。
- 了解联合与枚举类型的定义及使用的方法。

什么是客观对象？大千世界，丰富多彩，每个客观存在的物体都是一个对象。用计算机解决问题就是要解决某类对象相关的问题，到现在为止，我们所能处理的数据对象有哪些？可以一一列举出来，无非就是一定范围内的整数对象、实数对象、字符对象、字符串对象等。之所以能够处理这些对象，是因为编译器有内置的整型、浮点型、字符型等数据类型，还有数组、指针等工具。所能列举出来的种类很少，大家自然会问，能不能把种类增多一些，如复数数据对象、平面或空间中的点对象，甚至日期对象、时间对象，更广泛的如学生对象、职员对象，等等。能不能像整数用 int 类型、字符用 char 类型那样，自定义一个我们要解决的问题当中所包含的对象类型，如学生类型，进一步用这个自定义的学生类型去创建问题中涉及的学生对象，答案是完全可以做到。

一个客观对象应该怎么描述它呢？学生甲和学生乙到底有什么不同？点 A 和点 B 有什么不同？大家不难想象，刻画客观对象就是要描述它们所具有的一组共同的属性，同类型的不同对象之所以不同，是因为它们彼此的属性值不同而已。因此，如果能把所关心的对象的属性准确地描述出来，定义这种对象的类型、处理这种对象的数据也就不成问题了。

C/C++ 结构化程序设计允许用户自定义类型的方法有几种，包括结构(structure)、联合(union)和枚举(enumeration)。本章通过解决下面三个问题讨论 C 语言如何描述客观世界的对象，如何基于对象解决问题。

- 基于对象的学生成绩管理问题；
- 志愿者管理问题；
- 扑克牌洗牌发牌模拟问题。

8.1　基于对象数组的学生成绩管理问题

问题描述：

自从 5.5 节提出建立一个学生成绩管理系统(SGMS)的问题以来，已经在第 6 章的项目设计中让大家完成一个数组版的 SGMS，在第 7 章的项目设计中让大家做了一个指针版的 SGMS。本章要建立一个基于对象的学生成绩管理系统。

输入/输出样例：

```
3
now please input student infor:
name:aaaaaaaaaa
num:100000001
dailyGrade:78
midGrade:89
endGrade:99
name:bbbbbbbbbb
num:100000002
dailyGrade:67
midGrade:66
endGrade:77
name:cccccccccc
num:100000003
dailyGrade:77
midGrade:88
endGrade:99
statistic done
aaaaaaaaaa    100000001    78    89    99
91.8
bbbbbbbbbb    100000002    67    66    77
71.7
cccccccccc    100000003    77    88    99
91.3
```

问题分析：

在5.5节已经采用自顶向下、逐步求精的方法把问题分解为若干个功能子系统，已经明确了建立几个功能模块，并且确定了系统的主流程。但是**每个子系统的具体实现与数据如何存储密切相关**。在第6章的项目设计中，大家使用数组把数据分散地存储在几个数组中，有学号数组、姓名数组、成绩数组、总评数组等。

```
char * num[60];
char * name[60];
int grade[60][3];
float total[60];
```

对于第7章的指针版来说，数据同样是分散地存储在几个不同的动态申请的空间里，其实质就是指针指向动态申请的数组空间。这两种实现方法的特点都是把数据分散地存储，不同的数组或指针指向的空间可能分散在内存的不同地方，数据彼此互相独立。如果要处理某个学生对象数据，必须采用下标把这些数组中的元素联系起来。本章针对同样的问题，我们期望每个学生对象作为一个独立的整体，即它的所有属性数据以一个整体的形式出现，也就是把“学生姓名、学号、平时成绩、期中成绩、期末成绩和总评成绩”合起来描述一个学生对象，希望每个对象在内存中的样子是

```
{"0308606709","zhangqiang",80,70,100,83.3}
{"0308606703","zhangxiang",75,80,90,81.7}
…
```

通常把每一组这样的信息称为一条**记录**，如果定义了一个这种对象的数组，那么对象之间也就彼此相邻了(数组元素是否彼此相邻?)。这样存储学生对象数据更符合人们的思维逻辑。有了这种对象的整体描述之后，各个功能模块就是针对这样的学生对象进行的各种操作了。C/C++把这种学生对象的抽象描述称为学生**结构类型，定义为“struct student{各个属性成员；}；”，并且可以简单命名为STUD**，它是一种自定义的抽象数据类型，就像C/C++的整型int那样，它描述了所有具有上述属性的学生对象类，具体的学生成绩对象是具有一组上述属性值的学生结构变量，不同的学生结构对象或变量只是它们的属性不同而已。本节详细介绍自定义结构类型的方法。

有了学生结构类型STUD之后,按照SGMS系统的顶层进行模块设计如下。

(1) 输入成绩模块的原型。

```
void input(STUD * &stud, int &num);                //引用参数版本
```

或者

```
void input(STUD ** stud, int * num);               //指针参数版本
```

input函数调用成功之后,返回一个指向在input函数中动态创建的学生结构数组的指针,同时返回用户输入的学生人数num。这里的参数是STUD * 的引用或二级指针,参考7.7.6节。

(2) 统计成绩模块的原型。

```
void statistic(STUD &stud, int num);               //引用参数版本
```

或者

```
void statistic(STUD * stud, int num);              //指针参数版本
```

其实,统计函数的功能可能很丰富,可以包括求最大、最小值、求平均值和求各个分数段人数统计直方图等,大家可以根据实际功能确定具体的统计函数的原型。假设现在的统计就是简单计算总评成绩。

(3) 输出报表模块。

```
void print(const STUD &stud, int num);             //引用参数版本
```

或者

```
void print(const STUD * stud, int num);            //指针参数版本
```

输出报表函数的功能是打印成绩单,包括平时成绩、期中成绩、期末成绩和总评成绩。

其他模块略。下面的算法设计与实现是一个简化版本,完整的版本请大家作为项目设计练习一下。

算法设计(简化版):

① 输入学生成绩信息;

输入学生数,动态申请**学生结构**数组空间;

其中学号和姓名也使用动态申请空间存储;

输入学生成绩相关信息之后调用统计模块计算总评;

② 输出;

输出学号、姓名、成绩、总评成绩单。

程序清单8.1

源码8.1

```
#001 /*
#002 * sgmsarrayptr.cpp:  简化的学生成绩管理系统,结构数组指针版
#003 */
#004 #include<stdio.h>
#005 #include<stdlib.h>
```

```
#006 #include<string.h>
#007 #include<assert.h>
#008 #include<conio.h>
#009 struct student {
#010       char * num;
#011       char * name;
#012       int dailyGrade;
#013       int midGrade;
#014       int endGrade;
#015       float total;
#016 };
#017 typedef struct student STUD;
#018 //录入成绩
#019 void input(STUD * &stud, int &number);
#020 //或 void input(STUD * * stud, int * number);
#021 void print(const STUD * stud,int m);
#022 void statistic(STUD * stud, int number );
#023 int main(void){
#024      STUD * stud=NULL;
#025      int stunum=0;
#026      input(stud,stunum);
#027      print(stud,stunum);
#028 }
#029 //录入成绩
#030 void input(STUD * &stud, int &number){
#031      int i;char temp[20];
#032      printf("please input stud number:\n");
#033      scanf("%d",&number);
#034      stud=(STUD *)malloc(number * sizeof(STUD));
#035      if(stud==NULL)  {
#036          printf("malloc error!\n");
#037          exit(0);
#038      }
#039      printf("now please input student infor:\n");
#040      for(i=0;i<number;i++){
#041          printf("name:");
#042          scanf("%s",temp);
#043          stud[i].name=(char *)malloc(strlen(temp)+1);
#044          strcpy(stud[i].name,temp);            //使用点运算访问结构的成员
#045          printf("num:");
#046          scanf("%s",temp);
#047          stud[i].num=(char *)malloc(strlen(temp)+1);
#048          strcpy(stud[i].num,temp);
#049          printf("dailyGrade:");
#050          scanf("%d",&stud[i].dailyGrade);
```

```
#051        printf("midGrade:");
#052        scanf("%d",&stud[i].midGrade);
#053        printf("endGrade:");
#054        scanf("%d",&stud[i].endGrade);
#055    }
#056    statistic(stud,number);
#057 }
#058 //输出成绩
#059 void print(const STUD * stud,int size){
#060    int i;
#061    assert(stud!=NULL);
#062    for(i=0;i<size;i++) {
#063        printf("%-12s %-10s %3d %3d %3d%6.1f\n",
#064               stud->name,stud->num,        //使用指向运算访问结构的成员
#065               stud->dailyGrade,
#066               stud->midGrade,
#067               stud->endGrade,
#068               stud->total);
#069        stud++;
#070  }}
#071 //统计成绩
#072 void statistic(STUD * stud, int number ){
#073    int i;
#074    assert(stud!=NULL);
#075    for(i=0;i<number;i++) {
#076     stud[i].total=stud[i].dailyGrade * .2+
#077        stud[i].midGrade * .3+stud[i].endGrade * .5;
#078    }
#079    printf("statistic done\n");
#080 }
```

8.1.1 结构类型

C/C++语言中允许把一类对象的各个属性特征组合在一起,抽象成一个新的数据类型,这就是**结构类型**,其一般定义形式如下:

```
struct  结构名{
      成员列表;
};
```

其中,struct是一个关键字,结构名自己给定,**成员列表**给出成员的类型和名字,注意在整个定义的结尾处必须跟一个分号(;),表示结构类型定义结束。上述学生成绩对象的结构类型定义为

```
struct student{
    char num[11];
```

```
    char name[20];
    int dailyGrade;
    int midGrade;
    int endGrade;
    float total;
};
```

可以说这样就定义了一种新的类型：struct student，它有字符数组成员 num 和 name，有 3 个整型成员 dailyGrade、midGrade 和 endGrade，还有一个浮点型成员 average。每个成员类型说明的名字称为结构的成员名，**而不是那种类型的变量名**，因为在定义这个结构类型的时候根本没有分配任何内存，它们只是一些**成员说明**。结构类型的成员如果类型相同，也可以一起声明，可以写成

```
struct student{
    char num[11],name[20];
    int dailyGrade,midGrade,endGrade;
    float total;
};
```

类型 struct student 与我们熟悉的 int、float 等具有同等地位。类似地，也可以对任何感兴趣的对象，确定其属性，定义一个结构类型，从而定义一个新的数据类型。如平面上的点可以定义一个点结构类型：

```
struct point{
    int x;int y;
};
```

大家可以举出更多的客观对象，并定义相应的结构类型。在定义一个结构类型时必须明确所关心的属性。同样，客观对象如果考虑其不同属性，就可以定义出不同的结构类型，如学生对象，如果现在只对它的注册信息（如姓名、学号、年龄、身高、性别、家庭住址等）感兴趣，就可以定义出与学生成绩结构完全不同的结构。

注意：结构类型是一种抽象的概念，它不是哪个具体的对象，它的各个成员在类型中并没有值。只有用这个类型定义了具体的对象（变量）之后，各个成员才可能有真正的值。结构类型的定义一般放在应用程序的 main 函数的前面，或者放在某个头文件中包含进来，就是要遵守先定义后使用的原则。程序清单 8.1 中的＃009 行至＃016 行是学生结构类型的定义。

8.1.2 结构变量的声明及使用

定义新的结构类型的目的就是要用它来创建具有该结构特征的具体变量（对象）。有下面几种声明结构变量的方法。

(1) 声明之后再逐个成员赋值。

对于 8.1.1 节的学生结构类型 struct student 就像普通整型那样使用，如：

```
struct student zhang,wang;
```

这样定义的结构变量 **zhang**，**wang** 的成员还没有具体的值，就像“int a,b;”定义了整型变量 a 和 b 还没有赋值一样，我们必须给变量 zhang 和 wang 这样的学生结构变量赋值才有实际意义，如何给结构变量赋值呢？能不能

```
zhang={"0308606709","zhangqiang",80,70,100,83.3};
```

这样赋值？回答是“NO!”，**结构变量赋值必须逐个成员分别赋值**，并且要使用一个新的运算符点“.”运算符，称其为**成员运算符**，顾名思义，成员运算符用来访问结构变量的成员，如：

```
strcpy(zhang.num,"0308606709");              //字符型数组只能使用 strcpy 函数给它赋值
strcpy(zhang.name,"zhangqiang");
zhang.dailyGrade=80;
zhang.midGrade=70;
zhang.endGrade=100;
```

可以看到，含有点运算符的结构变量的成员与简单变量的使用方法相同，上面程序中的 zhang.num 就是一个字符型指针变量，zhang.dailyGrade 则是一个简单的整型变量等。

注意：*C 语言中，结构类型名 student 之前一定要有 struct，也就是 struct student 合起来才是这种变量的类型名。*

(2) 在声明结构变量的同时给它初始化，如：

```
struct student zhang={"0308606709","zhangqiang",80,70,100,83.3};
```

这样定义的结构变量 zhang 的各个成员就分别用大括号中逗号隔开的数据初始化了。

结构变量之间允许彼此直接**整体赋值**，例如：

```
wang=zhang;
```

这样，zhang 的各个成员值就分别赋值给了 wang 对应的成员，就像整型变量 a 和 b 之间可以彼此赋值一样。

注意：*结构变量不支持整体的输入和输出，也就是说，不能直接在 scanf 和 printf 函数中使用结构变量，只能逐个成员分别处理。例如：*

```
scanf("%s",zhang.name);
scanf("%d",&zhang.midGrade);
printf("%s",zhang.name);
printf("%d",zhang.midGrade);
```

(3) 在结构定义的同时声明结构变量。

下面两种常用的定义方法，都是在定义类型的同时定义需要的变量。

一种形式是：

```
struct student{
    char num[11];
    char name[20];
    int dailyGrade;
    int midGrade;
    int endGrade;
```

```
    float total;
}zhang,li,wang;
```

另一种形式是省略结构类型名称：

```
struct {
    char num[11];
    char name[20];
    int dailyGrade;
    int midGrade;
    int endGrade;
    float total;
}zhang, li, wang;
```

当然，也可以直接给这些变量初始化。这里应当注意，后一种定义形式意味着在其他地方不再用它声明其他的结构变量，因为 struct 之后省略了结构名字。

8.1.3 typedef

读者可能已经感觉到，C 语言中使用结构类型定义结构变量所用的名字 struct student 太长，每个结构类型在使用的时候都需要有 struct 开头，使用起来不够方便。C/C++ 语言提供了一个 typedef 关键字，它可以帮助我们给结构类型起一个比较短的名字，例如：

```
typedef struct student STUD;
```

其含义是给 struct student 起一个别名 STUD。这样定义之后就可以使用 STUD 作为学生结构类型的名字了，于是就可以像用整型定义整型变量那样创建结构变量了，如 STUD zhang，wang，li，zhao，等等。typedef 用起来是非常灵活的，它也可以直接在 student 结构类型定义时为它起别名，如：

```
typedef struct {
    char num[11];
    char name[20];
    int dailyGrade;
    int midGrade;
    int endGrade;
    float total;
} STUD;
```

实际上 typedef 并不是结构类型起别名的专利，它还可以为各种各样的类型定义别名，如一个数组的别名、一个指针的别名等。例如：

```
typedef int iarray10[10];
```

给有 10 个元素的整型数组起了一个别名 iarray10。

```
typedef int * iptr;
```

给整型指针起了一个别名 iptr。有了别名之后，就可以像下面这样使用了：

```
iarray a,b,c;
iptr p1,p2,p3;
```

其中,a、b、c分别是具有10个元素的整型数组,p1、p2、p3是3个整型指针。

【例8.1】 一个完整的结构类型定义、结构变量声明、初始化、结构成员引用的例子。

程序清单8.2

源码8.2

```
/studentdefine.c
#001 #include<stdio.h>
#002 #include<string.h>
#003 struct student {
#004      char num[11];
#005      char name[20];
#006       int dailyGrade;
#007       int midGrade;
#008       int endGrade;
#009       float total;                //在定义结构类型时创建了结构变量wang并且初始化
#010 }wang={"0308606702","wangggggg",33,44,55,55.4};
#011 typedef struct student STUD;         //给结构类型定义别名
#012 int main(void){
#013     struct student a,b;            //使用结构类型定义和别名声明学生结构变量(对象)
#014     STUD zhang={"0308606709","zhangqiang",80,70,100,83.3};
#015     STUD li, wang;
#016     printf("%d\n",sizeof(STUD));
#017     strcpy(li.num,"0308606702");   //字符型数组只能使用strcpy函数给它赋值
#018     strcpy(li.name,"lihong");
#019     li.dailyGrade=85;              //使用.运算访问它的成员
#020     li.midGrade=95;
#021     li.endGrade=88;
#022     li.total=li.dailyGrade * .2+li.midGrade * .3+li.endGrade * .5;
#023     wang=li;                       //结构变量整体赋值
#024     printf("%-12s %-10s %3d %3d %3d%6.1f\n",
#025               wang.name,wang.num,//使用.运算访问它的成员
#026               wang.dailyGrade,
#027               wang.midGrade,
#028               wang.endGrade,
#029               wang.total);
#030     printf("%-12s %-10s %3d %3d %3d%6.1f\n",
#031               zhang.name,zhang.num,
#032               zhang.dailyGrade,
#033               zhang.midGrade,
#034               zhang.endGrade,
#035               zhang.total);
#036     return 0;
#037 }
```

8.1.4 指向结构的指针

结构类型的变量也可以取它的地址,因此也可以定义一个指针指向它,定义方法同基本类型的指针变量一样,例如:

```
STUD zhang;
STUD * sPtr=&zhang;
```

结构指针变量 sPtr 指向了结构变量 zhang。如何用指向结构变量的指针间接访问结构变量的成员呢? 与一般的指针相同,还是用间接引用运算符 * ,即

```
strcpy((* sPtr).num,"0308606705");
(* sPtr).dailyGrade=80;
```

注意:成员运算符"."的优先级属于最高一级,与括号的优先级相同,因此上面的间接引用运算必须括起来。C/C++ 还提供一种指针变量的运算符->,称为指向运算符,使用指向运算符访问结构变量(对象)的成员更为方便,如:

```
strcpy(sPtr->num,"0308606705");
sPtr->dailyGrade=80;
```

这种方法更直观,避开了间接引用运算符。同点成员运算符一样,指向运算符->的优先级也是第一级的。

【例 8.2】 指向结构变量的指针举例。

程序清单 8.3

源码 8.3

```
#001 /*
#002 * structPtr.c: 指向结构变量的指针访问结构变量的成员
#003 */
#004 #include<stdio.h>
#005 #include<stdlib.h>
#006 #include<string.h>
#007 struct student {
#008      char num[11];
#009      char name[20];
#010      int dailyGrade;
#011      int midGrade;
#012      int endGrade;
#013      float total;
#014 };
#015 typedef struct student STUD;
#016 int main(void){
#017     STUD zhang;
#018     STUD * sPtr=&zhang;
#019     strcpy((* sPtr).name,"zhangqiang");     //使用点运算符访问各个成员
#020     strcpy((* sPtr).num,"0308606705");
#021     (* sPtr).dailyGrade=80;
```

```
#022    (*sPtr).midGrade=75;
#023    (*sPtr).endGrade=70;
#024    (*sPtr).total=(*sPtr).dailyGrade*.2+(*sPtr).midGrade*.3
#025            +(*sPtr).endGrade*.5;
#026    printf("%-12s %-10s %3d %3d %3d%6.1f\n",
#027            (*sPtr).name,(*sPtr).num, (*sPtr).dailyGrade,
#028            (*sPtr).midGrade, (*sPtr).endGrade,
#029            (*sPtr). total);
#030    STUD wang;
#031    STUD *sPtr2=&wang;
#032    strcpy(sPtr2->name,"wangli");          //使用指向运算符访问各个成员
#033    strcpy(sPtr2->num,"0308606702");
#034    sPtr2->dailyGrade=90;
#035    sPtr2->midGrade=75;
#036    sPtr2->endGrade=80;
#037    sPtr2->total=sPtr2->dailyGrade*.2+sPtr2->midGrade*.3
#038            +sPtr2->endGrade*.5;
#039    printf("%-12s %-10s %3d %3d %3d%6.1f\n",
#040            sPtr2->name,sPtr2->num,sPtr2->dailyGrade,
#041            sPtr2->midGrade,sPtr2->endGrade,
#042            sPtr2->total);
#043    return 0;
#044 }
```

前面定义的学生成绩结构的学号和姓名成员的类型都是**字符型数组**，所以它们赋值时必须使用 strcpy 函数复制。如果把学号和姓名修改为字符指针类型的成员，即

```
typedef struct {
    char *num, *name;
    int dailyGrade,midgrade,endGrade;
    float total;
} STUD;
```

这时就可以通过赋值语句给它们提供字符串常量了（注意：如果是 C++，通过赋值语句给它们提供字符串常量会出现警告错误）。例如：

```
STUD zhang; zhang.num="0308606702";
```

因为这时 zhang.num 不是指向常量的指针，但右端"0308606702"又是字符串常量，所以赋值之后常量有可能被修改，所以最好先为 num 和 name 分配空间，或者让它们指向一个字符数组，或者为它们动态申请空间，然后再用 strcpy。例如：

```
STUD zhang;
char temp[20];
zhang.num=temp;                              //让指针指向 temp 的空间
strcpy(zhang.num,"0308606702");
```

这时也可从键盘输入学号。对于 zhang.name 成员也要采用同样的做法。

【例 8.3】 有指针成员的学生结构类型举例。

程序清单 8.4

源码 8.4

```
#001 #include<stdio.h>
#002 #include<stdlib.h>
#003 #include<string.h>
#004 struct student {
#005       char * num;
#006       char * name;
#007       int dailyGrade;
#008       int midGrade;
#009       int endGrade;
#010       float total;
#011 };
#012 typedef struct student STUD;
#013 int main(void){
#014     STUD zhang;
#015     char temp1[20],temp2[20],temp3[20];  //字符数组
#016     zhang.num=temp1;                      //让指针指向实际的内存区域,字符数组
#017     zhang.name=temp2;
#018     printf("character string in code\n");
#019     strcpy(zhang.num, "0308606705");      //采用复制,避免使用赋值语句
#020     strcpy(zhang.name, "zhangqiang");
#021     printf("%-12s %-10s\n",zhang.num,zhang.name);
#022     printf("input string\n");
#023     scanf("%s",zhang.num);      //由于 zhang.num 指向了字符数组,所以可以键盘输入
#024     scanf("%s",zhang.name);
#025     printf("%-12s %-10s\n",zhang.num,zhang.name);
#026     printf("input string, malloc, copy\n");
#027     scanf("%s",temp3);                    //键盘输入一个字符串,暂存到字符数组中
#028     zhang.num=(char*)malloc(strlen(temp3)+1);     //为字符指针动态分配空间
#029     strcpy(zhang.num,temp3);             //把 temp3 中的字符串复制到动态申请的空间
#030     scanf("%s",temp3);
#031     zhang.name=(char*)malloc(strlen(temp3)+1);
#032     strcpy(zhang.name,temp3);
#033     printf("%-12s %-10s\n",zhang.num,zhang.name);
#034     return 0;
#035 }
```

思考题 1:STUD 结构类型的变量在内存中占多少字节?即指向 STUD 结构变量的指针指向的内存块有多大?

思考题 2:当结构有指针成员时,一个结构体变量可以整体赋值给另一个吗?

8.1.5 结构变量的内存映像

如果 STUD 类型的结构指针 sPtr 指向了 STUD 结构变量 zhang,sPtr 指向的空间有多

大呢?让我们简单地计算一下,zhang的2个指针成员都占4字节,3个整型成员也都占4字节,1个单精度浮点型成员恰好也占4字节,因此,一个STUD型结构变量在内存中应该至少分配6×4=24字节。如果用sizeof运算计算一下,即sizeof(STUD),结果也刚好是24,也就是说,sPtr指向的zhang结构变量的内存映像是24字节的内存空间。那么是不是所有的结构变量都是它们的成员大小之和呢?下面再定义一个结构考查一下,

```
typedef struct{
    char a;  int b;  char c;
}TEST;
TEST mytest;
```

TEST的字符型成员占1字节,整型成员占4字节,如果进行简单的求和运算,会得到TEST结构变量的大小为1+4+1=6,但用sizeof(TEST)计算却得12,这是为什么呢?**可以得到一个初步结论:结构变量内存映像的大小未必一定是它的成员大小之和**。因为TEST变量的字符成员a在存储时没有按照字符型大小1来分配空间,而分配了4字节,同样,第三个字符成员c也分配了4字节,因此TEST类型的变量mytest实际内存映像是12个字节。实际上,编译器默认的编译策略是对齐方式(gcc编译器允许使用__attribute__((packed))关闭对齐方式,详细做法请查阅相关资料),在编译时会遵循两条原则:

(1) 结构变量中成员的偏移量必须是成员大小的整数倍(0被认为是任何数的整数倍);

(2) 结构的大小必须是所有成员大小的整数倍。

所谓成员的偏移量,是指结构变量的成员的地址和结构变量地址之差。显然,结构变量第一个成员的地址就是结构变量的地址,第一个成员偏移量为0,第二个成员的偏移量是第一个成员的偏移量加第一个成员的大小,以此类推,因此最后一个成员的偏移量加最后一个成员的大小就是结构变量的大小。

按照上面的规则再次分析一下结构类型TEST的大小为什么是12。TEST的第一个成员的偏移量是0,第二个成员的偏移量是1,但1不是成员大小4的倍数,所以应该补3个字节,第二个成员的偏移量是4,第三个成员的偏移量是8,TEST结构类型的大小是第三个成员的偏移8加第三个成员的大小1得9,但9不是4的倍数,所以应该补3个字节为12。再看一个例子:

```
struct stcis{
      int i; short s;
}stcis1;
```

struct stcis第二个成员的偏移量是4,struct stcis结构类型的大小是4+2=6,但6不是4的倍数,所以应该补足2个字节得8。对照上述两条规则,分析下面两个结构类型的大小。

```
struct stid {
     int i;  double d;
}stid1;
struct stcsfd {
     char c; short s; float f;  double d;
}stcsfd1;
```

然后用 sizeof 运算验证。注意,不同的编译器计算的结果可能不同。

8.1.6 结构类型定义的嵌套

从学生管理的角度看学生对象,有一个属性是生日,而生日本身也可以定义成一个日期结构类型 date 的成员,如:

```
struct date{
  int year; int month; int day;
};
```

这样,学生结构类型中就可以包含一个生日结构类型的成员,即

```
struct student2{
     char * num;char * name; struct date birthday; …
};
```

或者直接把日期结构类型定义嵌入到学生结构类型定义之内:

```
struct student2{
    char * num; char * name;
    struct date{
      int year;int month; int day;
    } birthday;
    …
};
```

如果要访问嵌套定义的结构变量的成员,需要使用两级的成员访问运算符,例如:

```
struct student2 zhang;
zhang.birthday.year=1980;
zhang.birthday.month=9;
zhang.birthday.day=10;
```

8.1.7 结构数组和指向结构数组的指针

结构类型是自定义类型,也可以把多个同一结构类型的对象或变量放在一起构成一个结构数组,学生结构数组的声明为

```
struct student stu[60];
```

或

```
STUD stu[60];
```

这与普通简单变量数组完全类似。同样可以用循环对它进行处理,还可以定义一个指向结构变量的指针,间接引用结构数组的元素。

```
STUD * sPtr=stu;
```

程序清单 8.5 中用了两种方法访问结构类型数组元素,输入部分使用了数组下标法,输

出部分使用了指针位移法间接引用数组元素。

程序清单 8.5

源码 8.5

```
#001 #include<stdio.h>
#002 #include<string.h>
#003 #include<stdlib.h>
#004 #define SIZE 3
#005 struct student {
#006      char * num;
#007      char * name;
#008      int dailyGrade;
#009      int midGrade;
#010      int endGrade;
#011      float total;
#012 };
#013 typedef struct student STUD;
#014 int main(void) {
#015     int i;
#016     char temp[18];
#017     STUD stu[SIZE];
#018     STUD * sPtr=stu;
#019     printf("please input stu infor:\n");
#020     for(i=0;i<SIZE;i++)
#021     {
#022         printf("num:");
#023         scanf("%s",temp);
#024         stu[i].num=(char *)malloc(strlen(temp) * sizeof(char));
#025         strcpy(stu[i].num,temp);
#026         printf("name:");
#027         scanf("%s",temp);
#028         stu[i].name=(char *)malloc(strlen(temp) * sizeof(char));
#029         strcpy(stu[i].name,temp);
#030         printf("dailyGrade:");
#031         scanf("%d",&stu[i].dailyGrade);
#032         printf("midGrade:");
#033         scanf("%d",&stu[i].midGrade);
#034         printf("endGrade:");
#035         scanf("%d",&stu[i].endGrade);
#036         stu[i].total=stu[i].dailyGrade * .2+stu[i].midGrade * .3+
                     stu[i].endGrade * .5;
#037    }
#038     for(i=0;i<SIZE;i++){
#039         printf("%-12s %-10s %3d %3d %3d%6.1f\n",
#040                 (* sPtr).name,(* sPtr).num,   (* sPtr).dailyGrade,
#041                 (* sPtr).midGrade,  (* sPtr).endGrade,
```

```
#042                (* sPtr).total);
#043         sPtr++;
#044     }
#045     return 0;
#046 }
```

8.1.8 结构作为函数的参数或返回值

显然,结构变量的成员可以作为函数的参数。而结构类型与系统内置的基本类型是一样的,所以同样也可以作为函数的参数,甚至还允许把结构类型作为函数的返回值类型。

1. 结构变量作为函数的参数

结构变量作为函数的参数是传值调用,即形参是通过实参初始化的,也就是把结构类型实参的每个成员的值传给形参结构变量的每个成员。例如,为学生结构类型的对象定义一个打印函数 printStudent,它有一个 STUD 结构变量的形参,调用者只需传给打印函数要打印的结构变量实参,就可以打印出该结构变量对应的记录信息。程序如下:

```
#001 void printStudent(const STUD stud){
#002     printf("%-12s %-10s %3d %3d %3d%6.1f\n",
#003                 stud.name,stud.num,stud.dailyGrade,
#004                 stud.midGrade,stud.endGrade,stud.total);
#005 }
```

思考题:如果一个结构类型的成员非常多,用结构变量作为函数的参数有什么不足?改为传递指针如何?

2. 用指向结构变量的指针作为函数的参数

用结构变量作为函数的参数,对于大的结构来说是不太合适的,因为实参与形参会占用双倍的结构变量的空间。因此通常都使用指向结构的指针作为函数的参数,指针只占用固定的几个字节。为了防止实参数据可能被修改,再加上 const 限定符修饰该指针,这样既可以保证节省调用时的开销又保证了安全。下面是打印学生结构变量函数的指针参数版本。

```
#001 void printStudentPtr(const STUD * stud){
#002     printf("%-12s %-10s %3d %3d %3d%6.1f\n",
#003                 stud->name,stud->num,stud->dailyGrade,
#004                 stud->midGrade, stud->endGrade,stud->total);
#005 }
```

因为一个指向结构变量的指针也可以是指向某个结构变量数组的指针,所以打印学生结构信息的函数可以打印一组学生对象的信息,下面是指向结构变量数组的指针作为函数的参数的打印函数,注意 stud++在每次循环中所起的作用。

```
#001 void printStudentArray(const STUD * stud, int n){
#002     for(int i=0;i<n;i++){
#003         printf("%-12s %-10s %3d %3d %3d%6.1f\n",
#004                 stud->name,stud->num,stud->dailyGrade,
#005                 stud->midGrade,stud->endGrade,stud->total);
```

```
#006          stud++;
#007     }
#008 }
```

同样也可以把指针修改为传结构数组名作为函数的实参,但是相应的位移指针应该改为偏移指针,即把 stud++改为 stud+i。

3. 让函数返回一个结构变量

一个函数可以有返回值,这个返回值可以是整型、浮点型、字符型和指针等类型。C语言也允许函数返回一个结构变量的值,并可以在表达式中赋值。返回结构类型值的函数的一般形式如下:

```
struct 结构名 函数名(    ){  …
    return 结构变量;
}
```

【例 8.4】 定义一个函数 createStudent,返回一个学生结构 STUD 的变量。

```
#001 STUD createStudent(const char * num, const char * name, int dg, int mg, int eg){
#002      STUD stud;
#003      const char * temp1, * temp2;
#004      temp1=name;                                   //接收实参字符串常量
#005      temp2=num;
#006      stud.num=(char*)malloc(strlen(temp1)+1);      //计算长度申请空间
#007      strcpy(stud.num,temp1);                       //将接收的实参复制到申请到的空间
#008      stud.name=(char*)malloc(strlen(temp2)+1);
#009      strcpy(stud.name,temp2);
#010      stud.dailyGrade=dg;
#011      stud.midGrade=mg;
#012      stud.endGrade=eg;
#013      stud.total=stud.dailyGrade * .2+stud.midGrade * .3+stud.endGrade * .5;
#014      return stud;
#015 }
```

这样就可以用这个函数创建具体的学生结构对象了,如:

```
STUD zhang=createStudent("zhangli","100003",90,80,85);
```

返回的结果赋给了结构变量 zhang。

8.1.9 抽象数据类型

结构类型作为一种抽象机制,仅对**客观对象类所具有的属性**进行了**抽象**。定义了抽象属性构成的结构类型之后,就可以用其创建具体的具有这类属性的客观对象了。然而,客观世界的对象不仅有丰富的属性,还应该具有各种各样的**行为**。对于学生对象来说,除了具有姓名、学号等属性,还应该具有这类学生特有的一组行为,如学生选课学习并取得学分(相当于创建学生对象)、学生查询所修课程的学分、两个学生按学习成绩进行比较(评优)、学生汇报所学课程的成绩(打印成绩单),等等,每个行为用一个函数来表示,学生对象类的行为就

对应一组函数(也称操作或方法)。

```
选课: STUD createStudent (char* name,char* num,int dgrade,int mgrade,int egrade);
查分: float searchGrade(STUD stud,float average);
比较: bool compareStudent(STUD stud1,STUD stud2);
汇报: void printStudent(STUD stud); 等等。
```

一类客观对象只有既抽象出它们的属性,又涵盖这类对象所拥有的行为,才是真正刻画这类对象。用一类对象的一组抽象属性和一组共有的行为定义的数据类型称为**抽象数据类型**(**Abstract Data Type,ADT**)。抽象数据类型的行为是该类对象与外界其他对象进行交流的接口。

大家熟悉的字符串如果确定一组相关的字符串操作函数(创建、复制、比较、连接、计算长度、查找)就可以定义一个字符串抽象数据类型。字符串可以看成是字符型数组,也可以看成是字符型指针指向的字符串,不管是哪种方式,如果我们关心的是所有字符构成的整体,完全可以定义一种类型,如命名为 string,如果套用结构类型,现在的属性只有一个,就是字符型指针成员或字符型数组,所以我们可以直接用 typedef 定义成

```
typedef char * string
```

或者

```
typedef char string [size]
```

这种类型加上那组字符串操作函数就是一种抽象数据类型。一个抽象数据类型包括的数据属性固然重要,但更重要的是它拥有一组基本操作。

在面向对象的 C++/Java 程序设计中,一个抽象数据类型被封装为一个类。一些典型的抽象数据类型构成了数据结构课程中的主要研究对象,如线性表、栈、队列、树、图等,将在后续的课程展开讨论。

8.2 基于对象链表的学生成绩管理系统

视频

问题描述:

实现一个用学生对象链表存储数据的学生成绩管理系统 SGMS。

输入/输出样例:

```
create a stu link:
do you want create new link node? 1 to
create-1 to end: 1
name:aaaaaaa
num:111111
dailyGrade:55
midGrade:66
endGrade:77
do you want create new link node?-1 to
end: 1
name:bbbbbbb
num:222222
dailyGrade:66
midGrade:76
endGrade:77
do you want create new link node?-1 to
end: 1
name:ccccccc
num:333333
dailyGrade:66
midGrade:78
endGrade:99
do you want create new link node?-1 to
end:-1
```

```
create a node, insert into the first      display stu link:
pos of a link:                             ggggggg      777777      67  98  77
name:ggggggg                               81.3
num:777777                                 aaaaaaa      111111      55  66  77
dailyGrade:67                              69.3
midGrade:98                                ccccccc      333333      66  78  99
endGrade:77                                86.1
delete a node by number,pls input:         ggggggg->aaaaaaa->ccccccc
222222
```

问题分析：

8.1 节已经用结构类型描述了学生对象，每个学生成绩对象用一个学生结构变量表示，整个系统的学生成绩数据存储到一个学生结构数组中，以结构数组(含指向结构数组的指针)的形式实现了一个 SGMS 简化版本。通过结构数组方法或指向结构数组的指针，可以比较好地实现学生成绩管理问题，特别是数组下标的索引功能使系统的几个模块实现都很容易。但是如果给 **SGMS 增加一个插入和删除功能**，用结构数组该如何实现呢？不难发现，因为结构数组的元素彼此之间是连续存储的，如果要在某个位置插入或删除一个学生结构变量，为了不破坏数组元素的连续性，必须要做移动。在某个元素的位置要插入一个元素，不能直接进行，必须把那个位置之后的元素向后移一个位置，通过移动腾出一个位置；当要把某个位置的元素删除时，也必须把那个位置之后的元素向前移一个元素，才能保证后续的元素紧跟上来。如果大量进行这样的移动就会使系统效率十分低下。用什么方法存储数据可以更加便于进行插入和删除操作呢？一种比较特别的方法是**链表**，这是非常理想的解决方案，如图 8.1 所示。假设学生们彼此像锁链一样链接在一起，想要在学生张和学生王之间插入一个学生杨，跟其他同学无关，只需修改一下链接关系，张链接的不再是王而是杨，王由被张链接改为被杨链接即可。同样想删除学生王更容易，只需把学生王脱离即可。

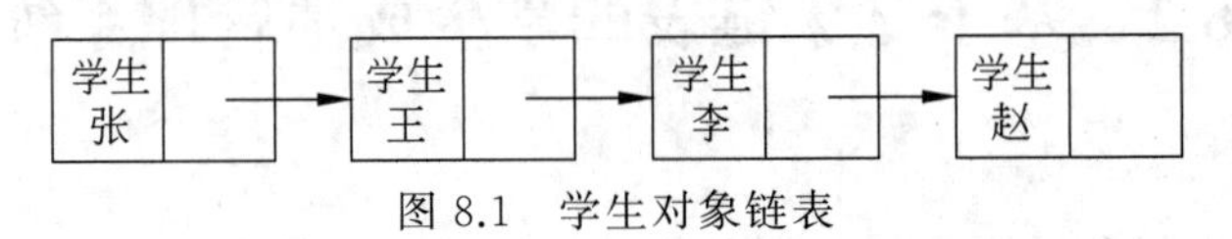

图 8.1　学生对象链表

如何表示带有链接关系的学生对象呢？怎样修改链接关系呢？这是本节要讨论的问题。简单来说就是给学生结构添加一个特别的指针，使它能起到链接的作用。有了这种学生对象的链接表示之后，SGMS 中的数据就可以存储到链表中了。下面的算法设计与实现是一个简化版本，完整的 SGMS 实现留给学生作为一个项目练习。

算法设计(简化版顶层算法)：

① 创建一个学生链表 //调用创建链表函数；

② 在链表头插入一个结点 //调用插入函数；

③ 给定一个学号，在链表中找对应的结点 //调用删除函数，如果找到，则删除它；

④ 最后再遍历链表，输出链表 //调用输出函数。

程序清单 8.6

```
#001 /*
```

源码 8.6

```
#002 * sgmslink.c: 学生成绩管理系统链表简化版
#003 */
#004 #include<stdio.h>
#005 #include<stdlib.h>
#006 #include<string.h>
#007 #include<assert.h>
#008 #include<conio.h>
#009 struct student {
#010     char *num;
#011     char *name;
#012     int dailyGrade;
#013     int midGrade;                          //数据部分
#014     int endGrade;
#015     float total;
#016     struct student *next;                  //链接指针
#017 };
#018 typedef struct student STUD;
#019 STUD *createLink(STUD *head);              //创建一个链表
#020 void printLink(STUD *head);               //遍历链表,输出到屏幕
#021 STUD *insertNode(STUD *head);              //在链表的第一个结点之前插入一个结点
#022 STUD *deleteNode(STUD *head, char *num);  //删除学号为 num 的结点
#023 int main(void){
#024     STUD *head=NULL;                       //空链表
#025     char number[20];
#026     printf("create a stu link:\n");
#027     head=createLink(head);
#028     printf("create a node, insert into the first pos of a link:\n");
#029     head=insertNode(head);
#030     printf("delete a node by number,pls input:\n");
#031     scanf("%s",number);
#032     head=deleteNode(head,number);
#033     printf("display stu link:\n");
#034     printLink(head);
#035     return 0;
#036 }
#037 STUD *createLink(STUD *head) {             //创建链表,返回链表头指针
#038     char temp[20];
#039     int flag=1;                            //假设 head=NULL,从空表开始
#040     STUD *r=head;                          //r 指向尾结点即 r->next=NULL
#041     STUD *p;                               //p 指向新创建的结点
#042     printf("do you want create new link node? 1 to create-1 to end: ");
#043     scanf("%d",&flag);
#044     while(flag!=-1) {
#045         p=(STUD *)malloc(sizeof(STUD));//申请新结点
#046         //输入结点成员数据
```

```
#047        printf("name:");
#048        scanf("%s",temp);
#049        p->name=(char *)malloc(strlen(temp)+1);
#050        strcpy(p->name,temp);
#051        printf("num:");
#052        scanf("%s",temp);
#053        p->num=(char *)malloc(strlen(temp)+1);
#054        strcpy(p->num,temp);
#055        printf("dailyGrade:");
#056        scanf("%d",&p->dailyGrade);
#057        printf("midGrade:");
#058        scanf("%d",&p->midGrade);
#059        printf("endGrade:");
#060        scanf("%d",&p->endGrade);
#061        p->total=p->dailyGrade * .2+p->midGrade * .3+p->endGrade * .5;
#062        p->next=NULL;
#063        if(head==NULL){                        //链接新结点
#064            head=p;                            //头指针指向第一个结点
#065            r=p;                               //尾结点也指向第一个结点
#066        }else{
#067           r->next=p;                          //尾结点链接最新生成的结点
#068           r=p;                                //最新生成的结点作为新的尾结点
#069        }
#070        printf("do you want create new link node? -1 to end: ");
#071        scanf("%d",&flag);
#072    }
#073    return head;
#074 }
#075 void printLink(STUD * head) {                 //遍历链表,输出链表
#076    STUD * p=head;                             //p指向第一个结点
#077    int k=0;
#078    while(p!=NULL){
#079        printf("%-12s %-10s %3d %3d %3d%6.1f\n",
       p->name,p->num,p->dailyGrade,p->midGrade,p->endGrade,p->total);
#080        p=p->next;                                  //p指向下一个结点
#081    }
#082    p=head;
#083    while(p->next!=NULL){
#084        printf("%s->",
#085                p->name);
#086        p=p->next;                                  //p指向下一个结点
#087    }
#088    printf("%s\n",p->name);
#089 }
#090 STUD * insertNode(STUD * head) {  //在第一个结点前插入一个结点,返回插入后的链表
```

```
#091        char temp[20];
#092       STUD * p;
#093       p=(STUD*)malloc(sizeof(STUD));
#094       //输入结点成员数据
#095         printf("name:");
#096         scanf("%s",temp);
#097         p->name=(char *)malloc(strlen(temp)+1);
#098         strcpy(p->name,temp);
#099         printf("num:");
#100         scanf("%s",temp);
#101         p->num=(char *)malloc(strlen(temp)+1);
#102         strcpy(p->num,temp);
#103         printf("dailyGrade:");
#104         scanf("%d",&p->dailyGrade);
#105         printf("midGrade:");
#106         scanf("%d",&p->midGrade);
#107         printf("endGrade:");
#108         scanf("%d",&p->endGrade);
#109         p->total=p->dailyGrade*.2+p->midGrade*.3+p->endGrade*.5;
#110         p->next=NULL;
#111       if(head==NULL) {
#112       head=p;                                  //头指针指向新结点
#113       }else {
#114                p->next=head;                   //新结点指向原来的头指向的结点
#115       head=p;                                  //头指针指向新结点
#116       }
#117      return head;
#118 }
#119 STUD * deleteNode(STUD * head, char * num) { //返回修改后的链表
#120     STUD * p=head, * q=head;
#121     while(p!=NULL) {                          //在链表中查找学号 num 所在的结点
#122         if(strcmp(p->num,num)==0) break;      //找到之后离开循环
#123         else   p=p->next;
#124     }
#125     if(p==NULL){                              //没有找到
#126         printf("not found!\n");
#127         return head;
#128     }
#129     //找到之后,删除它
#130     while(q!=NULL) {                          //从头开始找到 p 的前一个结点 q
#131       if(q->next==p)     q->next=p->next;
#132       else         q=q->next;
#133     }
#134     return head;
#135 }
```

思政案例

8.2.1 自引用结构与链表

下面这个结构类型定义有意义吗?

```
struct something{
    struct something obj1;
    struct something obj2;
};
```

下面的呢?

```
typedef struct something{
    char data[10];
    struct something * next;
}NODE;
```

第一个结构类型有两个成员,这两个成员的类型不是已经熟悉的哪个类型,而是现在定义的这个类型 struct something。试想一下,如果我们定义了一个 struct something 的类型的变量 s1,s1 的成员是 struct something 类型的 obj1,而成员 obj1 的成员又是同类型的 obj1,这样就形成了一个无限循环了,因此变量 s1 无法确定;而第二个结构定义虽然也有一个与自身类型相同的成员,但它是指针成员,任何类型的指针都是一个固定大小的地址,它可以指向某个同类的变量,也可以是空指针。当我们创建一个 NODE 类型的变量 node1 时,这个同类型的指针是可以确定的,它的初始值可以为空指针 NULL,当有另外一个同类的变量存在时,这个指针就可以指向它,因此第二种结构类型的定义是正确的,这种含有自身类型指针成员的结构称为**自引用结构**。任何结构类型都可以定义成自引用结构,例如学生结构类型可以定义如下:

```
struct student {
    char * num;          \
    char * name;          |
    int dailyGrade;       |
    int midGrade;          >                 //data part
    int endGrade;         |
    float average;       /
    struct student * next;                   //link pointer
}zhang,li,wang;
```

如果每个学生对象 zhang、wang 用一个矩形表示,相当于两节链子,在未链接前它们的 next 部分应该置为 NULL,因为它们彼此之间没有关系。如果把 zhang 的 next 置 wang 的首地址,则 zhang 和 wang 便链接了起来,这时称 zhang 指向了 wang,如图 8.2 所示。

可见这种自引用结构的指针部分或者是空指针,或者是其他同类型的结构变量(对象)的指针,即某个同类型结构变量的首地址。多个同类型的自引用结构类型的变量(对象)通过一个链接指针彼此链接起来。每个这样链起来的结构对象可以称为**链表结点(Node)**。链表的最后一个结点的指针成员应该是**空指针**,可以用"^"表示或者直接写 NULL。对于链表的第一个结点,常常定义一个指针 head 指向它,这个指针称为**头指针**。也可以做一个

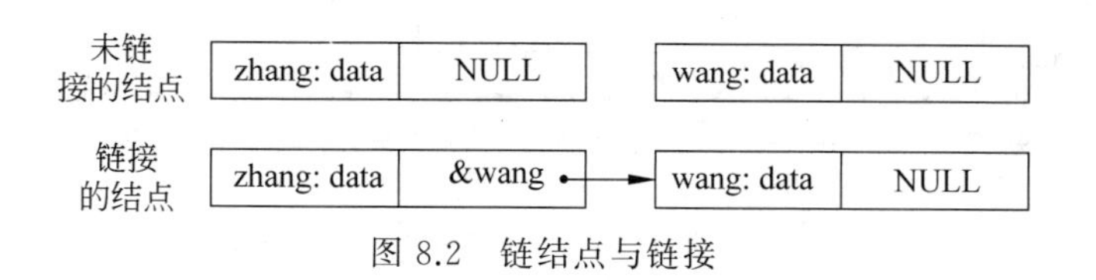

图 8.2 链结点与链接

头结点，它的 data 部分闲置，只含一个指针成员指向链表的第一个结点，这个结点称为**链表的头(head)或头结点**，图 8.3 中一个是无头结点的链表，一个是有头结点的链表。

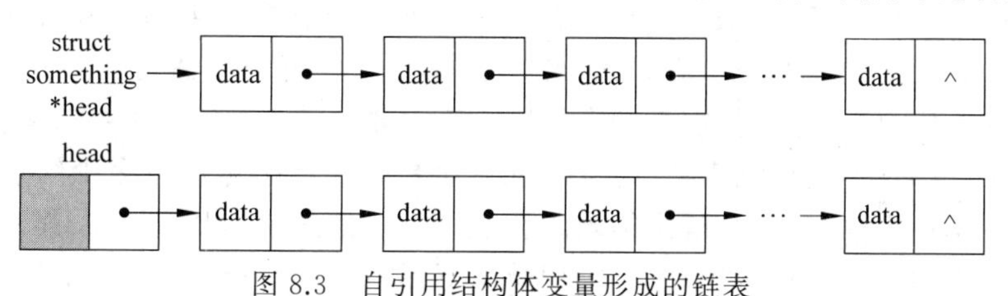

图 8.3 自引用结构体变量形成的链表

如果头指针 head=NULL 或头结点指针成员为 NULL，则意味着链表为空。创建一个链表往往从空表开始。

```
struct student * head=NULL;
```

然后逐个地把其他结点链接上来。访问一个链表只能从 head 开始，逐个访问其他结点，因此链表的头非常重要，没有了头便失去了链表。

结构对象的链表存储与数组存储相比有什么不同？最明显的特征有下面几点：

- 链表上各个结构变量之间是借助指针联系在一起的。
- 链表上各个结构变量是独立存在于内存中，它们可能不是连续存储的。
- 如果要在链表上查找某个结构变量，**必须从链表的头开始逐个通过指针查找**，不能像数组下标那样直接定位。
- 如果要在某个结点前或后**插入**一个新结点，找到位置后只需修改相关的指针，无须做任何移动，如图 8.4 所示。图中设链表上有相邻的结点 n1，n2，如果要在结点 n1 和 n2 之间插入一个已经准备好的结点 n3，在找到结点 n1，n2 之后，只需先令

```
n3->next=n1->next;  n1->next=&n3;
```

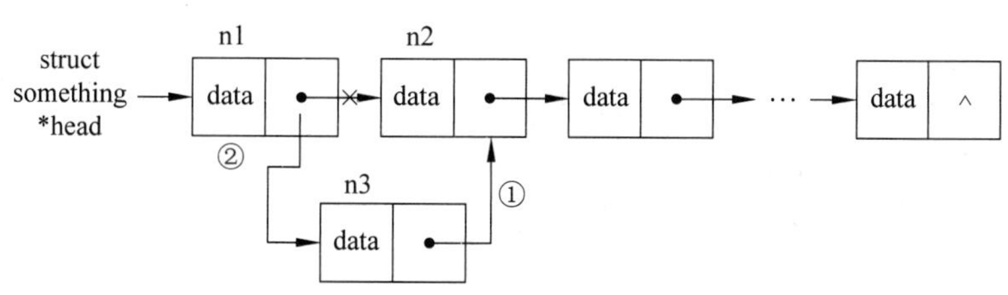

图 8.4 链表插入：结点 n3 插入到 n1 和 n2 之间

- 如果要**删除**某个结点，找到位置后只需修改相关的指针，也无须做任何移动，如图 8.5 所示。设链表上有相邻的结点 n1，n2，n3，如果要删除结点 n2，只需令

```
n1→next=n1→next→next;
```

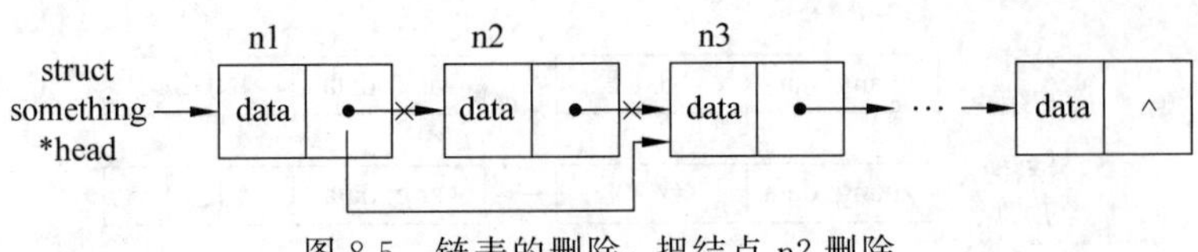

图 8.5　链表的删除：把结点 n2 删除

8.2.2　静态链表和动态链表

从上面的分析可以看出，用链表存储数据的好处比较有利于做插入和删除操作。它的另一个优点是如果结点的个数事先未知，可以动态生成一个结点，插入到链表的指定位置或追加到链表的末尾，也可以根据需要动态地删除不需要的结点。这样的链表就是**动态链表**。一个链表如果其结点不是根据需要动态产生的，而是事先就确定了有多少结点或预先分配了一个较大的结点空间，它就是**静态链表**。在这里仅讨论简单的几个固定结点的静态链接。标准的静态链表通常用结构数组来实现，用数组下标模拟链接指针，这方面的详细内容留给后续课程继续讨论。

【例 8.5】　建立一个具有三个学生成绩结点的静态链表。

首先把学生成绩结构 STUD 增加一个指针成员 next，见程序清单 8.7。＃018 行分别创建了三个 STUD 结构变量 s1、s2、s3。＃021 行让链表的头指针指向 s1。＃022 行至＃030 行分别给 s1 的数据成员赋值，＃030 行 s1 结构的指针成员 next 指向结构变量 s2，形成链表的第一节。同理再分别给 s2、s3 的数据成员赋值，s2 的指针成员指向 s3 形成链表的第二节，由于 s3 是最后一个结点，所以 s3 的指针成员赋值为空指针 NULL，链表到此结束。＃053 行定义了一个遍历链表的函数 printLink，只需把链表的头指针传给它，printLink 中的一个遍历链表的指针 p 对链表进行操作，p 初始化为头指针，开始指向第一个元素，然后输出链表结点的数据成员，注意每个数据成员都是通过指针 p 访问的，然后 p 更新为下一个结点，p＝p－＞next，重复输出结点信息，直到 p 的值为 NULL，遍历结束。

程序清单 8.7

源码 8.7

```
#001 /*
#002 * stustaticlink.c: 静态链表
#003 */
#004 #include<stdio.h>
#005 #include<string.h>
#006 struct student {
#007        char * num;                             //data part
#008        char * name;
#009        int dailyGrade;
#010        int midGrade;
#011        int endGrade;
#012        float total;
#013        struct student * next;                  //link pointer
#014 };
#015 typedef struct student STUD;
#016 void printLink(STUD * head);
#017 int main(void){
```

```
#018     STUD s1,s2,s3;
#019     STUD * head;
#020     char temp1[20],temp2[20],temp3[20],temp4[20],temp5[20],temp6[20];
#021     head=&s1;                                  //head 指向 s1
#022     s1.name=temp1;
#023     s1.num=temp2;
#024     strcpy(s1.name,"zhangqiang");
#025     strcpy(s1.num,"0308606709");
#026     s1.dailyGrade=90;
#027     s1.midGrade=95;
#028     s1.endGrade=90;
#029     s1.total=s1.dailyGrade * .2+s1.midGrade * .3+s1.endGrade * .5;
#030     s1.next=&s2;                               //s1 指向 s2
#031     s2.name=temp3;
#032     s2.num=temp4;
#033     strcpy(s2.name, "lihong");
#034     strcpy(s2.num, "0308606702");
#035     s2.dailyGrade=60;
#036     s2.midGrade=75;
#037     s2.endGrade=70;
#038     s2.total=s2.dailyGrade * .2+s2.midGrade * .3+s2.endGrade * .5;
#039     s2.next=&s3;                               //s2 指向 s3
#040     s3.name=temp5;
#041     s3.num=temp6;
#042     strcpy(s3.name, "wangwei");
#043     strcpy(s3.num, "0308606703");
#044     s3.dailyGrade=60;
#045     s3.midGrade=68;
#046     s3.endGrade=70;
#047     s3.total=s3.dailyGrade * .2+s3.midGrade * .3+s3.endGrade * .5;
#048     s3.next=NULL;                              //s3 是链表的尾
#049     printLink(head);                           //遍历链表
#050     return 0;
#051 }
#052 //遍历链表
#053 void printLink(STUD * head)
#054 {
#055     STUD * p=head;                        //p 指向第一个结点
#056     int k=0;
#057     while(p!=NULL){                       //p 指向的结点不为 NULL,循环输出结点信息
#058         k++;
#059         printf("%-12s %-10s %3d %3d %3d%6.1f\n", p->name,p->num,
#060                 p->dailyGrade,p->midGrade,p->endGrade,p->total);
#061         p=p->next;                        //p 指向下一个结点
#062     }
```

```
#063    printf("Node Numbers: %d\n",k);
#064 }
```

思考题：直接使用头指针对链表的各个结点进行访问可以吗?

【例 8.6】 动态建立学生成绩链表。

所谓动态创建链表,就是在写程序时不知道链表有多少个结点,在程序运行时根据用户的需要创建结点,要创建多少完全由用户确定。本例以学生成绩对象为例,动态创建一个学生成绩链表。

创建动态链表的基本算法：

① 创建一个空表 head=NULL,尾结点的指针 r=NULL;

② 申请新结点,并用 p 指向它;

③ 输入新结点的成员数据且使结点的指针成员为空;

④ 把新结点 p 链接到链表中(这里采用添加到链表尾的方法链接);

若链表为空表,head=p,即这时创建的结点为第一个结点,同时 r 指向 p,若链表非空,将新结点链接到表尾,即 r->next=p,同时 r 指向新的 p;

⑤ 重复步骤②~④。

注意：同静态链表一样,在链表的创建过程中,链表的头指针是非常重要的,必须给以保护,链表的头指针如果遭到破坏,整个链表就被破坏,就很难对其进行各种操作了。同时这里还维护了一个尾指针,保证新建结点能够链接到表尾。上述算法的完整实现见程序清单 8.8,示意图如图 8.6 所示。

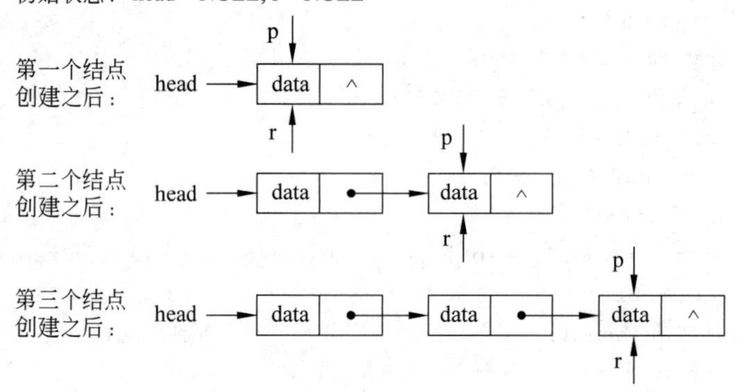

图 8.6 动态创建链表的过程

程序清单 8.8

源码 8.8

```
#001 /*
#002 * studynamiclink.c: 动态链表
#003 */
#004 #include<stdio.h>
#005 #include<stdlib.h>
#006 #include<string.h>
#007 #include<malloc.h>
#008 struct student {
```

```
#009        char * num;                              //data part
#010        char * name;
#011        int dailyGrade;
#012        int midGrade;
#013        int endGrade;
#014        float total;
#015        struct student * next;                   //link pointer
#016 };
#017 typedef struct student STUD;
#018 void printLink(STUD * head);
#019 int main(void){
#020     char temp[20];
#021     int flag=1;                                 //创建新结点的标志,1 创建,-1 结束
#022     STUD * head=NULL;                           //empty link list
#023     STUD * r=head;                              //r=NULL
#024     STUD * p;                                   //p 将指向 new node
#025     printf("do you want create new node? 1 to create,-1 to end: ");
#026     scanf("%d",&flag);
#027     while(flag!=-1) {
#028         p=(STUD *)malloc(sizeof(STUD));         //申请新结点
#029         //输入结点成员数据
#030         printf("name:");
#031         scanf("%s",temp);                       //暂时输入姓名到 temp
#032         p->name=(char *)malloc(strlen(temp)+1); //为姓名申请空间
#033         strcpy(p->name,temp);                   //把姓名复制到申请的空间
#034         printf("num:");
#035         scanf("%s",temp);
#036         p->num=(char *)malloc(strlen(temp)+1);
#037         strcpy(p->num,temp);
#038         printf("dailyGrade:");                  //输入成绩
#039         scanf("%d",&p->dailyGrade);
#040         printf("midGrade:");
#041         scanf("%d",&p->midGrade);
#042         printf("endGrade:");
#043         scanf("%d",&p->endGrade);
#044         //计算总评
#045         p->total=p->dailyGrade * .2+p->midGrade * .3+p->endGrade * .5;
#046         p->next=NULL;                           //指针成员置为 NULL
#047         if(head==NULL){
#048             head=p;                             //头指针指向第一个结点
#049             r=p;                                //尾结点也指向第一个结点
#050         }else{
#051             r->next=p;                          //尾结点链接最新生成的结点
#052             r=p;                                //最新生成的结点作为新的尾结点
#053         }
```

```
#054        printf("do you want create new link node? -1 to end: ");
#055        scanf("%d",&flag);
#056    }
#057    p=head;                                    //p指向第一个结点
#058    printLink(p);                              //遍历链表
#059    return 0;
#060 }
#061 //遍历链表
#062 void printLink(STUD * head){
#063    STUD * p=head;                             //p指向第一个结点
#064    int k=0;
#065    while(p!=NULL)  {
#066        k++;
#067        printf("%-12s %-10s %3d %3d %3d%6.1f\n",
#068                p->name,p->num,  p->dailyGrade,
#069                p->midGrade,p->endGrade, p->total);
#070        p=p->next;                             //p指向下一个结点
#071    }
#072    printf("k=%d\n",k);
#073 }
```

思考题：如果把新建结点每次插入到链表的第一个结点之前作为新的第一个结点如何实现？

8.2.3 返回链表的头指针

链表的头指针是链表的标识，就像数组名是数组的标识一样。有了头指针，就能控制整个链表。如果对8.2.2节的动态创建链表编写一个函数，取名createLink，函数调用之后应该得到链表的头指针。如果希望函数调用之后通过参数把头指针带回，必须使用二级指针，具体见7.7.6节。现在函数调用的结果只有一个，因此可以考虑用返回值的方法。函数原型定义为

```
STUD * createLink(STUD * head);
```

在主调函数中定义链表的头指针为

```
STUD * head=NULL;
```

调用createLink函数

```
head=createLink(head);
```

之后head依然指向链表的第一个结点，不过它不再是NULL了，而是createLink中所创建的链表。

类似地，插入和删除操作都将对链表有所修改，如果把插入和删除操作定义为函数，其函数原型也应该是返回链表的头指针，即

```
STUD * insertNode(STUD * head);
```

```
STUD * delNode(STUD * head,char * num);            //删除学号为 num 的结点
```

作为练习,大家可以把它们改写为通过二级指针或指针的引用带回在函数中创建的链表头指针或修改后的链表头指针。

8.2.4 学生对象链表

现在可以完整地讨论学生成绩管理系统 SGMS 的链表版了。用链表存储所有学生对象,这样可以根据实际学生数动态建立,与学生对象的数组相比,更方便插入和删除操作。完整的程序实现见程序清单 8.1。程序清单 8.1 的实现仍然是一个简化版,更丰富的实现留给大家在项目设计中完成。这里就插入和删除两个操作简要说明如下。

插入函数 STUD * insertNode(STUD * head)采用**前插入**的方法,即每次插入结点都放在链表的第一个位置,让它作为新的第一个结点。

(1) 插入的基本算法描述如下:

① 创建一个新结点 p;

② 如果 head=NULL,head=p;

③ 否则 p->next=head; head=p。

删除函数 STUD * delNode(STUD * head,char * num)是按照学号找到要删除的结点,然后删除。

(2) 删除的基本算法描述如下:

① 遍历链表,查找 num 对应的结点;

② 如果找到了,让 p 指向它,如果没有找到则返回;

③ 再一次遍历链表,找到 p 的前一个结点 q;

④ 删除 p,即 q->next=p->next,也就是 q->next=q->next->next。

具体实现代码参考程序清单 8.1。

8.3 志愿者管理问题

视频

问题描述:

很多活动都需要志愿者(volunteer)参加,活动的举办方要对志愿者的信息进行管理,如录入、统计、分组、打印报表等。例如某高校在举办一项大型活动,志愿者可能是学生,也可能是教师,还可能是行政管理人员,志愿者的信息属性包括编号、姓名、年龄、职业、单位,写一个程序实现志愿者管理的基本功能。

输入/输出样例:

```
volun number:1
volun name:aaaaaaa
volun age:30
volun voc:teacher
volun org:jsj
volun number:2
volun name:bbbbbb
volun age:20
volun voc:student
volun org:1001
volun number:-1
Number       Name        Age        Vocation    Organizaton
```

```
1          aaaaaaa    30         teacher    jsj
2          bbbbbb     20         student    1001
```

问题分析：

志愿者信息中的**职业属性**的具体值是学生、教师或行政管理人员，都是字符型的，而**单位属性**的具体值是处室名称、系名称和班级编号，处室名称和系名称也都是字符型的数据，而班级编号是可以用整型表示的数据(当然也可以用字符串，这里故意设它为整型)，因此，单位这个属性成员可能有两种以上的数据类型，它是由职业属性成员的内容决定的，当职业是学生时，单位属性就是整型的班级；当职业是教师或行政人员时，单位属性就是字符型的系名或处室名。显然，具有这种特性的志愿者信息记录不能简单地直接定义成结构类型，C/C++语言提供了定义共用体(联合)类型的机制，共用体与结构相结合就可以表示这种特殊形式的记录信息。下面的算法仅仅是简单的输入与输出的管理，没有考虑其他类型的管理，如插入、删除、查询、修改等，有兴趣的读者可以自己尝试一下。

算法设计：

① 循环输入志愿者信息。输入单位时，根据职业信息确定单位的类型——整型或字符型；

② 输出志愿者名单。对于“单位”，根据职业的不同显示不同类型的数据。

程序清单 8.9

源码 8.9

```
#001 /*
#002 * volunteer.c: 志愿者管理程序
#003 */
#004 #include<stdio.h>
#005 #include<string.h>
#006 #define SIZE 100
#007 typedef struct volunteer{
#008     int num;
#009     char name[10];
#010     int age;
#011     char vocation[10];                 //职业
#012     union organization{                //工作单位
#013         char department[10];           //系/处
#014         int classid;                   //班级
#015     }org;
#016 }VOLUNTEER;
#017 int main(void){
#018     VOLUNTEER volunts[SIZE];
#019     int i=0,count=0;
#020     printf("volun number:");
#021     scanf("%d",&volunts[i].num);       //输入志愿者数量
#022     while(volunts[i].num !=-1){
#023         printf("volun name:");         //输入每个志愿者的信息
#024         scanf("%s",volunts[i].name);
#025         printf("volun age:");
```

```
#026        scanf("%d",&volunts[i].age);
#027        printf("volun voc:");
#028        scanf("%s",volunts[i].vocation);
#029        printf("volun org:");
#030        if(strcmp(volunts[i].vocation,"teacher")==0)  //选择 org 的类型
#031            scanf("%s",volunts[i].org.department);
#032        if(strcmp(volunts[i].vocation,"student")==0)
#033        scanf("%d",&volunts[i].org.classid);
#034        i++; count++;
#035        printf("volun number:");
#036        scanf("%d",&volunts[i].num);
#037    }
#038    //输出志愿者信息表
#039    printf("Number   Name      Age       Vocation    Organizaton\n");
#040    for(i=0;i<count;i++){
#041        printf("%-12d%-12s%-12d%-12s",volunts[i].num, volunts[i].name,
#042                               volunts[i].age, volunts[i].vocation);
#043        if(strcmp(volunts[i].vocation,"teacher")==0)
#044          printf("%-12s",volunts[i].org.department);
#045        if(strcmp(volunts[i].vocation,"student")==0)
#046          printf("%-12d",volunts[i].org.classid);
#047        printf("\n");
#048    }
#049    return 0;
#050 }
```

8.3.1 联合

联合(union),顾名思义,就是几个成员可以共享某一块存储单元,这几个成员的数据类型可以不同,共享的这块存储单元的大小由最大的共享成员来决定。联合类型的定义形式与结构类型的定义形式很相似,一般形式如下:

```
union  联合名称 {
      成员列表;
};
```

其中,成员列表中的成员说明与结构的成员说明相同。同样,使用联合类型的目的是创建具体的联合变量,联合变量的定义方法同结构变量声明的方法完全相似,在此不再重述,请参考 8.1.2 节。

下面通过一个简单的例子,考查一下联合与结构的不同之处。首先,定义一个联合类型 union data 或 DATA:

```
typedef union data{
    int a; float b; char c;
}UDATA;
```

UDATA 有3个不同类型的数据成员 a、b、c,用 UDATA 创建一个联合变量 udata1,用 UDATA 定义一个变量 udata1,其内存共享示意图如图 8.7 所示。udata1 的成员 udata1.a,udata1.b,udata1.c 将共享一块相同的存储单元,其大小为这3个成员的最大长度——8个字节,即 udata1.b 所需的内存大小。显然,这种共享机制的联合成员不能同时存在,8字节的内存空间或者被 udata1.a 占用,或者被 udata1.b 占用,再或者被 udata1.c 占用,当前对某一成员的赋值操作将覆盖先前某一成员存储的数据。联合变量成员共享的特征与结构变量的成员彼此相邻,截然不同。

udatal.a

udatal.b

udatal.c

udata1.a 占用的1字节

udata1.b 占用的1字节

udata1.c 占用的1字节

图 8.7 联合成员内存共享

【例 8.7】 联合使用举例。

程序清单 8.10

源码 8.10

```
#001 /* uniondata.c: 联合使用举例 */
#002 #include<stdio.h>
#003 typedef union data1{
#004     int a;
#005     double b;
#006     char c;
#007 }UDATA;
#008 int main(void){
#009     UDATA udata1;
#010     printf("%p  %p  %p\n",&udata1.a,&udata1.b,&udata1.c);
#011     udata1.a=100;
#012     printf("current:%d\n", udata1.a);
#013     udata1.b=95.123456;                //udata1.a 的值已经被 udata1.b 覆盖
#014     printf("current:%f\n",udata1.b);
#015     printf("error:%d\n", udata1.a);
#016     udata1.a=200;                      //再一次给 udata1.a 赋值,覆盖了 udata1.b 的值
#017     printf("current:%d\n", udata1.a);
#018     printf("error:%f\n",udata1.b);
#019     udata1.c='c';
#020     printf("current:%c\n", udata1.c);
#021     printf("error:%d\n",udata1.a);
#022     return 0;
#023 }
```

运行结果:

```
0028FF18  0028FF18  0028FF18
current:100
current:95.123456
error:-1275158610
current:200
error:95.123413
current:c
error:99
```

从运行结果可以看出,成员 udata1.a、udata1.b 和 udata1.c 的起始地址都是 0022FF18,即它们会彼此覆盖。

8.3.2 志愿者信息存储

志愿者管理过程中人们关心的志愿者属性包括编号、姓名、年龄、职业、单位，其中只有单位属性可能有特别不同的取值，即如果是学生，对应班级编号；如果是职工，对应单位名称。假设编号用整数表示，名称用字符串(字符数组)表示，单位这个属性就可以定义一个共用体类型。单位共用体定义之后，单位这个属性成员就是一个共用体类型的成员，用 org 表示。这样，整个志愿者对象类可以定义一个结构类型 struct volunteer 或者 VOLUNTEER 如下：

```
#001 typedef struct volunteer{
#002     int num;
#003     char name[10];
#004     int age;
#005     char vocation[10];                //职业
#006     union organization {              //工作单位
#007         char department[10];          //系,处名称
#008       int classid;                    //班级是整型的编号,也可以用字符数组
#009     }org;
#010 }VOLUNTEER;
```

简单使用以下这个 VOLUNTEER 类型：

```
#001   VOLUNTEER  v[5];
#002   v[1].num=1;
#003   v[1].name="zhangjie";
#004   v[1].age=30;
#005   v[1].vocation="teacher";
#006   v[1].org="computer department";
#007   v[2].num=2;
#008   v[2].name="wangli";
#009   v[2].age=21;
#010   v[2].vocation="student";
#011   v[2].org=1001;
```

这里共用体 org 的大小应该是 10 个字符所占用的空间，因为整型的班级 id 只占 4 个字节。当是学生时，org 的大小是 4；是教师或其他部门的工作人员时，org 的大小就是实际名字的字符数+1，不能超过 10 个字节。

在程序清单 8.9 中声明了一个 VOLUNTEER 结构类型的数组，志愿者的基本信息都存储在这个数组中，并能够输出所有志愿者的信息清单供管理者使用。实际的志愿者管理还应该有更丰富的功能。

8.4 洗牌和发牌模拟问题

视频

问题描述：

扑克牌有 4 种花色(suit)，它们是 Hearts、Diamonds、Spades、Clubs，每种花色的牌又有 13 种面值(face)，即 Ace、Two、Three、Four、Five、Six、Seven、Eight、Nine、Ten、Jack、

Queen、King。写一个程序,模拟扑克牌的洗牌过程和发牌结果。

输入/输出样例:

```
1: Four of Diamonds
2: Eight of Spades
3: Four of Spades
4: Jack of Diamonds
5: Queen of Hearts
6: Three of Clubs
7: Deuce of Spades
8: Five of Hearts
9: Ten of Diamonds
10: Deuce of Hearts
11: Deuce of Clubs
12: Nine of Diamonds
13: Queen of Spades
14: Five of Spades
15: Eight of Diamonds
16: Six of Spades
17: Four of Hearts
18: Jack of Spades
19: Three of Hearts
20: Jack of Hearts
21: Seven of Hearts
22: Three of Spades
23: Jack of Clubs
24: Seven of Spades
25: Six of Clubs
26: Queen of Diamonds
27: King of Spades
28: King of Diamonds
29: Three of Diamonds
30: Nine of Spades
31: Four of Clubs
32: King of Clubs
33: Six of Diamonds
34: Ace of Clubs
35: Nine of Clubs
36: Eight of Clubs
37: Ace of Hearts
38: Eight of Hearts
39: Ace of Spades
40: Queen of Clubs
41: Ten of Spades
42: Seven of Diamonds
43: Five of Clubs
44: Five of Diamonds
45: Six of Hearts
46: Deuce of Diamonds
47: Seven of Clubs
48: Ten of Clubs
49: King of Hearts
50: Ace of Diamonds
51: Nine of Hearts
52: Ten of Hearts
```

问题分析:

无论是牌的花色还是牌的面值,都是有限的,它们都可以看作一一列举出来的符号,如果把这4种花色符号作为一组{Hearts,Diamonds,Spades,Clubs},给以编号,如1,2,3,4等,它们彼此相邻,则相当于定义了一组符号常量,Hearts对应1,Diamonds对应2,等等;同样,13种牌的面值也是可以一一列举出来的符号,如果把它们作为一组{Ace,Two,Three,Four,Five,Six,Seven,Eight,Nine,Ten,Jack,Queen,King},分别对应一个编号,如1,2,3,4,5,6,7,8,9,10,11,12,13,它们也彼此相邻,相当于定义了一组符号常量,Ace对应1,Two对应2等等。如果把一组符号放在一起,每个符号代表一个整型常量,彼此相邻,则易于操作,便于管理。如果分别定义这些符号常量,它们将是各自独立的,彼此之间没有关系,操作起来也只能单独操作。为了便于定义这样的一组符号常量,C/C++提供了一种自定义数据类型——枚举类型,本节将详细讨论枚举类型的相关问题。

有了枚举类型就可以声明枚举变量,对花色的操作和对牌的操作就可以使用直观的符号了,由于它们是彼此相邻的所以可以用来作为循环控制变量。所有52张牌可以用一个二维数组int deck[4][13]来表示,如图8.8所示,首先把它初始化为0,表示原始状态(新牌的顺序)。洗牌和发牌的过程是一个循环的过程,只需老老实实地重复。把52张牌洗牌,对每张牌随机产生一个行列数,如果该位置为0,该位置置card值,否则继续找其他位置。发牌就是找到每张牌,输出牌号、花色和牌面。

算法设计:

① 52张牌初始化为0;

② 洗牌:

随机产生第card(从1到52)张牌应该放的**行(花色)列(牌面)**位置;

如果产生的位置为0,则把card牌放在该位置,否则继续找其他位置;

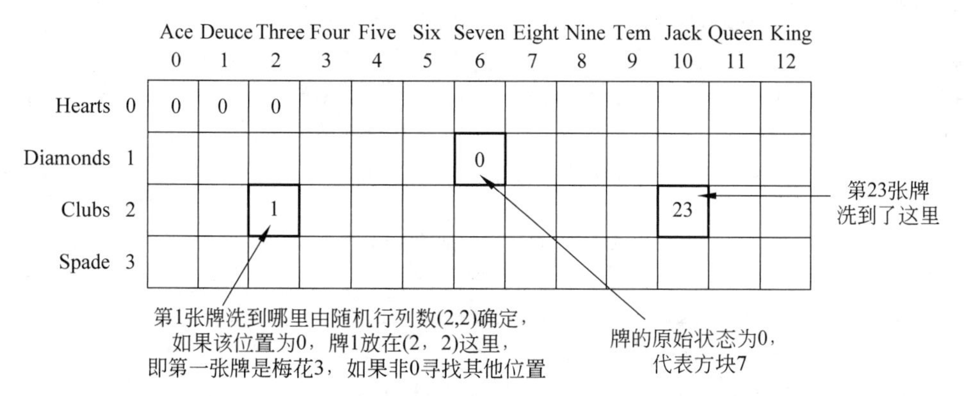

图 8.8 牌的表示、洗牌发牌示意图

③ 发牌：

找第 i 张牌的位置，输出牌的顺序号、花色和牌面。

程序清单 8.11

```
#001 /*
#002 * enumcard.c: 洗牌发牌模拟
#003 */
#004 #include<stdio.h>
#005 #include<stdlib.h>
#006 #include<string.h>
#007 #include<time.h>
#008 typedef enum{Hearts,Diamonds,Clubs,Spades} SUIT;
#009 typedef enum{Ace,Deuce,Three,Four,Five,Six,Seven,
#010         Eight,Nine,Ten,Jack,Queen,King}FACE;
#011 void shuffle(int[][13]);
#012 void deal(int[][13], const char* suit[], const char* face[]);
#013 int main(void){
#014     const char * suit[4]={"Hearts ","Diamonds ", "Clubs ", "Spades "};
#015     const char * face[13]={"Ace ","Deuce ", "Three ", "Four ","Five ",
#016                          "Six ", "Seven ", "Eight ", "Nine ", "Ten ",
#017                          "Jack ", "Queen ", "King "};
#018     int deck[4][13]={0};
#019     srand(time(NULL));
#020     shuffle(deck);                 //洗牌
#021     deal(deck,suit,face);          //发牌
#022     return 0;
#023 }
#024 void shuffle(int deck[][13]){
#025     int card,row,column;
#026     for(card=1; card<=52; card++) //随机产生 52 张牌,模拟洗牌效果
#027     {
```

```
#028          row=rand()%4;                //随机放到第 row 行
#029          column=rand()%13;            //随机放到第 column 列
#030          while(deck[row][column]!=0){       //如果那个位置不为 0,说明已经有牌
#031              row=rand()%4;            //重新寻找位置
#032              column=rand()%13;
#033          }
#034      deck[row][column]=card;          //把第 card 张牌放到找到的位置
#035 }}
#036 void deal(int deck[][13], const char * suit[], const char * face[]){
#037      SUIT s=Hearts;
#038      FACE f=Ace;
#039      int i,j,k;
#040      for(i=1;i<=52;i++){              //输出 52 张牌
#041          for(j=s;j<=Spades;j++){ //查找第 j 行第 k 列的牌,看哪一张是第 i 张牌
#042              for(k=f;k<=King;k++){
#043             if(deck[j][k]==i)     //找到之后,按照牌序从 1 开始的,花色,牌面打印出来
#044                  printf("%d:%8s of %-8s%c",i, face[k],suit[j], i%2==0 ? '\n':'\t');
#045      } }}}
```

8.5 枚举类型

枚举类型的定义形式与结构类型、共用体类型的定义形式非常相似,一般形式如下:

```
enum 枚举名{
    枚举值列表
};
```

或者

```
typedef enum{
       枚举值列表
}枚举类型的别名;
```

其中,enum(enumerate)是枚举类型的关键字。不过这里的枚举值列表同结构类型成员列表和共用体成员列表大不相同,每个枚举值对应一个该枚举类型可列举范围内的符号常量,枚举值之间用逗号隔开,第一个枚举值对应的符号常量的值默认为 0,之后的枚举值对应的符号常量的值依次加 1。

扑克牌的四种花色可定义一个枚举类型 enum suit 或 SUIT:

```
enum suit{Hearts,Diamonds,Clubs,Spades};  //或者
typedef enum{Hearts,Diamonds,Clubs,Spades} SUIT;
```

其中,枚举值 Hearts 对应整数 0,Diamonds 对应 1,Clubs 对应 2,Spades 对应 3。

每个枚举值对应的整型数值也可以自己定义,如:

```
enum suit{Hearts=1,Diamonds,Clubs,Spades};
```

这时 Diamonds 对应 2,以此类推。

同样,每种花色对应的面值可以定义另一个枚举类型 face 或 FACE:

```
enum face{Ace,Deuce, Three, Four, Five, Six,
              Seven, Eight, Nine, Ten, Jack, Queen, King};  //或者
typedef enum{Ace, Deuce, Three, Four, Five, Six,
             Seven, Eight, Nine, Ten, Jack, Queen, King} FACE;
```

枚举类型同结构类型一样,当定义了一个枚举类型后,就可以用它声明所需要的枚举类型变量了。例如,有了上述枚举类型之后,可以声明变量:

```
SUIT s1=Hearts,s2=Clubs;
FACE f1=ACE,f2=Jack;
```

也可以

```
s1=Spades; f2=King;
```

枚举类型有下面几点值得特别注意:

(1) 每个枚举值是一个符号常量,不是字符。例如"s1="Hearts";"是错误的,不能使用双引号。

(2) 对枚举变量用 scanf 和 printf 进行输入输出意义不大,如果要输入输出,只能用%d,也就是输入输出的值不能是枚举值的符号,只能是枚举值对应的整数。如:

```
scanf("%d",&s1);
printf("%d",s1);
```

(3) 枚举变量通常与 switch/case 语句结合使用,把枚举值符号与对应的整数值进行转换再输入输出。

【例 8.8】 六种颜色的枚举类型。

六种颜色放在一起定义一个枚举类型 COLORS:

```
typedef enum colors{red,blue,green,black,white,yellow}COLORS;
```

再定义一个枚举数组

```
COLORS color[6];
color[0]=black; color[2]=yellow; 等等
```

下面的程序中枚举类型的变量与 switch 语句结合使用,进行输入输出。

程序清单 8.12

源码 8.12

```
#001 /*
#002 * enumcolor.c: 用枚举变量作为 switch 的表达式
#003 */
#004 #include<stdio.h>
#005 #include<stdlib.h>
#006 typedef enum colors{red, blue, green,black, white, yellow}COLORS;
#007 int main(void){
#008     COLORS color[6];                //定义一个枚举数组
```

```
#009    int i,j,n;
#010    printf(" 0: red\n 1: blue\n 2: green \n 3: black \n
#011         4: white\n 5: yellow\n");
#012    printf("please input color number:\n");
#013    for(i=0;i<6;i++){
#014        scanf("%d",&n);
#015        if(n<0||n>5)    {
#016            printf("input error.");
#017            exit(1);
#018        }
#019        else switch(n){
#020            case 0:
#021                color[i]=red;break;        //color[i]只能取枚举值
#022            case 1:
#023                color[i]=blue;break;       //注意枚举值不是字符串,不能用引号
#024            case 2:
#025                color[i]=green;break;
#026            case 3:
#027                color[i]=black;break;
#028            case 4:
#029                color[i]=white;break;
#030            case 5:
#031                color[i]=yellow;break;
#032        }
#033    }
#034    for(i=0;i<6;i++){
#035        switch(color[i]){                      //枚举值对应整型值,默认从0开始
#036            case red:
#037                printf("red\n");break;
#038            case blue:
#039                printf("blue\n");break;
#040            case green:
#041                printf("green\n");break;
#042            case black:
#043                printf("black\n");break;
#044            case white:
#045                printf("white\n");break;
#046            case yellow:
#047                printf("yellow\n");break;
#048        }
#049    }
#050    return 0;
#051 }
```

(4) 枚举类型的变量常常作为结构类型的成员,使结构类型的定义更加丰富,如职工信息的性别和岗位分别定义枚举类型:

```
typedef enum{male,female}SEX;          //和
```

```
typedef enum{programmer,sale,manager}POSITION;
```

若设日期结构为

```
typedef struct {int year; int month; int day}DATE;
```

则职工结构可以定义为

```
typedef struct employee{
    int no;
    char name[20];
    SEX sex;
    DATE hire_date;
    POSITION pos;
    double salary;
}EMPLOYEE;
```

小　结

本章从对象描述的角度引进了结构类型的概念,结构类型封装了对象的数据属性。结构类型的描述加一组操作结构类型对象的函数可以完整地描述客观世界的对象。结构类型的数据属性描述与一组操作函数的结合便是对客观对象的抽象类型的描述。结构类型的对象也可以同简单类型的变量一样用指针间接访问,同样也可以用指针访问结构对象数组,因此结构类型的变量和数组也可以作为函数的参数。结构类型不仅封装了对象类的属性,还可以包括一个与自身同类型的指针,这样就有一种新型的数据存储方式——链表,链表与数组相比在某些方面具有很大的优势,其一是链表的结点可以动态申请,其二是链表做插入和删除操作无须进行元素结点的移动。

与结构类型的定义方法类似的还有枚举类型,枚举类型封装了一组符号常量,而且彼此相邻,易于编程访问。还有一个特别的联合类型,它使不同的类型成员共享某一空间。

总之,本章介绍了几种自定义类型的方法,引进了链式存储数据的方式,它是很多数据结构采用的一种存储方式,为后续数据结构课程做好了准备。客观对象的结构类型表示,也为面向对象的类描述奏响了序曲。

概念理解

1. 简答题

(1) 什么是结构类型? 它有什么意义?

(2) 什么是抽象数据类型?

(3) 什么是自引用结构? 它有什么重要意义?

(4) 什么是共用体类型? 它有什么意义?

(5) 什么是枚举类型? 它有什么意义?

(6) 结构类型的变量占用的字节数是各个成员之和吗?

(7) 结构数组与链表有什么不同?

(8) 静态链表和动态链表有什么不同?

2. 填空题

(1) 结构类型由(　　)和(　　)组成。

(2) 可以使用(　　)为结构类型起别名。

(3) 结构类型成员使用(　　)运算符访问,指向结构的指针访问结构成员用(　　)运算符。

(4) 结构类型的变量允许整体(　　),但是有指针成员时就会出问题了。

(5) 结构类型定义的成员可以包含另一个结构类型的成员,即结构类型的定义允许(　　)。

(6) 结构变量的指针成员必须先为其(　　)。

(7) 访问链表的某个结点信息必须从链表的(　　)开始。

(8) 共用体类型的变量的成员(　　)最大成员的内存空间。

(9) 枚举类型的每个枚举值就是一个(　　),但不是(　　)。

(10) 由于结构类型的变量可能会很大,因此通常用(　　)作为函数的参数。

常见错误

- 忘记了结构类型}括号后的分号是语法错误。
- 把一种类型的结构赋值给另一种类型的结构是语法错误。
- 比较两个结构变量是语法错误。
- 试图只用结构成员名访问结构的成员是语法错误。
- 指向运算符->写成了- >,中间多了空格是语法错误。
- 用指向结构的指针引用结构再用点成员访问运算符访问成员没用括号,即 * sPtr .name 是错误的,应该写成(* sPtr).name。
- 误以为传递结构也像传递数组那样能在被调用函数中修改调用函数中的数据可能会产生逻辑错误。
- 结构数组中的结构元素访问忘记了使用下标访问是语法错误。
- 含有指针成员的两个结构变量整体赋值(即逐个成员赋值)会有潜在的错误(两个指针指向了相同的空间,并且一个指针指向的空间可能会闲置)。
- 链表的头指针没有注意保护,导致链表遭到破坏。
- 共用体类型的两个变量也是不能比较的。
- 用错误的类型引用联合中的成员。
- 枚举常量写成了字符串是语法错误。

在线评测

1. 计算平面上的点之间的距离

问题描述:

给定平面上的若干个点,设最多不超过10个点,求出各个点之间的距离。每个点用一对整数坐标表示,键盘输入若干对点的坐标,限定坐标在[0,0]~[10,10]内,如果超出范围则提示“out of range,try again!”,输出点与点之间的距离。

输入样例:

```
2 3
1 7
4 6
9 3
```

输出样例:

```
0.0 4.1 3.6 7.0
4.1 0.0 3.2 8.9
3.6 3.2 0.0 5.8
7.0 8.9 5.8 0.0
```

2. 计算任意多个平面上的点之间的距离

问题描述:

键盘输入一个任意的点数,然后输入给定点数的点坐标,求出各个点之间的距离,每个点用一对整数坐标表示,限定坐标在[0,0]~[10,10]内,如果超出范围则提示“out of range,try again!”。

输入样例:

```
4
2 3
1 7
4 6
9 3
```

输出样例:

```
0.0 4.1 3.6 7.0
4.1 0.0 3.2 8.9
3.6 3.2 0.0 5.8
7.0 8.9 5.8 0.0
```

3. 平面上的点静态链接

问题描述:

把给定的一组点 p0(0,0)、p1(1,1)、p2(2,2)、p3(3,3)、p4(4,4),把它们按顺序链接起来。

输入样例:

无

输出样例:

```
(0,0)->(1,1)->(2,2)->(3,3)->(4,4)
```

4. 平面上的点动态链接

问题描述:

先创建一个空链表 L,程序运行时键盘输入若干个平面上点的坐标,创建相应的链表结点,把它逐个链接到链表的末尾。每输入一个点就创建一个对应的结点,链接到 L 的末尾,输出对应的链表。限定坐标在[0,0]~[10,10]内,如果超出范围则提示“out of range,try again!”

输入样例:

```
0 0 1 1 2 2 3 3 4 4
```

输出样例:

```
L->(0,0)
L->(0,0)->(1,1)
L->(0,0)->(1,1)->(2,2)
L->(0,0)->(1,1)->(2,2)->(3,3)
L->(0,0)->(1,1)->(2,2)->(3,3)->(4,4)
```

5. 约瑟夫环

问题描述：

有 n 个人围成一圈(假设他们的编号沿顺时针方向依次为 1～n)，而后从 1 号人员开始报数(沿顺时针方向)，数到 3 者被“淘汰出局”；然后下一个人重新从 1 开始报数，数到 3 后，淘汰第二个人；以此类推，直到最后剩下两人为止。这个问题当 n=41 时便是约瑟夫环的历史故事。写一个程序，依次输出被“淘汰”的人和最后留下的人的编号，要求用链表来实现。

输入样例：

```
41
```

输出样例：

```
3 6 9 12 15 18 21 24 27 30 33 36 39 1
5 10 14 19 23 28 32 37 41 7 13 20 26
34 40 8 17 29 38 11 25 2 22 4 35
16 31
```

6. 比赛报名管理

问题描述：

某学院举办一个比赛，限制最多可报名 200 人，男女不限。每个参赛者要提供姓名、学号、年龄、性别、身高等信息。编写一个程序，能建立报名参赛者的信息库，按照报名先后顺序输出报名表，给出报名总数和身高统计频率表即 140cm 以下、140～150cm、150～160cm、160～170cm、170～180cm、180cm 以上的各有多少，求出平均年龄。

输入样例：

```
please input data: Ctrl-z to end
name:aaaaaaaa
num:100001
sex:m
age:18
height:165
name:bbbbbbb
num:100002
sex:w
age:19
height:178
name:^Z
```

输出样例：

```
aaaaaaaa      100001 m 18 165
bbbbbbb      100002 w 19 178
player totals is 2
130<=h<140:0
140<=h<150:0
150<=h<160:2
160<=h<170:0
170<=h<180:0
180<=h<190:0
190<=h<200:0
others is 0
average age is 18.5
```

7. 个人财务管理

问题描述：

每个人日常都有各种各样的消费和收入，可以简称为交易，编写一个程序实现对个人财务交易进行管理。要求记录每笔交易的日期和时间、每笔交易的金额，如果交易金额为正，收入增加，否则支出增加，每笔交易之后输出当前的收支情况。

输入样例：

```
please input
a deal:(+/-)
2000
-200
-100
1000
-233
^Z
```

输出样例：

```
Date        Time        Earning    Payout    Balance
2014/2/8    20:55:44       0.00   2000.00    2000.00
2014/2/8    20:55:50    -200.00      0.00    1800.00
2014/2/8    20:55:52    -100.00      0.00    1700.00
2014/2/8    20:55:56       0.00   1000.00    2700.00
2014/2/8    20:56: 5    -233.00      0.00    2467
```

8. 通讯录管理

问题描述：

编写一个通讯录管理程序，使其具有增加（插入）、删除、排序输出、查询功能。

输入/输出样例：

```
create init book:
input number,Ctrl-Z end
input:
1
please input
name:aaaaa
telnum:12356565
address:ajkfshdffs
input number,Ctrl-Z end
input:
2
please input
name:bbbbb
telnum:2376823
address:akfjklsdjfl
input number,Ctrl-Z end
input:
3
```

```
please input
name:ccccc
telnum:asdkljsdlkfj
address:aslsdkf
^Z
   address book
=================
     name: aaaaa
   telnum: 12356565
taddress: ajkfshdffs
------------------
     name: bbbbb
   telnum: 2376823
taddress: akfjklsdjfl
------------------
     name: ccccc
   telnum: asdkljsdlkfj
taddress: aslsdkf
------------------
```

```
query what name:bbbbb
     name: bbbbb
   telnum: 2376823
taddress: akfjklsdjfl
query what telnum:2376823
     name: bbbbb
   telnum: 2376823
taddress: akfjklsdjfl
delete which name:bbbbb
   address book
=================
     name: aaaaa
   telnum: 12356565
taddress: ajkfshdffs
------------------
     name: ccccc
   telnum: asdkljsdlkfj
taddress: aslsdkf
------------------
```

9. 复数运算

问题描述：

编写一个程序，实现两个复数的四则运算。

输入样例：

```
input real/imag part of a complex:2 3
input real/imag part of another complex:1 2
```

输出样例：

```
+:  3.0+5.0i
-:  1.0+1.0i
*:  -4.0+7.0i
/:  1.6-0.2i
```

10. 输出某一天是星期几

问题描述：

已知某月的第一天是星期三，编写程序实现键盘输入当月中的日期号，输出它是星期几。要求使用枚举类型定义一个星期中的每一天。

输入样例：

```
3
```

输出样例：

```
Friday
```

项目设计

1. 结构数组指针版的学生成绩管理系统

问题描述：

使用结构数组存放学生成绩数据，建立一个功能比较丰富、完整的学生成绩管理系统。

2. 链表版本的学生成绩管理系统

问题描述：

使用链表存放学生成绩数据，建立一个功能比较丰富、完整的学生成绩管理系统。

实验指导

第 9 章　数据的持久存储——文件程序设计

电子教案

学习目标：

- 理解一般意义下的文件概念。
- 理解 C 语言文件的概念(字节流/缓冲文件系统)。
- 掌握文件操作的基本过程。
- 理解文件类型的指针和文件内部的位置指针。
- 掌握文本文件的读写方法。
- 掌握二进制文件的读写方法。
- 掌握随机文件的读写方法。

到现在为止,我们所写的程序,不管是原始数据,还是中间计算结果或最终计算结果,在程序运行结束后就都无影无踪了。这是为什么呢？回想一下,原始数据输入之后存储到哪里了？无论用的是简单变量,还是数组和指针,或者是比较灵活的链表,它们都是在内存中的某个地方,内存中的数据在程序退出后就没办法控制它们了,因为它们所占的内存已经被释放。特别当计算机关机后,内存中的数据更是荡然无存了。一台计算机不可能永远不关机,一个运行的程序不可能永远不退出。怎么样才能保证程序运行结束后或系统关机后数据不丢失呢？怎么样让数据持久存储起来呢？这必须借助于**外存**,把数据以文件的形式存储到外存中,不论是原始数据还是中间结果或最终结果都可以保存到文件中。反过来也可以从文件中读出已存在的数据供各种计算服务。数据的持久存储还有更加丰富的数据库,限于篇幅,本章要讨论的是与文件操作相关的程序设计。

本章要解决的问题：

- 文件复制；
- 把学生成绩记录存储到文件中。

9.1　给一个源程序文件做备份

视频

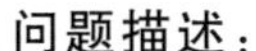
问题描述：

编写一个程序,给源程序文件做备份。

输入/输出样例：

```
The source filename:test.c
The destination filename:test.cb1
Ok!copy succeed!
```

命令行参数：

```
Copyfile test.c test.cb1
Ok!copy succeed!
```

问题分析：

实际上这种功能的程序在操作系统里已经拥有,在命令窗口中它就是一个命令,DOS 和 Linux 都有这个命令,即

```
copy sourcefilename destfilename                    //Linux 的复制命令是 cp
```

现在的任务是用C语言实现这个具有copy功能的程序。这个问题涉及到文件相关的一些基本知识,如什么是文件?文件是怎么管理的?文件格式是什么?还涉及文件的一些基本操作,特别是读写操作。简单地说,文件是在外存储器存储的基本形式,用户访问数据是通过文件来访问的。文件的读写操作也很明确,读就是从外存读入内存,写就是从内存写到外存。复制一个文件不是直接在外存储器上的两个文件之间进行,而是通过内存作为桥梁实现的。当然是要一点点进行,读一部分到内存,写到外存,再读再写,直到文件结束。C语言允许:

(1) 以单个字符为单位逐个字符进行读写;

(2) 以字符行为单位一行一行进行读写。

因此,具体实现的时候可以采用不同的读写方法实现。

这个问题的求解程序中要提供两个文件名(含路径),提供文件名的方法可能有多种:

(1) 通过命令行参数提供;

(2) 在运行之后通过键盘输入提供;

(3) 在程序中指定固定的文件名。

算法设计(逐个字符读写):

① 获取命令行的参数:源文件名和目标文件名;

② 打开两个文件,源文件以读的方式打开,目标文件以写的方式打开;

③ 逐个字符读写,从源文件中读一个字符,写到目标文件中,直到源文件结束;

④ 关闭文件。

程序清单 9.1

源码 9.1

```
#001 /*
#002 * copyfile1.c: 逐个字符读写
#003 */
#004 #include<stdio.h>
#005 #include<string.h>
#006 #include<conio.h>
#007 #include<stdlib.h>
#008 int main(int argc, char * argv[]){
#009     char srcFilename[FILENAME_MAX];          //FILENAME_MAX=260,文件名的最大长度
#010     char dstFilename[FILENAME_MAX];
#011     FILE * infile, * outfile;
#012     int ch;                                  //char ch;
#013     if(argc!=3)
#014     printf("error!please input: copyfile srcfilename destfilename!\n");
#015     strcpy(srcFilename,argv[1]);             //从命令行参数获得文件名
#016     strcpy(dstFilename,argv[2]);
#017     if((infile=fopen(srcFilename,"r"))==NULL)        //打开文件
#018         goto ERROR;                                  //错误处理
#019     if((outfile=fopen(destFilename,"w"))==NULL)
```

```
#020         goto ERROR;                                    //错误处理
#021     while ((ch=fgetc(infile))!=EOF){                   //循环读一个字符直到到文件末尾
#022         if(fputc(ch,outfile)==EOF)    //循环写一个字符,如果写到文件末尾结束循环
#023             goto ERROR;                                //错误处理
#024     }
#025     fclose(infile);
#026     fclose(outfile);
#027     goto EXIT;
#028 ERROR:
#029     perror("Open failed");          //根据系统的 ERROR 的值,输出相应的错误原因
#030     printf("Strike any key to exit!");
#031     getch();
#032     exit(1);                                           //按任意键退出
#033 EXIT:
#034     printf("Ok! copy succeed!\n");
#035     return 0;
#036 }
```

算法设计(逐行读写):

① 键盘输入源文件和目标文件的名字;

② 打开两个文件,源文件以读的方式打开,目标文件以写的方式打开;

③ 逐行读写,从源文件中读出一行,写到目标文件中,直到源文件结束;

④ 关闭文件。

程序清单 9.2

源码 9.2

```
#001 /*
#002 * copyfile2.c: 使用字符串读写函数复制文件
#003 */
#004 #include<stdio.h>
#005 #include<string.h>
#006 #include<conio.h>
#007 #include<stdlib.h>
#008 #define LINESIZE 100
#009 int main(int argc, char *argv[]){
#010     char srcFilename[FILENAME_MAX];        //FILENAME_MAX=260,文件名的最大长度
#011     char dstFilename[FILENAME_MAX];
#012     char line[LINESIZE];
#013     FILE *infile, *outfile;
#014     int ch;                                            //char ch;
#015     printf("The source filename:");                    //输入源文件名
#016     scanf("%s",srcFilename);
#017     printf("The destination filename:");               //输入复制结果文件名
#018     scanf("%s",dstFilename);
#019     if((infile=fopen(srcFilename,"r"))==NULL)          //打开文件
```

```
#020        goto ERROR;                                    //错误处理
#021     if((outfile=fopen(dstFilename,"w"))==NULL)
#022        goto ERROR;                         //错误处理
#023     //循环读一行字符直到到文件末尾
#024     while(fgets(line,LINESIZE,infile)&&!feof(infile)){
#025         if(fputs(line,outfile)==EOF)   //写一行字符
#026           goto ERROR;                  //错误处理
#027     }
#028     fclose(infile);
#029     fclose(outfile);
#030     goto EXIT;
#031 ERROR:
#032     perror("Open failed");                 //根据errno的值,输出相应的错误原因
#033     printf("Strike any key to exit!");
#034     getch();
#035     exit(1);                               //按任意键退出
#036 EXIT:
#037     printf("Ok! copy succeed!\n");
#038     return 0;
#039 }
```

9.1.1 文件与目录

文件是指存储在**外存储器**(硬盘、磁带、光盘、闪盘)上的某类数据信息的集合体,如一个源程序代码文件、一个应用程序软件文件、一个音乐文件、一段视频文件、某班级的学生成绩数据文件等。外存储器的硬件结构是比较复杂的,以普通硬盘为例,它有柱面、扇区、磁道,如果要我们自己实现把数据文件存储到外存储器上应该是比较复杂的事情。实际上,要访问外存储器上的数据是比较容易的事情,为什么呢?因为根本不用管那些具体访问的细节,只需知道文件的名字就可以通过操作系统来操作文件了,如复制、删除、移动等,甚至是编辑、修改等。操作系统有一个重要的组成部分——文件管理模块,封装了外存各种介质的特性,只需指明要把数据保存成什么格式,用什么文件名,操作系统就会在外存上寻找一个最佳位置,把数据按照格式写进去;反之,如果要从外存储器上读出数据,也只需告诉它数据文件名,操作系统就会到外存储器上找到该文件所在的位置,把数据读出来。一个硬盘上可以存放很多文件,操作系统通常逻辑上把文件放在一个树状目录结构中,一个文件可以位于任何一个、任何一层目录中。

图9.1 文件目录结构

假设在硬盘逻辑分区D中建立了一个子目录work,work里又有两个子目录programming和teaching。在programming中又有sources和datas子目录,在datas中存放数据文件stuscore.dat文件,在sources子目录中存放源程序文件test.c。这个目录结构如图9.1所示。一个文件的完整描述应该包括它逻辑上的存储位置,称为**路径**,如test.c逻辑上位于D:\programming\sources\目录里,这个路径称为**绝对路径**,因此文件test.c的绝对路径描述是"D:\programming\sources\test.c",这是一个字符串。如果在

test.c 中访问 datas 子目录中的 stuscore.dat 数据文件，用绝对路径表示就是“D:\programming\datas\stuscore.dat”。除了绝对路径之外，还有**相对路径**。相对于 test.c 而言，test.c 所在的目录 sources 称为当前目录，**当前目录用点“.”表示**，它的上一级目录是 programming，**上一级目录用两个点“..”表示**。在 test.c 所在的目录访问 datas 子目录中的 stuscore.dat 可以用**相对路径“..\datas\stuscore.dat”**表示，这是相对于 sources 目录而言的。如果 stuscore.dat 与 test.c 都在同一个目录中，那么用相对路径表示就是“.\stuscore.dat”或者“stuscore.dat”。

在程序中使用文件路径字符串要特别注意，必须把每个反斜杠转义。例如：

```
char srcFilename[FILENAME_MAX];                    //在程序中指定文件名
if((infile=fopen("E:\\work\\programming\\sources\\test.c","r"))==NULL){
    goto ERROR;
}
if((outfile=fopen("test.cb2","w"))==NULL){ //相对路径，当前路径
   goto ERROR;
}
```

这样看来，使用相对路径的文件名比较好，不用那么长的字符串，又与盘符无关，适应性更强。

9.1.2 文件格式

数据存储为文件是有格式的，**不同内容的数据往往有不同的格式**。一般来说，一个源程序文件是可以在一个编辑器中打开看到的，能看到的文件被认为是一个**字符序列**，这种存储格式称为**文本格式**，实际上存储的就是每个字符的 ASCII 码。如果存储的数据是学生的成绩单，也可以把它存储成文本格式，例如 100 分，存储的就是'1'、'0'、'0'这三个字符的 ASCII 码，即 0x313030。除了这种方式存储之外，更常用的是二进制格式存储，它是把 100 作为一个整数转化为对应的二进制编码即 0x00000064 存储起来，用编辑器打开二进制格式存储的数据文件是看不到它的真实面目的，显示的是“乱码”，不能看到 0x313030。这两种方法显然有着非常大的不同。

二进制存储的文件称为**二进制文件**(**binary file**)，可以用.bin 结尾，文本格式存储的文件叫作**文本文件**(**text file**)，其扩展名常为 txt、c、dat 等。不管是哪一种格式，在 C/C++ 中，文件都被认为是一个**字节“流”**。

9.1.3 文件操作的一般步骤

文件操作的一般步骤如下：

(1) 声明一个 FILE * 类型的指针变量；

(2) 打开(open)一个文件；

(3) 对文件进行输入输出(I/O)操作，也称读写(read/write)操作；

(4) 关闭(close)打开的文件。

ANSI C 在 stdio.h 中给出了 FILE 结构的定义和文件打开、关闭以及各种形式的输入输出函数。下面分别介绍。

1. FILE 指针

FILE 是一个结构类型，其定义如下：

```
typedef struct{
  short level;                    /* 缓冲区“满”或“空”的程度 */
  unsigned flags;                 /* 文件状态标志 */
  char fd;                        /* 文件描述符 */
  unsigned char hold;             /* 如无缓冲区不读字符 */
  short bsize;                    /* 缓冲区的大小 */
  unsigned char * buffer;         /* 数据缓冲区的位置 */
  unsigned char * curp;           /* 指针当前的指向 */
  unsigned istemp;                /* 临时文件指示器 */
  short token;                    /* 用于有效性检查 */
}FILE;
```

现在不必搞清楚这个结构类型每个成员的含义，只需知道当要进行文件相关的操作时，要先声明这种类型的指针，然后当某个文件打开成功时，它将指向一个具体的这种类型的结构变量，同时也会与打开的数据文件关联起来，因此也把它叫作**文件指针**。

在 FILE 中有一个很重要的内容，就是**数据缓冲区**（**buffer**）。ANSI C 文件的处理机制是“**缓冲文件系统**”。所谓缓冲文件系统，是指系统自动地在内存区**为每一个正在使用的文件开辟一个缓冲区**。从内存向磁盘输出数据先送到缓冲区，缓冲区装满后或者需要立即更新时才一起写到磁盘中。如果从磁盘向内存读入数据，也是把磁盘文件中的一批数据输入到缓冲区，程序再从缓冲区按需将数据读到程序变量中，如图 9.2 所示。缓冲区的大小由具体的 C 版本确定，与程序员无关。缓冲区是内存中的一块区域，要对它进行读写，也应该获得它的地址，这包含在文件指针 FILE * 所指向的结构变量中，程序中不必直接获得，程序只和缓冲区打交道。

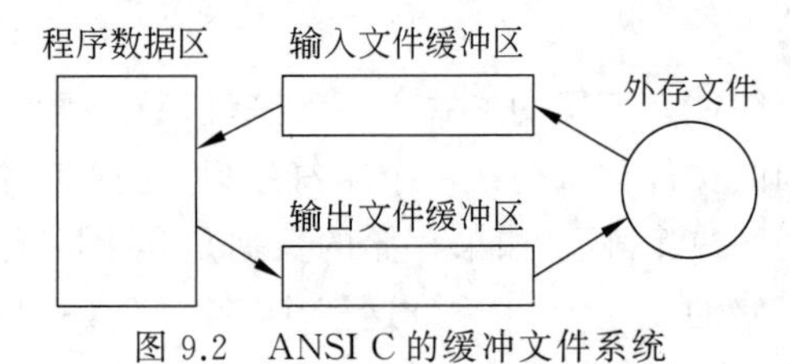

图 9.2　ANSI C 的缓冲文件系统

C 语言包含三个特殊的文件指针：**标准输入**（键盘也被认为是一个文件流）**stdin**、**标准输出**（显示器也被认为是一个文件流）**stdout 和标准错误**（错误输出认为是一个文件流）**stderr**，它们都是 FILE 类型的指针。在应用程序运行时，默认它们都是打开的，即如果要从键盘输入缓冲区读数据，stdin 默认是打开的，如果要输出数据到屏幕，stdout 默认也是打开的，同样输出错误信息到屏幕，stderr 默认也是打开的。

2. 打开文件

所谓的打开文件，实际上就是要把某个文件与一个文件指针关联起来，或者说是与一个内存的缓冲区关联起来，相当于把文件打开了一扇门，开了一个通道，因此形象地称这个通道是文件流。文件要进行输入操作时，这个通道称为**输入流**，文件要进行输出操作时就称为**输出流**，也可以打开一个既可以输入又可以输出的文件流。

ANSI C 打开文件用函数 fopen，其调用格式为

```
FILE * fp=fopen("文件名",文件的打开方式);
```

其中，文件名可以是绝对路径格式或相对路径格式，如果 fopen 打开成功，则 fp!＝NULL，

否则 fp 为 NULL,因此可以用 fp 是否等于 NULL 判断文件打开是否成功。

文件的打开方式比较丰富,打开方式规定了是进行输入操作还是输出操作,还是输入输出均可;打开方式还决定是二进制存储还是文本存储,是建立新文件还是追加在末尾等,详细的情况如表 9.1 所示。

表 9.1 文件的打开方式

文件使用方式	含 义
r(只读)	为输入打开一个文本文件
w(只写)	为输出打开一个文本文件
a(追加)	向文本文件尾添加数据
rb(只读)	为输入打开一个二进制文件
wb(只写)	为输出打开一个二进制文件
ab(追加)	向二进制文件尾添加数据
r+(读写)	读写打开一个已存在的文本文件
w+(读写)	创建一个新的文件或为读写建立一个新的文本文件
a+(读写)	为读写打开一个文本文件
rb+(读写)	为读写打开一个二进制文件
wb+(读写)	为读写建立一个新的二进制文件
ab+(读写)	为读写打开一个二进制文件

打开文件常常使用下面的代码结构:

```
FILE * fp;
if((fp=fopen("test.c","r"))==NULL){
    perror("Open failed");    //根据 errno 的值,输出相应的错误原因
    getchar();  exit(1);
}
```

其中,perror() 用来将上一个函数发生错误的原因输出到标准设备(stderr)。参数 s 所指的字符串会先打印出来,后面再加上错误原因字符串。此错误原因依照全局变量 errno 的值来决定要输出的字符串。对于打开文件失败来说,错误原因字符串是 No such file or directory。

3. 关闭文件

文件打开用过后一定要关闭。关闭文件很简单,只需调用关闭文件函数

```
fclose(fp);
```

其中,fp 是一个已经打开的文件指针,fclose 的功能是关闭 fp 对应的文件。

9.1.4 字符读写

ANSI C 中提供了两个字符读写函数:

```
int fgetc(FILE * fp);
```

其功能是返回从文件流中读取的一个字节(字符),如果读到文件末尾或者读取出错时返回EOF。

```
int fputc(int c,FILE * fp);
```

其功能是把字符c写到与fp关联的文件流中,在正常情况下,函数返回写入字符的ASCII码值,出错时,返回EOF。

当正确写入一个字符或一个字节的数据后,**文件内部的位置指针**会自动后移一个字节的位置。

本节的问题求解算法设计1,采用了字符读写方法,见程序清单9.1中的如下代码:

```
#021    while((ch=fgetc(infile))!=EOF){  //循环读一个字符直到到文件末尾
#022        if(fputc(ch,outfile)==EOF)   //循环写一个字符,如果写到文件末尾结束循环
#023            goto ERROR;              //错误处理
#024    }
```

注意:文件内部的位置指针不是文件指针,随着对文件的读写,文件的**位置指针**(指向当前读写字节)向下移动。而**文件指针**是指向描述文件信息的结构,如果不重新赋值,文件指针不会改变。

fgetc和fputc还有和它们完全等价的getc和putc,使用方法完全相同,这里就忽略了。

9.1.5 字符串读写(无格式的行读写)

ANSI C中提供了两个字符串读写函数:

```
char * fgets(char * str,int n,FILE * fp);
```

其功能是从文件中读出n-1个字符,追加一个结束标记,如果没有读够n-1个字符但遇到了回车换行符或文件结束符则结束本次操作,读得的字符存到str指向的字符数组中(**注意包括换行符在内**)。正常时函数的返回值也是str,遇到文件结束时EOF被设置即feof(fp)为真。

```
int fputs(const char * str,  FILE * fp);
```

其功能是把str指向的字符串写入fp对应的文件流中,成功返回非负值,否则返回EOF,ferror(fp)非零。

本节的问题求解算法设计2采用了字符串读写方法,详细参见程序清单9.2中的如下代码:

```
#023                                       //循环读一行字符直到到文件末尾
#024    while(fgets(line,LINESIZE,infile)&&!feof(infile)){
#025      if(fputs(line,outfile)==EOF)  //写一行字符
#026          goto ERROR;               //错误处理
#027    }
```

注意:(1) 由于fgets能够识别换行符,所以fgets产生行读写的效果。正因为如此,如果fp是stdin,则可以从键盘读一行字符到一个字符数组中。

(2) fgets 与 gets 有很大的不同,前者能控制字符的多少,后者却不能。fputs 与 puts 也有很大不同,详细内容请参考相关资料。

思政案例

9.2 把数据保存到文件中

视频

问题描述:

编写一个程序,能够把从键盘输入的学生成绩进行简单的总评计算后写到某个文件中也能从已知的数据文件中加载学生成绩进行简单的总评计算,再写到文件中。假设学生成绩数据包括学号、姓名、平时成绩、期中成绩和期末成绩。

输入样例:

```
please input stu infor:
num:11111111111
name:aaaaaaaaaaa
dailyGrade:66
midGrade:77
endGrade:88
num:22222222222
name:bbbbbbbbbbb
dailyGrade:77
midGrade:66
endGrade:99
num:33333333333
name:ccccccccccccc
dailyGrade:98
midGrade:78
endGrade:68
```

输出样例:

```
aaaaaaaaaaa   11111111111   66   77   88
0.0
bbbbbbbbbbb   22222222222   77   66   99
0.0
ccccccccccccc 33333333333   98   78   68
0.0
aaaaaaaaaaa   11111111111   66   77   88
80.3
bbbbbbbbbbb   22222222222   77   66   99
84.7
ccccccccccccc 33333333333   98   78   68
77.0
average is 80.7
```

问题分析:

前面几章在讨论学生成绩问题时,学生成绩数据从键盘输入之后都保存到若干个数组(学号,成绩,总评)或一个结构数组中,或者建立一个学生成绩链表。不管是数组还是链表,都只是临时保存数据,不能持久存储。怎么才能把输入的数据持久保存呢?当然是要保存到文件中。直接用记事本软件录入成绩,保存到一个文件中不就持久保存了吗?是的,完全正确。但是数据持久保存不是唯一目的,还要能对数据进行处理。可能有人会说,用 Excel 软件或记事本把成绩录入之后,也可以打开修改,Excel 甚至还可以排序、分类统计等,这也是正确的。但实际上是在使用别人已经做好的软件录入成绩保存文件或者进行其他操作。本节的任务是不借助其他软件,自己用 C/C++ 语言实现具有成绩录入保存功能,还具有重新(加载)打开并进行各种操作功能的程序。

学生成绩数据同源程序备份不太一样,因为学生成绩可以用一个结构对象表示,它包括各种不同类型的数据成员。即要进行读写的数据不再是单一的字符串,还有整型数据、浮点型数据等。每个学生的数据可以作为一个记录来看待(实际内部还是字节流),而且这个记录是有格式的。ANSI C 提供了类似格式化键盘输入输出的函数(fscanf 和 fprintf)进行文本文件的读写。有时不希望别人直接看到数据,就要用二进制方式存储,即通过程序建立一个二进制格式的学生成绩文件。二进制文件是以数据的二进制表示存储的,一个学生成绩记录占用多少个字节的内存单元就读写多少字节的数据,这种数据一般称为数据块。ANSI C提供了两个函数 fread 和 fwrite,按存储的字节数对数据进行读写。因此本问题的求解方案可以是:

- 文本文件的格式化读写。
- 二进制文件的数据块读写。

下面的算法设计1假设学生的成绩数据事先已经录入到文件 stugrade1.txt 中。算法设计2假设原始数据没有事先录入到文件中,程序运行的时候先进行原始数据录入,保存到文件中,然后再读出来进行计算,再把含有总评的学生数据写到另一个文件中,然后再次读入含总评的数据,显示到屏幕上。

算法设计1(文本文件):

① 以读的方式打开文件 stugrade1.txt,以写的方式打开一个文件 stugrade2.txt;

② 从 stugrade1.txt 中加载学生成绩数据,存储到一个数组中,这一步用一个函数 readFromFile 实现;

③ 计算每个学生的总评和所有学生总评的平均值;

④ 再把含总评的成绩数据保存到 stugrade2.txt 中,这一步用一个函数 writeToFile 实现。

程序清单 9.3

源码 9.3

```
#001 /*
#002 * stugradefile.c: 格式化读写文本文件
#003 */
#004 #include<stdio.h>
#005 #include<string.h>
#006 #include<stdlib.h>
#007 #include<conio.h>
#008 #define SIZE 3
#009 struct student {
#010       char * num;
#011       char * name;
#012       int dailyGrade;
#013       int midGrade;
#014       int endGrade;
#015       float total;
#016 };
#017 typedef struct student STUD;
#018 int readFromFile(STUD * stud,FILE * );            //返回读到的记录数
#019 void writeToFile(STUD * stud,FILE * ,int);
#020 int main(void){
#021      int i=0,stuNum;
#022      float ttotal=0;
#023      STUD stu[SIZE];
```

```
#024    FILE * fout, * fin;
#025    if((fin=fopen("stugrade1.txt","r"))==NULL) { //以读的方式打开文本文件
#026        perror("open error!");               //如果打开文件出错,显示 open error!
#027        getch();exit(1);
#028    }
#029    if((fout=fopen("stugrade2.txt","w"))==NULL) {//以写的方式打开文本文件
#030        perror("open error!");
#031        getch();exit(1);
#032    }
#033    stuNum=readFromFile(stu,fin);                    //读出原始数据到 stu2
#034    for(i=0;i<stuNum;i++){                           //计算总评
#035       stu[i].total=stu[i].dailyGrade * .2+
                                  stu[i].midGrade * .3+stu[i].endGrade * .5;
#036        ttotal+=stu[i].total;
#037    }
#038    printf("average is %4.1f\n",ttotal/i);       //输出平均值
#039    writeToFile(stu,fout,stuNum);                //保存到文件中
#040    fclose(fin);   fclose(fout);                 //关闭文件
#041    return 0;
#042 }
#043 //write the student grade into a file
#044 void writeToFile(STUD * sPtr, FILE * fout, int n){
#045    int i;
#046   for(i=0;i<n;i++){                             //n 条记录要输出
#047      fprintf(fout,"%-20s %-20s %3d %3d %3d %4.1f\n",
#048         sPtr[i].name,sPtr[i].num,sPtr[i].dailyGrade,sPtr[i].midGrade,
#049               sPtr[i].endGrade,sPtr[i].total);
#050    }
#051 }
#052 //read the student grade from a file
#053 int readFromFile(STUD * stud,FILE * fin){
#054    char temp1[20],temp2[20];                   //为 num 和 name 提供临时存储空间
#055    int i=0;
#056    while(fscanf(fin,"%s %s %d %d %d",temp1,temp2,
#057      &stud[i].dailyGrade,&stud[i].midGrade,&stud[i].endGrade)!=EOF){
#058      stud[i].num=(char * )malloc(strlen(temp1)+1);  //注意+1 的含义
#059       strcpy(stud[i].num,temp1);
#060      stud[i].name=(char * )malloc(strlen(temp2)+1);
#061     strcpy(stud[i].name,temp2);
#062       i++;
#063    }
#064    return i;
#065 }
```

算法设计 2(二进制文件):

① 输入学生成绩数据到数组中;

② 把原始成绩数据保存到 stugrade1.bin 文件中;
③ 读入原始数据;
④ 显示原始数据;
⑤ 计算总评和总评的和;
⑥ 把含有总评的成绩数据保存到 stugrade2.bin 文件中;
⑦ 读入含总评的数据;
⑧ 显示含总评的数据;
⑨ 输出平均值。

程序清单 9.4

源码 9.4

```
#001 /*
#002 * stugradefile.c: 二进制文件块读写
#003 */
#004 #include<stdio.h>
#005 #include<string.h>
#006 #include<stdlib.h>
#007 #include<conio.h>
#008 #define SIZE 3
#009 struct student {
#010       char * num;
#011       char * name;
#012       int dailyGrade;
#013       int midGrade;
#014       int endGrade;
#015       float total;
#016 };
#017 typedef struct student STUD;
#018 void readFromFile(STUD * stud, FILE * );
#019 void writeToFile(STUD * stud, FILE * );
#020 void inputGrade(STUD stu[]);
#021 void printGrade(STUD * sptr);
#022 int main(void) {
#023     int i;
#024     float ttotal=0;
#025     STUD stu1[SIZE], stu2[SIZE], stu3[SIZE];
#026     FILE * fout1, * fout2;
#027     if((fout1=fopen("stugrade1.bin","wb+"))==NULL) {  //以读写的方式打开
#028         perror("open error!");
#029         getch();exit(1);
#030     }
#031     if((fout2=fopen("stugrade2.bin","wb+"))==NULL) {  //以读写的方式打开
#032         perror("open error!");
#033         getch();exit(1);
#034     }
```

```
#035     inputGrade(stu1);                                  //原始数据输入到 stu1
#036     writeToFile(stu1,fout1);                           //保存到文件中
#037     rewind(fout1);                                     //文件流初始化
#038     readFromFile(stu2,fout1);                          //读出原始数据到 stu2
#039     printGrade(stu2);                                  //查看原始数据
#040     for(i=0;i<SIZE;i++){                               //计算总评
#041         stu2[i].total=stu2[i].dailyGrade * .2+
                     stu2[i].midGrade * .3+stu2[i].endGrade * .5;
#042         ttotal+=stu2[i].total;
#043     }
#044     writeToFile(stu2,fout2);                           //保存到文件中
#045     rewind(fout2);                                     //文件流初始化
#046     readFromFile(stu3,fout2);                          //读出保存的数据到 stu3
#047     printGrade(stu3);                                  //查看
#048     printf("average is %4.1f\n",ttotal/i);             //输出平均值
#049     fclose(fout1);                                     //关闭文件
#050     fclose(fout2);
#051     return 0;
#052 }
#053 void inputGrade(STUD stu[]){
#054     int i;
#055     char temp[20];
#056     printf("please input stu infor:\n");
#057     for(i=0;i<SIZE;i++){
#058         printf("num:");
#059         scanf("%s",temp);
#060         stu[i].num=(char *)malloc(strlen(temp));
#061         strcpy(stu[i].num,temp);
#062         printf("name:");
#063         scanf("%s",temp);
#064         stu[i].name=(char *)malloc(strlen(temp));
#065         strcpy(stu[i].name,temp);
#066         printf("dailyGrade:");
#067         scanf("%d",&stu[i].dailyGrade);
#068         printf("midGrade:");
#069         scanf("%d",&stu[i].midGrade);
#070         printf("endGrade:");
#071         scanf("%d",&stu[i].endGrade);
#072         stu[i].total=0;
#073     }
#074 }
#075 void printGrade(STUD * sPtr){
#076     int i;
#077     for(i=0;i<SIZE;i++){
#078         printf("%-12s %-10s %3d %3d %3d%6.1f\n",
```

```
#079               (* sPtr).name,(* sPtr).num,(* sPtr).dailyGrade,
#080               (* sPtr).midGrade,(* sPtr).endGrade,(* sPtr).total);
#081         sPtr++;
#082     }
#083 }
#084 //write the student grade into a file
#085 void writeToFile(STUD * stud,FILE * fout){
#086     fwrite(stud,sizeof(STUD),SIZE, fout);
#087 }
#088 //read the student grade from a file
#089 void readFromFile(STUD * stud,FILE * fout){
#090     fread(stud,sizeof(STUD),SIZE, fout);
#091 }
```

9.2.1 格式化读写

ANSI C 中提供了两个格式化读写函数:

```
int fscanf(FILE * fp,const char * format,arguments);
```

其功能是按照字符串 formats 指定的格式从 fp 对应的文件流读取数据,匹配者读到 arguments 变量列表对应的变量中去。如果成功调用则返回正确读到数据的变量数。如果在读的过程中发生错误或者读到了文件尾,则会设置相应的错误指示(可以用 ferror 或 feof 判断)。

```
int fprintf(FILE * fp,const char * format,arguments);
```

其功能是写 format 字符串写到 fp 对应的文件流,format 字符串中的各种占位符%要被变量列表中各个变量存储的数据替换,这种方式的读写内部蕴含着数据的内部存储到字符的转换,参考 2.2.1 节。成功调用之后会**返回 format 字符串中的字符数,即写入的字符数**,如果在写入的过程中有错误发生,相应的错误指示会被设置(用 ferror 可以检测到),并返回负数。

注意: 格式化读写操作一般是针对文本文件,即文件的打开方式用“r”或“w”等。

【例 9.1】 把键盘输入的字符串按照格式写入文本文件。

程序清单 9.5

源码 9.5

```
#001 /* fprintf example */
#002 #include<stdio.h>
#003 int main (){
#004     FILE * pFile;
#005     int n;
#006     char name [100];
#007     pFile=fopen ("myfile.txt","w");          //打开一个文本文件
#008     for(n=0; n<3; n++){                      //键盘输入 3 行字符串,按格式写入文件
#009       puts ("please, enter a name: ");
#010       gets (name);
```

```
#011      fprintf (pFile,"Name %d [%-10.10s]\n",n,name);     //左对齐
#012    }                                          //最小 10 个字符,最大 10 个字符
#013    fclose (pFile);
#014    return 0;
#015 }
```

【例 9.2】 按照格式写入一个字符串,再读出。

程序清单 9.6

源码 9.6

```
#001 /* fscanf example */
#002 #include<stdio.h>
#003 int main (){
#004   char str [80];
#005   float f;
#006   FILE * pFile;
#007   pFile=fopen ("myfile.txt","w+");          //以读写方式打开一个文本文件
#008   fprintf (pFile, "%f %s", 3.1416, "PI");   //按格式写入数据
#009   rewind (pFile);                           //内部指针初始化为 0
#010   fscanf (pFile, "%f", &f);                 //按格式读数据
#011   fscanf (pFile, "%s", str);
#012   fclose (pFile);
#013   printf ("I have read: %f and %s \n",f,str);
#014   return 0;
#015 }
```

【例 9.3】 顺序读写学生信息。

把学生信息输入之后先保存到数组中,然后按顺序写到文件中,再从文件中按顺序读出,读到内存中另一个数组中,数组通过指针操作。

程序清单 9.7

源码 9.7

```
#001 /*
#002 * sqscanfprintf.c: 格式化读写学生信息
#003 */
#004 #include<stdio.h>
#005 #include<stdlib.h>
#006 #include<conio.h>
#007 struct stu{
#008     char name[10];
#009     int num;
#010     int age;
#011     char addr[15];
#012 }boya[2],boyb[2], * pp, * qq;                 //学生结构数组和指针
#013 int main(void){
#014     FILE * fp;
#015     char ch;
#016     int i;
#017     pp=boya;                                  //指针指向数组
```

```
#018    qq=boyb;
#019    if((fp=fopen("stuInfo.txt","w+"))==NULL) {     //以读写的方式
#020        perror("open error!");
#021        getch();
#022        exit(1);
#023    }
#024    printf("\ninput data\n");
#025    for(i=0;i<2;i++,pp++)                        //输入两个学生信息
#026        scanf("%s%d%d%s",pp->name,&pp->num,&pp->age,pp->addr);
#027    pp=boya;       //注意 pp 指针已经移动到数组的末尾,所以要让 pp 重新指向起始地址
#028    for(i=0;i<2;i++,pp++)                        //按格式写入文件中
#029        fprintf(fp,"%s %d %d %s\n",pp->name,pp->num,pp->age,pp->addr);
#030    rewind(fp);                                  //文件内部指针初始化为 0
#031    for(i=0;i<2;i++,qq++)                        //按格式读数据到指针指向的数组
#032        fscanf(fp,"%s %d %d %s",qq->name,&qq->num,&qq->age,qq->addr);
#033    printf("\n\nname\tnumber   age  addr\n");
#034    qq=boyb;                                     //指针初始化为起始地址
#035    for(i=0;i<2;i++,qq++)                        //把学生信息显示到屏幕上
#036    printf("%s\t%5d %7d %s\n",
                    (*qq).name,(*qq).num, (*qq).age, (*qq).addr);
#037    fclose(fp);
#038    return 0;
#039 }
```

9.2.2 二进制块数据读写

ANSI C 中提供了两个块数据读写函数:

```
size_t fread(void *ptr,size_t size,size_t count,FILE *fp);
```

其功能是从 fp 对应的文件流读数据块,该数据块是 count 个元素的数组,每个元素具有 size 个字节,该数据块存储到 ptr 指针指向的空间。如果读成功文件流内部的位置指针会向前移动 size* count 个字节,**返回数组元素的个数**,如果读数据有错误发生或到了文件末尾,则会设置相应的错误指示器(ferror 或 feof)。

注意:这里 size_t 是 unsigned int 的一个别名。

```
size_t fwrite(const void *ptr,size_t size,size_t count,FILE *fp);
```

其功能是向 fp 对应的文件流写数据块,该数据块在 ptr 指向的数组,元素个数是 count,每个元素是 size 个字节。如果写成功,文件流内部的位置指针会向前移动 size* count 个字节,**返回数组元素的个数**。如果数组元素与 count 不同,会产生写错误,将阻止函数完成,同时 ferror 错误指示会被设置。

与格式化读写相比,这种块读写不需要什么转换,是直接把数据内存的存储形式输出到文件中,反之亦然。因此把块读写称为**直接读写**,fread 和 fwrite 这两个函数称为**直接输入输出函数**。

文件正常打开以后，其内部的位置指针默认为0，读一个字符或写一个字符之后这个位置指针则向下移动一个字节，读或写多少字节的数据，内部位置指针就向下移动多少个字节，实际这个位置指针就是一个相对于文件的起始地址的**偏移量**，如果不知道当前的位置指针在哪里，可以用 ftell 函数获得：

```
int pos=ftell(fp);
```

从 ftell 的功能可以看出，当位置指针到达文件末尾的时候，用 ftell 获得的值刚好是文件的长度（以字节为单位）。如果想重新回到开始位置，可以使用 rewind 函数：

```
rewind(fp);
```

如果要重新定位到其他位置，可以使用 fseek 函数：

```
int fseek (FILE * stream, long int offset, int origin);
```

其中 origin 有3种可选的值，具体定义如表9.2所示。offset 为相对于起始点的偏移量，长整型的字节数。

表 9.2　origin 的 3 种可选值

起　始　点	表示符号	数字表示
文件首	SEEK_SET	0
当前位置	SEEK_CUR	1
文件末尾	SEEK_END	2

思考题：fseek(fp,0L,SEEK_SET) 与 rewind(fp)作用相同吗？

注意：一般 fread、fwrite、fseek 用于二进制打开的文件，当然也可以用于文本模式打开的文件，但这时文件仍然是二进制文件。fseek 常常和 ftell 结合使用。

【例 9.4】 读整个文件到指定的内存空间。

程序清单 9.8

源码 9.8

```
#001 /* fread example: read an entire file */
#002 #include<stdio.h>
#003 #include<stdlib.h>
#004 int main () {
#005     FILE * pFile;
#006     long lSize;
#007     char * buffer;                          //自定义的缓冲区
#008     size_t result;
#009     pFile=fopen ("myfile.bin", "rb" );      //以只读方式打开二进制文件
#010     if(pFile==NULL) {
#011         fputs ("File error",stderr);
#012         exit (1);
#013     }
#014     fseek (pFile, 0, SEEK_END);             //文件定位到末尾
#015     lSize=ftell (pFile);                    //获得文件大小
```

```
#016    rewind (pFile);                                    //内部指针初始化为 0
#017    buffer=(char * ) malloc (sizeof(char) * lSize);  //申请文件大小的空间
#018    if(buffer==NULL) {
#019        fputs ("Memory error",stderr);
#020        exit (2);
#021    }
#022    result=fread (buffer,1,lSize,pFile);  //读整个文件数据到自定义的缓冲区
#023    if(result !=lSize) {
#024        fputs ("Reading error",stderr);
#025        exit (3);
#026    }
#027    /* the whole file is now loaded in the memory buffer. */
#028                                                       //这里可以对数据进行一些操作
#029    fclose (pFile);
#030    free (buffer);
#031    return 0;
#032 }
```

【例 9.5】 把自定义缓冲区中的内容保存到文件中。

程序清单 9.9

源码 9.9

```
#001 /* fwrite example: write buffer */
#002 #include<stdio.h>
#003 int main (){
#004    FILE * pFile;
#005    char buffer[]={ 'x', 'y', 'z' };                    //字符数组,一个自定义的缓冲区
#006    pFile=fopen ("myfile.bin", "wb");                  //以二进制方式打开一个文件
#007    fwrite(buffer, sizeof(char), sizeof(buffer), pFile);      //输出缓冲区
#008    fclose(pFile);
#009    return 0;
#010 }
```

【例 9.6】 按块顺序读写学生信息。

程序清单 9.10

源码 9.10

```
#001 /*
#002 * freadfwriteStuRec.c: 按块读写学生信息
#003 */
#004 #include<stdio.h>
#005 #include<stdlib.h>
#006 #include<conio.h>
#007 struct stu{
#008    char name[10];                                     //输入数据的字符串不能超出长度
#009    int num;
#010    int age;
#011    char addr[15];
#012 }boya[2],boyb[2], * pp, * qq;                        //学生结构数组和指针
```

```
#013 int main(void){
#014     FILE * fp;
#015     char ch;
#016     int i;
#017     pp=boya;                                   //指针指向结构数组
#018     qq=boyb;
#019     if((fp=fopen("stuInfo.dat","wb+"))==NULL) {      //以二进制方式打开
#020         perror("open error,");
#021         getch();
#022         exit(1);
#023     }
#024     printf("input data\n");
#025     for(i=0;i<2;i++,pp++)                      //键盘输入 2 个学生的数据
#026         scanf("%s%d%d%s",pp->name,&pp->num,&pp->age,pp->addr);
#027     pp=boya;                                   //指针重新指向结构数组
#028     fwrite(pp,sizeof(struct stu),2,fp);        //2 个结构数据输出到文件中
#029     rewind(fp);                                //文件流内部指针初始化为 0
#030     fread(qq,sizeof(struct stu),2,fp);         //2 个结构数据读到 qq 指向的数组
#031     printf("\n\nname\tnumber age addr\n");
#032     for(i=0;i<2;i++,qq++)                      //数据显示到屏幕上
#033         printf("%s\t%5d %7d %s\n",qq->name,qq->num, qq->age, qq->addr);
#034     fclose(fp);
#035     return 0;
#036 }
```

【例 9.7】 按块随机读写。

使用 fseek 可以指定文件的任意位置,从而结合 fread 和 fwrite 进行随机读写。

程序清单 9.11

源码 9.11

```
#001 #include<stdio.h>
#002 #include<conio.h>
#003 #include<stdlib.h>
#004 #define SIZE 10
#005 struct stu{
#006       char name[10];
#007       int num;
#008       int age;
#009       char addr[15];
#010 };
#011 int main(void){
#012     FILE * fp;
#013     int i;
#014     struct stu stu;
#015     if((fp=fopen("stuInfo.dat","wb+"))==NULL){
```

```
#016        perror("open error!");            //上一次函数调用发生的错误显示到屏幕上
#017        getch();  exit(1);
#018     }
#019     printf("rand write:please input the student number, 0 to end\n");
#020     scanf("%d",&stu.num);                      //随机写
#021     while(stu.num !=0){
#022         printf("please input student name,age and addr:\n");
#023         scanf("%s %d %s", stu.name,&stu.age,stu.addr);  //输入数据
#024         fseek(fp,(stu.num-1) * sizeof(struct stu), SEEK_SET);    //随机定位
#025         fwrite(&stu, sizeof(struct stu), 1, fp);        //写一个记录
#026         printf("please input the student number
                     (1 to %d, 0 to end input)\n",SIZE);
#027         scanf("%d",&stu.num);
#028     }
#029     rewind(fp);
#030     while(fread(&stu,sizeof(struct stu),1,fp)) {  //在屏幕上浏览全部数据
#031         printf("%s %d %d %s\n", stu.name, stu.num, stu.age, stu.addr);
#032     }
#033     fseek(fp,0,SEEK_END);                              //定位到文件末尾
#034     int total=ftell(fp);                               //获得文件的大小
#035     int size=total/sizeof(struct stu);                 //计算记录数
#036     printf("total records is %d\n",size);
#037     printf("rand read:please input the student number, 0 to end\n");
#038     scanf("%d",&stu.num);                              //随机读
#039     while(stu.num !=0 && stu.num<=size){
#040       fseek(fp,(stu.num-1) * sizeof(struct stu), SEEK_SET);  //随机定位
#041         fread(&stu,sizeof(struct stu),1,fp);        //读一个记录
#042         printf("%s %d %d %s\n", stu.name, stu.num, stu.age, stu.addr);
#043         printf("rand read:please input the student number, 0 to end\n");
#044         scanf("%d",&stu.num);
#045     }
#046     fclose(fp);
#047     return 0;
#048 }
```

请读者自己运行测试一下。

注意：程序清单9.11中的perror("open error!")用来将上一个函数调用发生错误的原因输出到标准设备(stderr)。如果打开文件出错，就会把信息“open error!”显示到屏幕上，它是stdio中的一个函数。

还有两个判断函数：

```
int feof(FILE * fp);
int ferror(FILE * fp);
```

feof(FILE *fp)用于判断文件内部指针是否到末尾，如果文件内部指针到达文件末

尾,则返回一个非零值。

【例 9.8】 统计文件所含的字节数。

程序清单 9.12

```
#001 /* feof example: 统计文件所含的字节数 */
#002 #include<stdio.h>
#003 int main (void){
#004   FILE * pFile;
#005   int n=0;
#006   pFile=fopen ("myfile.txt","rb");
#007   if(pFile==NULL)
#008           perror ("Error opening file");
#009   else{
#010           while(fgetc(pFile) !=EOF) {
#011               ++n;                            //文件中的字符计数
#012           }
#013          if(feof(pFile)) {                    //如果正常到达文件末尾,输出字节数 n
#014               puts("End-of-File reached.");
#015               printf("Total number of bytes read: %d\n", n);
#016           }else                               //否则反馈还没有到文件末尾
#017               puts("End-of-File was not reached.");
#018           fclose (pFile);
#019     }
#020     return 0;
#021 }
```

ferror(FILE * fp)用于判断文件的输入输出是否有错误。如果 ferror 返回值为 0,则表示未出错。如果返回一个非零值,则表示出错。应该注意,对同一个文件,每一次调用输入输出函数,均产生一个新的 ferror 函数值,因此,应当在调用一个输入输出函数后立即检查 ferror 函数的值,否则信息会丢失。在执行 fopen 函数时,ferror 函数的初始值自动置为 0。

【例 9.9】 检查输出是否出错。

程序清单 9.13

```
#001 /* ferror example: 检查输出是否出错 */
#002 #include<stdio.h>
#003 int main ()
#004 {
#005   FILE * pFile;
#006   pFile=fopen("myfile.txt","r");
#007   if(pFile==NULL)
#008         perror ("Error opening file");
#009   else {
#010     fputc ('x',pFile);                         //在输出字符之后紧跟着一个判断
#011         if(ferror(pFile))
```

```
#012             printf ("Error Writing to myfile.txt\n");
#013         fclose (pFile);
#014     }
#015     return 0;
#016 }
```

小　　结

本章从程序的数据(原始数据、运行结果)持久存储的角度引出了文件的概念。标准C语言把文件视为字节流、文件流。对文件的操作就是对字节流的操作,包括打开、关闭和读写操作。文件的打开方式或者读写方式是有格式的:一种是文本格式;另一种是二进制格式。文本格式的数据把数据转换成对应的ASCII字符进行读写,而二进制格式是对数据的二进制直接读写,没有转换的过程。对于文本格式,C语言提供了格式化读写操作;对于二进制格式,C语言提供了块读写函数。C语言还提供了在文件中随机定位的操作,这归功于文件内部的位置指针的移动,可以从一个相对位置跳过若干字节,定位到需要的文件记录。

有了文件存储功能之后,C语言开发的应用程序才更符合实际需要,更丰富的文件存储,应该是建立需要的数据库,用C程序读写数据库,或使用特别的语言程序访问数据库,这将在后续的数据库管理系统中讨论。

概 念 理 解

1. 简答题

(1) 什么是文件?什么是C语言中的文件?

(2) C语言中的文本文件和二进制文件有什么不同?

(3) C语言文件操作的基本步骤如何?

(4) C语言格式化读写文件的函数是什么?

(5) C语言块读写文件的函数是什么?

(6) C语言的文件缓冲机制起什么作用?

(7) C语言的FILE指针和内部位置指针有什么不同?

(8) C语言文件包含的记录怎么理解?

(9) C语言的标准输入流和标准输出流是指什么?

(10) C语言文件的绝对路径和相对路径有什么不同?

(11) 什么是顺序文件?什么是随机文件?

2. 填空题

(1) C语言中的文件在读写之前必须先(　　),在读写之后一般要(　　)。

(2) C语言中的文件创建成功的判断条件是一个FILE类型的指针(　　)。

(3) C语言中的文件的上一级目录用(　　)表示,当前目录用(　　)。

(4) C语言的格式化读函数fscanf或者字符行读函数fgets用于从键盘读对应的文件指针的参数是(　　)。

(5) fgets 函数与 gets 函数的不同是能否控制读入字符串的(　　)。

(6) 当 C 语言中的文件的内部指针指向文件末尾时,可以重新(　　)。

常见错误

- 以 w 模式打开一个想保留数据的现有文件,这会造成文件内容废弃却没有警告,产生逻辑错误。
- 在使用一个文件之前没有打开它是语法错误。
- 用错误的文件指针(FILE *)引用文件可能会产生逻辑错误。
- 以 r 模式打开一个不存在的文件不会报错,程序员必须自己检查 FILE * 是否为 NULL,否则可能会产生逻辑错误。
- 打开一个无访问权限的文件,操作系统会反馈无权访问的信息。
- 打开一个要写入数据的文件,磁盘上却没有剩余的空间,会产生没有足够的空间错误。

在线评测

注意:由于 ACM OnlineJudge 不支持文件操作,所以本章的题目,数据的文件输入与输出不能在线评测,但是可以采用输入输出重定向。作业仍然要通过网络在线提交。

1. 文件版的平面上点之间的距离

问题描述:

给定平面上的若干个点,设最多不超过 10 个点,求出各个点之间的距离。每个点用一对整数坐标表示,限定坐标在[0,0]~[10,10]内,如果输入数据超出范围则提示"out of range,try again!",输出点与点之间的距离。要求输入输出均使用文本格式的文件。

输入文件样例:

```
4
2 3
1 7
4 6
9 3
```

输出文件样例:

```
0.0 4.1 3.6 7.0
4.1 0.0 3.2 8.9
3.6 3.2 0.0 5.8
7.0 8.9 5.8 0.0
```

2. 文件版的最大最小值

问题描述:

编写一个程序,可以求任意一组整数的最大值和最小值。是多少个整数求最大最小在程序运行时由用户动态确定,这里由文件中的第一个行确定,第一行有一个数是整数的个数。接下来若干行具体的整数,可以每行 5 个或 10 个整数,每个整数之间一个空格。文件格式采用文本格式。

输入文件样例:

```
10
1 2 3 4 5 6 7 8 9 3
```

输出文件样例:

```
9 1
```

3. 文件版的求学生成绩平均值

问题描述:

某教师承担了某个班的教学工作,在一次测试之后,教师通常要把学生的成绩录入到计算机中保存起来,然后计算他所教班级的学生该课程的平均成绩值。试给教师写一个程序完成这样的工作。

输入文件样例:

```
65 65 65
```

输出文件样例:

```
3 65.0
```

4. 二进制文件的建立和加载

问题描述:

教师在每个学期期末的时候都要录入相关课程的成绩单,并进行相关的统计,成绩单的格式是一行一个学生的成绩,包括平时成绩、期中成绩、期末成绩、总评成绩。总评成绩是通过平时成绩、期中成绩、期末成绩按一定的百分比加权平均的结果,如平时20%、期中30%、期末50%。写一个程序建立某门课程成绩的二进制文件,学生人数不限。另外,再实现把该二进制文件加载到内存,打印包含全班平时成绩、期中成绩、期末成绩、总评成绩的平均值的成绩单。

输入样例:

```
input grades please: Ctrl- Z to finish
77 88 99
66 88 65
89 66 90
^Z
```

输出样例:

```
1  77    88    99    91.3
2  66    88    65    72.1
3  89    66    90    82.6
   77.3  80.7  84.7  82.0
```

5. 结构数据文件的建立和加载

问题描述:

编写一个函数save,实现把学生成绩结构数据保存为一个文件data5.dat,再写另一个函数load,实现加载已经保存在某一文件中的学生结构数据。测试之。

输入样例:

```
input grades please: Ctrl-Z to finish
aaaaaaaaa 001 78 56 66
bbbbbbbbb 002 89 78 76
ccccccccc 003 99 88 90
ddddddddd 004 99 77 93 ^Z
```

输出样例:

```
aaaaaaaaa 001 78 56 66 65.4
bbbbbbbbb 002 89 78 76 79.2
ccccccccc 003 99 88 90 91.2
ddddddddd 004 99 77 93 89.4
```

6. 文件记录的修改和更新

问题描述:

编写一个程序,实现对学生成绩结构数据文件的某条记录的姓名进行修改和更新。

输入样例:

```
input the record num you will
updated(1~4):2
bbbbbb 00002 22 33 77 52.8
new name:hhhhh
```

输出样例:

```
aaaaaa 00001 44 88 99 84.7
hhhhh 00002 22 33 77 52.8
cccccc 00003 77 88 99 91.3
dddddd 00005 55 88 55 64.9
```

7. 在文件中查找某个记录信息

问题描述：

编写一个程序，实现按学号在给定的学生结构数据文件中进行查找，找到后显示该条记录的内容，否则给出未发现该条记录的信息。

输入样例：

```
2
aaaaaa 00001 44 88 99 84.7
hhhhh 00002 22 33 77 52.8
input name:hhhhh
```

输出样例：

```
hhhhh 00002 22 33 77 52.8
```

8. 在文件中插入一条记录

问题描述：

编写一个程序，向某个学生成绩结构数据文件的指定位置插入一条新记录。

输入样例：

```
4
aaaaaa 00001 44 88 99 84.7
hhhhh 00002 22 33 77 52.8
cccccc 00003 77 88 99 91.3
dddddd 00005 55 88 55 64.9
input a record you want insert:
name,num,dailygrade,midgrad,endgrade
fffff 00007 88 99 67
input a position you want insert:1~4:3
```

输出样例：

```
5
aaaaaa 00001 44 88 99 84.7
hhhhh 00002 22 33 77 52.8
fffff 00007 88 99 67 80.8
cccccc 00003 77 88 99 91.3
dddddd 00005 55 88 55 64.9
```

9. 删除文件中的某一条记录

问题描述：

编写一个程序，把某个学生成绩结构数据文件指定位置的记录或指定内容的记录删除。

输入样例：

```
old file:
4
ggggg 00006 99 77 89 87.4
bbbbb 00002 88 79 77 79.8
ccccc 00003 87 66 79 76.7
aaaaa 00001 77 88 66 74.8
input a name in the record you want delete:
bbbbb
position will deleted record is 2
```

输出样例：

```
3
ggggg 00006 99 77 89 87.4
ccccc 00003 87 66 79 76.7
aaaaa 00001 77 88 66 74.8
```

10. 把文件中的数据记录排序

问题描述：

编写一个程序，把某个学生成绩结构数据文件的所有记录按照总评关键字段进行升序或降序排序。

输入样例：

```
old file:
4
aaaaa 00001 77 88 66 74.8
ggggg 00006 99 77 89 87.4
```

```
bbbbb 00002 88 79 77 79.8
ccccc 00003 87 66 79 76.7
```

输出样例：

```
4
ggggg 00006 99 77 89 87.4
bbbbb 00002 88 79 77 79.8
ccccc 00003 87 66 79 76.7
aaaaa 00001 77 88 66 74.8
```

思政案例

项目设计

1. 一个简单的银行账户管理系统

问题描述：

建立一个简单的银行账户管理系统。

2. 文件版的学生成绩管理系统

问题描述：

建立一个能够持久存储数据的学生成绩管理系统。

实验指导

第10章　位运算——低级程序设计

学习目标：

电子教案

- 理解位运算的基本特征；
- 学会位运算的基本用法。

在前面几章所解决的问题中，数据存储都是以数据类型对应的字节为单位进行处理的，不管是整型、浮点型还是自定义的结构构造类型都是如此。但是在编写系统程序（如编译器、操作系统、嵌入式系统）、实现加密解密算法、进行图形图像处理程序设计时常常要以二进制的"位"为单位表示信息，可能是一组二进制位，也可能就是一个二进制位，并通过对这些二进制位进行一些特别的逻辑运算，如按位与、按位或、按位异或、按位取反、按位左移、按位右移等达到某种特别的效果。但可以进行这种位运算的数据必须是整型数据（包括字符型），最好是针对无符号整型数据进行位操作。由于不同的硬件、不同的编译器、整型或者无符号整型数的大小是不同的，有的是2字节，有的是4字节，因此在进行位运算的时候必须针对不同的硬件进行。也就是说，位运算相关的程序设计一般是与硬件相关的，移植性较差，常称之为低级程序设计。本章主要讨论下面几个问题：

- 网络IP地址信息表示问题；
- 文本数据加密解密问题；
- 一个图形类型优化表示问题。

10.1　网络IP地址的表示

视频

问题描述：

写一个程序，把网络IP地址的4个字节对应的整数存储到一个无符号整数当中，反之从保存了网络IP地址的无符号整型表示中获得IP地址的各个字节对应的整数。

输入样例：

```
input four number of IP:
192 168 1 1
```

输出样例：

```
ip integer is= 3232235777:
IP: 192.168.1.1
```

问题分析：

互联网中的每台计算机都有一个IP地址。常用的IP是符合IPV4协议的4字节的IP地址，每个字节对应一个0～255的整数，如192.168.1.1、202.197.96.1等。如果把IP地址中的4个整数分别存放在不同的整型变量中，每个整型变量占2字节或4字节（与编译器有关），合起来就需要8字节或16字节。显然，分开存储IP地址的各个组成部分是空间上的浪费。一个无符号的长整型unsigned long占4字节，刚好可以存储一个IP地址，但必须把每个字节对应的整数放在长整型数的不同位置。我们的任务就是把组成IP地址的0～255的整数存储到某个无符号长整型数的不同位置上，反过来，还要能从存有IP地址的整型数中分离出IP地址的每一部分。例如,如果把整数192直接存储在一个unsigned long整型变量i中,它在内存中的存在形式是

```
00000000 00000000 00000000 1100000
```

192一般按小端(little endian)存储在低地址的8位中,它不会自动存储在我们希望的其他位置。怎么样才能把它放在最左端的8位里呢?一个非常直观的处理就是对其按位左移(有时需要右移)。

算法设计:

① 输入IP地址的4字节(第3,2,1,0字节)对应的数;
② 先把第3字节的数存入无符号整数IP;
③ 把IP左移8位,再与第2字节的数相加;
④ 类似的再左移8位,再与第1字节的数相加,再左移,再与第0字节的数相加;
⑤ 显示组合起来的4字节的整数;
⑥ 用按位与屏蔽掉IP的低8位,获得netID;
⑦ hostID=ip−netID;
⑧ 用右移或左移及减法运算从netID中分离各个字节:
第0个字节byte0:netID>>24;
第1个字节byte1:netID>>16位与byte0左移8位的差;
第2个字节byte2:netID>>8位与byte0左移16位的差再与byte1左移8位的差;
⑨ 输出IP地址。

程序清单10.1

源码10.1

```
#001 /*
#002 * ip.c: ip地址的组合与解组
#003 */
#004 #include<stdio.h>
#005 int main(void){
#006     unsigned long ip;
#007     unsigned int sect1,sect2, sect3, sect4;
#008     printf("input four number of IP:\n");
#009     scanf("%d%d%d%d",&sect1,&sect2,&sect3,&sect4);
#010     ip=sect1;
#011     ip=ip<<8;                              //然后把它左移8位,
#012     ip+=sect2;                             //再与sect2相加
#013     ip=ip<<8;                              //然后把它左移8位,
#014     ip+=sect3;                             //再与sect3相加
#015     ip=ip<<8;                              //然后把它左移8位,
#016     ip+=sect4;                             //再与sect4相加
#017     printf("ip integer is=%u:\n",ip);
#018     unsigned netMask=0xffffff00;           //从IP中分离出网络ID需用的掩码
#019     unsigned int netID;                    //高位的3个整数
#020     unsigned int hostID;                   //低位的1个整数
#021     netID=ip & netMask;                    //把IP屏蔽掉低8位
```

```
#022      hostID=ip-netID;
#023      //获得 netID 的每一个字节
#024      sect1=netID>>24;
#025      sect2=(netID>>16)-((long)sect1<<8);
#026      sect3=(netID>>8)-((long)sect1<<16)-((long)sect2<<8);
#027      sect4=0;
#028      printf("IP: %d.%d.%d.%d\n",sect1,sect2,sect3,hostID);
#029      return 0;
#030 }
```

10.1.1 按位左移或右移

C/C++允许把一个整型数据按位进行左移或右移，提供了**按位左移**（<<）和**按位右移**（>>）的位运算。按位右移和按位左移都是双目运算，它们的操作数必须是**整型数**（**包括字符型，以下同**）。设 a、b 均为整型数，则

```
a>>b 或 a <<b
```

的含义是把整型数 a 的二进制位全部向右移 b 位或向左移 b 位。

按位左移的规则是每向左移一位，符号位后的最高位都将被移出，如果移出的是非 0，则产生溢出，而另一端要补一个 0。

按位右移的规则是每向右移一位，最右端的一位都将被移出，如果移出的是非 0 则产生溢出，而另一端符号位后补一个 0。

【例 10.1】 把无符号整数 13 左移或右移 2 位。

```
unsigned i=13;              //i 是 13,00000000 00000000 00000000 00001101
unsigned j=i<<2;            //j 是 52,00000000 00000000 00000000 00110100,
//最左端移出了两个 0,右端补了两个 0
j=i >>2;                    //j 是 3,00000000 00000000 00000000 00000011
//最右端移出了 1(1 被溢出)和 0,左端补了两个 0
```

左端补 0 的按位右移称为**逻辑右移**。

注意：(1) 移位运算的优先级比算术运算的优先级低，例如 i<<2+1，则等同于 i<<(2+1)。

(2) 如果是有符号整数，符号位是保留的。

(3) 移位运算<<或>>不会改变操作数，i<<2 或 i>>2，i 不变。

【例 10.2】 把－65 左移 1 位和右移 1 位。

```
int n=-65;      //n 是-65,其二进制表示是 10000000 00000000 00000000 01000001
n<<1;           //n 是-130,其二进制表示是 10000000 00000000 00000000 10000010
```

这是因为，在计算机内部，负数是通过补码进行计算的。

```
     11111111 11111111 11111111 10111110     //先求-65 的反码
+    00000000 00000000 00000000 00000001     //再加 1
     11111111 11111111 11111111 10111111     //得-65 的补码
```

```
对补码左移1位        11111111 11111111 11111111 01111110     //溢出一个1,右端补一个0
移位结果再求补码      10000000 00000000 00000000 10000010     //即得-130
```

同样右移一位

```
    n>>1;          11111111 11111111 11111111 10111111     //n是-65,n的补码
对n的补码右移一位    11111111 11111111 11111111  11011111
                                              //右端溢出一个1,这时左端符号位后补1
移位结果再求补码      10000000 00000000 00000000 00100001     //结果为33
```

左端补1的按位右移称为**算术右移**。

从上面的例子可以看出,按位左移一位,如果最高位没有发生溢出,则可以使被操作数的绝对值扩大2倍;反之按位右移一位,如果有效数位没有发生溢出,则可以使被操作数的绝对值为1/2。因此**移位运算可以实现某种类型的乘法和除法运算**。

由于负数的位运算因实现方法不同而异,所以为了更好地保留可移植性,**最好仅对无符号整型数进行移位运算**。

【例10.3】 查看把char c='a'左移2位的结果和把unsigned short s=65535左移1位的结果。

这里要注意,当要移位运算的操作数不是整型或无符号整型时,要移位运算的操作数在移位运算时要先进行**整型提升**,即字符型、短整型等低于整型或无符号整型的数据要提升为整型或无符号整型。但移位之后赋值该类型时又会进行隐式的类型转换。实际上字符型、短整型的其他运算也蕴含着整型提升。在下面的程序中,a+b,s+2,a<<2,s<<1等在运算时a、b、s等都进行了整型提升,a、b提升为整型,s提升为无符号整型。

```
#001 #include<stdio.h>
#002 int main(void)
#003 {
#004     char a='a', b='c', c=a+b;          //a,b提升为int,但赋值时又转换为char
#005     unsigned short s=65535,t;
#006     t=s+2;                          //s提升为但赋值给t又转换为unsigned short
#007     printf("%d %d %d %d\n",             //注意a+b和s+2的字节数,不是1
#008         sizeof(a+b),sizeof(s+2),sizeof(c),sizeof(t));
#009     printf("%d %d\n",a=a<<2,a<<2);  //a提升为int,但赋值时又转换为char
#010     printf("%u %u\n",s=s<<1,s<<1);  //s提升为unsigned int,赋值时又转换
#011     return 0;
#012 }
```

运行结果:

```
4 4 1 2
-124 388
65534 131070
```

C/C++还支持位运算与赋值运算相结合的复合赋值运算 <<=和>>=等,例如:

```
int  a<<=2;                              //相当于 a=a<<2;
a >>=2;                                  //相当于 a=a>>2;
```

10.1.2 按位取反

一个整型数(含字符)可以进行**按位取反**(~)运算。它是单目运算,把操作数的二进制表示按位取反,即把1变成0,把0变成1。

【例10.4】 求无符号整数55按位取反的结果。

```
unsigned int a=55,c;
c=~a;                              //a按位取反
```

即

```
  a    00000000 00000000 00000000 00110111
 ~a    11111111 11111111 11111111 11001000         //c的值为0xFFFFFFC8
```

如果a是无符号的短整型,它在做按位取反运算时同样要**整型提升**。

【例10.5】 获得一个所有位都是1的整数。

```
int a=~0;                          //不管int是2字节还是4字节,a的所有位必定为1
```

【例10.6】 使一个整数除了后5位其他位均为1。

```
int a=~0x0000001f;                 //除了后5位其他位取反都为1
```

注意:取反运算的优先级高于下面要介绍的按位与、异或、或。它的优先级仅次于括号和下标运算。

10.1.3 按位与

两个整型数可以进行**按位与**(**&**)运算,即两个整型数的二进制表示按位对应地进行与运算。按位**与**的规则如同逻辑与一样,当两个对应位均为1时结果为1,其他对应情况结果均为0。**显然,一个二进制位与1与其值不变,与0与其值为0**。

【例10.7】 求两个无符号整数55和26按位与的结果。

```
unsigned int a=55,b=26,c;  c=a&b,
```

即

```
a      00000000 00000000 00000000 00110111
b      00000000 00000000 00000000 00011010
a&b    00000000 00000000 00000000 00010010          //c的值0x00000012,即18
```

从按位与运算的定义可以看出,**按位与运算具有特殊的屏蔽作用**,即可以通过一个特定的值把给定的整型数的某些位保留下来,其他位均置0,这个特定的值就是一个屏蔽,让希望保留的位置1其他位置0。

【例10.8】 求一个无符号整数的低8位。

例如unsigned int a=25915,要取出它的低8位,可以用b=255作为屏蔽,也称**掩码**(**mask**),因为它的低8位为1,其他位为0,所以

```
a      00000000 00000000 01100101 00111011
b      00000000 00000000 00000000 11111111
```

```
a&b   00000000 00000000 00000000 00111011
```

a 的高 8 位被 0 屏蔽,低 8 位遇 1 通过保持不变。

【例 10.9】 把一个无符号整数转换为二进制。

可以通过一个屏蔽 temp＝1＜＜31,temp 的值为 10000000 00000000 00000000 00000000,把任意给定的无符号整数 x 转换为对应的二进制形式,代码如下:

```
unsigned x;
scanf("%u",&x);                    //输入一个无符号整数
for(i=1;i<=32;i++){
putchar(x&temp? '1': '0');         //每次与的结果只有最高位
x=x<<1;                            //把 x 左移一位,原来的最高位移走,下一位升到最高位
}
```

同样,有按位与和赋值运算结合的复合赋值运算(～＝)。

【例 10.10】 把一个整数的第 4 位清 0。

设有

```
int a=0x000000ff;
```

用按位取反表达一个第 4 位(注意从第 0 位开始)为 0 其他为位 1 的掩码

```
~0x00000010;
```

然后跟 a 按位与

```
a &=~ 0x00000010;                  //保证把第 4 位清 0
```

一般来说,要把第 j 位清 0

```
a &=~(1<<j);
```

【例 10.11】 测试整数的某位是否被设置。

设有

```
int a=0x0000ff35;
```

测试它的第 5 位是否被设置

```
if(a & 0x00000020)  …     //00000000 00000000 00000000 00100000
```

【例 10.12】 获取一个整数的几个二进制位。

设有

```
int a=0x0000ff35,b;
```

获取 a 的第 0 位到第 2 位

```
b=a & 0x00000007;
```

如果获取的位域位于中间某个位置,要先移位到最右端,如要获取第 4 位到第 6 位,则

```
b=(a>>4) & 0x00000007;
```

10.2 加密解密问题

思政案例

视频

问题描述：

编写一个程序，对输入的文字信息进行加密和解密，加密的方法是用密钥——一个特别的字符'&'对原始数据进行一种特别的位运算——异或，使原始数据的文字隐藏。加密之后输出加密的结果，解密之后输出原始信息。

输入样例(加密)：

```
Hello,Welcome to China!
My Telphone Number is 18605918688
^Z
```

输出样例(加密)：

```
nCJJI,qCJEIKC RI eNOHG!
k_ rCJVNIHC hSKDCT OU 18605918688
```

输入/输出重定向：

加密：

```
xor<msg.txt> msgxor.txt
```

解密：

```
xor <  msgxor.txt  > msg2.tx
```

问题分析：

信息加密与解密有着悠久的历史，已经逐渐发展成为一门学问——密码学，它是数学和计算机科学的重要分支。下面先介绍几个基本术语。

明文：未加密的信息、原始信息，可能是文字，也可能是声音、视频、图片等，信息内容裸露给读者。

密文：明文经过加密处理的结果，明文的内容被隐藏，表面看来似是而非。

密钥：用于加密和解密的数据。

加密：将明文变为密文的过程，用某种方法伪装信息以隐藏其内容的过程。

解密：加密的逆过程。

本问题是一个简单的加密解密问题，加密的对象(明文)是文字信息，加密的方法是使用简单的密钥'&'对文字进行按位异或运算，所谓的按位异或运算规则就是二进制位相同时结果为0，二进制位不同时结果为1，这样异或的结果明文就会被伪装起来，转换成与原文完全不同的信息。例如字符'H'与'&'异或的结果是字符'n'，字符串"Hello"逐个与密钥'&'异或之后变成"nCJJI"。这种方法应用于数字字符有可能产生错误，因为数字字符与密钥'&'异或之后会变成某个不可见的控制字符，这在有些操作系统中会引发错误。因此为了避免出错，原始字符是回车符或加密之后的字符是控制字符时将保持不变，即只有非控制字符和非数字字符才被用密钥加密。一个字符是否是控制字符可以用函数 iscntrl 判断。

算法设计(加密解密通用算法)：

① 读一个字符到 orig_char 中；

② 如果 orig_char 不是结束字符，则与 KEY 异或得 new_char 否则转⑥；

③ 如果 new_char 不是控制字符输出 new_char；

④ 否则输出 orig_char；

⑤ 重复步骤①～④；

⑥ 结束。

源码 10.2

程序清单 10.2

```
#001 /*
#002 * xor.c: 用位异或实现简单的字符数据加密
#003 */
#004 #include<ctype.h>
#005 #include<stdio.h>
#006 #define KEY '&'                                      //'&'为密钥字符
#007 int main(void){
#008      int orig_char, new_char;
#009     while((orig_char=getchar())!=EOF){              //ctrl-z 结束
#010         new_char=orig_char^KEY;                     //输入的字符与'&'异或
#011 if(iscntrl(orig_char)|| iscntrl(new_char))         //数字字符与'&'异或之后为控制符
#012             putchar(orig_char);                     //输入控制字符和数字保持不变
#013         else
#014             putchar(new_char);                     //输入非控制字符,非数字取异或的结果
#015      }
#016      return 0;
#017 }
```

10.2.1 按位或

两个整型数可以进行**按位或**(|)运算,即两个整型数的二进制表示按位对应地做或运算。或的规则如同逻辑或一样,当两个对应位有一个为1,结果即为1,其他对应情况结果为0。**显然,一个二进制位与0或其值不变,与1或其值为1。**

【例 10.13】 设有无符号整数 a=55,b=26,求它们按位或的结果。

```
unsigned int a=55,b=26,c;
```

则a和b按位或为

```
c=a|b;
```

即

```
a     00000000 00000000 00000000 00110111
b     00000000 00000000 00000000 00011010
a|b   00000000 00000000 00000000 00111111           //c的值为0x0000003F,即63
```

【例 10.14】 设置整数某位的值为1。

假设要设置整数a的第4位,用第4位为1的掩码与a按位或运算即可。

```
unsigned int a=0x00000000;
a |=0x00000010;                       //与第4位为1的掩码按位或,这里|=是复合赋值运算
```

【例 10.15】 修改一个整数的某个位域。

设 int a=0x0000ff35,将二进制101存入a的第4位到第6位。

首先要用按位与清除,再使用按位或存入:

```
a=a & ~0x00000070 | 0x00000050
```

或者更一般地,假设 j=5:

```
a=(a & ~0x00000070 | (j<<4)
```

注意:移位运算符的优先级高于 & 和|的优先级,因此上面的括号可以省略。

【例 10.16】 用一个整数表示 rgb 颜色,反之从整数获取其 rgb 颜色。

```
#define RGB(r,g,b)  ((r) | ((g)<<8) | ((b)<<16))  //r g b 位于低中高位
unsigned color=RGB(255,133,122);
printf("color:%d\n",color);                       //输出颜色的整数值
printf("b:%d\n",color>>16);                       //输出 b
printf("g:%d\n",(color & 0x00ff00)>>8);           //输出 g
printf("r:%d\n",(color & 0x0000ff));              //输出 r
```

10.2.2 按位异或

两个整型数可以进行**按位异或**(^)运算,即两个整型数的二进制表示按位对应地做**异或**运算。**异或**的规则为,当两个对应位有一个为 1,另一个为 0 时,异或结果为 1,否则结果均为 0。**显然,一个二进制位与 0 异或其值不变,与 1 异或其值取反**。

【例 10.17】 求无符号整数 55 和 26 按位异或的结果。

```
unsigned int a=55,b=26,c;c=a^b;
```

即

```
  a    00000000 00000000 00000000 00110111
  b    00000000 00000000 00000000 00011010
a^b    00000000 00000000 00000000 00101101     //c 的值为 0x002D,即 45
```

显然有

```
a=(a^b)^b;
```

【例 10.18】 使用按位异或运算把两个无符号整数的值交换。

```
设 unsigned a=a1, b=b1;                 //a1 和 b1 是常量
a=a^b;                                   //a 为 a1^b1,b=b1
b=a^b;                                   //b=a1^b1^b1,结果 b=a1
a=a^b;                                   //a=a1^b1^a1=b1^a1^a1,结果 a=b1
```

最终的结果为 a=b1,b=a1。

10.3 一个图形类型优化问题

视频

问题描述:

使用尽可能少的存储空间,设计一个结构类型用来表示图形中的 LINE,LINE 包括的属性信息是:

状态信息——表示 line 是否处于使用状态或者是否处于激活状态,它是一个逻辑值。

颜色信息——颜色范围假设只有 16 种颜色。

线型信息——线型假设实线、虚线、点画线等 8 种。

位置信息——线的起始坐标,假设用单精度的实数表示。

键盘输入或文件读入一组线类型的数据存入一个线数组中,然后分别显示状态信息为真和假的线。

输入样例:

```
pls input your lines:
status color style x1 y1 x2 y2
status:0 or 1
1
color:0~15
2
style:0~7
3
pos:x1,y1,x2,y2
2 3 1 3
status:0 or 1
0
color:0~15
4
style:0~7
2
pos:x1,y1,x2,y2
3 3 4 2
status:0 or 1
1
color:0~15
6
style:0~7
2
pos:x1,y1,x2,y2
3 4 5 6
status:0 or 1
0
color:0~15
4
style:0~7
5
pos:x1,y1,x2,y2
7 6 2 3
status:0 or 1
^Z
```

输出样例:

```
1 2 3 2.0 3.0 1.0 3.0
1 6 2 3.0 4.0 5.0 6.0
0 4 2 3.0 3.0 4.0 2.0
0 4 5 7.0 6.0 2.0 3.0
```

问题分析:

我们曾经简单地定义过 POINT 结构表示点(当时只考虑了点的位置坐标信息),它是最基本的几何图形。除了点之外还有线段、弧、圆等多种基本的几何图形,都可以定义相应的结构类型表示它们。几何图形除了位置坐标信息之外,还有颜色、线型(点也有各种各样的点)等其他辅助信息,如果有很多几何图形需要操作,还可以用一个状态信息表示其状态。如果不考虑存储空间,可能会很快地给出线几何图形的结构定义:

```
struct Line{
   int status;
   int color;
   int style;
   float x1,y1,x2,y2;
};
```

但这个结构的状态、颜色、线型成员的数据范围都很小,用 32 位的整型数据比较浪费,当存储空间比较紧张的时候，这样定义显然不够好，前3个属性成员要占用12个字节，96个二进制位。

C/C++允许在一个整型存储空间中指定其中的几位来存储一个结构属性成员的数据。线的状态只有两种可能，用一个二进制位即可表达，为0时表达一种状态，为1时表达另一种状态。线的颜色是16种，用4个二进制位即可表达，即用0000、0001、0010、0011、0100、0101、0110、0111、1000、1001、1010、1011、1100、1101、1110、1111表达16种不同的颜色。线的样式只有8种类型，用3个二进制位即可表达，即000、001、010、011、100、101、110、111表达8种不同的线型。这种用指定的二进制位数表示属性成员的方法称为位段。使用位段可以给出一个优化的线结构类型定义如下：

```
typedef struct Line{
  unsigned status:1;
  unsigned color:4;
  unsigned style:3;
  unsigned unused:24;
  float x1,y1,x2,y2;
}LINE;
```

用这样的LINE创建的对象，其中3个属性成员仅占用1个字节中的8位，还有24个二进制位备用。

算法设计：

① 输入LINE对象的属性数据；

② 如果输入的状态属性!=EOF，继续转①输入，否则；

③ 显示状态为真的线；

④ 显示状态为假的线。

程序清单 10.3

源码 10.3

```
#001 /*
#002 * line.c:  用位段表示 LINE 线结构
#003 */
#004 #include<stdio.h>
#005 #define SIZE 100
#006 typedef struct Line{
#007     unsigned status:1;
#008     unsigned color:4;
#009     unsigned style:3;
#010     unsigned unused:24;
#011     float x1,y1,x2,y2;
#012 }LINE;
#013 int main(void){
#014     LINE line[SIZE];
#015     int i=0,temp,k=0;
#016     printf("pls input your lines:\nstatus color style x1 y1 x2 y2\n");
#017     printf("status:0 or 1\n");
#018     while(scanf("%d",&temp)!=EOF){
#019         line[i].status=temp;
```

```
#020        printf("color:0~15\n");
#021        scanf("%d",&temp);
#022        line[i].color=temp;
#023        printf("style:0~7\n");
#024        scanf("%d",&temp);
#025        line[i].style=temp;
#026        printf("pos:x1,y1,x2,y2\n");
#027    scanf("%f%f%f%f",&line[i].x1,&line[i].y1,&line[i].x2,&line[i].y2);
#028        k++;i++;
#029        printf("status:0 or 1\n");
#030    }
#031    for(i=0;i<k;i++)
#032        if(line[i].status==1)
#033        printf("%d %d %d %.1f %.1f %.1f %.1f\n",
#034                line[i].status,line[i].color,line[i].style,
#035                line[i].x1,line[i].y1,line[i].x2,line[i].y2);
#036    for(i=0;i<k;i++)
#037        if(line[i].status==0)
#038        printf("%d %d %d %.1f %.1f %.1f %.1f\n",
#039                line[i].status,line[i].color,line[i].style,
#040                line[i].x1,line[i].y1,line[i].x2,line[i].y2);
#041    return 0;
#042 }
```

10.4 位　　段

C/C++虽然可以用位运算操作一个整数的位域,参见10.1.3节和10.2.1节,但不易操作。C/C++提供了一种比较易于操纵位域的方法,即把结构的成员声明为位域。

另外,计算机的内存资源总是有限的,特别是嵌入式系统或单片机的内存更加稀缺,程序员在程序开发时必须尽可能减少内存开销。C/C++允许对结构或联合中的unsigned和int(含字符型)类型的成员,指定存储它们的位数,即把成员定义成“位段”(bit field)或者称“位域”,这样就可以用很少的几个二进制位存储某些数据了,从而更好地利用内存。下面通过几个例子看看位段成员的结构如何定义和使用。

【例10.19】 日期的位段定义。

对于日期,如果用普通的结构定义,日期的年月日成员如果都用整型,则日期类型的数据要占用12个字节96个二进制位的空间,但是如果用位段定义,可以减少很多。因年如果限于千年之内,$2^{12}=4096$,因此12位就可以表示数千年,月只有12个月,用4位足矣,日最多31天,用5位就够了,因此年月日3个成员加起来才21位。

```
typedef struct date{
    unsigned year:12;              //每个成员必须是整型,要有一个名字和占用的二进制位数
    unsigned month:4;
    unsigned day: 5;
}DATE;
```

从上面的定义可以看出，位段结构定义的方法和普通结构的定义基本相同，访问它的成员方法也是一样的。例如：

```
DATE d1;
d1.year=2014;
d1.month=10;
d1.day=1;
```

位段定义也有一些特殊情况：

位段成员如果没有命名，相当于跳过那个位段。

位段成员不仅没有名字，而且被分配0位，则下一个成员将从新的存储空间开始。

例如：

```
typedef struct date{
   unsigned year:12;          //每个成员必须是整型,要有一个名字和占用的二进制位数
   unsigned month:4;
         unsigned:11;         //或者 unsigned: 0。前者 sizeof(DATE)的值为 4
   unsigned day: 5;           //如果是无名的成员 0 位,则 day 成员从下一个整型空间开始
}DATE;
```

另外需要注意，位段不能取地址，因此不能直接对位段成员使用scanf函数键盘输入数据。例如：

```
scanf("%u",&d1.year);         //使用 & 取位段成员的地址是错误的
```

【例 10.20】 定义一个结构类型，既可以用字节为单位访问它，也可以按位段的位访问它。

先定义一个位段结构，每个位段只有1位，再定义一个位段结构和字节成员的联合，使得它们彼此共享一个字节，这样就可以用不同的方式访问这个字节了。请看下面的程序代码。

```
#001 typedef struct Bit{
#002      unsigned b0:1;
#003      unsigned b1:1;
#004      unsigned b2:1;
#005      unsigned b3:1;
#006      unsigned b4:1;
#007      unsigned b5:1;
#008      unsigned b6:1;
#009      unsigned b7:1;
#010 } BIT;
#011 typedef union Test{
#012      char newByte;           //1 字节
#013      BIT newBit;             //8 位
#014 } TEST;
#015 int main(void) {
#016      TEST testByte;
```

```
#017     testByte.newByte=0x0;
#018     testByte.newBit.b3=1;     //把第 4 位设置为 1,可以设置更多的位或清除某些位
#019     printf("%d\n",testByte.newByte);    //这里应该输出 8,不同的设置有不同的结果
#020     return 0;
#021 }
```

小　　结

C语言不仅支持高级的结构化模块化程序设计,还支持比较底层的位运算。可以对整型数据进行按位逻辑运算,包括与、或、异或和非等运算,还可以进行按位左移、右移等运算。甚至可以把位组合起来形成位段再由若干位段组合成结构类型。很多实际问题都可以用位运算很好地表达出来,如加密解密、图像处理、嵌入系统驱动程序等。例如,在数码管显示程序中,每个数码管要显示的数字都对应了一组0、1,0、1的不同组合,表示不同的数字,把这些0、1按位存储到数据寄存器中,实际上就是对应芯片管脚的高电平或低电平控制,这种控制往往只需要简单地按位赋值、按位左移或右移、按位或、按位与、按位非等运算。大家在后续的单片机原理、嵌入式系统开发等课程中应该能看到很多问题的求解都离不开位运算,会体会到位运算的强大威力和作用。

概念理解

1. 简答题

(1) 什么是位运算?它有什么意义?

(2) 按位与运算 & 和逻辑与运算 && 有什么不同?

(3) 按位与和按位或运算具有什么特殊作用?

(4) 按位异或运算具有什么特殊作用?

(5) 什么是位段?它有什么意义?

2. 填空题

(1) 只有(　　)数据才可以进行位运算。

(2) 按位左移1位可以把整数扩大(　　),前提是没有溢出。

(3) 按位右移1位可以把整数缩小(　　),前提是没有溢出。

(4) 在位运算时起屏蔽作用的位码称为(　　)。

(5) 一个整数按位异或另一个整数两次其结果(　　)。

常见错误

- 逻辑与和按位与混淆可能造成逻辑错误。
- 逻辑或和按位或混淆可能造成逻辑错误。
- 没有注意到位运算的优先级造成逻辑错误。
- 移位运算的右操作数是负值或大于左操作数结果是不能确定的。

- 试图像访问数组元素那样访问位段中的某个位是语法错误。
- 试图取位段的地址是语法错误。

在线评测

1. 按位打印无符号整数

问题描述：

写一个能够按位显示无符号整数的函数 void displayBits(unsigned value)，该函数输出的二进制位每 8 位用一个空格分隔，测试之。提示：注意无符号整数的位数，这与系统有关，你的函数能否兼顾整数的字节数是 2 和 4 的两种情况的系统。

输入样例：

```
pls enter an unsigned integer:
65000
```

输出样例：

```
65000: 11111101 11101000
```

2. 判断给定的整数是不是 2 的整数次幂

问题描述：

写一个能够判断整数是不是 2 的整数次幂的函数 int is2exp(int n)，测试之。

输入样例：

```
256
```

输出样例：

```
1
```

3. 把字符包装到无符号整型变量中

问题描述：

使用左移运算把 4 个字符包装到一个 4 字节的无符号整型变量中。方法是：先把第一个字符赋值给无符号整型变量，然后把变量左移 8 位，再用按位或运算把该变量和第二个字符组合在一起，以此类推，把第三、四个字符组合起来。写一个函数 packCharacters(char c[ ])，把 4 个字符传递给它。为了证实它们被正确地包装到无符号整型变量中，按位把字符包装前和包装后的值打印出来。

输入样例：

```
abcd
```

输出样例：

```
Before packing: 01100001 01100010 01100011 01100100
Packed result: 01100001 01100010 01100011 01100100
```

4. 把包装到无符号整型变量中的字符解包装

问题描述：

用右移运算、按位与运算和屏蔽字编写一个函数 unpackCharacters，参数是 4 个字符组合而成的无符号整型变量。该函数把无符号整数解包成 4 个字符。解包方法是：把参数传递的无符号整数和屏蔽字(11111111 00000000 00000000 00000000)按位与结合，将结果再右移 24 位，把所得的值赋值给一个字符变量。类似地，再把这个无符号整数和屏蔽字(00000000 11111111 00000000 00000000)按位与相结合，结果右移 16 位，再把值赋给第 2 个字符变量，以此类推。同样，为了证实解包的正确，把解包前后的值都按位打印出来。

输入样例:

```
1633837924
```

输出样例:

```
Unpacking before: 01100001 01100010 01100011 01100100
Unpacked result:
a: 01100001
b: 01100010
c: 01100011
d: 01100100
```

5. 用位段表示扑克牌信息

问题描述:

定义一个牌结构 bitCard,它包括三个成员,每个成员只占无符号整型数的几位。一个无符号整型变量中的 4 位取名 face(表示牌面值,取值 1,2,…,13 表示 A,2,3,…,J,Q,K),2 位取名 suit(表示花色,取值 0,1,2,3 表示方块,红桃,梅花,黑桃),1 位取名 color(表示牌的颜色,取值 0、1,表示红、黑)。要求定义一个函数 void fillCards(CARD deck[ ]),生成一副新牌,定义另一个函数 void printCards(CARD deck[ ]),按照输出样例的格式打印这副牌。其中 CARD 是由 typedef struct bitCard CARD 定义的别名。

输入样例:

无

输出样例:

```
Card:  1 Suit: 0 Color: 0 Card:  1 Suit: 2 Color: 1
…
Card: 13 Suit: 0 Color: 0 Card: 13 Suit: 2 Color: 1
Card:  1 Suit: 1 Color: 0 Card:  1 Suit: 3 Color: 1
…
Card: 13 Suit: 1 Color: 0 Card: 13 Suit: 3 Color: 1
```

项 目 设 计

1. 数码管显示

问题描述:

LED 数码管显示(如图 10.1 所示)是单片机利用 I/O 口进行数据显示的一种方法。AVR 单片机是 1997 年由 ATMEL 公司研发出的增强型内置 Flash 的 RISC (Reduced Instruction Set CPU(精简指令集高速 8 位单片机),以 ATMEGA16 芯片为例,轮流在 4 位数码管上显示 0~3000 的整数,下面程序中的 LEDShow 函数先把一个整数的个位、十位、百位、千位分离开来,然后点亮对应的数码管,这种显示方法称为动态扫描显示方法。大家研究一下这个示例程序,有条件的可以到嵌入式实验室,真正体验一下数码管显示是如何通过单片机控制的。

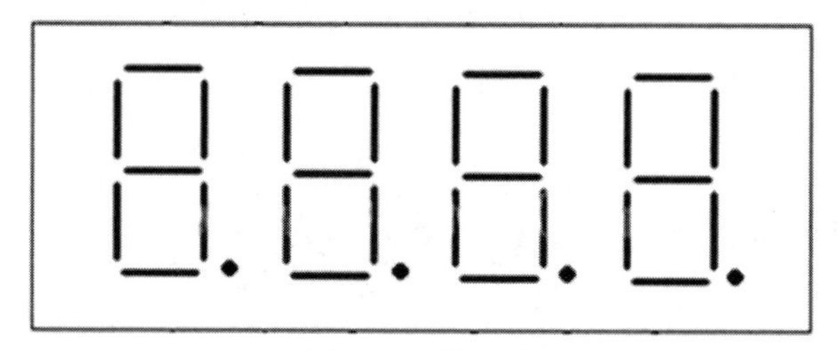

图 10.1　数码管

程序清单 10.4

源码 10.4

```
/*
*     Ledshow.c
*/
#001 #include<avr/io.h>           /* ATmega16芯片的头文件 iom16.h 包含在 io.h 中 */
#002 #define uchar8 unsigned char
#003 //对应 0,1,2,3,4,5,6,7,8,9 的编码,如 0 的编码是 0x3f 即 00111111,
     //其中 1 对应高电平,0 对应低电平
#004 const uchar8 LedNum[ ]={0x3f,0x06,0x5b,0x4f,0x66,0x6d,0x7d,0x07,0x7f,0x6f};
#005 void delay()
#006 {
#007     int i;
#008     for(i=0;i<600;i++);
#009 }
#010 void LEDShow(int num)
#011 {
#012     uchar8 i, tmp, curnum;
#013     int tmpnum;
#014     tmp=0xef;                   //11101111
#015     tmpnum=num;
#016     for(i=0;i<4;i++)
#017     {
#018       curnum=tmpnum% 10;        //分离出个位
#019       tmpnum=tmpnum/10;         //取出十位以上的各位
#020       PORTA =tmp;               /* 8 位寄存器操作,PA0~ PA7 管脚对应的 */
#021       PORTC =LedNum[curnum];    //对应数字的编码
#022       delay();
#023       tmp=(tmp<<1)+0x1;         /* 位操作 */
#024     }
#025 }
#026 int main(void)
#027 {
#028     int num;                    /* 要显示的数字 */
#029     char count=0;
```

```
#030    DDRC =0xff;                    /* I/O方向寄存器操作 */
#031    DDRA =0xff;
#032    num=0;
#033    while(1) {
#034      LEDShow(num);
#035      count++;
#036      if(count>40){
#037         num++;
#038         count=0;
#039      }
#040      if(num>3000)
#041      num=0;
#042      delay();
#043    }
#044    return 0;
#045 }
```

在试验过程中,可以对程序中的数据做适当的修改,测试不同的效果。图10.2是数码管显示的基本原理,读者可以把它与程序清单中的代码加以对照,这样有助于理解程序。

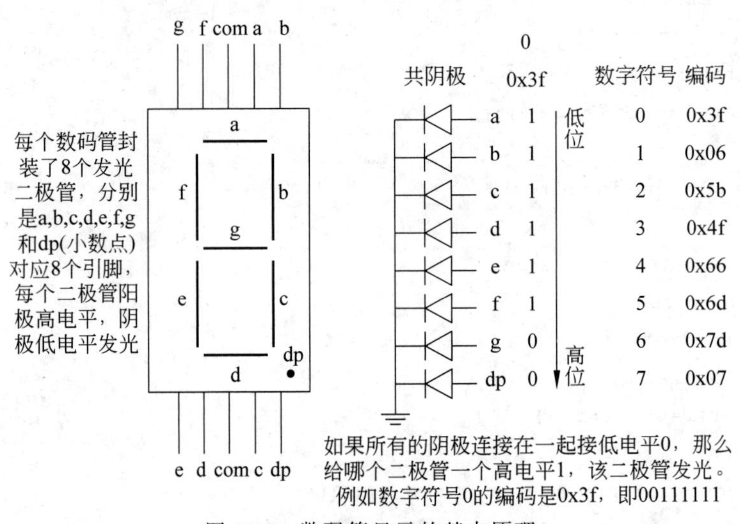

图10.2　数码管显示的基本原理

如果没有单片机,也可以通过软件进行仿真实验。这里介绍两款软件。

一款软件是Atmel Studio 6.2(官网 http://www.atmel.com/tools/ATMELSTUDIO.aspx),它是一个免费的集成开发环境,支持多种Atmel MCU(从8位到32位)应用程序的开发和调试,它支持C/C++甚至是汇编程序设计。该集成开发环境是与Visual Studio 2010开发环境一致的,因此建立工程,编译链接调试等都比较方便,要特别注意,每个应用程序要在设备对话框中选择或更改需要的MCU,程序清单对应的实现选择的芯片是ATmega16,在程序中应嵌入相应的头文件。在Atmel Studio环境下调试开发成功之后,会生成一个.hex文件。

另外一款软件是Proteus ISIS,它是英国Labcenter公司开发的电路分析与实物仿真软件(http://www.labcenter.com/index.cfm),支持主流单片机系统的仿真。使用proteus ISIS,设计数码管显示电路,设计相关的驱动程序,就可以进行各种模拟仿真。对于数码管动态扫描显示问题,如果选择ATmega16芯片、数码管以及一些必需的元件,进行电路设计,加载事先写好的驱动程序,即可模拟仿真,当然这要学习相关的课程才能完成。

实验指导

附录 A　C 语言的关键字

auto	break	case	char	const
continue	default	do	double	else
enum	extern	float	for	goto
if	int	long	register	return
short	signed	sizeof	static	struct
switch	typedef	union	unsigned	void
volatile	while			

附录 B　ASCII 码

		0H	1H	2H	3H	4H	5H	6H	7H
高位 低位		000	001	010	011	100	101	110	111
0H	0000	NUL	DLE	SP	0	@	P	'	p
1H	0001	SOH	DC1	!	1	A	Q	a	q
2H	0010	STX	DC2	“	2	B	R	b	r
3H	0011	ETX	DC3	#	3	C	S	c	s
4H	0100	EOT	DC4	$	4	D	T	D	t
5H	0101	ENQ	NAK	%	5	E	U	e	u
6H	0110	ACK	SYN	&	6	F	V	f	v
7H	0111	BEL	ETB	‘	7	G	W	g	w
8H	1000	BS	CAN	(	8	H	X	h	x
9H	1001	HT	EM	)	9	I	Y	i	y
AH	1010	LT	SUB	*	:	J	Z	j	z
BH	1011	VT	ESC	+	;	K	[	k	{
CH	1100	FF	FS	,	<	L	\	1	|
DH	1101	CR	GS	_	=	M	]	m	}
EH	1110	SO	RS	.	>	N	^	n	~
FH	1111	SI	US	/	?	O	-	o	DEL

注：表中 128 个字符的 ASCII 码的最高位均为 0，如果为 1，则是另外 128 个扩展的 ASCII 码，对应的字符为一些制表符等。表中的行对应了 ASCII 码的十六进制和二进制的低 4 位，列对应了十六进制和二进制的高 3 位，高位与低位组合在一起就是一个 ASCII 码，例如，41H 或 100 0001 即 0100 0001，它所表示的字符是交叉位置的'A'，很容易换算出每个 ASCII 码十进制表示，例如'A'的十进制 ASCII 码为 65。

附录C　C运算符的优先级与结合性

C语言运算符的优先级分为15级，数字越大优先级越低，具有最高优先级的运算符是括号，具有最低优先级的运算是逗号运算。总计44个运算符，有9个单目运算符、33个双目运算符和1个三目运算符，还有几个特殊的运算符如()、[ ]等。

优先级	运 算 符	含　　义	运算类型	结合方向
1	() [ ] -> .	小括号运算符 下标运算符 指向结构成员运算符 结构成员运算符		自左至右
2	! ~ ++ -- - (类型) * & sizeof	逻辑非运算符 按位取反运算符 自增运算符 自减运算符 负号运算符 类型转换运算符 指针运算符 取地址运算符 求类型长度运算符	单目运算	自右至左
3	* / %	乘法、除法、求余运算符	双目运算、算术运算	自左至右
4	+ -	加法、减法运算符	双目运算、算术运算	自左至右
5	<< >>	左移、右移运算符	双目运算、位运算	自左至右
6	< <= > >=	小于、小于或等于 大于、大于或等于	双目运算 关系运算	自左至右
7	== ! =	判等运算符、判不等运算符	双目运算	自左至右
8	&	按位与运算符	双目运算、位运算	自左至右
9	^	按位异或运算符	双目运算、位运算	自左至右
10	|	按位或运算符	双目运算、位运算	自左至右
11	&&	逻辑与运算符	双目运算、逻辑运算	自左至右
12	||	逻辑或运算符	双目运算、逻辑运算	自左至右
13	?:	条件运算符	三目运算	自右至左

续表

<table>
<tr><th>优先级</th><th>运 算 符</th><th>含 义</th><th>运算类型</th><th>结合方向</th></tr>
<tr><td>14</td><td>=
+=
-=
*=
/=
%=
>>=
<<=
&=
^=
|=</td><td>赋值运算符</td><td>双目运算</td><td>自右至左</td></tr>
<tr><td>15</td><td>,</td><td>逗号运算符(顺序求值运算符)</td><td></td><td>自左至右</td></tr>
</table>

注意:单目运算符和赋值运算符的结合性是右结合的,其余都是左结合的。

附录 D　C++ 版的 HelloWorld!

C 语言和 C++ 语言都支持几乎同样的结构化程序设计。C 语言的源程序文件可以直接把它的后缀.c 修改为.cpp，程序的代码无须任何修改就变成 C++ 语言的源程序。换句话说，C 语言中的变量类型、三种程序结构（分支、选择、循环）、函数相关的内容在 C++ 程序中几乎是一样的，还有 C 语言的复合数据类型：数组、结构、联合、枚举也同样可以使用，甚至 C 语言的标准输入输出和文件操作在 C++ 程序中都**可以不用改变**。当然，C++ 的标准输入和标准输出、文件操作、函数、结构等方面有与 C 语言完全不同的内容或处理方式。更重要的是，C++ 还支持面向对象编程、泛型编程等。限于篇幅，这里仅通过一个最基本的程序，介绍一下 C++ 的输入和输出。掌握了 C++ 的基本输入输出之后，就可以把本书的例题或习题用 C++ 语言实现了。

程序清单 D.1

```
#001 /*
#002 * hello.cpp
#003 */
#004 #include<iostream>
#005 using namespace std;
#006 int main()
#007 {
#008     cout <<"HelloWorld!" <<endl;
#009     return 0;
#010 }
```

注意：标准的 C++ 程序的编译，需使用 g++ 编译器，请参考本书配套的习题解答与实验指导。

D.1　C++ 的头文件

程序清单 D.1 中＃004 行，用预处理命令＃include 嵌入了一个文件 iostream，它是与 C 语言中 stdio.h 的功能类似的一个头文件，但这里没有后缀.h。C++ 语言除了有一套像 iostream 这样的全新的头文件之外，还可以使用 C 语言的头文件，但在写法上稍有不同，例如 C 语言的 math.h，在 C++ 中可以写成 cmath（文件名前添加了一个 c，去掉了后缀.h），当然使用 math.h 也是完全可以的。程序清单 D.2 的 C++ 程序中使用了标准 C 语言中的数学库中的平方根函数 sqrt，因此要包含头文件 math.h 或 cmath。任何 C 语言标准库中的函数都可以用在 C++ 程序中，因此任何 C 语言的头文件都可以包含在 C++ 的源程序中。

程序清单 D.2

```
#001 /*
```

```
#002 * sqrttable.cpp
#003 */
#004 #include<iostream>
#005 #include<cmath>          //或者<math.h>
#006 using namespace std;
#007 int main()
#008 {
#009    for(int i= 1;i<= 10;i++)
#010        cout<<i<<" : "<<sqrt(i)<<endl;
#011     return 0;
#012}
```

D.2 命名空间

为了避免命名的冲突,C++提供了命名空间(namespace)机制。使用某个名字(变量名、函数名、宏定义等)是相对于某个命名空间而言,这就像两个人名字相同一样,如果不限定范围,就会造成冲突。大型应用系统往往由许多人完成,由多个子系统构成,命名冲突是一种潜在的危险。

例如,假设有两个子系统(库)sub1 和 sub2 都有整型变量 inflag,可以分别定义各自的命名空间包含它们的名字。

```
namespace sub1 {
    int intflag;
    void func1(int);
}
namespace sub2 {
    int intflag;
    void func2(int);
}
```

定义好了命名空间之后就可以在任何地方使用了,只要声明它是哪个命名空间的就可以了。声明的方法有两种:一是在使用时用域运算符"::"限定;二是使用之前先用 using 语句声明,看下面简单的例子。

```
sub1::inflag=3;
sub2::inflag=-3;
```

或者

```
using sub1::inflag;
using sub1::func1;
inflag = 3;                  //命名空间 sub1 中的 inflag
func1(2);
sub2::inflag= -3;            //命名空间 sub2 中的 inflag
```

或者

```
using namespace sub1;
inflag = 3;                          //命名空间 sub1 中的 inflag
func1(2);                            //命名空间 sub1 中的 func1
sub2::inflag= -3;                    //命名空间 sub2 中的 inflag
```

标准 C++ 的命名空间是 std,要使用 C++ 命名空间中定义的各种标识符,最简单的做法就是在使用之前用 using 语句声明所用的命名空间:

```
using namespace std;
```

见程序清单 D.1 的 #005 行和程序清单 D.2 中的 #006 行。不过前两种方法也是很常用的,经常有下面的代码:

```
#001 #include<iostream>
#002 using std::cout;
#003 using std::endl;
#004 int main()
#005 {
#006     cout <<"Hello world!" <<endl;
#007     return 0;
#008 }
```

或者

```
#001 #include<iostream>
#002 int main()
#003 {
#004     std::cout <<"Hello world!" <<std::endl;
#005     return 0;
#006 }
```

D.3 C++ 的输入和输出

C 语言的标准输入和输出是 stdin 和 stdout,它们有对应的两个函数 scanf 和 printf。C++ 的标准输入和输出是 cin 和 cout,它们有对应的两个运算>>和<<,分别称流提取和流插入。C++ 中的 cin 和 cout 分别代表标准输入和标准输出,它们都是所谓的“流”类型的变量或对象,因此 cin 称为标准输入流,cout 是标准输出流。

向标准输出流 cout 输出信息,使用非常形象的流插入运算符<<,如:

```
std::cout<< "Hello world!\n";
```

其含义是把信息"Hello world!"输出到屏幕上,运算符<<在位运算时,它是按位逻辑左移运算符,但这个语句里是流插入运算,它的朝向很直观地表达了把右操作数插入到左操作数的流对象中。对于回车换行 C++ 提供了一个流操纵符 endl(end line 的缩写),表示向输出流输出一个换行符,然后刷新缓冲区(清空缓冲区)。同 C 语言一样,同样可以向输出流输出变量的值,例如:

```
int a= 10;
float pi= 3.1415926;
double e=  2.7182818284590452353602874713 52;
std::cout<<a<<" "<<pi<<" "<<e<<std::endl;
```

输出结果是

```
10 3.14159 2.71828
```

与标准C的printf比较发现,向cout输出信息不需要占位符说明,C++会根据数据的类型自动处理,但float和double默认是6位有效数字(四舍五入)。如果要求有更高的精度,需要使用流操纵符setprecision进行设置,例如:

```
std::cout<<std::setprecision(8)<<pi<<
    " "<<std::setprecision(18)<<e<<std::endl;
```

注意:使用setprecision流操纵符必须包含头文件<iomanip>。

C++中从标准输入流cin读取数据使用另一个非常形象的流提取运算符>>,如:

```
int a;
float x;
std::cin >>a;
std::cin >>x;
```

当程序执行到上述含有流提取运算的语句时,将等待用户输入一个整数和一个实数,用户输入的数据进入输入缓冲区,即输入流cin,流提取运算>>将允许变量a或x从输入流cin中读取相应的数据。与C语言的scanf函数相比,C++从输入流提取数据同样也不需要做格式说明。

附录E 索　引

E.1 全书求解问题索引

求解问题编号	求解问题名称	对应章节
问题1	在屏幕上输出文字信息	2.1
问题2	计算两个固定整数的和与积	2.2
问题3	计算任意两个整数的和与积	2.3
问题4	温度转换	2.4
问题5	求两个整数的平均值	2.5
问题6	计算圆的周长和面积	2.6
问题7	让成绩合格的学生通过	3.1
问题8	按成绩把学生分成两组	3.2
问题9	按成绩把学生分成多组(百分制)	3.3
问题10	按成绩把学生分成多组(五分制)	3.4
问题11	判断闰年问题	3.5
问题12	打印规则图形	4.1
问题13	自然数求和	4.2
问题14	简单的学生成绩统计	4.3
问题15	计算2的算术平方根	4.4
问题16	打印九九乘法表	4.5
问题17	判断一个数是否是素数	4.6
问题18	随机游戏模拟	4.7
问题19	再次讨论猜数游戏模拟问题	5.1
问题20	是非判断问题求解	5.2
问题21	递归问题求解	5.3
问题22	用计算机绘图	5.4
问题23	学生成绩管理——大规模问题求解	5.5
问题24	一组数据排序问题	6.1
问题25	三门课程成绩按总分排序问题	6.2
问题26	在成绩单中查找某人的成绩	6.3

续表

求解问题编号	求解问题名称	对应章节
问题 27	大整数加法	6.4
问题 28	用函数交换两个变量的值	7.1
问题 29	再次讨论批量数据处理问题	7.2
问题 30	二维批量数据处理问题的指针版	7.3
问题 31	通用函数问题	7.4
问题 32	再次讨论字符串	7.5
问题 33	程序运行时提供必要的参数	7.6
问题 34	数据规模未知的问题求解	7.7
问题 35	基于对象数组的学生成绩管理问题	8.1
问题 36	基于对象链表的学生成绩管理系统	8.2
问题 37	志愿者管理问题	8.3
问题 38	洗牌和发牌模拟问题	8.4
问题 39	给一个源程序文件做备份	9.1
问题 40	把数据保存到文件中	9.2
问题 41	网络 IP 地址的表示	10.1
问题 42	加密解密问题	10.2
问题 43	一个图形类型优化问题	10.3
问题 44	C++ 版的 HelloWorld	附录 D

E.2 全书各章节知识点索引

章节	知识点
1.1	计算机的基本组成和工作原理
1.2	计算机的信息存储方式和文件管理
1.3	程序和软件的概念,问题求解的基本步骤
1.5	结构化程序设计和面向对象程序设计
1.6	程序设计语言,编译器和解释器
1.7	C/C++ 简介
1.8	C/C++ 程序设计的基本环境(命令行和 Code::Block)
2.1	C 语言的预处理,注释,main, printf, 转义序列,return
2.2	整型,算术运算,赋值运算,常量,变量
2.3	scanf, 测试用例,程序的顺序结构

续表

章　节	知　识　点
2.4	变量的初始化,运算符的优先级和结合性
2.5	float/double,浮点型数据的I/O,舍入误差和溢出,不同类型的转换
2.6	符号常量和带参数的宏
3.1	单分支选择结构,关系运算,逻辑常量和变量,各种各样的判断形式
3.2	双分支选择结构,条件运算
3.3	嵌套的 if 和 if-else,多分支选择结构
3.4	字符型变量,字符的输入与输出
3.5	逻辑运算及其优先级和短路性
4.1	循环结构 while,计数控制循环,自增和自减运算
4.2	迭代计算,复合赋值运算
4.3	标记控制循环,do-while,程序容错,程序调试与测试,I/O 重定向
4.4	误差精度控制循环,const
4.5	循环嵌套
4.6	break、continue 和 goto
4.7	随机数的生成,自顶向下、逐步求精的方法
4.8	顺序结构/分支选择结构/循环结构的堆叠与嵌套
5.1	函数定义,函数原型,函数调用,函数测试
5.2	判断函数,存储类别和作用域,函数调用堆栈
5.3	递归函数
5.4	函数库和接口
5.5	文件模块,多文件的应用程序,建立工程,makefile
6.1	一维数组的概念,数组元素的引用,函数的数组参数,交换排序算法
6.2	二维数组,选择排序算法,函数的二维数组参数
6.3	查找算法:线性查找和二分查找,字符串,字符串组
7.1	指针变量,指针变量的引用,指针作为函数的参数
7.2	指针指向一维数组,访问它的元素,做函数的参数, const 指针
7.3	指针指向二维数组,行指针,列指针,指针数组,指针的指针
7.4	指针指向一个函数,做函数的参数
7.5	指针指向字符串,字符型指针数组
7.6	命令行参数
7.7	void 类型的指针,动态内存申请,C++ 中的引用

续表

章　节	知　识　点
8.1	结构类型与对象,自定义数据类型,typedef,指针与结构,抽象类型
8.2	自引用结构,静态链表和动态链表
8.3	联合
8.5	枚举
9.1	C 语言的文件,File 结构,文件的读写模式,字符和字符串的读写
9.2	格式化读写文本文件和二进制文件
10.1	按位左移或右移,按位取反,按位与
10.2	按位或,按位异或
10.4	位段

参考文献

[1] Kernighan B W，Ritchie D M．C程序设计语言典藏版[M]. 徐宝文，李志，译. 2版. 北京：机械工业出版社，2019.

[2] Deitel P，Deitel H. C语言大学教程[M]. 苏小红，王甜甜，李佩琦，等译. 8版. 北京：电子工业出版社，2017.

[3] King K N. C语言程序设计·现代方法[M]. 吕秀锋，黄倩，译. 2版. 北京：人民邮电出版社，2015.

[4] Roberts E S. C语言的科学和艺术[M]. 翁惠玉，张冬荣，杨鑫，等译. 北京：机械工业出版社，2011.

[5] Hanly J R，Koffman E B. C语言详解[M]. 潘蓉，郑海红，孟广兰，等译. 6版. 北京：人民邮电出版社，2010.

[6] Samuel P. Harbison Ⅲ，Guy L.Steele Jr. C语言参考手册(原书第5版)[M]. 徐波，等译. 北京：人民邮电出版社，2010.

[7] 苏小红，孙志岗，孙惠鹏，等. C语言大学实用教程 [M].4版.北京：电子工业出版社，2017.

[8] 李文新，郭炜，余华山. 程序设计导引及在线实践 [M]. 2版.北京：清华大学出版社，2016.

[9] 谭浩强. C程序设计教程 [M]. 3版. 北京：清华大学出版社，2018.

[10] Deitel P，Deitel H. C++大学教程 [M]. 张引，等译. 9版. 北京：机械工业出版社，2016.

图书资源支持

感谢您一直以来对清华版图书的支持和爱护。为了配合本书的使用，本书提供配套的资源，有需求的读者请扫描下方的"书圈"微信公众号二维码，在图书专区下载，也可以拨打电话或发送电子邮件咨询。

如果您在使用本书的过程中遇到了什么问题，或者有相关图书出版计划，也请您发邮件告诉我们，以便我们更好地为您服务。

我们的联系方式：

地　　址：北京市海淀区双清路学研大厦 A 座 714

邮　　编：100084

电　　话：010-83470236　010-83470237

客服邮箱：2301891038@qq.com

QQ：2301891038（请写明您的单位和姓名）

资源下载：关注公众号"书圈"下载配套资源。

书圈

获取最新书目

观看课程直播